普通高等教育"十三五"规划教材

林业机械设计基础

沈嵘枫 主编

中国林业出版社

图书在版编目(CIP)数据

林业机械设计基础/沈嵘枫主编. —北京：中国林业出版社，2016.12（2017.8）
普通高等教育"十三五"规划教材
ISBN 978-7-5038-8772-7

Ⅰ.①林… Ⅱ.①沈… Ⅲ.①林业机械-机械设计-高等学校-教材 Ⅳ.①S776.02

中国版本图书馆CIP数据核字(2016)第267852号

国家林业局生态文明教材及林业高校教材建设项目
中国林业出版社·教育出版分社
策划、责任编辑：张东晓
电话：(010)83143560　　传真：(010)83143516

出版发行　中国林业出版社(100009　北京市西城区德内大街刘海胡同7号)
E-mail：jiaocaipublic@163.com　　电话：(010)83143500
http：//lycb.forestry.gov.cn
经　销　新华书店
印　刷　三河市祥达印刷包装有限公司
版　次　2016年12月第1版
印　次　2017年8月第2次印刷
开　本　787mm×1092mm　1/16
印　张　22.25
字　数　547千字
定　价　49.00元

前 言
PREFACE

随着科学技术的发展和制造过程的机械化、自动化水平的提高，在冶金、石油、化工、采矿、动力、土建、轻纺、交通运输和食品加工等行业工作的工程技术人员，都会不同程度地接触到各种类型的通用、专用机械装备的使用、维护、改进等问题，并必须应用一定的机械设计基础知识予以解决。通过本课程的学习，可以获得认识、使用和维修机械装备的基本知识，并具有运用机械设计图册、标准、规范、手册及设计简单机械传动装置的能力，为深入学习有关专业机械装备的课程和提高分析解决机械工程技术问题的能力奠定必要的基础。

本教材以培养学生工程实践能力、综合机械设计能力和创新能力为核心，以机械产品创新过程为主线，更新教学内容，优化课程体系，加强课程内容之间在逻辑和结构上的联系与综合。教材内容形成一个以培养学生工程实践和创新能力为目标的机械设计基础课程体系，充分体现系统分析和综合设计能力培养的宗旨，突出创新设计和总体方案设计能力的培养。本教材着重基本概念的理解和基本设计方法的掌握，不强调系统的理论分析；着重理解公式建立的前提、意义和运用，不强调对理论公式的具体推导；注意密切联系生产实际，努力培养解决工程实际问题的能力。

本教材主要包括螺纹连接与螺旋传动、带传动与链传动、钢丝绳传动、齿轮传动、蜗杆传动、液压传动、轮系、轴系零部件、轴承、回转体的平衡、平面连杆机构、凸轮机构及步进运动机构等内容。

本教材由福建农林大学沈嵘枫主编，张小珍参与全书编辑与修改。参加本教材编写的人员有：内蒙古工业大学闫文刚，内蒙古农业大学裴志永，中南林业科技大学魏占国，福建农林大学周成军、林曙、许浩等。

在本教材编写过程中，曾得到许多专家和同行的热情支持，并参考和借鉴了许多国内外公开出版和发表的文献，在此一并致谢。本教材的编写得到福建农林大学出版基金、福建农林大学博士后基金资助。

尽管编者已经竭尽全力，但由于时间仓促，水平有限，书中可能存在不妥或疏漏之处，恳请广大读者批评指正，以便再版时修订。

读者可以通过 fjshenrf@ 163. com 与编者联系，我们将竭诚为您服务，共同促进技术进步。

沈嵘枫

2016 年 6 月

前言

目 录

CONTENTS

第1章　机械设计基础概论

本章提要

本章介绍机械组成，能够区分机器、机构、构件，能看懂机械的组成结构，掌握机器的分类和组成，了解本课程的内容、性质、任务，熟练掌握机械应满足的要求，掌握机器设计、制造的一般程序，了解机械设计中的标准化；重点介绍了机器的组成。

按照用途的不同，可把机器分为动力机器、工作机器和信息机器。动力机器用来实现其他形式的能量与机械能间的转换，工作机器用来做机械功或搬动物品(即变换物料)，信息机器用来获取或变换信息，现代机器一般由动力装置、传动装置、执行装置和操纵控制装置四部分组成。此外，还有必要的辅助装置。

1.1 机器的组成

机械是机器和机构的总称，机器是人类在生产中用以减轻或代替体力劳动和提高生产率的主要工具。随着科学技术发展，使用机器进行生产的水平已经成为衡量一个国家技术水平和现代化程度的重要标志之一。对于工科高等院校机械类和近机类专业的学生，学习和掌握机械设计基础知识是十分必要的。

图 1-1 采伐机示例

人类的发展史就是生产力的发展史。为了满足生产和生活上的需要，人类创造了各种各样的机械，如图 1-1 所示，用来代替或减轻人的劳动，提高生产效率。

随着科学技术的飞速发展，使用机械进行生产的水平已经成为衡量一个国家技术水平和现代化程度的重要标志之一。

机器是人们用来进行生产劳动的工具。机器的种类繁多，在生产中常见的有内燃机、电动机、冲床、机器人等，在日常生活中常见的有缝纫机、电风扇等。虽然它们的结构和用途各不相同，但却有着共同的特征，即都是执行机械运动的装置，用来变换或传递能量。

图 1-2 所示为一单缸内燃机。它是由活塞 1、连杆 2、曲轴 3、齿轮 4 与 5、凸轮 6、顶杆 7 及气缸体 8 等部分组成的。当气体推动活塞时，通过连杆将运动传至曲轴，使曲轴转动。从此可以看出，内燃机的基本功能就是使燃气在缸内经过进气－压缩－燃烧－排气的循环过程，将燃烧的热能转变为使曲轴转动的机械能。

图 1-3 所示为颚式破碎机。它是由机架 1、偏心轴 2、动颚板 3、肘板 4、带轮 5、定颚板 6 等组成的。偏心轴 2 与带轮 5 固连，电动机通过带传动驱动偏心轴转动，使动颚板做平面运动，从而轧碎动颚板与定颚板之间的矿石。

通过对各种机器进行结构分析可以发现，它们都有如下三个共同的特征：

①都是人为的多个实物的组合；

②各实物之间具有确定的相对运动；

③都能代替或减轻人类的劳动，实现能量转换或完成机械功。

机构也是认为的实物组合，用来传递运动和力。在图 1-2 所示的内燃机中，活塞(作为滑块)、连杆、曲轴和气缸体组成曲柄滑块机构(一种连杆机构)，可将活塞的往复移动变为曲轴的连续转动。凸轮、顶杆和气缸体组成凸轮机构将凸轮的连续转动变为顶杆有规律的往复移动。曲轴、凸轮轴上的齿轮和气缸组成齿轮机构。由此可见，机器是由机构组成的。在一般情况下，一部机器可包含几个机构，而电动机则只有一个简单的二杆机构。

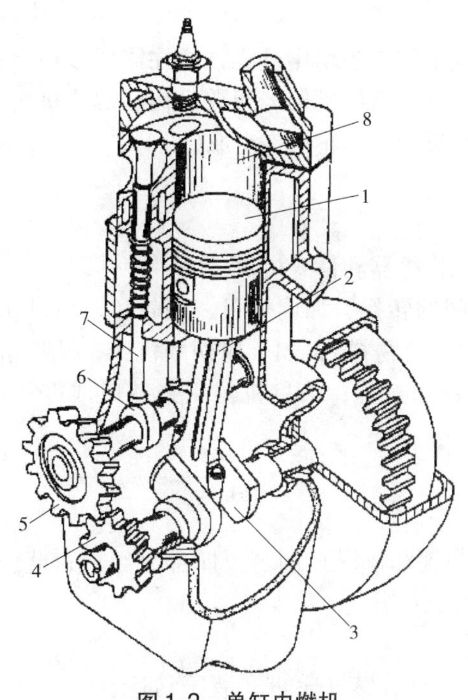

图1-2　单缸内燃机

1-活塞；2-连杆；3-曲轴；4、5-齿轮；
6-凸轮；7-顶杆；8-气缸体

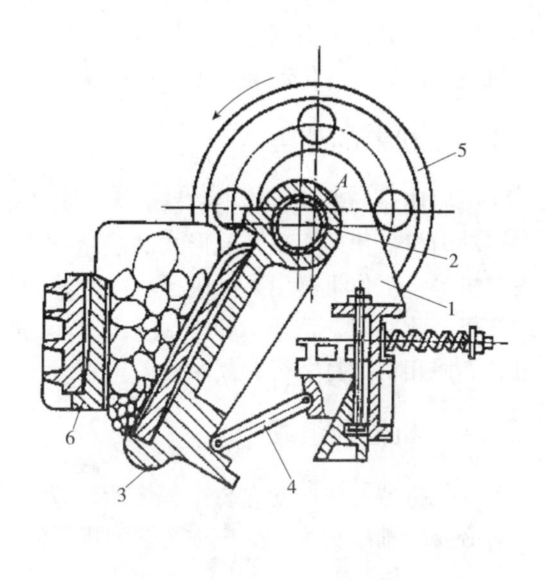

图1-3　颚式破碎机

1-机架；2-偏心轴；3-动颚板；4-肘板；
5-带轮；6-定颚板

1.1.1　常用专业名称及其意义

机器：凡能实现确定的机械运动，又能做有用的机械功或完成能量、物料与信息转换和传递的装置，称为机器。

机构：只能用来运动力或以改变运动形式的机械传动装置，则称为机构，如连杆机构、齿轮机构等。

从运动的观点来看，机器与机构之间并无区别，所以通常将机器和机构统称为机械。

构件：组成机器的各个相对运动的单元体称为构件。

构件可以是单一的零件，如曲轴，也可以是几个零件组成的刚性结构，如内燃机的连杆(图1-2)。构件是最小的运动单元，零件是最小的制造单元。

部件：通常把为了协同完成某一功能而装配在一起的若干个零件的装配体称为部件，部件是装配的单元，如联轴器、轴承、减速器等。

机械零件：常用来泛指零件和部件。

通用零件：各种机器中普遍使用的零件称为通用零件，如螺钉、齿轮、轴等。

专用零件：只在某些特定类型的机器中使用的零件称为专用零件，如发动机中的曲轴和活塞、汽轮机的叶片、纺织机的织梭等。

1.1.2　机器中常用机构

机器中常用的机构有：带传动机构、链传动机构、齿轮机构、连杆机构、凸轮机构、螺旋机构和间歇机构等。另外，还有组合机构。

一部机器，特别是自动化机器，要实现较为复杂的工艺动作过程，往往需要多种类型的机构。例如，牛头刨床含有带传动机构、齿轮机构、连杆机构、间歇机构和螺旋机构五种机构；内燃机的传动部分由曲柄滑块机构、齿轮机构和凸轮机构组成(图 1-2)。

1.1.3 机器的分类

按照用途的不同，可把机器分为动力机器、工作机器和信息机器。

动力机器用来实现其他形式的能量与机械能间的转换，如内燃机、涡轮机、电动机、发电机等；工作机器用来做机械功或搬动物品(即变换物料)，如金属切削机床、轧钢机、织布机、收割机、汽车、机车、飞机、起重机、输送机等；信息机器用来获取或变换信息，如照相机、打字机、复印机等。

1.1.4 机器的组成

现代机器一般由动力装置、传动装置、执行装置和操纵控制装置四部分组成；此外，还有必要的辅助装置。前三种装置为机器的基本组成部分。

(1)动力装置

动力装置是机器的动力来源，有电动机、内燃机、燃气轮机、液压马达、气功马达等。现代机器大多采用电动机，而内燃机主要用于运输机械、工程机械、农业机械。

(2)传动装置

传动装置将动力装置的运动和动力变换成执行装置所需的运动形式、运动和动力参数，并传递到执行部分。机器中的传动有机械传动、液压传动、气压传动和电力传动。其中，机械传动应用最多。

(3)执行装置

执行装置是直接完成机器预定功能的工作部分，如车床的卡盘和刀架、汽车的车轮、船舶的螺旋桨、带式输送机的输送带等。

(4)操纵、控制及辅助装置

操纵和控制装置用以控制机器的起动、停车、正反转、运动和动力参数改变，以及各执行装置间的动作协调等。自动化机器的控制系统能使机器进行自动检测、自动数据处理和显示、自动控制和调节、故障诊断和自动保护等。辅助装置则有照明、润滑和冷却装置等。

1.2 本课程的研究对象、基本要求

1.2.1 本课程的研究对象

本课程研究的对象是一般工作条件下的常用机构和通用机械零、部件，是机械类和近机类各专业的一门主干技术基础课，旨在培养工程技术人员职业岗位所需的通用机械零件和常用机构的基本知识、基本理论和基本技能，使之基本具有分析、运用和维护机械传动和机械零件的能力，为今后解决生产实际问题及学习有关新的科学技术打下基础。

1.2.2　本课程的基本要求

本课程的主要任务是通过教学，应使学生达到下列基本要求：

①熟悉常用机构和通用机械零件的结构、工作原理、特点和应用；

②掌握通用零件机构和设计的基本方法，初步具有设计简单机械传动装置的能力；

③具有本课程有关的解题、计算、绘图、执行国家标准和较熟练使用有关技术资料的能力；

④基本具有测绘、装拆、调整、检测一般机械装置的技能；

⑤基本具有使用、维护机械传动装置的能力；

⑥初步具有分析和处理机械一般问题的能力；

⑦初步具有在本课程中应用计算机的能力；

⑧了解有关技术经济政策和法规，掌握科学的工作方法和思想，具有严谨的工作作风、刻苦钻研精神和创新精神。

1.3　机器应满足的要求和设计制造程序

1.3.1　机器应满足的要求

机械设计的目的是满足社会生产和生活的需要。机械设计的任务是应用新技术、新工艺、新方法开发适应社会需求的各种新的机械产品，以及对原有机械进行改造，从而改变或提高原有机械的性能，机械设计应满足以下几个方面的要求：

(1)使用要求

机器应用规定的使用期限内保证实现预定的功能，达到规定的性能。这项要求主要靠合理地选择机器的工作原理，正确地设计传动方案，合理配置辅助系统等来实现。

(2)经济性要求

机器的经济应体现并贯穿在设计、制造和使用的全过程，以求获得最高的经济效益。在设计阶段，采用先进的现代设计方法，使设计参数精确并最优化。

(3)社会要求

对机器的社会要求有以下几个方面：应满足人机工程学要求；应满足安全运行要求；应满足工艺美学要求；应符合环保要求等。

(4)可靠性要求

机器的设计、制造、管理、使用环节都影响机器的可靠性，而起决定性作用的则是设计阶段。

(5)其他特殊要求

在满足以上基本要求的前提下，不同机械还有其特殊要求，如：机床有长期保持精度的要求；食品机械有防止污染的要求；大型设备有便于安装和运输的要求等。

1.3.2　机器设计、制造的一般程序

机械设计是一项复杂、细致和科学性很强的工作。随着科学技术的发展，对设计

的理解在不断地深化，设计方法也在不断地发展。近年来发展起来的“优化设计”“可靠性设计”“有限元设计”“模块设计”“计算机辅助设计”等现代设计方法已在机械设计中得到了推广与应用。即便如此，常规设计方法仍然是工程技术人员进行机械设计的重要基础，必须很好地掌握。常规设计方法又可分为理论设计、经验设计和模型实验设计等。

1.3.2.1 机器设计的内容与步骤

机械设计的过程通常可分为以下几个阶段：

(1)产品规划

产品规划的主要工作是提出设计任务和明确设计要求，这是机械产品设计首先需要解决的问题。通常是根据市场需求提出设计任务，通过可行性分析后才能进行产品规划。

(2)方案设计

在满足设计任务书中具体设计要求的前提下，由设计人员构思出多种可行性方案并进行分析论证，从中优选出一种能完成预定功能、工作性能可靠、结构设计可行、成本低廉的方案。

(3)技术设计

在既定设计方案的基础上，完成机械产品的总体设计、部件设计、零件设计等，设计结果以工程图及计算书的形式表达出来。

(4)制造及试验

经过加工、安装及调试制造出样机，对样机进行试运行或在生产现场试用，将试验过程中发现的问题反馈给设计人员，经过修改完善，最后通过鉴定。

1.3.2.2 机械零件的设计内容与步骤

与设计机器时一样，设计机械零件也常需拟定出几种不同方案，经过认真比较选用其中最好的一种。设计机械零件的一般步骤如下：

①根据机器的具体运转情况和简化的计算方案确定零件的载荷；

②根据零件工作情况的分析，判定零件的失效形式，从而确定其计算准则；

③进行主要参数设置，选定材料，根据计算准则求出零件的主要尺寸，考虑热处理及结构工艺性要求等；

④进行结构设计；

⑤绘制零件工作图，制订技术要求，编写计算说明书及有关技术文件。

对于不同的零件和工作条件，以上这些设计步骤可以有所不同。此外，在设计过程中这些步骤又是相互交错、反复进行的。

应当指出，在设计机械零件时往往是将较复杂的实际工作情况进行一定的简化，才能应用力学等理论解决机械零件的设计计算问题，因此这种计算或多或少带有一定的条件性或假定性，称为条件性计算。机械零件设计基本上是按条件性计算进行的，如注意到公式的适用范围，一般计算结果具有一定的可靠性，并充分考虑了机械零件使用的安全性。为了使计算结果更符合实际情况，有必要时可进行模型试验或实物试验。本书在介绍各种零件设计时，其内容的安排顺序基本上是按照上述设计步骤进行的。

1.4　机械设计中的标准化

在各种机械中，可以发现有许多零件(如螺纹连接、滚动轴承等)和部件(如机床照明灯、汽车发动机等)都是相同的，以及某些产品(如水泵、载重汽车等)是由小到大按一定规律组成系列的现象。这实际上就是机械设计中的标准化问题，即设计时要尽量考虑零件标准化、部件通用化、产品系列化。机械设计标准化的实际意义是：

①标准化后，同一型号零件的加工数量大大增加，便于采用高生产率的先进设备和技术进行大规模生产或组织专业化生产，可以合理使用原材料、节约能源、降低生产成本、提高产品质量；

②统一零件的性能指标，提高产品的可靠性；

③产品具有互换性；

④可以大大减少设计和制造工作量，减少设计中的差错，缩短设计制造周期，加速新产品的研发；

⑤便于维修，减少维修更换的工作量和时间。

我国目前对零件的尺寸、结构要素、材料性能、检验方法、设计方法、制图规范等都制定了标准。我国现行标准分为三级，即国家标准(GB)、行业标准(如机械行业标准 JB)和专业标准或企业标准。国际上有国际标准化组织(ISO)，我国已加入了 ISO。目前我国的模具生产已有国家标准可以执行，但标准化效率较低。

小　结

本章介绍了机器的组成、本课程的对象及基本要求、机器应满足的要求和设计制造程序等基本知识。通过对机器组成介绍，得出机器、机构、构件等的区别，阐述了机器是由动力装置、传动装置、执行装置、操纵及辅助装置等组成的。机器应满足的五个要求，机器设计的内容与步骤。

习　题

1-1　机器通常由几部分组成？各组成部分的作用是什么？

1-2　什么是机器？什么是机构？机器与机构的区别是什么？

1-3　什么是零件？构件和零件的区别是什么？

1-4　机器有哪些基本要求？

1-5　简述机械设计的基本要求和步骤。

第2章　平面机构的运动简图及自由度

本章提要

本章介绍了机构运动简图的绘制方法，将实际机构或机构的结构图绘制成机构运动简图，各种复杂机构的机构运动简图，机构运动简图表达自己的设计构思；运动链成为机构的条件；机构自由度的计算方法；运用平面机构自由度计算公式计算出机构自由度；识别出机构中存在的复合铰链、局部自由度和虚约束，并做出正确处理；机构的组成原理和结构分析的方法，根据机构组成原理，用基本杆组、原动件和机架创新构思新机构的方法。重点介绍了平面机构自由度的计算。

正确查出机构中的运动副数，例如复合铰链处的转动副数，杆状构件构成的复合铰链比较明显，而由齿轮、凸轮及机架等构件构成的复合铰链则容易忽略，计算时应特别注意；而局部自由度大多在凸轮机构从动件滚子处，计算时应将其刚化；而机构中的虚约束都是在某些特定的几何条件下产生的，当某机构给出一些特定几何关系时，应注意是否有虚约束存在。如第 1 章所述，机构是由构件组成的，它的各构件之间具有确定的相对运动，显然，任意拼凑的构件组合不一定能发生相对运动，即使能够运动，也不一定具有确定的相对运动。

讨论构件按照什么条件进行组合才具有确定的相对运动，分析现有机构成对设计出新机构具有重要意义。在研究机械工作特性和运动情况时，需要了解两个回转件间的角速比、直移构件的运动速度或某些点的速度变化规律，因而有必要对机构进行速度分析。实际机械的外形和机构都很复杂，为了便于分析研究，在工程设计中应当学会用简单单线条和符号来绘制机构的运动简图。所有构件都在相互平行的平面内运动的机构称为平面机构，否则称为空间机构。目前工程中常见的机构大多属于平面机构，因此，本章只讨论平面机构。

2.1　运动副及其分类

2.1.1　运动副的概念

一个做平面运动的自由构件有三个独立运动的可能性。在图 2-1 所示的 Oxy 坐标系中，构件可随其上任一点 A 沿 x 轴、y 轴方向移动和绕 A 点转动。这种可能出现的独立运动称为构件的自由度。所以一个做平面运动的自由构件有三个自由度。

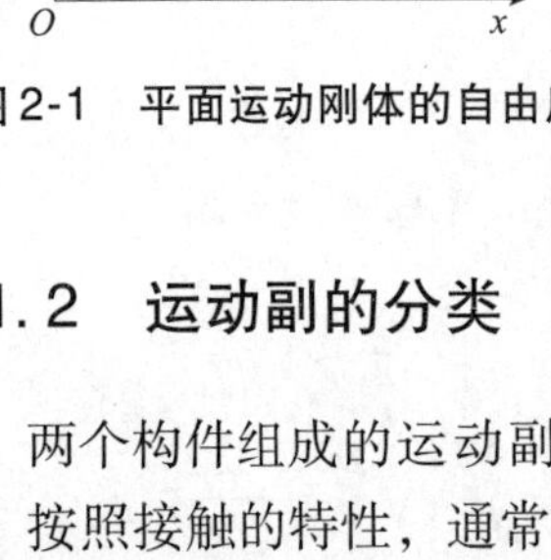

图 2-1　平面运动刚体的自由度

机构是由许多构件组成的。机构的每个构件都以一定的方式和某些构件相互连接。这种连接不是固定连接，而是能产生一定相对运动的连接。这种使两构件直接接触并能产生一定相对运动的连接称为运动副。例如轴与轴承的连接、活塞和汽缸的连接、传动的齿轮两个轮齿间的连接等都构成运动副，如图 2-2 所示。显然，构件组成运动副后，其独立运动便受到约束，自由度便随之减少。

2.1.2　运动副的分类

两个构件组成的运动副，通常用三种接触形式连接起来：即点接触、线接触和面接触。按照接触的特性，通常把平面运动副分为低副和高副两大类。

2.1.2.1　低副

两构件通过面接触组成的运动副称为低副。根据它们的相对运动是移动还是转动，又可分为转动副和移动副。

(1)转动副

组成运动副的两个构件只能在一个平面内做相对转动，这种运动副称为转动副，或称铰链，其中一个构件固定，称为固定铰链；两个构件均可以活动，称为活动铰链，如图2-2(a)所示。

(2)移动副

组成运动副的两个构件只能沿某一轴线相对移动，这种运动副称为移动副。组成移动副的两个构件可能都是运动的，也可能有一个是固定的，但两构件只能做相对移动，如图2-2(b)所示。

2.1.2.2　高副

两构件以点、线的形式相接触而组成的运动副称为高副。齿轮副、凸轮副均属于高副，如图2-2(c)中的齿轮1与齿轮2、图2-2(d)中的凸轮1与从动件2分别在接触处A组成高副。组成平面高副两构件间的相对运动是沿接触处切线$t-t$方向的相对移动和在平面内的相对转动。

除上述平面运动副之外，机械中还经常见到图2-2(e)所示的螺旋副。这些运动副构件间的相对运动是空间运动，属于空间运动副。空间运动副不在本章讨论的范围之内。

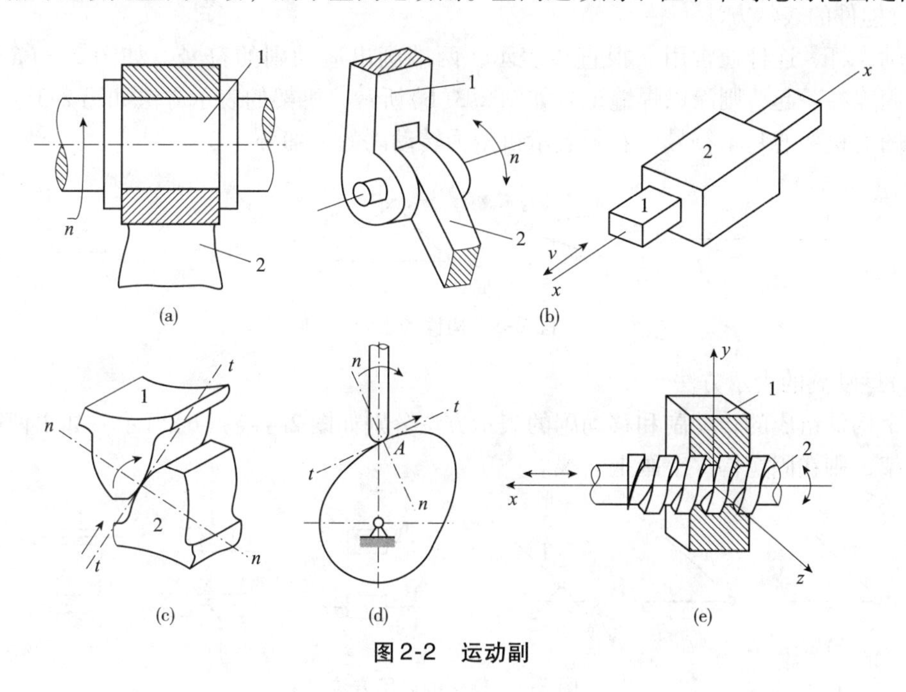

图2-2　运动副

2.2　平面机构运动简图

2.2.1　机构运动简图及其构件分类

(1)机构运动简图

实际构件的外形和结构往往很复杂，在研究机构运动时，为了使问题简化，有必要撇开那些与运动无关的构件外形和运动副具体构造，仅用简单线条和符号表示构件和运动副，并按比例定出各运动副的位置。这种表明机构各构件间相对运动关系的简化图形，称为机构运动简图。

(2)机构示意图

若只表示机构的结构和运动情况，而不按比例绘制出各运动副间的相对位置的简图称为机构示意图。

机构中的构件按其运动性质可分为三类：

①固定件(机架)，它是用来支承活动构件的构件，如图 1-2 中的气缸体就是固定件，用以支承活塞和曲轴等活动构件。

②原动件，是运动规律已知的活动构件，如图 1-2 中的活塞。它的运动是由外界输入的，故又称输入构件。

③从动件，是机构中随着原动件的运动而运动的其他活动构件。例如，图 1-2 中的连杆、曲轴、齿轮等都是从动件。

2.2.2 机构运动简图的符号

(1)构件的表示方法

对轴、杆、连杆通常用一根直线表示，两端画出运动副的符号，如图 2-3(a)所示；若构件固连在一起，则涂以焊缝记号如图 2-3(b)所示；机架的表示方法如图 2-3(c)所示，其中左图为机架的基本符号，右图表示机架为转动副的一部分。

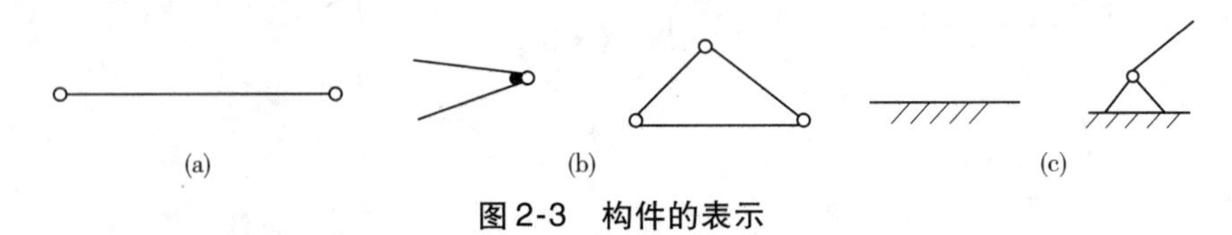

图 2-3 构件的表示

(2)运动副的表示方法

两个构件组成的转动副和移动副的表示方法分别如图 2-4(a)(b)所示。如果两构件之一为机架，则在固定构件上画上斜线。

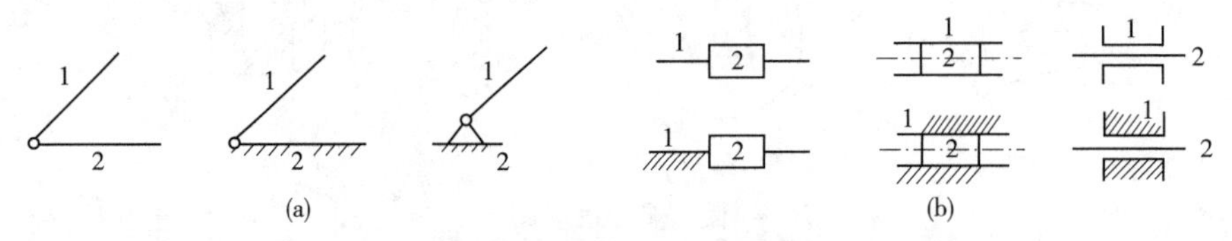

图 2-4 低副的表示方法

描述或确定机构的运动所必需的独立参变量(坐标数)称为机构自由度。为使机构的构件间获得确定的相对运动，必须使机构的原动件数等于机构自由度数。设计新机构时，必须分析机构的运动。用简单的线条和符号代替构件和运动副，按一定的比例表示各运动副之间相对位置的简单图形称为机构运动简图。利用机构运动简图，可方便地求出机构上各点的速度、加速度、位移等运动参数，同时也可以表达复杂机器的组成和传动原理，便于进行机构的运动和受力分析。常见的机构运动简图符号见表 2-1 所列。

表 2-1　运动机构简图符号

机构	基本符号	可用符号
机架		—
轴、杆		—
组成部分与轴(杆)的固定连接	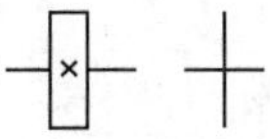	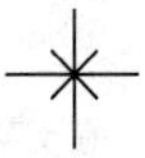
轴上飞轮	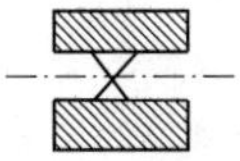	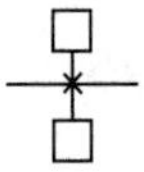
连杆		—
曲柄(或摇杆)	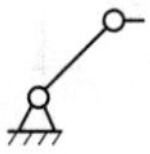	—
偏心轮		—
导杆		—
滑块		
摩擦齿轮	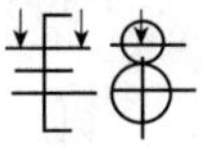	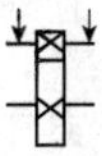
圆锥齿轮	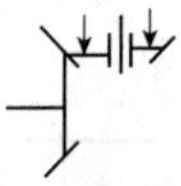	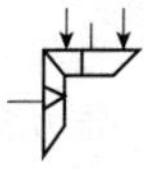
可调圆锥齿轮	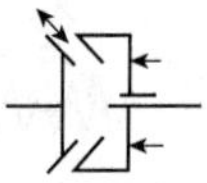	
可调冕状齿轮	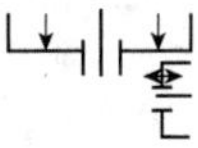	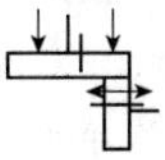
圆柱齿轮	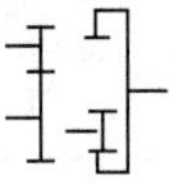	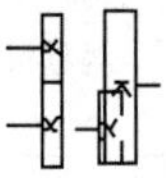
圆锥齿轮	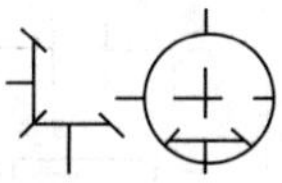	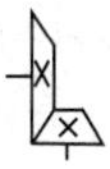
蜗杆蜗轮	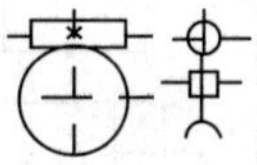	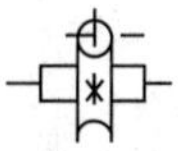
齿轮齿条	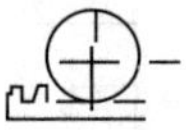	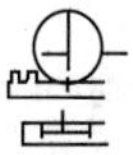
扇形齿轮	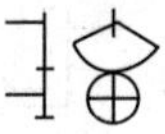	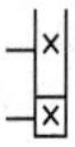
盘形凸轮	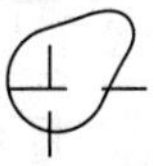	—
圆柱凸轮	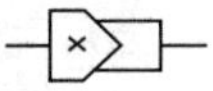	—
尖顶	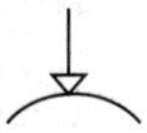	—
曲面		—
滚子	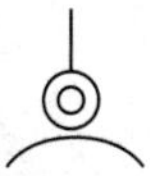	—
棘轮机构一般符号	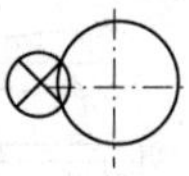	—
外啮合	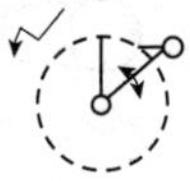	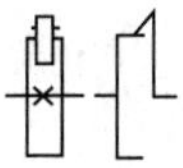
内啮合		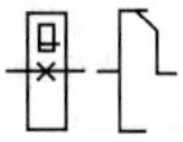

（续）

机构	基本符号	可用符号	机构	基本符号	可用符号
联轴器一般符号		—			
固定联轴器		—	电动机一般符号		—
可移式联轴器		—	装在支架上的电动机		—
弹性联轴器					
单向啮合式离合器			普通轴承		—
双向摩擦离合器			滚动轴承		
单向式			单向推力轴承		—
双向式			双向推力轴承		—
电磁离合器		—	推力滚动轴承		
安全离合器有易损件		—	单向向心推力普通轴承		—
安全离合器无易损件		—	双向向心推力普通轴承		—
制动器		—	向心推力滚动轴承		
带传动			压缩弹簧	或	—
			拉伸弹簧		—
链传动			扭转弹簧		—
螺杆传动			涡卷弹簧		—
挠性轴		—			

2.2.3　平面机构运动简图的绘制

绘制平面机构运动简图一般步骤如下：

①分析机构的结构和运动情况；

②确定构件、运动副的类型和数目；

③选择视图平面；

④选定适当的比例尺 μ_l，绘制机构运动简图。

绘制机构运动简图的比例尺为

$$\mu_l=\frac{\text{运动尺寸的实际长度(mm)}}{\text{图上所画的长度(mm)}}$$

【例2-1】 图2-5所示为颚式碎矿机。当曲轴2绕其轴心 A 连续转动时，动颚板3做往复摆动，从而将处于动颚板3和固定颚板6之间的矿石7轧碎。试绘制此碎矿机的机构运动简图。

解： 运动分析如图2-5所示。

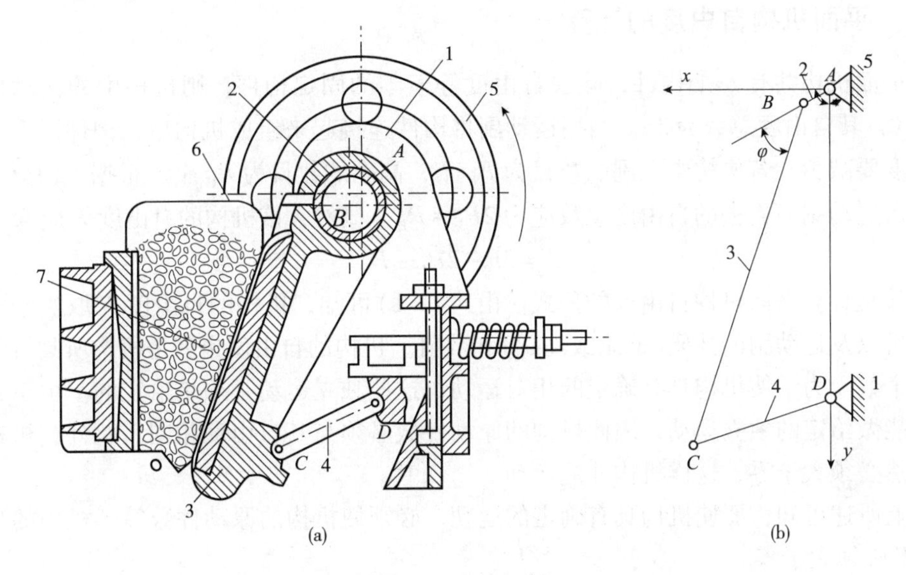

图2-5　颚式碎矿机

此碎矿机由原动件曲轴2(构件1为固装于曲轴2上的飞轮)、动颚板3、摆杆4、机架5四个构件组成，固定颚板6是固定安装在机架上的。

曲轴2于机架5在 O 点构成转动副(即飞轮的回转中心)；曲轴2与动颚板3也构成转动副，其轴心在 A 点(即动颚板绕曲轴的回转几何中心)；摆杆4分别与动颚板3和机架5在 B、C 两点构成转动副。其运动传递为：电动机－传动带－曲轴－动颚板－摆杆。所以，其机构原动件为曲轴，从动件为摆杆、构件3、机架5共同构成曲柄摇杆机构。

在图2-5(b)中，先画出偏心轴2与机架5组成转动副的中心 A，再根据 C 与 O 的相对位置，画出摆杆4与机架5组成的转动副中心 C。过机架 O、A 两点作为坐标系 xOy；而后，画出以 O、A、B、C 为中心点的各转动副。各转动副的距离分别为构件的实际长度除以长度比例尺。原动件2的位置可自行决定。用简单线条连接构件2、3、4和机架5，在原动件2上标注箭头，便得到图2-5(b)的机构运动简图。

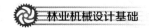

2.3 平面机构的自由度

如前所述，机构的两个特征之一是它的各构件之间具有相对运动。因此为了使用机构具有所需的确定的相对运动，有必要探讨机构自由度和机构具有确定运动的条件。

2.3.1 自由度与约束条件

前面分析过，一个做平面运动的自由构件具有三个自由度。当两个构件组成运动副之后，它们之间的相对运动就受到约束，相应的自由度数也随之减少，这种对构件独立运动所加的限制称为约束。自由度减少的个数等于约束的数目。运动副所引入的约束的数目与其类型有关。低副引入两个约束，减少两个自由度。在平面机构中，每个低副引入两个约束，使构件失去两个自由度；每个高副引入一个约束，使构件失去一个自由度。

2.3.2 平面机构自由度的计算

设平面机构共有K个构件，除去自由度等于零的固定构件，则机构中的活动构件数$n=K-1$，其自由度总数为$3n$。当用运动副将构件连接起来组成机构后，构件因受到约束而自由度要减少。若机构中低副的数目为P_L个，高副的数目为P_H个，根据上面分析，机构因引入运动副而失去的自由度总数应为$2P_L+P_H$。显然，该机构的自由度F应为

$$F=3n-2P_L-P_H \tag{2-1}$$

这就是计算平面机构自由度的公式。由式(2-1)可知，机构的自由度F取决于活动构件的数目以及运动副的性质(低副或高副)和数目。机构的自由度也就是机构所具有的独立运动的个数。为了使机构具有确定的相对运动，这些独立运动必须是给定的。由于只有原动件才能做给定的独立运动，因此机构的原动件数必须与其自由度相同。此外，机构的自由度显然必须大于零，这样机构才能运动。

综上所述可知：要使机构具有确定的运动，必须使机构的原动件数等于机构的自由度F，而F必须大于零。

【例2-2】 试计算图2-6所示内燃机中曲柄连杆机构的自由度。

解 从其机构简图中看出，该机构具有曲轴、连杆和活塞三个活动构件(即$n=3$)，组成三个转动副和一个移动副(即$P_L=4$、$P_H=0$)。代入式(2-1)可得机构的自由度为

$$F=3n-2P_L-P_H=3\times3-2\times4=1$$

即此机构只有一个自由度。原动件为活塞。由于此机构的自由度大于零且原动件数与自由度相同，故满足机构具有确定运动的条件。

【例2-3】 试计算图2-7所示牛头刨床传动机构的自由度。

解 从图中看出，该机构具有齿轮4、5，滑块2、6，导杆7，滑块8六个活动构件(即$n=6$)，组成五个转动副，三个移动副和一个高副($P_L=8$，$P_H=1$)。代入式(2-1)可得机构的自由度为

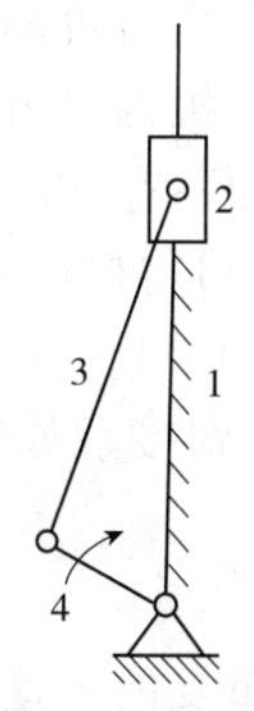

图2-6　内燃机中曲柄连杆机构

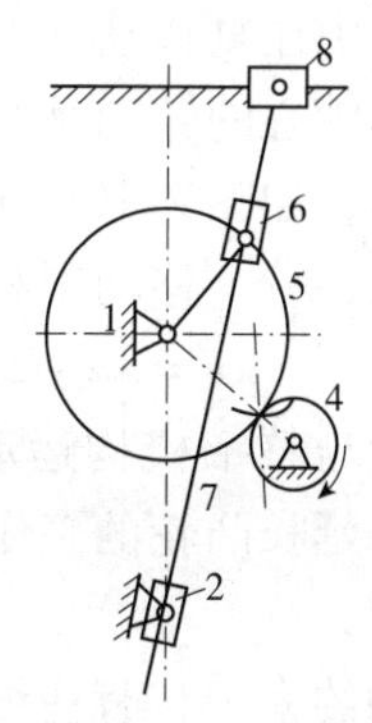

图2-7　牛头刨床传动机构

$$F=3n-2P_{\mathrm{L}}-P_{\mathrm{H}}=3\times6-2\times8-1=1$$

即此机构的自由度为1，齿轮4为原动件，故此机构同样满足机构具有确定运动的条件。

2.3.3　计算平面机构自由度时应注意的几个问题

应用式(2-1)计算平面机构的自由度时，必须注意下述几种情况，否则会得到错误的结果。

(1)复合铰链

两个以上的构件用转动副在同一轴线上连接就构成复合铰链。图2-8(a)所示是由三个构件组成的复合铰链，由图2-8(b)可清楚地看出，这三个构件组成两个转动副。依次类推，若有m个构件组成的复合铰链，其转动副的个数应为$(m-1)$，在计算机构自由度时要注意复合铰链，切不可将其看作一个转动副。

【例2-4】　试计算图2-9所示振动式输送机构的自由度。

解　①机构分析：原动构件1绕A轴转动，通过相互铰接的运动构件2、3、4带动滑块5做往复直线移动。

②计算机构的自由度：构件2、3和4在C处构成复合铰链。此机构有五个活动构件，六个转动副，一个移动副，即$n=5$，$P_{\mathrm{L}}=7$，$P_{\mathrm{H}}=7$。该机构的自由度由式(2-1)得

$$F=3n-2P_{\mathrm{L}}-P_{\mathrm{H}}=3\times5-2\times7-0=1$$

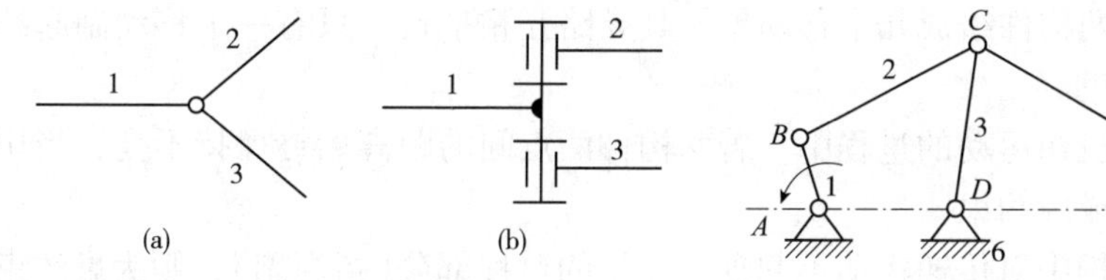

图2-8　复合铰链　　图2-9　振动式输送机机构

(2)局部自由度

机构中有时会出现这样一类自由度：它的存在与否都不会影响整个机构的运动规律。这类自由度称为局部自由度。在计算机构自由度时应将局部自由度除去不算。

【例2-5】　试计算图2-10(a)所示滚子从动件凸轮机构的自由度。

解　图2-10(a)中凸轮1为原动件，当凸轮转动时，通过滚子3驱使从动件2，以一定

的运动规律在机架 4 中往复移动。不难看出，无论滚子 3 存在与否都不会影响从动件 2 的运动。因此滚子绕其中心的转动是一个局部自由度，在计算机构自由度时，可设想将滚子与从动件焊接成一体，如图 2-10(b)所示，这样转动副 C 便不存在。这时机构具有两个活动构件，一个转动副，一个移动副和一个高副。由式(2-1)可得机构自由度为

$$F=3n-2P_{\mathrm{L}}-P_{\mathrm{H}}=3\times2-2\times2-1=1$$

局部自由度虽然与整个机构运动无关，但滚子可使高副接触处变滑动摩擦为滚动摩擦，从而减少磨损和延长凸轮的工作寿命。

(3)虚约束

在运动副引入的约束中，有些约束所起的限制作用是重复的，这种不起独立限制作用的约束称为虚约束。在计算机构自由度时，应将虚约束除去不计。

为了改善机构的受力状况，有时在机构中加上对传递运动不起独立作用的对称部分。在图 2-11 所示的轮系中，中心轮 1 通过两个对称布置的小齿轮 2 和 2′带动内齿圈 3 转动。其中有一个小齿轮对传递运动不起独立作用，去掉它对机构的运动并不影响。因此由于第二个小齿轮的采用而增加的约束为虚约束，计算时应予以排除。也就是说，图 2-11 中的机构在计算其自由度时应看作只有三个活动构件，三个转动副和两个高副所组成。

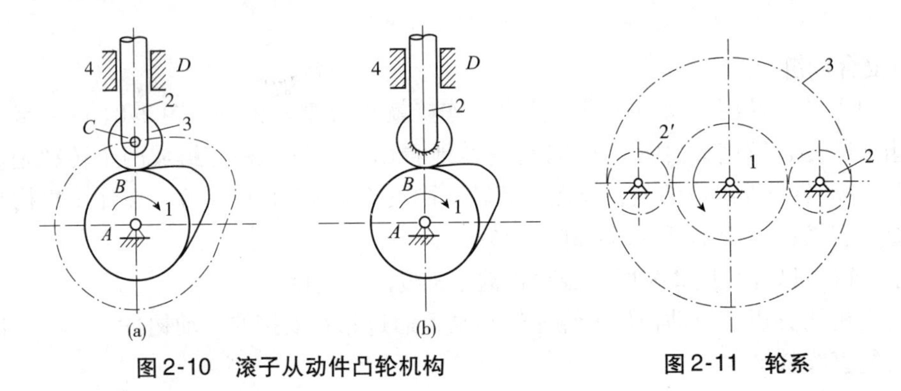

图 2-10　滚子从动件凸轮机构　　**图 2-11　轮系**

平面机构中虚约束常见情况和处理方法如下：

①重复转动副。两构件组成几个转动副，其轴线相互重合时，只有一个转动副起约束作用，其他处则为虚约束。

②重复移动副。两构件组成几个移动副，其导路互相平行，只有一个移动副起约束作用，其他处则为虚约束。

③重复轨迹。在机构运动的过程中，若两构件两点间的距离始终保持不变，当用构件将此两点相连，则构成虚约束。

④重复高副。机构中对传递运动不起独立作用的对称部分(指高副)，则为虚约束。

对于后两种情况，计算自由度时将构成虚约束的构件及其运动副一起除去。机构中引入的虚约束，主要是为了改善机构的受力情况或增加机构的刚度。

【例 2-6】　试计算图 2-12 所示大筛机构的自由度。

解　大筛机构由一个平面连杆机构和一个凸轮机构组成。在凸轮机构顶杆的滚子处有一个局部自由度。顶杆与机架在 E 和 E' 处，两个同轴线的移动副，其中之一为虚约束。三个活动构件 BC、CD 和 CG 在 C 处组成复合铰链。因此在计算机构的自由度时，该机构

应看作由七个活动构件($n=7$)，七个转动副和两个移动副($P_L=9$)，以及一个高副($P_H=1$)所组成。故由式(2-1)得

$$F=3n-2P_L-P_H=3\times7-2\times9-1=2$$

即此机构的自由度等于2，故有两个原动件，即曲柄 AB 和绕 O 轴转动的凸轮。

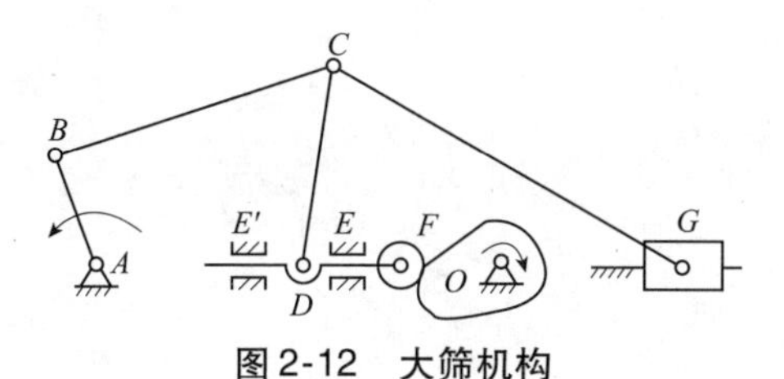

图2-12　大筛机构

小　　结

本章介绍了运动副分类、平面机构运动简图、平面机构的自由度等基本知识。通过对运动副分类，得出转动副、移动副、高副；通过平面机构运动简图的介绍，得出机构运动简图，判断机构简图中的构件；给出机构简图，绘制出平面机构运动简图，对平面机构自由度进行计算，对计算平面机构自由度时要注意的几个问题，即对复合铰链、局部自由度、虚约束的考虑。

习　　题

2-1　什么是运动副？高副与低副有何区别？

2-2　什么是机构运动简图？它有什么作用？

2-3　平面机构具有确定运动的条件是什么？

2-4　计算下列机构的自由度(题2-4图)。

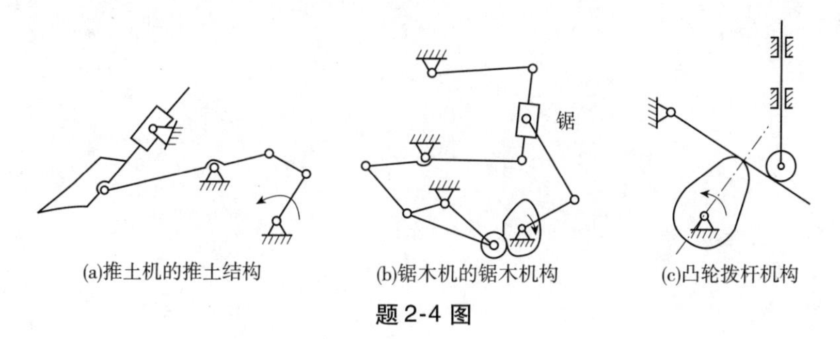

题2-4图

第3章　平面连杆机构传动

本章提要

本章介绍了速度瞬心的概念，平面机构速度瞬心的数目及确定方法，用速度瞬心法对现有机构进行速度分析，用相对运动图解法对机构进行速度分析的方法，机构运动分析的复数矢量法，平面机构力分析中的动态静力分析法，对给出机构用解析法建模并进行机构运动分析和力分析，重点介绍了对平面四杆机构设计。

对平面四杆机构设计有两种方法，即解析法和图解法。平面连杆机构在工程实际中应用十分广泛，根据工作对机构所要实现运动的要求，主要是实现刚体给定位置的设计和实现预定运动规律的设计。

3.1 铰链四杆机构的基本类型、应用和特点

构件间用四个转动副相连的平面四杆机构简称为铰链四杆机构，如图 3-1 所示。其中固定不动的杆 1 称为机架；与机架相连的杆 2 和杆 4 称为连架杆；不与机架相连的杆 3 称为连杆。在连架杆中能绕固定轴线整周的回转构件 2 称为曲柄，只能在某一角度范围内摆动的构件 4 称为摇杆。当齿轮 1 转动时，驱动齿轮 2(曲柄)转动，再通过连杆 3 使摇杆 4 做往复摆动，摇杆 4 另一端的棘爪拨动棘轮 5，带动送进丝杆 6 做单向间歇运动。

3.1.1 铰链四杆机构的基本类型及应用

所有运动副均为转动副的四杆机构称为铰链四杆机构。它是平面四杆机构的基本形式。在铰链四杆机构中，按连架杆能否做整周转动，可将四杆机构分为三种基本形式：

(1)曲柄摇杆机构

在铰链四杆机构中，若两连架杆中有一个为曲柄，另一个为摇杆，则称为曲柄摇杆机构。图 3-2(a)所示为牛头刨床横向自动进给机构。当齿轮 1 转动时，驱动齿轮 2(曲柄)转动，再通过连杆 3 使摇杆 4 往复摆动，摇杆另一端的棘爪便拨动棘轮 5，带动送进丝杠 6 做单向间歇运动。图 3-2(b)所示是其中的曲柄摇杆机构的运动简图。图 3-3 所示为调整雷达天线俯仰角大小的曲柄摇杆机构。构件 1 为曲柄，它的转动通过连杆 2 使摇杆 3(即天线)绕 D 点在一定角度范围内摆动，从而调整天线俯仰角的大小。

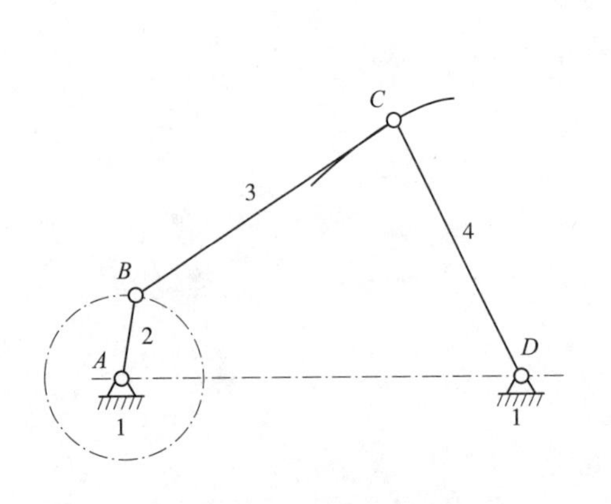

图 3-1 铰链四杆机构

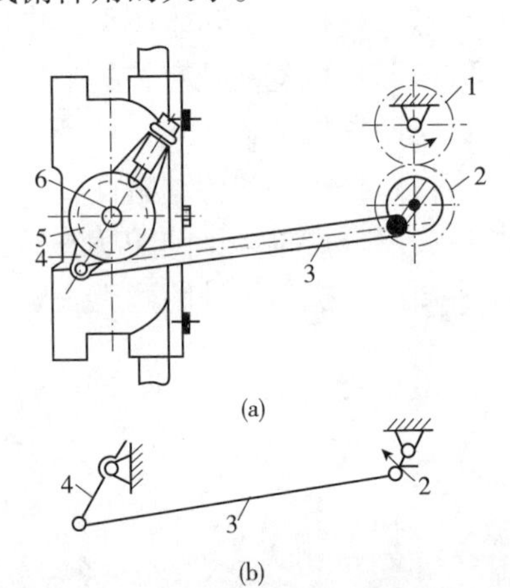

图 3-2 牛头刨床横向自动进给机构

(2)双曲柄机构

在铰链四杆机构中，若两连架杆均为曲柄，称为双曲柄机构。当主动曲柄连续等速转动时，从动曲柄一般不等速转动。双曲柄机构中有两种特殊机构：平行四边形机构和反平行四边形机构。在双曲柄机构中，若两对边构件长度相等且平行，则称为平行四边形机构。主动曲柄和从动曲柄均以相同角速度转动。两曲柄长度相同，而连杆与机架不平行的

铰链四杆机构，称为反平行四边形机构。在图 3-4 所示惯性筛中的铰链四杆机构 *ABCD* 就是这类机构。当曲柄 1 等速回转一周时，另一曲柄 3 便以变速回转一周，因而可使筛子 6 具有所需的加速度，结果筛中的材料块便利用惯性而达到筛分的目的。

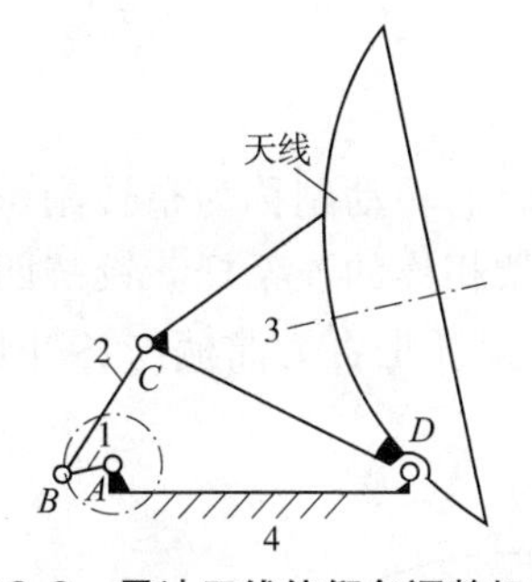

图 3-3　雷达天线俯仰角调整机构

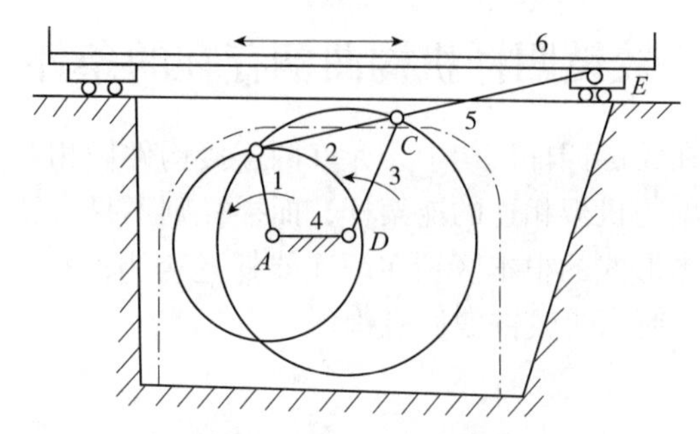

图 3-4　惯性筛工作机构

(3) 双摇杆机构

在铰链四杆机构中，若两连架杆均为摇杆，则称为双摇杆机构。图 3-5 所示的港口用门式起重机的变幅机构便是这种机构的实例。在铰链四杆机构 *ABCD* 中，构件 1 和 3 都是摇杆。当摇杆 3 摆动时，连杆 2 上悬挂货物的 *E* 点便在近似的水平直线上移动，使得 *E* 点变成 *E′* 点，*B* 点变成 *B′* 点，*C* 点变成 *C′* 点，这样，在平移货物时可避免不必要的升降，以保证货物平稳和减少能量消耗。

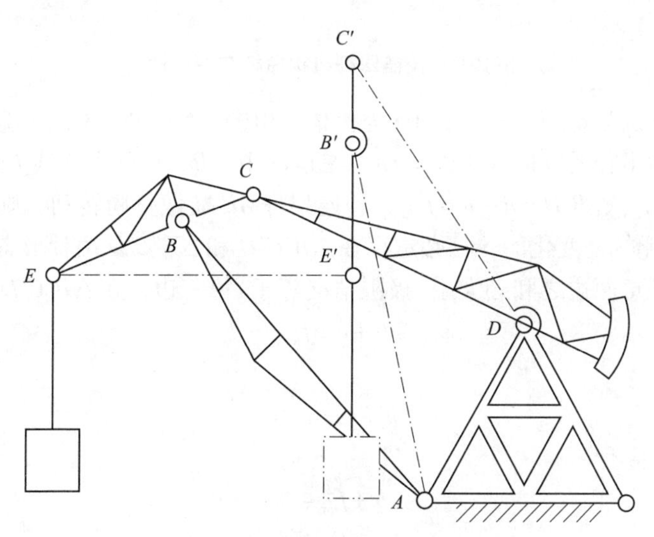

图 3-5　起重机机构

3.1.2　铰链四杆机构的特点

铰链四杆机构具有如下特点：

①铰链四杆机构是低副机构，构件间的相对运动部分为面接触，故单位面积上的压力较小。并且低副的构造便于润滑，摩擦磨损较小，寿命长，适于传递较大的动力。如动力机械、锻压机械等都可采用。

②两构件的接触面为简单几何形状，便于制造，能获得较高精度。

③构件间的相互接触是依靠运动副元素的几何形状来保证，无须另外采取措施。

④运动副中存在间隙，难以实现从动件精确的运动规律。

3.2 铰链四杆机构曲柄存在的条件

在铰链四杆机构中，允许两连接构件做相对整周旋转的转动副称为整转副。曲柄是以整转副与机架相连的连架杆，而摇杆则不是整转副与机架相连的连架杆。铰链四杆机构三种基本形式的根本区别在两连架杆是否为曲柄。而两连架杆是否为曲柄与各杆长度有关。图 3-6 所示为铰链四杆机构。

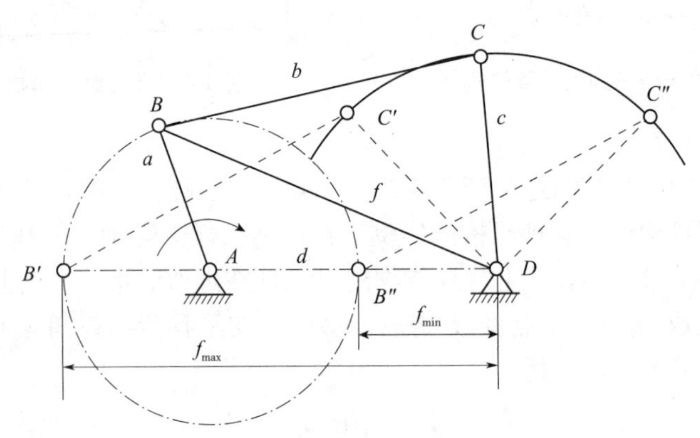

图 3-6　铰链四杆机构曲柄存在条件

设各杆长度分别为 a、b、c、d，AD 为机架，由图 3-6 可知，机构运动时 B 点只能以 A 为中心，做以 a 为半径的圆周或圆弧运动。在运动中，B、D 两点连线 f 的长度是变化的，其中 $B'D=a+b=f_{\max}$，$B''D=d-a=f_{\min}$。若连架杆 AB 能做整周转动，则机构在运动过程中三角形 BCD 的形状是变化的，且必定存在 $\triangle B'C'D$ 和 $\triangle B''C''D$ 两种形态。

根据三角形任意两边之和必大于(极限情况等于)第三边，在 $\triangle B'C'D$ 中应有

$$b+c \geqslant f_{\max} \tag{3-1}$$

即

$$b+c \geqslant a+d$$

在 $\triangle B''C''D$ 中应有

$$b+f_{\min} \geqslant c$$
$$c+f_{\min} \geqslant b$$

即

$$b+d \geqslant c+a \tag{3-2}$$
$$c+d \geqslant b+a \tag{3-3}$$

将式(3-1)、式(3-2)、式(3-3)两两相加并简化可得

$$\left.\begin{array}{l} a \leqslant b \\ a \leqslant c \\ a \leqslant d \end{array}\right\} \tag{3-4}$$

由式(3-4)可知，欲使连架杆 AB 成为曲柄，则连架杆 AB 应为最短杆。亦即只有最短杆的两端才有可能具有整转副。又根据式(3-1)～式(3-3)可知，最短杆 AB 与其他三杆中最长杆的长度之和必小于或等于其余两杆长度之和，这一关系称为杆长之和条件。

铰链四杆机构有一个曲柄的条件(杆长之和条件)是：最短杆与最长杆之和小于或等于其余两杆长度之和；最短杆为连架杆。

由于平面四杆机构的自由度为1，故无论哪杆为机架，只要已知其中一个可动构件的位置，则其余可动构件的位置必相应确定。因此，我们可以选任一杆为机架，都能实现完全相同的相对运动关系，这称为运动的可逆性。利用它，可在一个四杆机构中，选取不同的构件作为机架，以获得输出构件与输入构件间不同的运动特性。这一方法称为连杆机构的倒置。

可用以下方法来判别铰链四杆机构的基本类型：

①如图 3-7 所示，若机构满足杆长之和条件，则：

以最短杆 AB 的邻边为机架时曲柄摇杆机构，如图 3-7(a)所示；

以最短杆 AB 为机架时为双曲柄机构，如图 3-7(b)所示；

以最短杆 AB 的对边为机架时为双摇杆机构，如图 3-7(c)所示。

②若机构不满足杆长之和条件则只能为双摇杆机构。

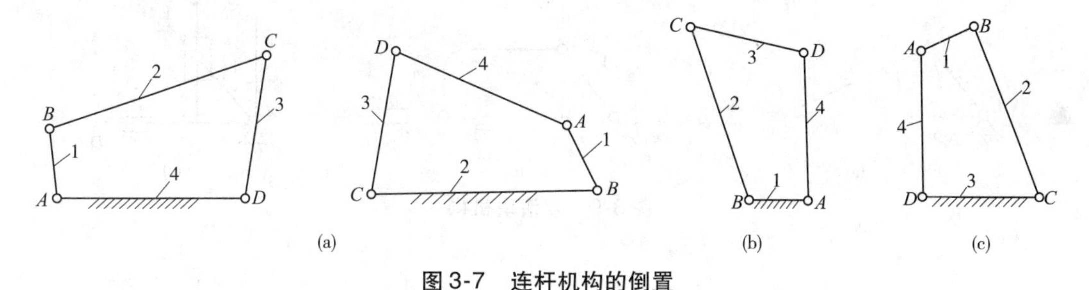

图 3-7 连杆机构的倒置

3.3 铰链四杆机构的演化

由于各种工程实际的需要，所用四杆机构的形式是多种多样的。这些四杆机构可看作是由铰链四杆机构通过不同方法演化而来的，并与之有着相同的相对运动特性。掌握这些演化方法，有利于对连杆机构进行创新设计。

3.3.1 改变运动副形式

(1)曲柄滑块机构

曲柄摇杆机构(图 3-8)转化为曲柄滑块机构(一个转动副转化为移动副)。

(2)双滑块机构

机构中存在两处移动副，则称为双滑块机构(图 3-9)。

3.3.2 连杆机构的倒置

与铰链四杆机构一样，对于曲柄滑块机构也可通过连杆机构的倒置得到形式不同机构(图 3-10)。

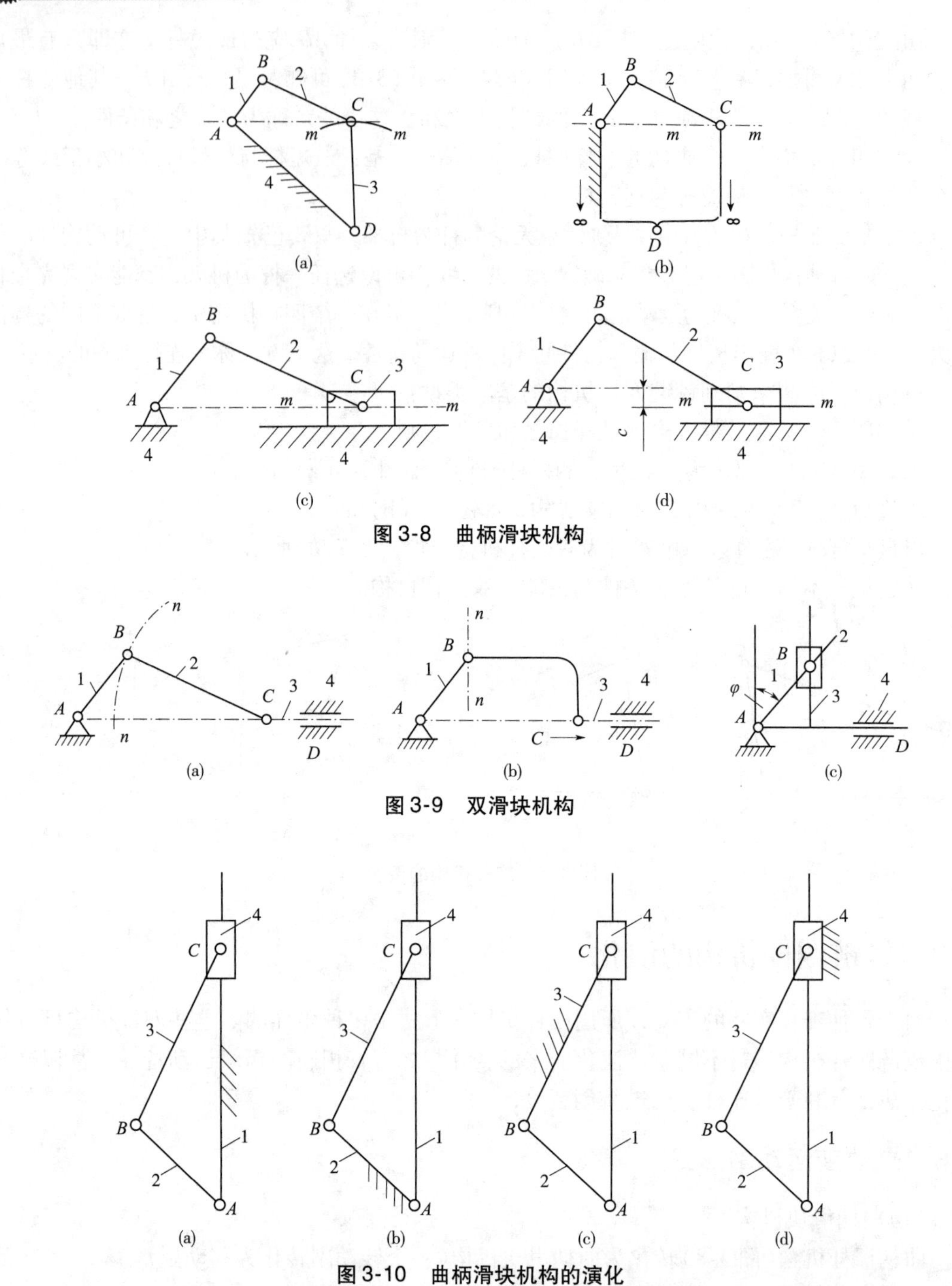

图 3-8　曲柄滑块机构

图 3-9　双滑块机构

图 3-10　曲柄滑块机构的演化

①如图 3-10 所示曲柄滑块机构，若改取杆 2 为机架则成为导杆机构。其中导杆 3 为主动件带动滑块 4 相对杆 1 滑动并随之一起绕 A 点转动。杆 1 起导路作用，称为导杆。设杆 2、杆 3 的长度分别为 l_2、l_3。当 $l_2 \leqslant l_3$ 时，杆 3 和杆 1 均可整圈旋转，故称为曲柄转动导杆机构；当 $l_2 > l_3$ 时，杆 3 可整圈旋转，杆 1 却只能往复摆动，故称为曲柄摆动导杆机构。

导杆机构常用于回转式油泵、牛头刨床等工作机构中。

②若取杆 3 为机架则成为摆动滑块机构(也称摇块机构)，如图 3-10(c)所示。这种机构广泛用于摆缸式内燃机和液压驱动装置中。图 3-11 所示为货车车厢翻斗机构。

③若取杆 4 为机架则成为定块机构，如图 3-10(d)所示。这种机构常用于手动抽水机构(如图 3-12 所示的手动抽水机构)和抽油泵图中。

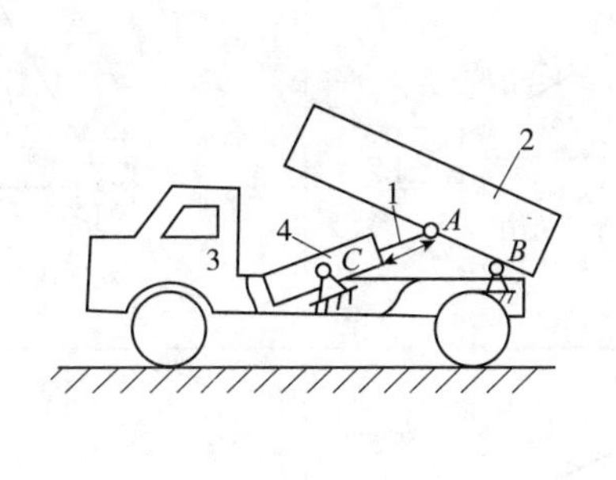

图 3-11　货车车厢自动翻斗机构

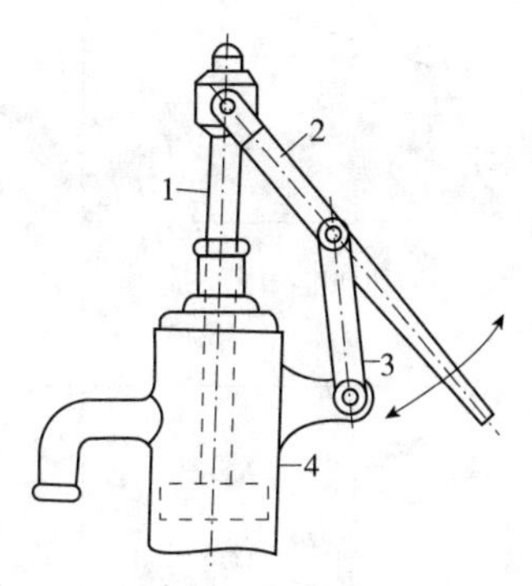

图 3-12　手动抽水机构

3.3.3　扩大转动副

在曲柄滑块机构中，若要求滑块行程较小则必须减小曲柄长度。两中心间的距离 e 称为偏心距，其值即为曲柄长度，图中滑块行程为 $2e$。

这种将曲柄做成偏心轮形状的平面连杆机构称偏心轮机构，它可视为是图 3-13(a)中的转动副 B 扩大到包容转动副 A，使构件 2 成为转动中心在 A 点的偏心轮而成，因此其运动特性与原曲柄滑块机构等效。同理，这种机构也可将曲柄摇杆机构按此方法演化而成［图 3-13(b)(c)］，运动特性与原机构也完全相同。

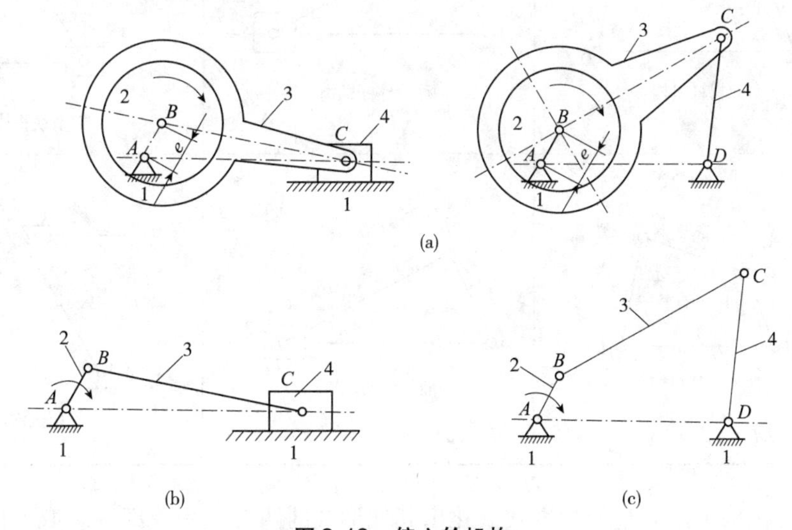

图 3-13　偏心轮机构

偏心轮机构常用于冲床、剪床和颚式破碎机等机构中。

当取不同的构件为机架时，会得到不同的四杆机构，其主要类型见表 3-1 所列。

表 3-1　四杆机构的主要类型

机架	Ⅰ铰链四杆机构	Ⅱ含一个移动副的四杆机构	Ⅲ含有两个移动副的四杆机构
1	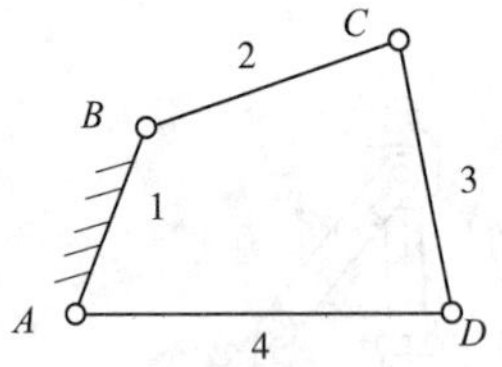 双曲柄机构	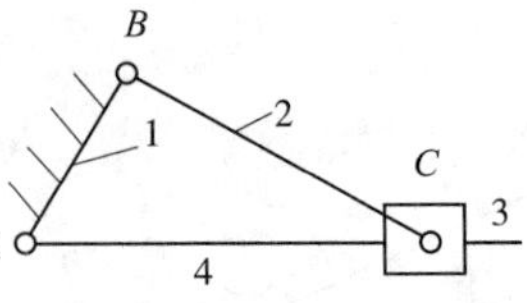 转动导杆机构	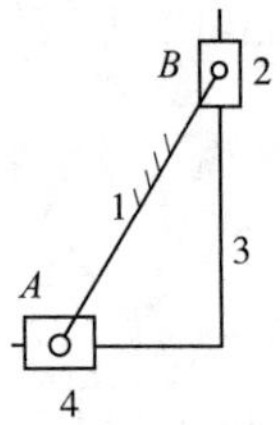 双转块机构
2	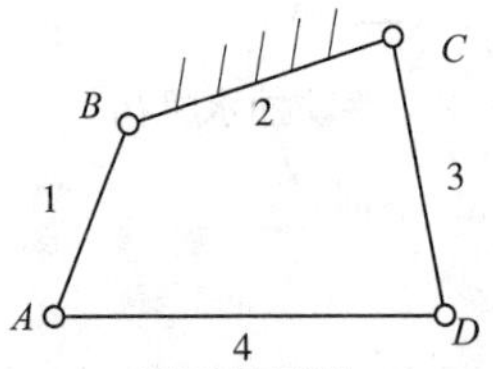 曲柄摇杆机构	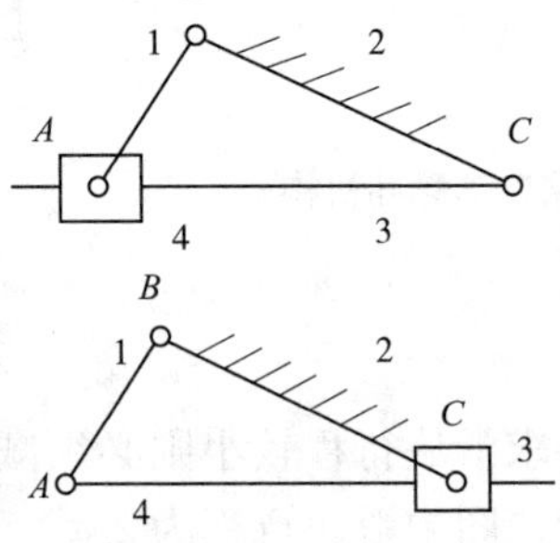 摆动导杆机构和曲柄摇块机构	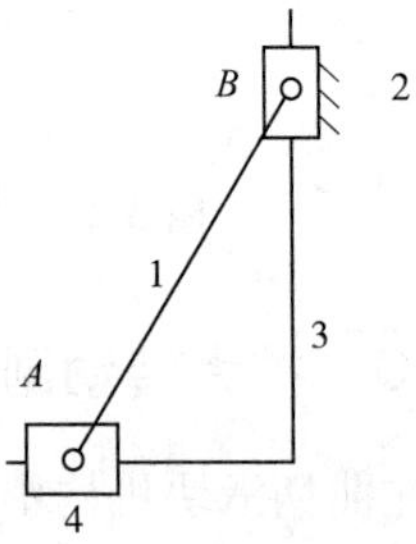 正弦机构
3	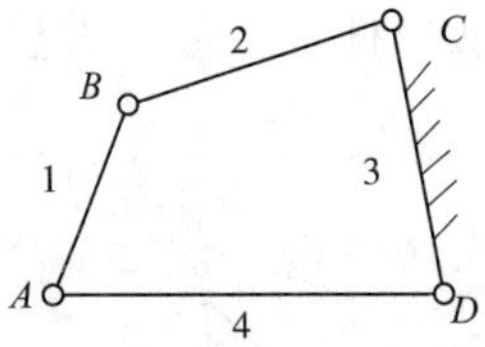 双摇杆机构	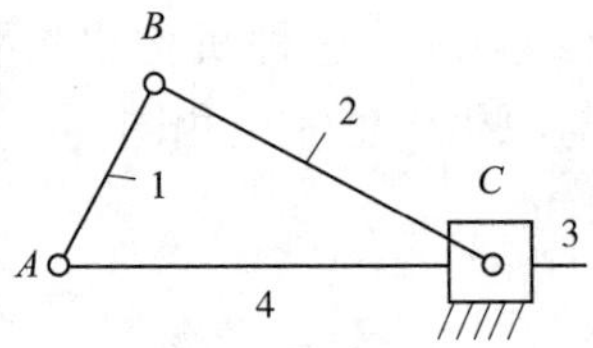 移动导杆机构	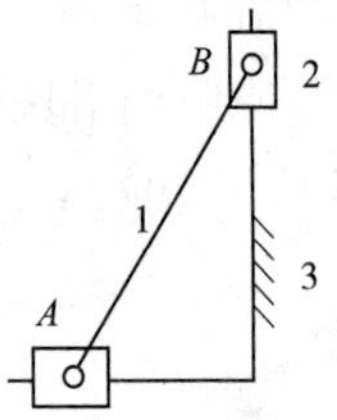 双滑块机构
4	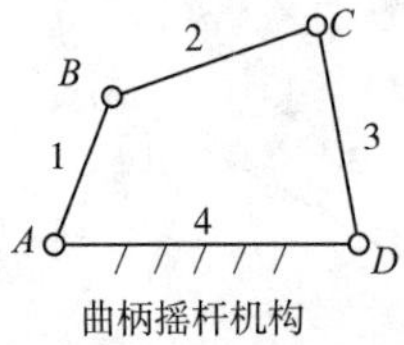 曲柄摇杆机构	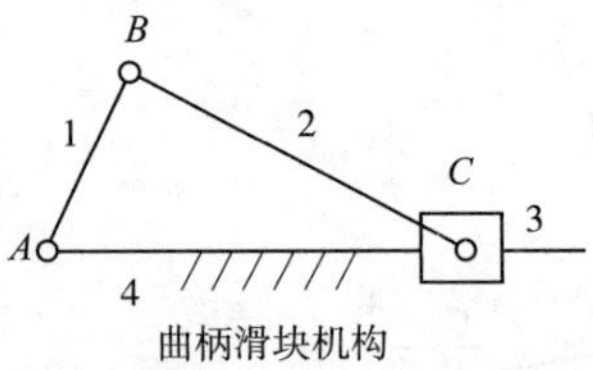 曲柄滑块机构	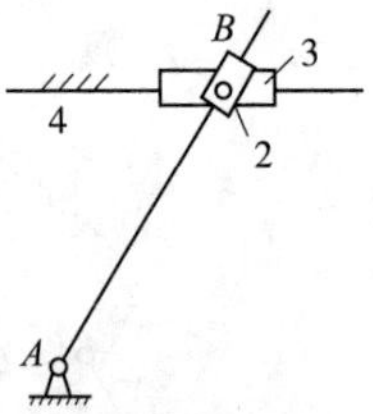 正切机构

铰链四杆机构可以通过四种方式演化出其他形式的四杆机构。即：①取不同构件为机架；②转动副变移动副；③杆状构件与块状构件互换；④销钉扩大。在曲柄摇杆机构或曲柄滑块机构中，当载荷很大而摇杆(或滑块)的摆角(或行程)不大时，可将曲柄与连杆构成的转动副中的销钉加以扩大，演化成偏心盘结构，这种结构在工程上应用很广。

3.4 平面四杆机构的传动特性

3.4.1 急回特性

用行程速度变化系数 K 来表示这种特性，即

$$K=\frac{\text{从动件空回程平均速度}}{\text{主动件工作平均速度}}=\frac{\widehat{C_1C_2}/t_2}{\widehat{C_1C_2}/t_1}=\frac{t_1}{t_2}=\frac{\varphi_1}{\varphi_2}=\frac{180^\circ+\theta}{180^\circ-\theta} \tag{3-5}$$

或

$$\theta=180^\circ\frac{K-1}{K+1} \tag{3-6}$$

由式(3-5)可见，机构的急回速度取决于夹角 θ 的大小。θ 角越大，K 值越大，机构的急回程度也越高，但从另一方面看，机构运动的平稳性就越差。设计这种机构时，通常根据给定的 K 值算出角 θ 作为已知的运动条件，一般 $1<K<2$。

在图 3-13(b)(c)所示的曲柄滑块机构中：当 $e=0$ 时，$\theta=0$，则 $K=1$，无急回特性；$e\neq0$ 时，$\theta\neq0$，则 $K>1$，机构有急回特性(图 3-14)。在图 3-15 所示的摆动导杆机构中：其极位夹角等于导杆摆角，具有急回特性。此外，不等长双曲柄机构如惯性筛中的双曲柄机构也具有急回特性。

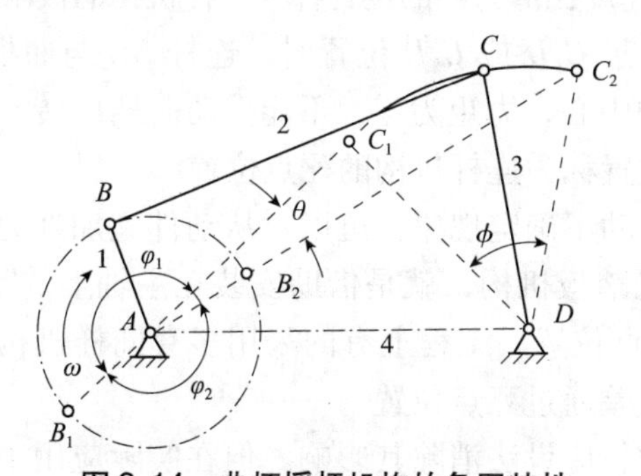

图 3-14 曲柄摇杆机构的急回特性

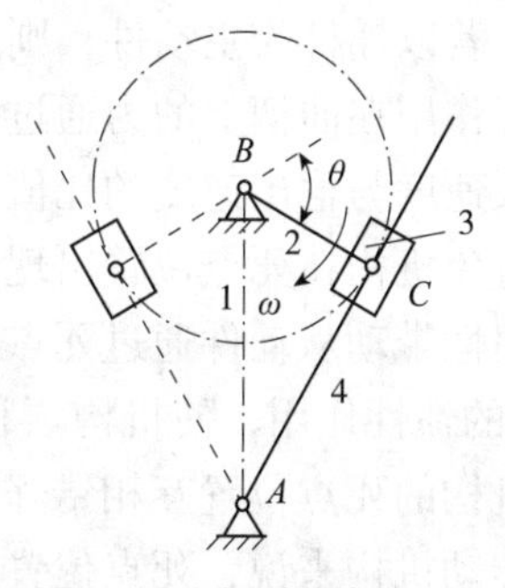

图 3-15 摆动导杆机构

3.4.2 压力角与传动角

将 F 分解可得推动摇杆的有效分力 $F_t=F\cos\alpha$ 和只能产生摩擦阻力的有害分力 $F_r=F\sin\alpha$，α 为压力角：不计摩擦力、惯性力和重力时从动件上 C 点所受作用力的方向与其线速度方向所夹的锐角(图 3-16)。

压力角大小在机构的运动过程中是变化的，其值越小机构中有效分力越大。所以判断一连杆机构是否具有良好的传力性能，压力角是标志。在实际应用中，为了度量方便，常以连杆与摇杆所夹锐角 γ 来衡量机构的传力性能。显而易见，γ 角即压力角的余角，称为传动角。因为 $\gamma=90^\circ-\alpha$，故角 γ 越大，对机构传动越有利。为保证机构有较好的传力性能，应使机构的最小传动角 γ_{min} 不小于一定的值。通常要求 $\gamma_{min}\geqslant40^\circ$，对高速重载机械则要求 $\gamma_{min}\geqslant50^\circ$。

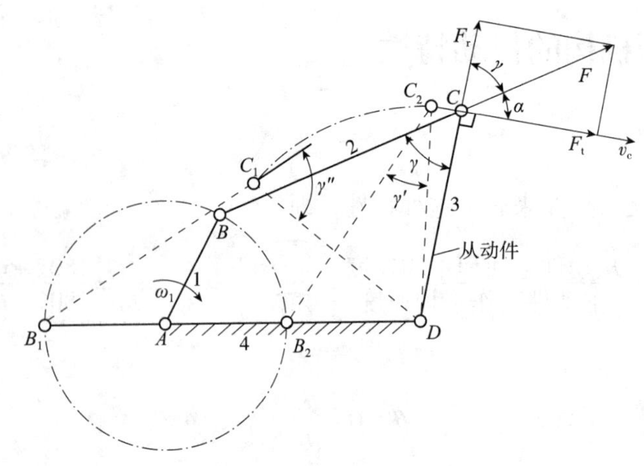

图 3-16 压力角与传动角

3.4.3 极限位置与死角

在曲柄摇杆机构中，若以曲柄 AB 为主动件，则在其连续传动过程中，摇杆 CD 必在 C_1D 与 C_2D 两位置间来回摆动。在通过这两个位置时，摇杆发生换向运动，其上各点的瞬时速度为零。若称主动件的速度为输入速度，从动件的速度为输出速度，则：

极限位置：机构中瞬时输出速度与输入速度比值为零的位置称为连杆机构的极限位置。

死角：若以摇杆为主动件，则当摇杆处于 C_1D 或 C_2D 位置时，连杆 BC 与曲柄 AB 均共线，连杆作用在曲柄上的力通过铰链 A 的中心，力矩为零，不能推动曲柄旋转。故机构中瞬时输入速度与输出速度的比值为零的位置称为连杆机构的死点位置。

为了避免机构在死点位置出现卡死或运动不确定现象，可以对从动件施加外力，或利用飞轮的惯性带动从动件通过死点。缝纫机踏板机构，就是借助安装在主轴上的带轮（相当于飞轮）的惯性作用，使机构顺利通过死点位置。工程上有的采用多套同样机构错位排列式各套机构的死点位置互相错开，靠位置差通过死点位置。

对于传动机构来说，死点位置是有害的，应设法消除其影响。但在实际应用中也有利用死点位置的性质来进行工作的。在图 3-17 所示的缝纫机的脚踏板机构中，脚踏板 CD 为主动件做往复摆动，通过连杆 BC 驱使曲柄 AB 做整周转动，再经过带传动使机头的主轴转动。在图 3-18 所示为飞机的起落架机构中，当飞机准备着陆时，机轮被放下，此时 BC 杆与 CD 杆共线，机构处于死点位置。

在图 3-19 所示的夹具夹紧机构中，在加工工件时，将工件 2 放在工作台上，然后用力向下扳动手柄 3，工件 2 随即被夹紧。此时 BC 与 CD 共线，如图 3-19(a)所示，机构处于死点位置。在加工工件的过程中，当去掉施加在手柄上的外力 F 之后，无论工件上的反作用力 F_N 有多大，都不能使构件 CD 转动，因此，夹紧机构仍能可靠地夹紧工件。当需要取出工件时，向上扳动手柄 3，即能松开夹具，如图 3-19(b)所示。

死点的存在对机构运动是不利的，应尽量避免出现死点。当无法避免出现死点时，一般可以采用加大从动件惯性的方法，靠惯性帮助通过死点。例如内燃机曲轴上的飞轮。也可以采用机构错位排列的方法，靠两组机构死点位置差的作用通过各自的死点。

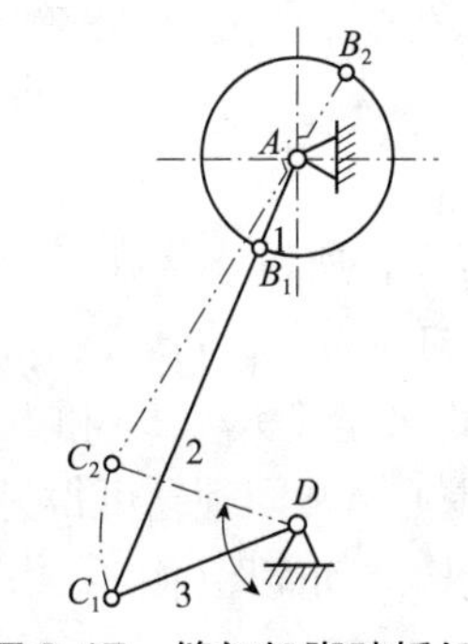

图3-17 缝纫机脚踏板机构

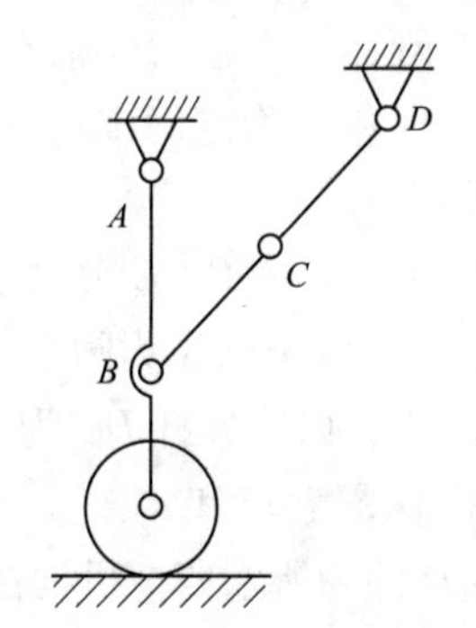

图3-18 飞机的起落架机构

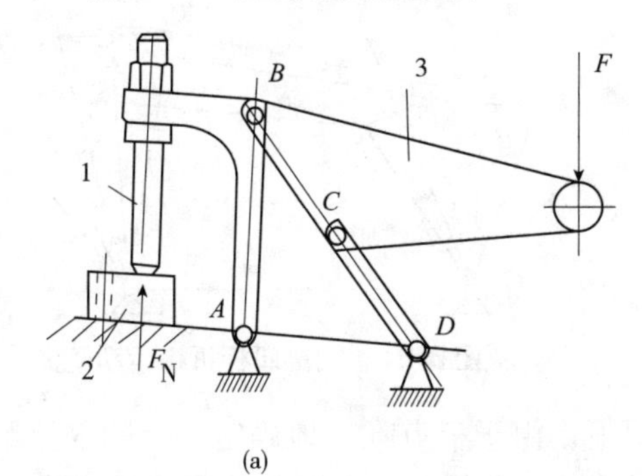

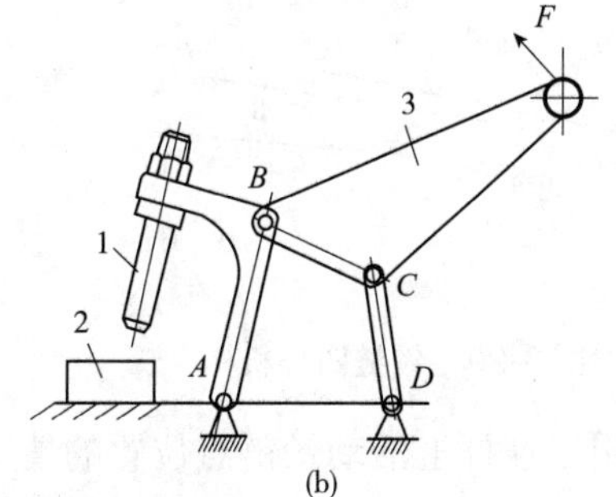

图3-19 夹具夹紧机构

3.5 平面四杆机构设计的图解法

1. 平面四杆机构设计的两类基本问题

平面连杆机构在工程实际中应用十分广泛。根据工作对机构所要实现运动的要求，这些范围广泛的应用问题，通常可归纳为两大类设计问题。

(1)实现刚体给定位置的设计

在这类设计问题中，要求所设计的机构能引导一个刚体顺序通过一系列给定的位置。该刚体一般是机构的连杆。

(2)实现预定运动规律的设计

在这类设计问题中，要求所设计机构的主、从动连架杆之间的运动关系能满足某种给定的函数关系。如车门开闭机构，工作要求两连架杆的转角满足大小相等而转向相反的运动关系，以实现车门的开启和关闭；又如汽车前轮转向机构，工作要求两连架杆的转角满足某种函数关系，以保证汽车顺利转弯；再如，在工程实际的许多应用中，要求在主动连架杆匀速运动的情况下，从动连架杆的运动具有急回特性，以提高劳动生产率。

2. 作图

按给定连杆位置设计四杆机构：

如图3-20所示，设工作要求某刚体在运动过程中能依次占据Ⅰ，Ⅱ，Ⅲ三个给定位置。

试设计一铰链四杆机构，引导该刚体实现这一运动要求。设计问题为实现连杆给定位置的设计。首先根据刚体的具体结构，在其上选择活动铰链点 B，C 的位置。一旦确定了其位置，对应于刚体三个位置时活动铰链的位置 B_1C_1，B_2C_2，B_3C_3 也就确定了。

设计的主要任务：确定固定铰链点 A，D 的位置。

设计步骤如下：

因为连杆上活动铰链 B，C 分别绕固定铰链 A，D 转动，所以连杆在三个给定位置上的 B_1，B_2 和 B_3 点，应位于以 A 为圆心，连架杆 AB 为半径的圆周上；同理，C_1，C_2 和 C_3 三点应位于以 D 为圆心，以连架杆 DC 为半径的圆周上。因此，连接 B_1，B_2 和 B_2，B_3，再分别做这两条线段的中垂线 a_{12} 和 a_{23}，其交点即为固定铰链中心 A。同理，可得另一固定铰链中心 D。则 AB_1C_1D 即为所求四杆机构在第一个位置时的机构运动简图(图 3-21)。

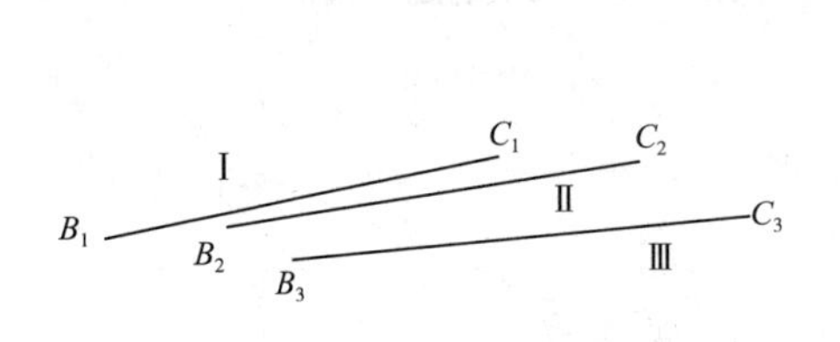

图 3-20　铰链四杆机构

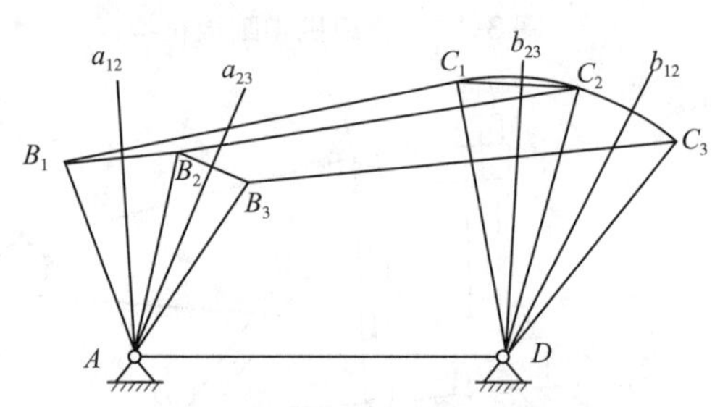

图 3-21　铰链四杆机构运动简图

在选定了连杆上活动铰链点位置的情况下，由于三点唯一地确定一个圆，故给定连杆三个位置时，其解是确定的。改变活动铰链点 B，C 的位置，其解也随之改变，从这个意义上讲，实现连杆三个位置的设计，解有无穷多个。如果给定连杆两个位置，则固定铰链点 A，D 的位置可在各自的中垂线上任取，故其解有无穷多个。设计时，可添加其他附加条件(如机构尺寸、传动角大小、有无曲柄等)，从中选择合适的机构。如果给定连杆四个位置，因任一点的四个位置并不总在同一个圆周上，因而活动铰链 B，C 的位置就不能任意选定。但总可以在连杆上找到一些点，它的四个位置是在同一圆周上，故满足连杆四个位置的设计也是可以解决的，不过求解时要用到所谓圆点曲线和中心点曲线理论。关于这方面的问题，需要时可参阅有关文献，这里不再作进一步介绍。

综上所述，刚体导引机构的设计，就其本身的设计方法而言，一般并不困难，关键在于如何判定一个工程实际中的具体设计问题属于刚体导引机构的设计。

3. 按给定连架杆对应位置设计四杆机构

设计一个四杆机构作为函数生成机构，这类设计命题即通常所说的按两连架杆预定的对应角位置设计四杆机构。

如图 3-22 所示，设已知四杆机构中两固定铰链 A 和 D 的位置，连架杆 AB 的长度，要求两连架杆的转角能实现三组对应关系。

设计此四杆机构的关键：求出连杆 BC 上活动铰链点 C 的位置，一旦确定了 C 点的位置，连杆 BC 和另一连架杆 DC 的长度也就确定了。

设已有四杆机构 $ABCD$，当主动连架杆 AB 运动时，连杆上铰链 B 相对于另一连架杆 CD 的运动，是绕铰链点 C 的转动。因此，以 C 为圆心，以 BC 长为半径的圆弧即为连杆上已知铰链点 B 相对于铰链点 C 的运动轨迹。如果能找到铰链 B 的这种轨迹，则铰链 C 的位置就不难确定了。主要采用机构反转法。

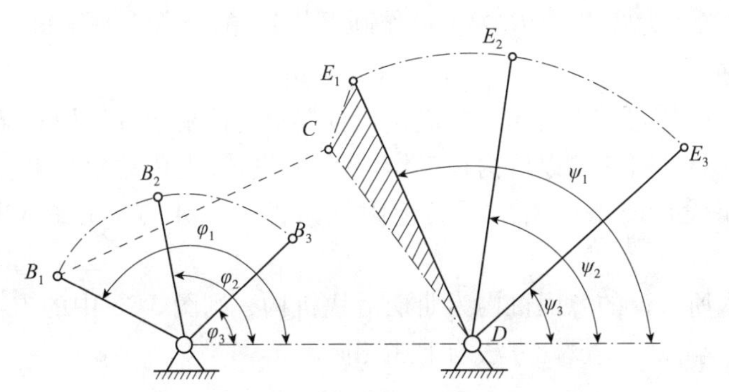

图 3-22　按给定连架杆对应位置设计四杆机构

在函数生成机构的设计中，当要求实现几组对应位置，即设计一个四杆机构使其两连架杆实现预定的对应角位置时，可以用所谓的“刚化－反转”法求此四杆机构。这个问题是本章的难点之一。

刚化－反转法也适用于曲柄滑块机构的设计，但要注意曲柄滑块机构与曲柄摇杆机构的关系，根据不同的设计命题，分清楚什么情况“反转”，什么情况“反移”。

从以上分析可知，在设计某个连杆机构时，首先应分清已知什么，要设计什么，然后再选定设计参考位置，用刚化反转或反移法进行设计。

这种运动倒置的方法是一种带有普遍性的方法，如在凸轮机构设计中用的反转法，在轮系的传动比计算中的转化机构法等，均是运动倒置的原理。

按给定行程速比系数 K 设计四杆机构。

【例 3-1】　已知曲柄摇杆机构中摇杆长 CD 和其摆角 Ψ 以及行程速比系数 K，要求设计该四杆机构。

解　设计步骤

首先，根据行程速比系数 K，计算极位夹角 θ，即

$$\theta = 180 \times \frac{K-1}{K+1}$$

然后，任选一点 D 作为固定铰链，如图 3-23 所示，并以此点为顶点作等腰三角形 DC_2C_1，使两腰之长等于摇杆长 CD，$\angle C_1DC_2 = \Psi$。然后过 C_1 点作 $C_1\mathrm{N} \perp C_1C_2$，再过 C_2 点作 $\angle C_1C_2M = 90° - \theta$，得到直线 C_1N 和 C_2M 的交点为 P。最后以线段 $\overline{C_2P}$ 为直径作圆，则此圆周上任一点与 C_1，C_2 连线所夹之角度均为 θ。而曲柄转动中心 A 可在圆弧 $\overset{\frown}{C_1PF}$ 或 $\overset{\frown}{C_2G}$ 上任取。

由图 3-23 可知，曲柄与连杆重叠共线和拉直共线的两个位置为 $\overline{AC_1}$ 和 $\overline{AC_2}$，则

$$\overline{AC_1} = \overline{B_1C_1} - \overline{AB_1}$$

$$\overline{AC_2} = \overline{AB_2} - \overline{B_2C_2}$$

由以上两式可解得曲柄长度

$$AB = \frac{\overline{AC_2} - \overline{AC_1}}{2} = \frac{\overline{EC_2}}{2}$$

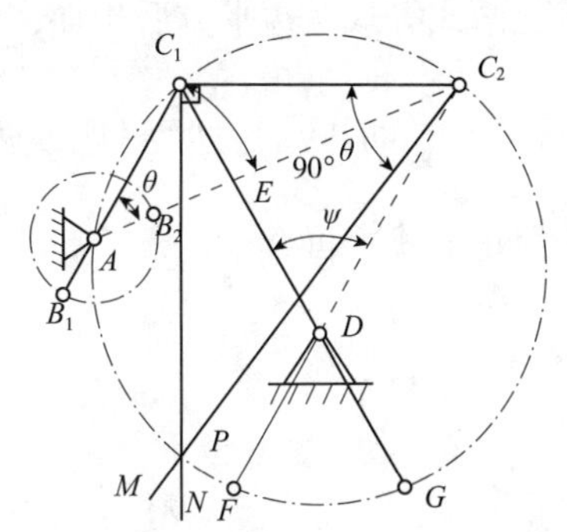

图 3-23　曲柄滑块机构

线段$\overline{EC_2}$可由以 A 为圆心、$\overline{AC_1}$为半径作圆弧与$\overline{AC_2}$的交点 E 来求得，而连杆长$\overline{BC}$为

$$\overline{BC}=\overline{AC_2}-\overline{AB_2}$$

由于曲柄轴心 A 位置有无穷多，故满足设计要求的曲柄摇杆机构有无穷多个。如未给出其他附加条件，设计时通常以机构在工作行程中具有较大传动角为出发点，来确定曲柄轴心的位置。如果设计要求中给出了其他附加条件，则 A 点的位置应根据附加条件来确定。

如果工作要求所设计的急回机构为曲柄滑块机构，则图 3-23 中的 C_1，C_2 点分别对应于滑块行程的两个端点，其设计方法与上述相同。

3.6　平面四杆机构设计的解析法

图解法设计四杆机构形象直观、思路清晰，但作图麻烦且误差较大。而解析法设计四杆机构是建立机构结构参数与运动参数的解析关系式，从而按给定条件求出未知结构参数，求解准确。

(1)按给定连架杆对应位置设计四杆机构

如图 3-24 所示，已知铰链四杆机构中两连架杆 AB 和 CD 的三组对应转角，即 j_1、y_1、j_2、y_2，j_3、y_3(以 j_i，y_i 表示)，设计此四杆机构。

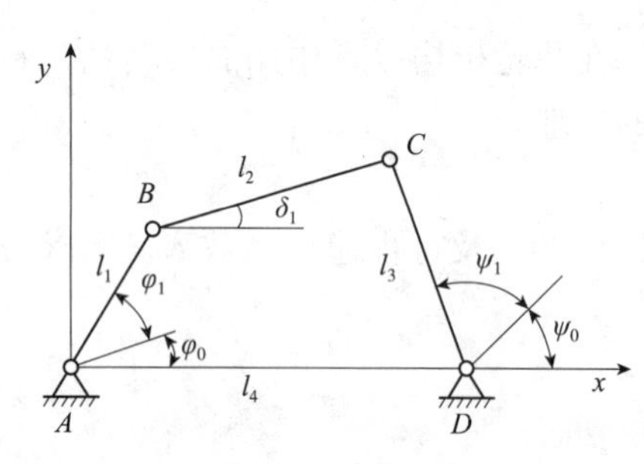

图 3-24　四杆机构

首先，建立坐标系，使 x 轴与机架重合，各构件以矢量表示，其转角从 x 轴正向沿逆时针方向度量。根据各构件所构成的矢量封闭形，可写出下列矢量方程式：

$$l_1+l_2=l_4+l_3$$

将上式向坐标轴投影，可得

$$l_1\cos(\varphi_0+\varphi_1)+l_2\cos\delta_1=l_4+l_3\cos(\psi_0+\psi_1)$$
$$l_1\sin(\varphi_0+\varphi_1)+l_2\sin\delta_1=l_3\sin(\psi_0+\psi_1)$$

如取各构件长度的相对值，即$\frac{l_1}{l_1}=1$，$\frac{l_2}{l_1}=m$，$\frac{l_3}{l_1}=n$，$\frac{l_4}{l_1}=p$，并移项得

$$m\cos\delta_1=p+n\cos(\psi_1+\psi_0)-\cos(\varphi_0+\varphi_1)$$
$$m\sin\delta_1=n\sin(\psi_1+\psi_0)-\sin(\varphi_0+\varphi_1)$$

将上两式等式两边平方后相加，整理后得

$$\cos(\varphi_1+\varphi_0)=n\cos(\psi_1+\psi_0)-\frac{n}{p}\cos[(\psi_1+\psi_0)-(\varphi_1+\varphi_0)]+\frac{n^2+p^2+1-m^2}{2p}$$

为简化上式，再令

$$C_0=n$$
$$C_1=-n/p$$
$$C_2=(n^2+p^2+1-m^2)/2p$$

可得

$$\cos(\varphi_1+\varphi_0)=C_0\cos(\psi_1+\psi_0)+C_1\cos[(\psi_1+\psi_0)-(\varphi_1+\varphi_0)]+C_2$$

上式含有 C_0、C_1、C_2、φ_0、ψ_0 五个待定参数，由此可知，两连架杆转角对应关系最多只能给出五组，才有确定解。如给定两连架杆的初始角 φ_0、ψ_0，则只需给定三组对应关系即可求出 C_0、C_1、C_2，进而求出 m、n、p。最后可根据实际需要决定构件 AB 的长度，这样其余构件长度也就确定了。相反，如果给定的两连架杆对应位置组数过多，或者是一个连续函数 $y=y(j)$（即从动件的转角 y 和主动的转角 j 连续对应）。则因 j 和 y 的每一组相应值即可构成一个方程式，因此方程式的数目将比机构待定尺度参数的数目多，而使问题成为不可解。在这种情况下，设计要求仅能近似地得以满足。

（2）按给定连杆某点轨迹设计四杆机构

设计一个四杆机构作为轨迹生成机构，此类设计命题，即通常所说的按给定的运动轨迹设计四杆机构。

在图3-25所示为工作要求实现的运动轨迹。今欲设计一铰链四杆机构，使其连杆上某一点 M 的运动轨迹与该给定轨迹相符。

设计步骤如下：

为了确定机构的尺度参数和连杆上 M 点的位置，首先需要建立四杆机构连杆上 M 点的位置方程，亦即连杆曲线方程。

设在坐标系 xAy 中，连杆上 M 点的坐标为 $(x,\ y)$，该点的位置方程可按如下步骤求得：

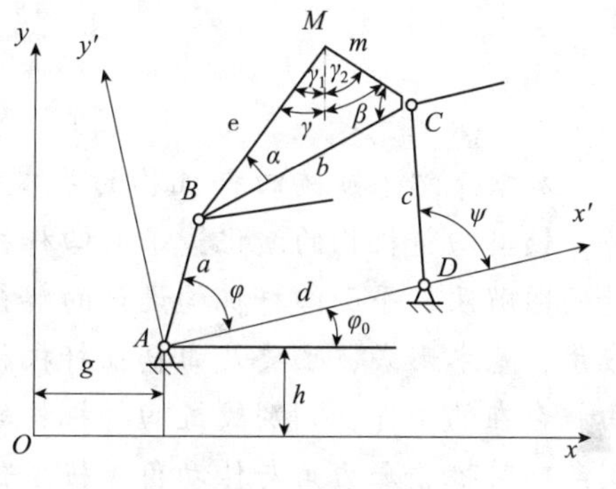

图3-25　四杆机构

由四边形 $ABML$ 可得

$$x = a\cos\varphi + e\sin\gamma_1$$
$$y = a\sin\varphi + e\cos\gamma_1$$

由四边形 $DCML$ 可得

$$x = d + c\cos\psi - f\sin\gamma_2$$
$$y = c\sin\psi - f\cos\gamma_2$$

将前两式平方相加消去 ψ，后两式平方相加消去 ψ，可分别得

$$x^2 + y^2 + e^2 - a^2 = 2e(x\sin\gamma_1 + y\cos\gamma_1)$$
$$(d-x)^2 + y^2 + f^2 - c^2 = 2f[(d-x)\sin\gamma_2 + y\cos\gamma_2)]$$

根据 $\gamma_1+\gamma_2=\gamma$ 的关系，消去上述两式中的 γ_1 和 γ_2，即可得连杆上 M 点的位置方程

$$U_2 + V_2 = W_2$$

该式又称连杆曲线方程。

式中

$$U = f\{[(x-d)\cos\gamma + y\sin\gamma](x^2+y^2+e^2-a^2) - ex[(x-d)^2+y^2+f^2-c^2]\}$$
$$V = f\{[(x-d)\sin\gamma + y\cos\gamma](x^2+y^2+e^2-a^2) - ex[(x-d)^2+y^2+f^2-c^2]\}$$
$$W = 2ef\sin\gamma[x(x-d) + y^2 - dy\cot\gamma]$$

上式中共有六个待定尺寸参数 a，c，d，e，f，γ，故如在给定的轨迹中选取六组坐标值 $(x_i,\ y_i)$，分别代入上式，即可得到六个方程，联立求解这个六个方程，即可解出全部

待定尺寸。这说明连杆曲线上只有六个点与给定的轨迹重合。

设计时，为了使连杆曲线上能有更多点与给定轨迹重合，可再引入坐标系 $x'Oy'$，如图 3-25 所示，即引入了表示机架在 $x'Oy'$坐标系中位置的三个待定参数 g，h，φ_0。然后用坐标变换的方法将变换到坐标系 $x'Oy'$中，即可得到在该坐标系中的连杆曲线方程：

$$F(x', y', a, c, d, e, f, g, h, g, j_0) = 0$$

式中共含有九个待定尺寸参数，这说明铰链四杆机构的连杆上的一点最多能精确地通过给定轨迹上所选的九个点。若在给定的轨迹上选定的九个点的坐标为(x_i, y_i)，代入上式，即可得到九个非线性方程，利用数值方法解此非线性方程组，便可求得所要设计机构的九个待定尺寸参数。

小　　结

本章介绍了铰链四杆机构的基本类型、应用和特点，铰链四杆机构曲柄存在的条件，铰链四杆机构的演化，平面四杆机构的传动特性，多杆机构简介，平面四杆机构设计的图解法，平面四杆机构设计的解析法等基本知识。分析铰链四杆机构的基本类型及应用，基本形式，主要是曲柄摇杆机构、双曲柄机构、双摇杆机构。分析铰链四杆机构曲柄存在的条件，判别铰链四杆机构的基本类型。通过对平面四杆机构的传动特性，得到急回特性、压力角与传动角、极限位置与死角的判别，使用图解法、解析法设计平面四杆机构。

习　　题

3-1　试根据题 3-1 图所注明的尺寸，判断下列铰链四杆机构是曲柄摇杆机构、双曲柄机构还是双摇杆机构？

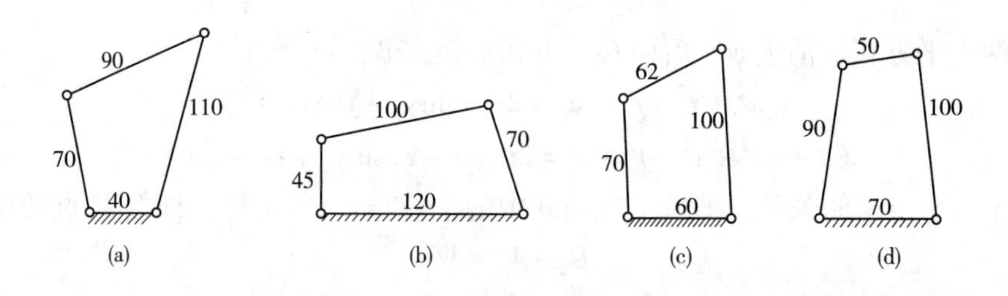

题 3-1 图

3-2　设计一导杆机构，已知机架长度 $l = 100$mm，行程速比系数 $K = 1.4$，求曲柄长度。

3-3　已知某曲柄摇杆机构的曲柄匀速转动，极位夹角 θ 为 30°，摇杆工作行程需 7s。试问：①摇杆空回行程需几秒？②曲柄每分钟转数是多少？

3-4　设计一曲柄滑块机构，如题 3-4 图所示。已知滑块的行程 $s = 50$mm，偏距 $e = 16$mm，行程速度变化系数 $K = 1.2$，求曲柄和连杆的长度。

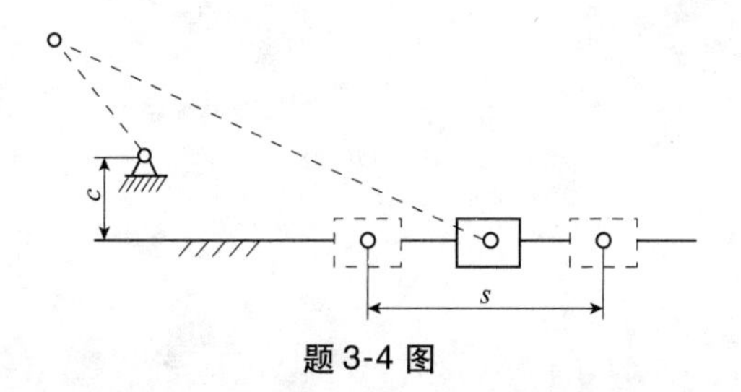

题3-4图

3-5　设计一曲柄摇杆机构，已知摇杆长度 $l = 80\text{mm}$，摆角 $\psi = 40°$，摇杆的行程速度变化系数 $K = 1$，且要求摇杆 CD 的一个极限位置与机架间的夹角 $\angle CDA = 90°$，试用图解法确定其余三杆的长度。

3-6　某四杆机构如题3-6图所示，各杆尺寸为 $AB = 150\text{mm}$、$BC = 240\text{mm}$、$CD = 400\text{mm}$、$DA = 500\text{mm}$。试完成：①该机构属于何种类型？②写出 AB、BC、CD、DA 四杆的名称。

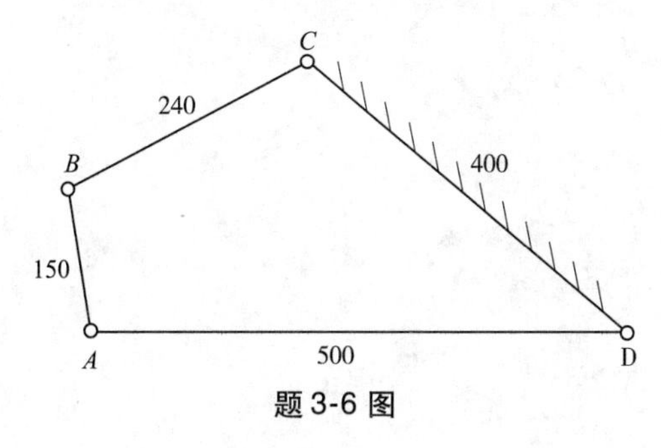

题3-6图

第4章　凸轮机构传动

本章提要

本章介绍了凸轮机构的组成、特点、应用及其分类，从动件常用的运动规律及选择原则，确定凸轮机构的基本尺寸时应考虑的主要问题(包括压力角对尺寸的影响、压力角对凸轮受力情况、效率和自锁的影响及失真等问题)，用图解法设计盘形凸轮轮廓曲线。重点介绍了推杆常用运动规律，利用“反转法”原理设计盘形凸轮机构凸轮轮廓曲线，凸轮机构不出现自锁、正常工作的条件，凸轮基圆半径的选择原则。

能够掌握推杆常用运动规律中等速运动规律、等加速等减速运动规律、余弦加速度运动规律。能够利用“反转法”原理设计盘形凸轮机构凸轮轮廓曲线。能够掌握凸轮机构不出现自锁、正常工作的条件，最大压力角 α_{max} 小于或等于许用压力角$[\alpha]$。了解凸轮基圆半径的选择原则，在满足 $\alpha_{max}\leqslant[\alpha]$的条件下取尽可能小的基圆半径。

4.1 凸轮机构的应用及类型

凸轮机构是由具有曲线轮廓或凹槽的构件，通过高副接触带动从动件实现预期运动规律的一种高副机构。它广泛地应用于各种机械，特别是自动机械、自动控制装置和装配生产线中。在设计机械时，当需要其从动件必须准确地实现某种预期的运动规律时，常采用凸轮机构。当凸轮运动时，通过其上的曲线轮廓与从动件的高副接触，可使从动件获得预期的运动。凸轮机构是由凸轮、从动件和机架这三个基本构件所组成的一种高副机构。

4.1.1 凸轮机构的组成、应用及特点

凸轮机构(图 4-1)是由凸轮 1、从动件 2 和机架 3 组成的高副机构。凸轮具有曲线轮廓(或凹槽)，它通常做连续等角速转动(也有做摆动或往复直线移动的)，从动件则在凸轮轮廓驱动下按预定的运动规律做往复直线移动或摆动。

绕线机排线凸轮机构如图 4-2 所示。绕线轴 3 连续快速转动，经蜗杆传动带动凸轮 1 缓慢转动，通过凸轮高副驱动从动件 2 往复摆动，从而使线均匀地缠绕在绕线轴上。

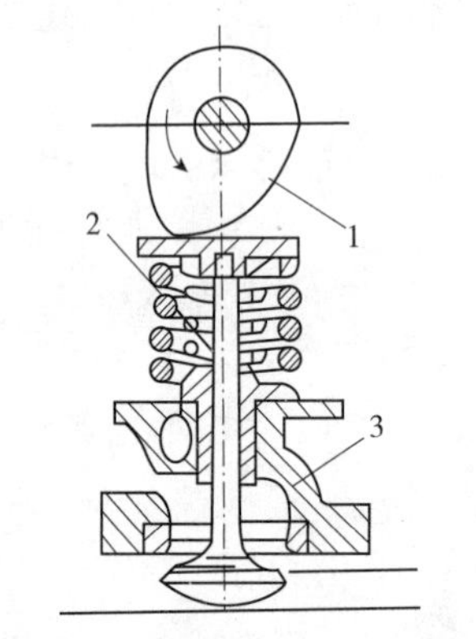

图 4-1　内燃机配气机构简图

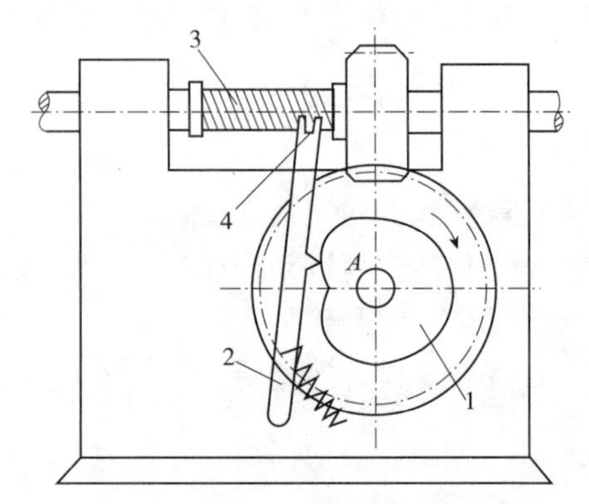

图 4-2　绕线机中排线凸轮机构

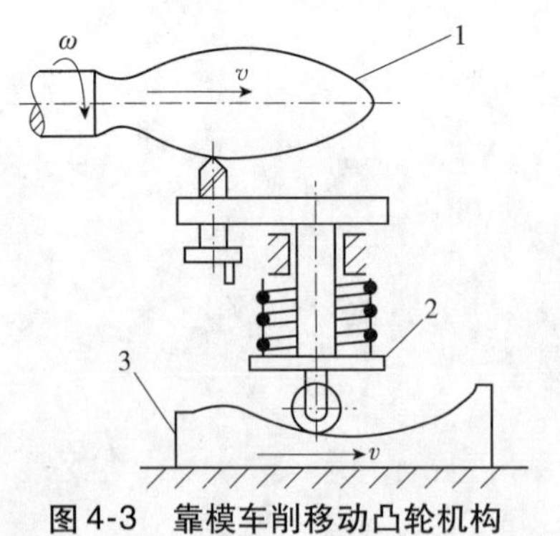

图 4-3　靠模车削移动凸轮机构

利用靠模法车削手柄的移动凸轮机构如图 4-3 所示，凸轮 1 作为靠模被固定在床身上，滚轮 2 在弹簧作用下与凸轮轮廓紧密接触，当拖板 3 横向移动时，和从动件相连的刀头便走出与凸轮轮廓相同的轨迹，因而切出复杂的工件外形。

凸轮机构的主要优点是：只要正确地设计凸轮轮廓曲线，就能使从动件实现任意给定的运动规律，且结构简单、紧凑、工作可靠、易于设计。

缺点是：由于凸轮机构属于高副机构，故凸轮与

从动件之间为点或线接触，不便润滑、易于磨损。因此凸轮机构多用于传力不大的控制机构和调节机构。

4.1.2　凸轮机构的分类

工程实际中所使用的凸轮机构形式多种多样，常用的分类方法有以下几种：

1. 按照凸轮的形状分类

(1)盘形凸轮

盘形凸轮是一个具有变化向径轮廓尺寸的盘形构件，是凸轮的最基本形式。这种凸轮(图4-2)是一绕固定轴转动且具有变化半径的盘状零件，其从动件在垂直于凸轮旋转轴的平面内运动。

(2)移动凸轮

当盘形凸轮的回转中心趋于无穷远时，凸轮相对机架做直线运动，这种凸轮称为移动凸轮，如图4-4所示。

(3)圆柱凸轮

在表面制出一定曲线凹槽的圆柱体。当凸轮回转时，可使从动件在凹槽侧壁的推动下产生不同的运动规律或得到较大的行程，如图4-5所示。

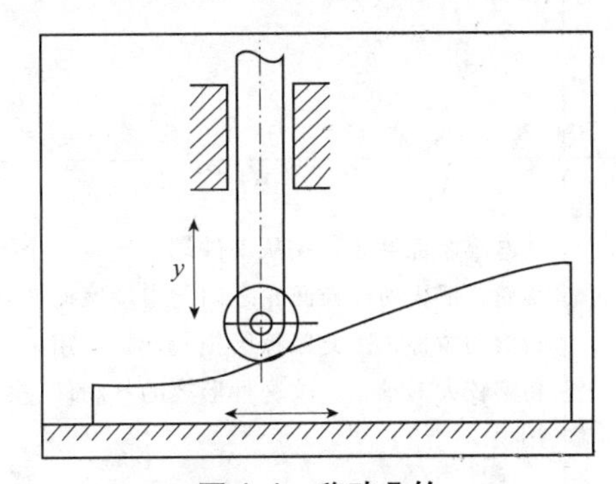

图4-4　移动凸轮

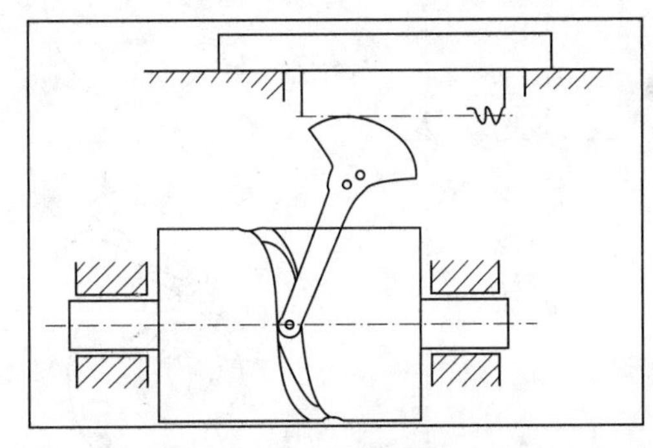

图4-5　圆柱凸轮

盘形凸轮和移动凸轮与其从动件的相对运动为平面运动，故属于平面凸轮机构；圆柱凸轮与其从动件的相对运动为空间运动，故属于空间凸轮机构。由于圆柱凸轮可展开成移动凸轮，所以可以运用移动凸轮的设计方法来近似地设计它的展开轮廓。

为了保证凸轮机构能正常工作，必须保持凸轮轮廓与从动件始终相接触，这种作用称为锁合。锁合方式分为力锁合和形锁合两类。力锁合是利用从动件的重力、弹簧力或其他外力使从动件与凸轮保持接触。形锁合是靠凸轮与从动件特殊几何结构来保持两者接触。

2. 按照从动件的形状分类

其分类情形及说明见表4-1所列。

3. 按照从动件的运动形式分类

按照从动件的运动形式分为移动从动件和摆动从动件凸轮机构。移动从动件凸轮机构又可根据其从动件轴线与凸轮回转轴心的相对位置分成对心和偏置两种。

表 4-1 从动件分类

名 称	图 形	说 明
尖端从动件	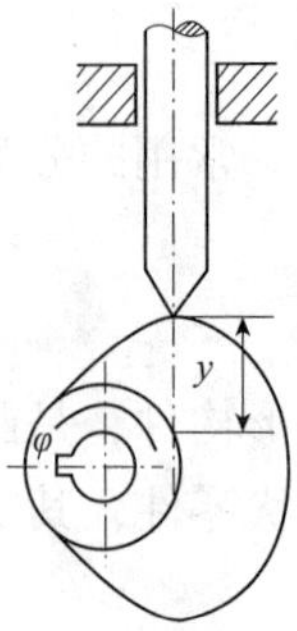 y φ	从动件的尖端能够与任意复杂的凸轮轮廓保持接触，从而使从动件实现任意的运动规律。这种从动件结构最简单，但尖端处易磨损，故只适用于速度较低和传力不大的场合
曲面从动件	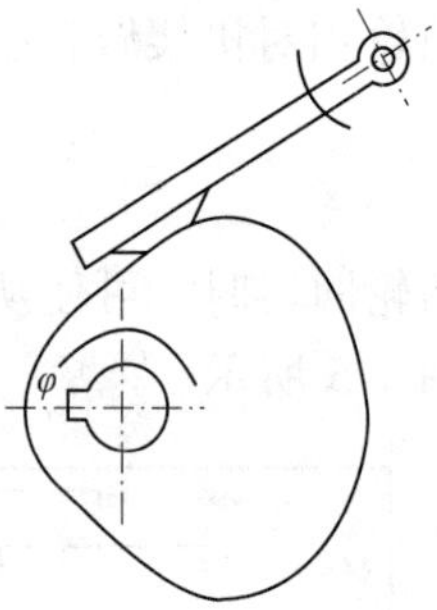 φ	为了克服尖端从动件的缺点，可以把从动件的端部做成曲面，称为曲面从动件。这种结构形式的从动件在生产中应用较多
滚子从动件	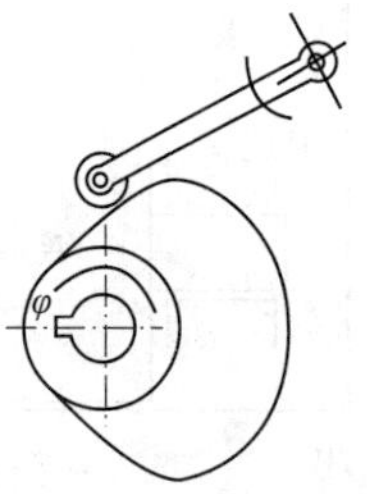 φ	为减小摩擦磨损，在从动件端部安装一个滚轮，把从动件与凸轮之间的滑动摩擦变成滚动摩擦，因此摩擦磨损较小，可用来传递较大的动力，故这种形式的从动件应用很广
平底从动件	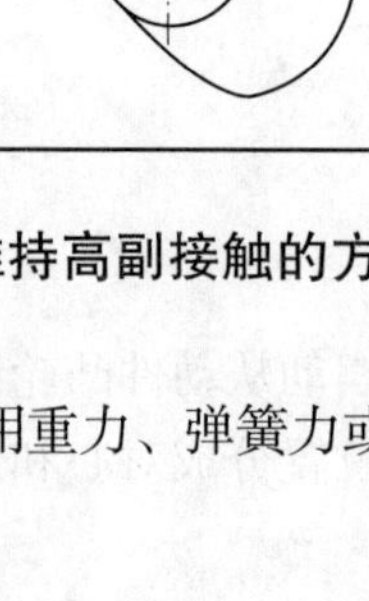 y φ	从动件与凸轮轮廓之间为线接触，接触处易形成油膜，润滑状况好。此外，在不计摩擦时，凸轮对从动件的作用力始终垂直于从动件的平底，受力平稳，传动效率高，常用于高速场合。缺点是与之配合的凸轮轮廓必须全部为外凸形状

4. 按照凸轮与从动件维持高副接触的方法分类

(1) 力封闭型凸轮机构

所谓力封闭型，是指利用重力、弹簧力或其他外力使从动件与凸轮轮廓始终保持接触。

(2)形封闭型凸轮机构

所谓形封闭型，是指利用高副元素本身的几何形状使从动件与凸轮轮廓始终保持接触。

以上介绍了凸轮机构的几种分类方法。将不同类型的凸轮和从动件组合起来，就可以得到各种不同形式的凸轮机构。设计时，可根据工作要求和使用场合的不同加以选择。

4.2 从动件的常用运动规律

4.2.1 凸轮机构的工作过程分析

设计凸轮机构时，首先应根据工作要求确定从动件的运动规律，然后按照这一运动规律设计凸轮廓线。以尖端移动从动件盘形凸轮机构为例，说明从动件的运动规律与凸轮廓线之间的相互关系。

从动件的运动规律指从动件的位移 s、速度 v、加速度 a 及加速度的变化率 j 随时间 t 和凸轮转角 j 变化的规律。从动件的运动线图为从动件的 s、v、a、j 随时间 t 或凸轮转角 j 变化的曲线。常用运动规律为在工程实际中经常用到的运动规律，它们具有不同的运动和动力特性。基本概念见表 4-2 所列。

表 4-2 凸轮基本概念

涉及概念	定义
基圆	以凸轮轮廓的最小向径 r_{min} 为半径作的圆
基圆半径	最小向径 r_{min}
推程	从动件远离凸轮轴心的运动
升距	从动件上升的最大距离，用 h 表示
推程运动角	与推程对应的凸轮转角 δ_t
停歇	从动件处于静止不动的时间
回程	从动件朝着凸轮轴心运动的行程
回程运动角	与回程对应的凸轮转角

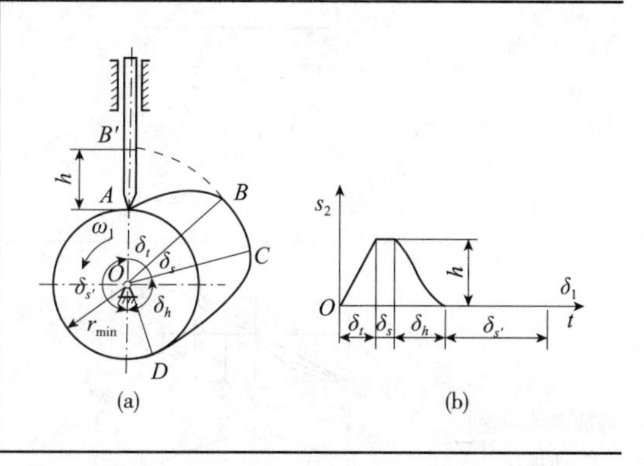

4.2.2 从动件常用运动规律

从动件的不同运动规律对应与不同的凸轮轮廓。因此，在设计凸轮机构时，一般先确定从动件的运动规律，然后根据这一要求来设计凸轮轮廓曲线，使它准确地或近似地实现给定的运动规律。

在凸轮机构工作过程中，当从动件被凸轮推动而远离凸轮回转中心时，称为从动件的推程；反之，当从动件趋近凸轮回转中心时，称为从动件的回程。推程和回程都可以是工作行程或空行程。工作行程指从动件实现机械工作要求的行程，它的运动规律由机械的工作要求决定，其中最常见的为从动件在工作行程时作等速运动。空行程指从动件不工作的行程，它的运动规律可以任意选择。为了节省空行程所耗费的时间和减少冲击，工程上在空行程时广泛采用等加速等减速运动规律。下面讨论几种常见运动规律的动力特性：

(1)等速运动规律

从动件做等速运动时，它的位移和凸轮的转角 φ(或时间 t)成正比，因此，它的位移曲线是一条斜直线，等速运动规律只适用于低速轻载或有特殊需要的凸轮机构中，如在金属切削机床的走刀机构中，为满足表面粗糙度均匀的要求，才采用等速运动规律。

为改善刚性冲击的不良后果，可在 A、B 两点处以圆弧过渡来修正位移曲线。

(2)等加速等减速运动规律

该运动规律是从动件在一个行程中，前半段做等加速运动，后半段做等减速运动。通常加速度和减速度的绝对值相等。

除以上介绍的两种运动规律之外，工程上还常用到简谐运动规律、摆线运动规律、函数曲线运动规律等，或者将几种运动规律组合起来使用，设计凸轮机构时可参阅有关资料，详见表 4-3 所列。

表 4-3　几种常用运动规律的运动线图和特点

名称	运 动 线 图	特 点 及 应 用
等速运动规律	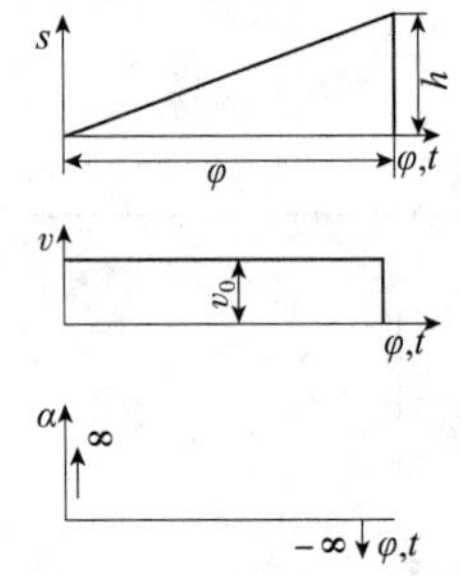	从动件速度为常量，故称为等速运动规律，由于其位移曲线为一条斜率为常数的斜直线，故又称直线运动规律。 特点：速度曲线不连续，从动件运动起始和终止位置速度有突变，会产生刚性冲击。 适用场合：低速轻载
等加速等减速运动规律	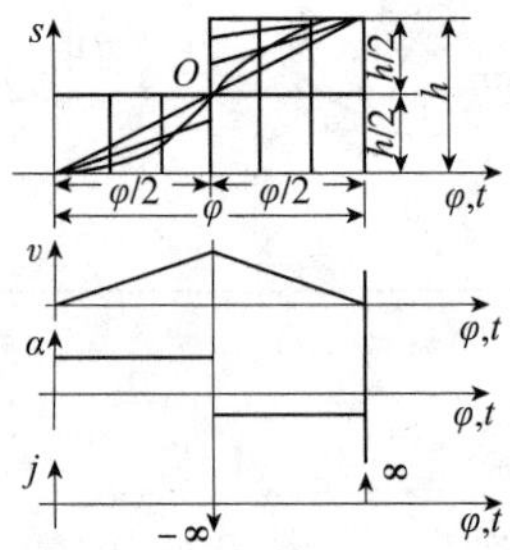	从动件在推程或回程的前半段做等加速运动，后半段做等减速运动，通常加速度和减速度绝对值相等。由于其位移曲线为两段在 O 点光滑相连的反向抛物线，故又称抛物线运动规律。 特点：速度曲线连续，不会产生刚性冲击；因加速度曲线在运动的起始、中间和终止位置有突变，会产生柔性冲击。 适用场合：中速轻载
简谐运动规律	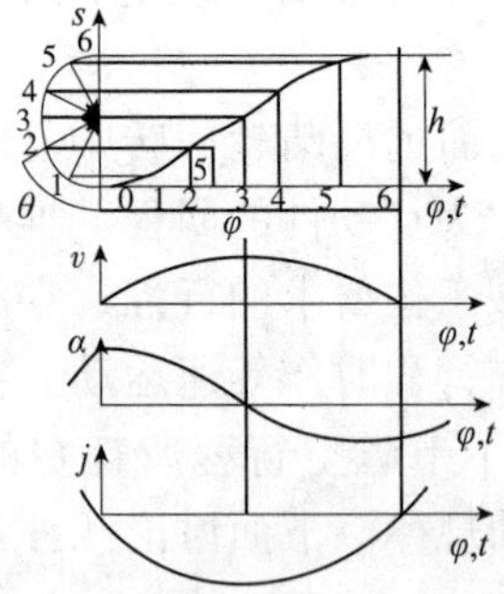	当质点在圆周上做匀速运动时，其在该圆直径上的投影所构成的运动称为简谐运动，由于其加速度曲线为余弦曲线，故又称余弦加速度运动规律。 特点：速度曲线连续，故不会产生刚性冲击，但在运动的起始和终止位置加速度曲线不连续，故会产生柔性冲击。 适用场合：中速中载。当从动件做无停歇的升－降－升连续停歇运动时，加速度曲线变成连续曲线，可用于高速场合

（续）

名称	运动线图	特点及应用
摆线运动规律		当滚圆沿纵坐标轴做匀速纯滚动时，圆周上一点的轨迹为一摆线。此时该点在纵坐标轴上的投影随时间变化的规律称摆线运动规律，由于其加速度曲线为正弦曲线，故又称正弦加速度运动规律。 特点：速度曲线和加速度曲线均连续无突变，故既无刚性冲击也无柔性冲击。 适用场合：高速轻载
3-4-5 次多项式运动规律		其位移方程式中多项式剩余项的次数为 3、4、5，故称 3-4-5 次多项式运动规律。又称五次多项式运动规律。 特点：速度曲线和加速度曲线均连续无突变，故既无刚性冲击也无柔性冲击。 适用场合：高速中载

4.3　图解法设计凸轮轮廓

4.3.1　反转法原理

反转法原理：根据相对运动原理，如果给整个凸轮机构加上一个与凸轮转动角速度 ω。数值相等、方向相反的“$-\omega$”角速度，则凸轮处于相对静止状态，而从动件则一方面按原定规律在机架导路中做往复移动，另一方面随同机架以“$-\omega$”角速度绕 O 点转动，即凸轮机构中各构件仍保持原相对运动关系不变。由于从动件的尖顶始终与凸轮轮廓接触，所以在从动件反转过程中，其尖顶的运动轨迹，就是凸轮轮廓曲线，这就是凸轮轮廓曲线设计的反转法原理。

4.3.2　尖顶对心移动从动件盘形凸轮轮廓的设计

凸轮机构工作时，凸轮和从动件都在运动，如图 4-6(a)所示，为了在图纸上绘制出凸轮的轮廓曲线，可采用反转法。下面以图 4-6 所示的对心尖端移动从动件盘形凸轮机构为例来说明其原理，如图 4-6(b)所示。

从图 4-6 中可以看出：

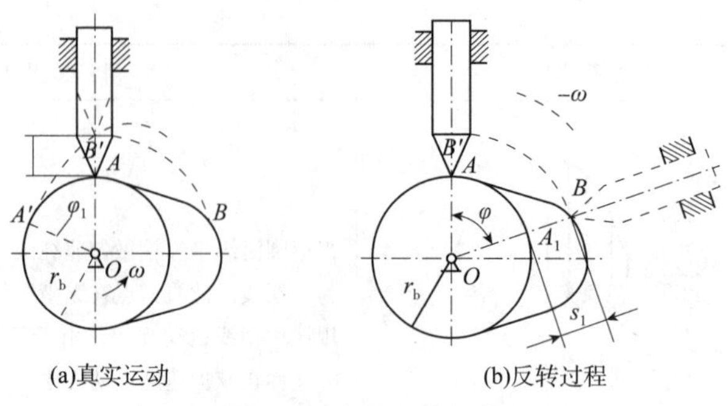

(a)真实运动 (b)反转过程

图 4-6 盘形凸轮机构

(1)凸轮转动时，凸轮机构的真实运动情况

凸轮以等角速度 ω 绕轴 O 逆时针转动，推动从动件在导路中上、下往复移动。当从动件处于最低位置时，凸轮轮廓曲线与从动件在 A 点接触，当凸轮转过 φ_1 角时，凸轮的向径 OA 将转到 OA' 的位置上，而凸轮轮廓将转到图中 $A'B'$ 虚线所示的位置。这时从动件尖端从最低位置 A 上升到 B'，上升的距离 $s_1 = AB'$。

(2)采用反转法，凸轮机构的运动情况

现在设想凸轮固定不动，而让从动件连同导路一起绕 O 点以角速度($-\omega$)转过 φ_1 角，此时从动件将一方面随导路一起以角速度($-\omega$)转动，同时又在导路中做相对移动，运动到图中 A_1B 虚线所示的位置。此时从动件向上移动的距离与前相同。此时从动件尖端所占据的位置 B 一定是凸轮轮廓曲线上的一点。若继续反转从动件，可得凸轮轮廓曲线上的其他点。

由于这种方法是假定凸轮固定不动而使从动件连同导路一起反转，故称反转法(又称运动倒置法)。凸轮机构的形式多种多样，反转法原理适用于各种凸轮轮廓曲线的设计。

1. 移动从动件盘形凸轮轮廓线的设计

(1)尖端从动件

以一偏置移动尖端从动件盘形凸轮机构为例(图 4-7)。设已知凸轮的基圆半径为 r_b，从动件轴线偏于凸轮轴心的左侧，偏距为 e，凸轮以等角速度 ω 顺时针方向转动，从动件的位移曲线如图 4-7(b)所示，试设计凸轮的轮廓曲线。

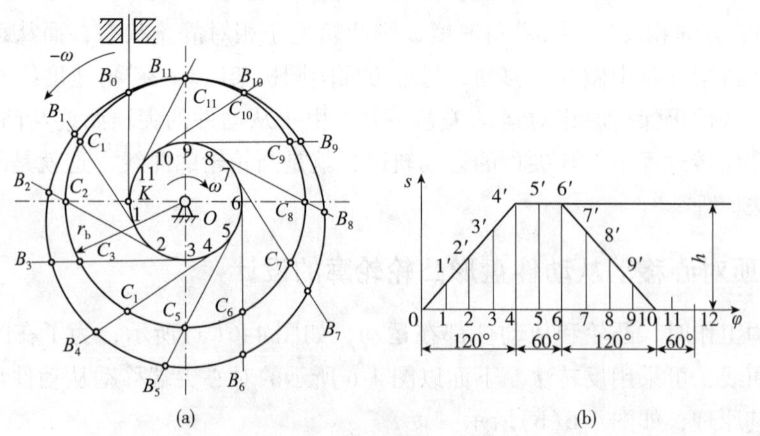

(a) (b)

图 4-7 移动从动件盘形凸轮廓线的设计

依据反转法原理，具体设计步骤如下：

①选取适当的比例尺，作出从动件的位移线图。将位移曲线的横坐标分成若干等份，得分点1，2，…，12。

②选取同样的比例尺，以 O 为圆心，r_b 为半径作基圆，并根据从动件的偏置方向画出从动件的起始位置线，该位置线与基圆的交点 B_0，便是从动件尖端的初始位置。

③以 O 为圆心、$OK=e$ 为半径作偏距圆，该圆与从动件的起始位置线切于 K 点。

④自 K 点开始，沿($-\omega$)方向将偏距圆分成与图4-7(b)横坐标对应的区间和等份，得若干个分点。过各分点作偏距圆的切射线，这些线代表从动件在反转过程中从动件占据的位置线。它们与基圆的交点分别为 C_1，C_2，…，C_{11}。

⑤在上述切射线上，从基圆起向外截取线段，使其分别等于图4-7(b)中相应的坐标，即 $C_1B_1=11'$，$C_2B_2=22'$，…得点 B_1，B_2，…，B_{11}，这些点即代表反转过程中从动件尖端依次占据的位置。

⑥将点 B_0，B_1，B_2，…连成光滑的曲线，即得所求的凸轮轮廓曲线。

(2)滚子从动件

对于图4-8所示偏置移动滚子从动件盘形凸轮机构，当用反转法使凸轮固定不动后，从动件的滚子在反转过程中，将始终与凸轮轮廓曲线保持接触，而滚子中心将描绘出一条与凸轮廓线法向等距的曲线 η。由于滚子中心 B 是从动件上的一个铰接点，所以它的运动规律就是从动件的运动规律，即曲线 η 可根据从动件的位移曲线作出。一旦作出了这条曲线，就可顺利地绘制出凸轮的轮廓曲线了。

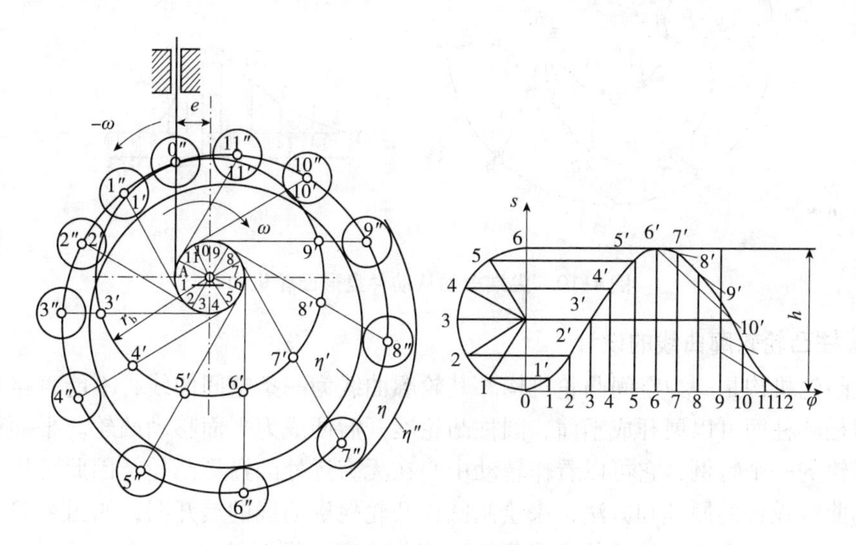

图4-8 偏置移动滚子从动件盘形凸轮机构

(3)平底从动件

平底从动件盘形凸轮机构(图4-9)凸轮轮廓曲线的设计思路与上述滚子从动件盘形凸轮机构相似，不同的是取从动件平底表面上的 B_0 点作为假想的尖端。

2. 摆动从动件盘形凸轮轮廓线的设计

图4-10所示为一尖端摆动从动件盘形凸轮机构。已知凸轮轴心与从动件转轴之间的

中心距为 a，凸轮基圆半径为 r_b，从动件长度为 l，凸轮以等角速度 ω 逆时针转动，从动件的运动规律如图 4-10 所示。设计该凸轮的轮廓曲线。反转法原理同样适用于摆动从动件凸轮机构。

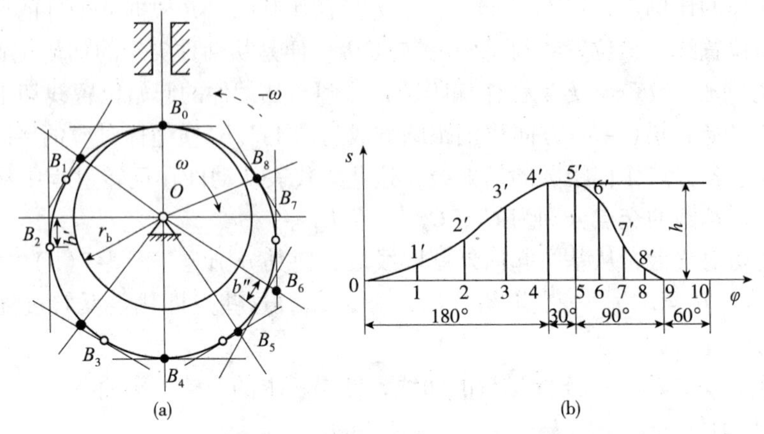

图 4-9　平底从动件盘形凸轮机构

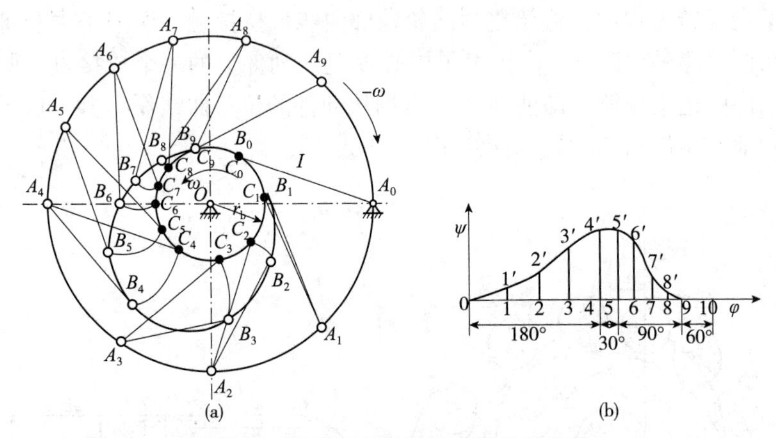

图 4-10　尖端摆动从动件盘形凸轮机构

3. 圆柱凸轮轮廓曲线的设计

圆柱凸轮机构是一种空间凸轮机构。其轮廓曲线为一条空间曲线，不能直接在平面上表示。但是圆柱面可以展开成平面，圆柱凸轮展开后便成为平面移动凸轮。平面移动凸轮是盘形凸轮的一个特例，它可以看作转动中心在无穷远处的盘形凸轮。因此可用前述盘形凸轮轮廓曲线设计的原理和方法，来绘制圆柱凸轮轮廓曲线的展开图，如图 4-11 所示。

设已知尖顶对心移动从动件盘形凸轮以等角速度 ω 顺时针转动，基圆半径 $r_b=30\text{mm}$。从动件的运动规律见表 4-4 所列，试设计该凸轮的轮廓曲线。

表 4-4　从动件的运动规律

凸轮转角	0°～90°	90°～150°	150°～330°	330°～360°
从动件运动	等速上升 30mm	停止不动	等加速等减速下降到原处	停止不动

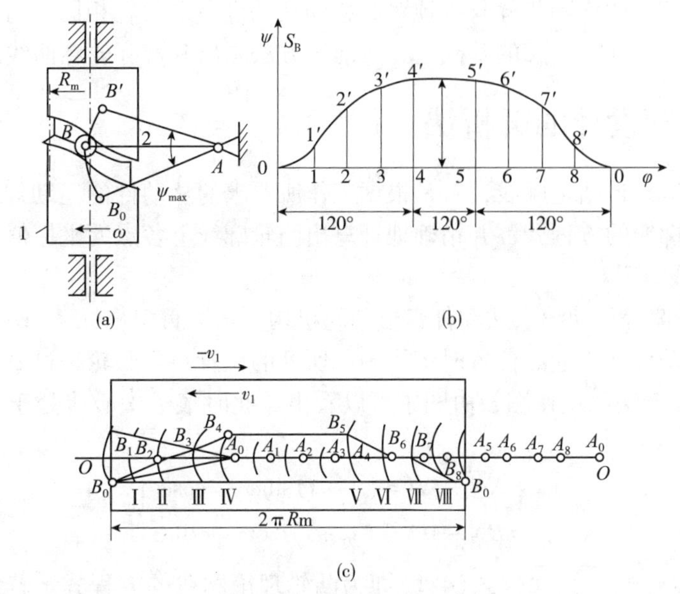

图4-11 圆柱凸轮机构

凸轮轮廓曲线的绘制步骤如下：

①选取比例尺，作位移曲线；

②画基圆并确定从动件尖顶的起始位置；

③画反转过程中从动件的导路位置；

④画凸轮工作轮廓。

用图解法绘制凸轮工作轮廓时，凸轮转角等分数目越多，绘制的凸轮工作轮廓精确度就越高。

4.3.3 对心移动滚子从动件盘形凸轮轮廓的设计

对于滚子从动件凸轮机构，在工作时滚子中心始终与从动件保持相同的运动规律。而滚子与凸轮轮廓接触点到滚子中心的距离，始终等于滚子半径 r_r。由此可得步骤如下：

①将滚子的回转中心视为从动件的尖顶，按照上例步骤作出尖顶从动件的凸轮轮廓，称为理论轮廓曲线 β。

②以理论轮廓曲线上的各点为圆心，以滚子半径 r_r 为半径，画一系列的圆，再作这一系列圆的内包络线 β'。该包络线即为凸轮的工作轮廓。

4.3.4 尖顶偏置移动从动件盘形凸轮轮廓的设计

由于结构上的需要或为了改善受力情况，可采用偏心从动件盘形凸轮机构，如图4-10所示。从动件的中心线偏离凸轮转动中心 O 的距离 e 称为偏距。以凸轮轴心 O 为圆心，以偏距 e 为半径所作的圆称为偏距圆。从动件在反转过程中依次占据的位置，不再是通过凸轮转动中心的径向线，而是偏距圆的切线 K_1B_1、K_2B_2、…从动件的位移 A_1B_1、A_2B_2、…也应沿相应的切线量取。凸轮各转角的量取也与对心式凸轮机构不同，而应自 OK 开始沿

$-W$ 方向进行。其余的作图步骤与尖顶对心移动从动件盘形凸轮相同。对于滚子偏置从动件凸轮机构，仍需在理论轮廓的基础上，按前述方法画出其实际轮廓曲线。

4.4 凸轮轮廓设计的解析法

所谓用解析法设计凸轮廓线，就是根据工作所要求的从动件的运动规律和已知的机构参数，求出凸轮廓线的方程式，并精确地计算出凸轮廓线上各点的坐标值。

(1)理论廓线方程

图4-12为一偏置移动滚子从动件盘形凸轮机构。选取直角坐标系 xOy 如图4-12所示。图中，B_0点为从动件处于起始位置时滚子中心所处的位置；当凸轮转过 φ 角后，从动件的位移为 s。根据反转法原理作图，由图中可以看出，此时滚子中心将处于 B 点，该点的直角坐标为

$$\left.\begin{aligned} x &= KN + KH = (s_0 + s)\sin\varphi - e\cos\varphi \\ y &= BN - MN = (s_0 + s)\cos\varphi - e\sin\varphi \end{aligned}\right\} \tag{4-1}$$

式中，e 为偏距；$s_0 = \sqrt{r_b^2 - e^2}$。式(4-1)即为凸轮理论廓线的方程式。若为对心移动从动件，由于 $e=0$，$s_0 = r_\mathrm{b}$，故式(4-1)可写成

$$\left.\begin{aligned} x &= (r_\mathrm{b} + s)\sin\varphi \\ y &= (r_\mathrm{b} + s)\cos\varphi \end{aligned}\right\} \tag{4-2}$$

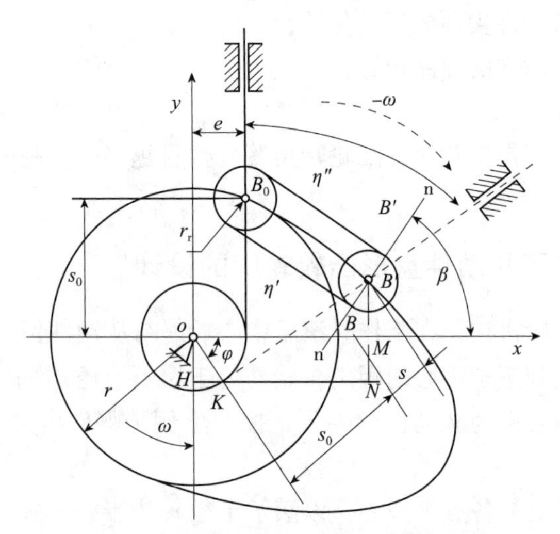

图4-12 偏置移动滚子从动件盘形凸轮机构

(2)实际廓线方程

在滚子从动件盘形凸轮机构中，凸轮的实际廓线是以理论廓线上各点为圆心，作一系列滚子圆，然后作该圆的包络线得到的。因此，实际廓线与理论廓线在法线方向上处处等距，该距离均等于滚子半径 r。所以，如果已知理论廓线上任一点 B 的坐标(x, y)时，只要沿理论廓线在该点法线方向取距离为 r，即可得到实际廓线上相应点 B'的坐标值(x', y')。

由高等数学可知，曲线上任一点的法线斜率与该点的切线斜率互为负倒数，故理论廓线上 B 点处的法线 n 的斜率为

$$\tan\beta=\frac{\mathrm{d}x}{-\mathrm{d}y}=\frac{\dfrac{\mathrm{d}x}{\mathrm{d}\varphi}}{\left(-\dfrac{\mathrm{d}y}{\mathrm{d}\varphi}\right)} \tag{4-3}$$

式中 $\mathrm{d}x/\mathrm{d}\varphi$，$\mathrm{d}y/\mathrm{d}\varphi$ 可由式(4-1)求得。

由图4-12可以看出，当β求出后，实际廓线上对应点B'的坐标可由下式求出：

$$\left.\begin{aligned}x'&=x\mp r_r\cos\beta\\y'&=y\mp r_r\sin\beta\end{aligned}\right\} \tag{4-4}$$

式中 $\cos\beta$，$\sin\beta$ 可由式(4-3)求出，即有

$$\left.\begin{aligned}\cos\beta&=\frac{-\mathrm{d}y/\mathrm{d}\varphi}{\sqrt{\left(\dfrac{\mathrm{d}x}{\mathrm{d}\varphi}\right)^2+\left(\dfrac{\mathrm{d}y}{\mathrm{d}\varphi}\right)^2}}\\\sin\beta&=\frac{\mathrm{d}x/\mathrm{d}\varphi}{\sqrt{\left(\dfrac{\mathrm{d}x}{\mathrm{d}\varphi}\right)^2+\left(\dfrac{\mathrm{d}y}{\mathrm{d}\varphi}\right)^2}}\end{aligned}\right\} \tag{4-5}$$

将式(4-5)代入式(4-4)可得

$$\left.\begin{aligned}x'&=x\pm r_r\frac{\mathrm{d}y/\mathrm{d}\varphi}{\sqrt{\left(\dfrac{\mathrm{d}x}{\mathrm{d}\varphi}\right)^2+\left(\dfrac{\mathrm{d}y}{\mathrm{d}\varphi}\right)^2}}\\y'&=y\mp r_r\frac{\mathrm{d}x/\mathrm{d}\varphi}{\sqrt{\left(\dfrac{\mathrm{d}x}{\mathrm{d}\varphi}\right)^2+\left(\dfrac{\mathrm{d}y}{\mathrm{d}\varphi}\right)^2}}\end{aligned}\right\} \tag{4-6}$$

此即凸轮实际廓线的方程式。式(4-6)中，上面一组加减号表示一条内包络廓线η'，下面一组加减号表示一条外包络线η''。

小　　结

本章介绍了凸轮机构的应用及类型、从动件的常用运动规律、图解法设计凸轮轮廓、凸轮轮廓设计的解析法等基本知识。通过对凸轮机构的应用及类型分析，得出凸轮机构的组成、应用及特点，凸轮机构的分类。分析从动件的常用运动规律，得出具有等速运动规律、等加速等减速运动规律的凸轮机构，并掌握常用运动规律的凸轮机构的线图和特点。使用图解法设计凸轮轮廓，主要是对移动从动件盘形凸轮轮廓线的设计、摆动从动件盘形凸轮轮廓线的设计、圆柱凸轮轮廓曲线的设计。通过对尖压力角和凸轮基圆半径的选择、滚子半径选择、凸轮结构的设计，实现盘形凸轮结构设计。

习　　题

4-1　在什么情况下采用凸轮机构比四杆机构更加简便？

4-2　通常采用什么方法使凸轮与从动件之间保持接触？

4-3　试述凸轮机构的组成、分类及其在机构中的作用。

4-4　凸轮从动件的运动规律主要有哪几种？各有何应用场所？

4-5　设计一直动滚子从动件盘形凸轮。已知凸轮顺时针匀速回转，从动件的运动规律为：当凸轮转过120°时，从动件以等加速等减速运动规律上升20mm；当凸轮继续回转60°时，从动件在最高位置停留不动；当凸轮再转90°时，从动件以等加速等减速运动规律下降到初始位置；当凸轮再转90°时，从动件停留不动。今取凸轮基圆半径 $l_{OB}=50$mm，滚子半径 $r=10$mm，并要求滚子中心沿着通过凸轮回转中心直线运动。试绘出此凸轮的轮廓。

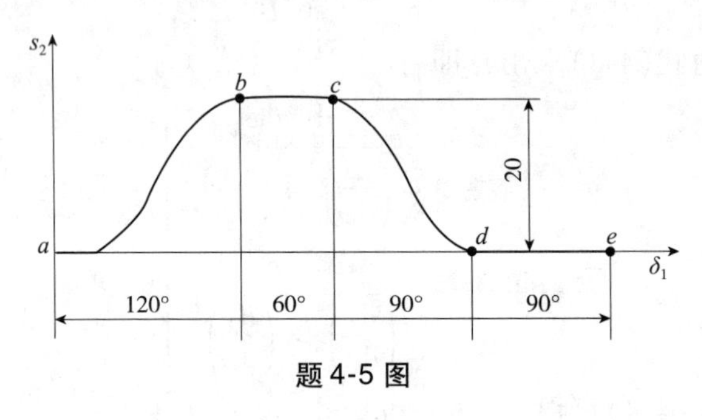

题4-5图

第5章　齿轮机构

本章提要

本章介绍了齿轮传动分类，渐开线的形成和性质，渐开线齿轮的基本参数，标准直齿圆柱齿轮的几何尺寸计算，节点、节圆、啮合线和啮合角，渐开线齿廓啮合特性，正确啮合条件，连续传动条件及重合度，标准中心距。重点介绍了渐开线齿轮的切齿原理，渐开线齿轮的根切现象和最少齿数，渐开线变位齿轮传动简介，直齿圆柱齿轮的齿厚测量计算，渐开线齿轮的基本参数，标准直齿圆柱齿轮的几何尺寸计算。

通过本章学习，要能正确掌握对齿轮的基本参数、标准直齿圆柱齿轮的几何尺寸计算，如齿顶高、齿厚、分度圆直径等。能正确的掌握齿轮啮合条件、中心距的计算。

5.1 概述

齿轮传动的主要优点是：传递的功率大(可达 100000kW 以上)、速度范围广(圆周速度可从很低到 300m/s)、效率高(0.94 ~0.98)、工作可靠、寿命长、结构紧凑、能保证恒定的瞬时传动比，可传递空间任意两轴间的运动。主要缺点是：制造和安装精度要求高、成本高、不宜用于中心距较大的传动。

按照齿轮轴线间相互位置、齿向和啮合情况，齿轮传动可做如下分类：

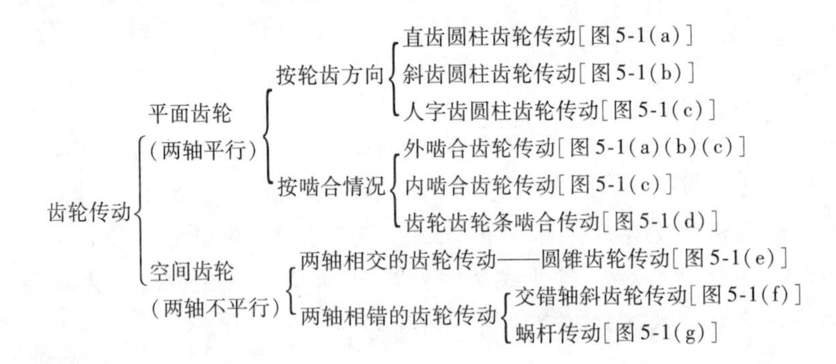

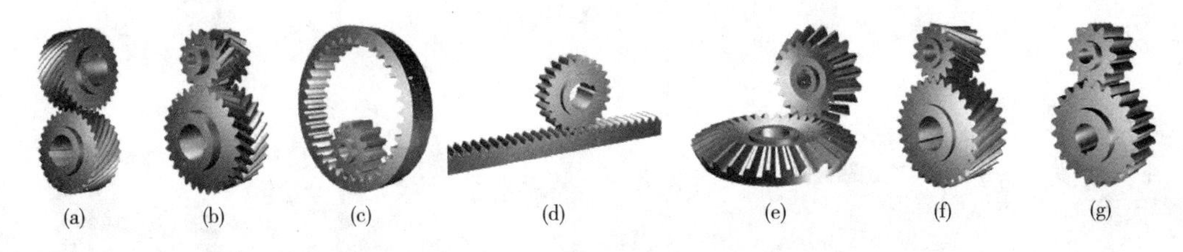

图 5-1　齿轮传动的分类

按照齿廓曲线的形状，齿轮传动又可分为渐开线齿轮传动、摆线齿轮传动和圆弧齿轮传动。其中渐开线齿轮传动应用最广泛。

按齿轮传动是否封闭，齿轮传动还可分为开式齿轮传动和闭式齿轮传动。开式齿轮传动的齿轮完全外露，易落入灰尘和杂物，润滑不良，齿面易磨，闭式齿轮传动的齿轮、轴承全部封闭在刚性箱体内，可以保证良好的润滑和工作要求，应用广泛。

齿轮传动在工作过程中，应满足两项基本要求：

①传动平稳。要求齿轮传动的瞬时传动比不变，尽量减小冲击、振动和噪声，以保证机器的正常工作。

②承载能力高。要求在尺寸小、重量轻的前提下，轮齿的强度高、耐磨性好，在预定的使用期限内不出现断齿、齿面点蚀及严重磨损等失效现象。

在齿轮的设计、生产和科研中，有关齿廓曲线、齿轮强度、制造精度、加工方法以及热处理工艺等，都是围绕上述两个基本要求进行的。

5.2 渐开线齿廓

5.2.1 渐开线的形成和性质

根据渐开线的形成，可知渐开线具有下列性质：

①发生线从位置Ⅰ滚到位置Ⅱ时，发生线沿基圆滚过长度等于基圆上被滚过弧长，即

$$\overline{BK}=\widehat{AB}$$

②渐开线上任一点的法线必与基圆相切。发生线沿基圆做纯滚动，所以线段$\overline{BK}$为渐开线上K点的法线，且必与基圆相切。$\overline{BK}$又是K点的曲率半径，B点为曲率中心，因此渐开线各点的曲率半径是变化的，K点离基圆越远，曲率半径越大，渐开线形状越平缓。

③渐开线的形状取决于基圆的大小。同一基圆上的渐开线形状完全相同。基圆越大渐开线越平直，基圆半径为无穷大时，渐开线就成为直线(图5-2)。

④因渐开线是从基圆开始向外展开的，故基圆以内无渐开线。

⑤渐开线上各点压力角不相等，离基圆越远，压力角越大。

如图5-3所示，渐开线上任一点法向压力F_n的方向线与该点速度方向线所夹锐角α_k称该点压力角。由图5-3可知，$\cos\alpha_k=\frac{r_b}{r_k}$，式中$r_k$为$K$点到轮心$O$的距离。因为对于制造的齿轮，基圆半径$r_b$为定值，$r_k$为变值。故$\alpha_k$随$r_k$的增大而增大。在基圆上压力角等零。

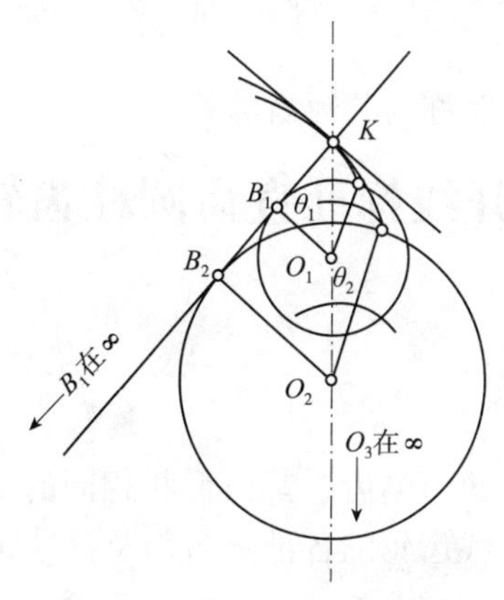

图5-2 不同基圆的齿廓曲线

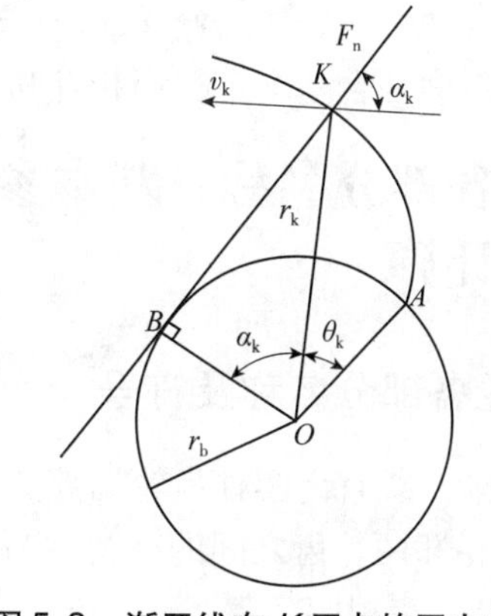

图5-3 渐开线在K压点的压力角

5.2.2 齿廓啮合基本定律

当一直线沿半径为r_b的圆做纯滚动时[图5-4(a)]，此直线上任意一点K的轨迹AKD称为该圆的渐开线，该圆称为基圆，该直线称为发生线，渐开线所对应的中心角θ_k称为渐开线AK段的展角。

在一对齿轮啮合中，齿轮的瞬时角速度之比称为传动比，用i_{12}表示。若两齿轮的瞬时角速度分别用ω_1和ω_2表示，则有$i_{12}=\omega_1/\omega_2$。

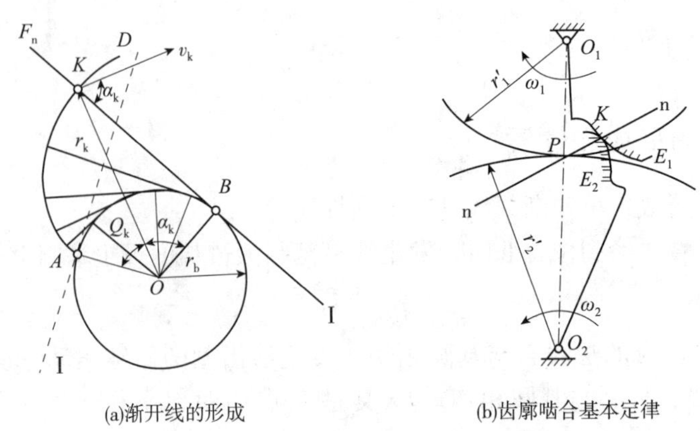

(a)渐开线的形成　　(b)齿廓啮合基本定律

图 5-4　渐开线的形成及齿廓啮合基本定律

保证齿轮瞬时传动比稳定不变是齿轮传动最重要的要求，齿轮传动是否恒定，与齿轮的齿廓曲线有关。

导出两齿轮的瞬时传动比为

$$i_{12} = \omega_1/\omega_2 = O_2P/O_1P \tag{5-1a}$$

式(5-1a)表明：相互啮合传动的一对齿轮，在任一啮合位置时的传动比都与连心线 O_1O_2 被啮合点 K 处的公法线 nn 所分成的两线段成反比。如果要求两轮的传动比恒定，则必须使过啮合点所作的公法线 nn 与连心线 O_1O_2 的交点即 P 点为固定点。这就是齿廓啮合基本定律。

一对齿轮传动的传动比也等于两节圆半径之反比，即

$$i_{12} = \omega_1/\omega_2 = O_2P/O_1P = r'_2/r'_1 \tag{5-1b}$$

凡能满足齿廓啮合基本定律而相互啮合的一对齿廓称为共轭齿廓。

5.3　齿轮各部分名称、基本参数及渐开线标准直齿圆柱齿轮几何尺寸计算

5.3.1　齿轮各部分名称及符号

图 5-5 为渐开线直齿圆柱齿轮局部图。每个轮齿的两侧齿廓都由形状相同的反向渐开线曲面组成，相邻两轮齿之间的空间称为齿槽。渐开线齿轮的各部分名称及符号如下：

(1)齿顶圆、齿根圆

齿轮齿顶圆柱面与端平面(垂直于齿轮轴线的平面)的交线，称为齿顶圆，其半径以 r_a 表示。

齿轮齿根圆柱面与端平面的交线，称为齿根圆，其半径分别以 r_f 表示。

(2)齿厚 S_K、齿槽宽 e_K 和齿距 P_K

三者关系如式(5-2)

$$P_K = S_K + e_K \tag{5-2}$$

(3)分度圆

在齿顶圆和齿根圆之间，取一个圆作为计算齿轮各部分几何尺寸的基准，称为分度

圆，其直径用 d 表示，半径用 r 表示。规定分度圆上的齿厚、齿槽宽、齿距、压力角等符号一律不加脚标，如 s、e、p、α 等。凡是分度圆上的参数都直接称为齿厚、齿距、压力角等，而其他圆上的参数都必须指明是哪个圆上的参数，如齿根圆齿厚、齿顶圆压力角等等。

齿距、齿厚和齿槽三者间关系，据下式可以写出

$$p = s + e$$

(4)齿顶高 h_a、齿根高 h_f、齿高 h

三者关系如式(5-3)

$$h = h_a + h_f \tag{5-3}$$

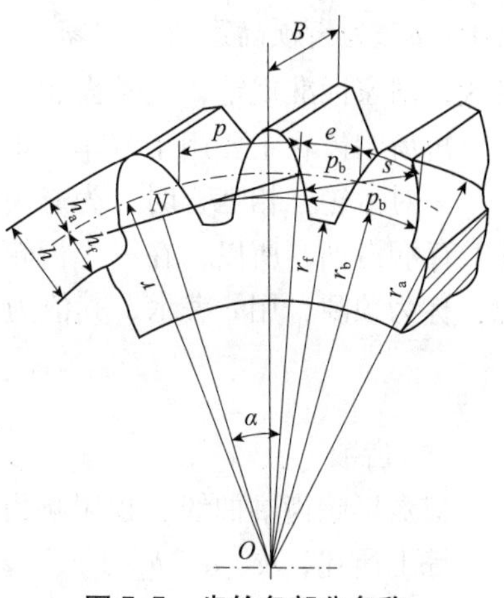

图5-5 齿轮各部分名称

5.3.2 渐开线齿轮的基本参数

(1)模数

分度圆直径 d 与齿距 p 及齿数 z 之间的关系为

$$\pi d = pz \quad 或 \quad d = \frac{p}{\pi}z$$

为了便于齿轮的设计、制造、测量及互换使用，人为地把 $\frac{p}{\pi}$ 规定为简单有理数并标准化，称为齿轮的模数，用 m 表示，其单位为 mm，即

$$m = \frac{p}{\pi} \quad 或 \quad p = \pi m \tag{5-4}$$

所以

$$d = mz \tag{5-5}$$

模数是齿轮的一个重要参数，是齿轮所有几何尺寸计算的基础。显然，m 越大，p 越大，轮齿的尺寸也越大，其轮齿的抗弯曲能力也越高。国家标准已规定了齿轮模数的标准系列(表5-1)。在设计齿轮时，m 必须取标准值。

表5-1 渐开线圆柱齿轮模数(GB/T 1357—2008)

第一系列	1，1.25，1.5，2，2.5，3，4，5，68，10，12，16，20，25，32，40，50
第二系列	1.125，1.375，1.75，2.25，2.75，3.5，4.5，5.5，6.5，7，9，11，14，18，22，28，36，45

(2)压力角

国家标准规定分度圆上的压力角为标准压力角 $\alpha = 20°$。此外，在汽车、航空工业中有时还有采用 $\alpha = 22.5°$ 或 $\alpha = 25°$；当 $\alpha = 25°$ 时，$h_a^* = 1$，$c^* = 0.2$。

(3)齿顶高系数和顶隙系数

如果用模数来表示轮齿的齿顶高和齿根高，则可写为

$$h_a = h_a^* m$$

$$h_f = (h_a^* + c^*)m \tag{5-6}$$

式中：h_a^* 为齿顶高系数，国家标准规定，正常齿制 $h_a^*=1$，短齿制 $h_a^*=0.8$；c^* 为顶隙系数，国家标准规定，正常齿制 $c^*=0.25$，短齿制 $c^*=0.3$。

短齿制齿轮主要用于汽车、坦克、拖拉机、电力机车等。

一对齿轮互相啮合时，为避免一个齿轮的齿顶与另一个齿轮的齿槽底相抵触，同时还能贮存润滑油，所以，在一个齿轮的齿根圆柱面与配对齿轮的齿顶圆柱面之间必须留有间隙，称为顶隙，用 c 表示，其值为

$$c=c^*m \tag{5-7}$$

(4)齿数

齿数影响齿廓曲线，也影响齿轮的几何尺寸。

综上所述，m、α、h_a^*、c^*、z 是渐开线齿轮几何尺寸计算的五个基本参数。

m、α、h_a^* 和 c^* 均为标准值，且 $s=e$ 的齿轮，称为标准齿轮。

5.3.3 标准直齿圆柱齿轮的几何尺寸计算

渐开线直齿圆柱齿轮分为外齿轮(图5-5)、内齿轮(图5-6)和齿条(图5-7)三种。渐开线标准直齿圆柱齿轮主要几何尺寸的计算公式见表5-2所列。

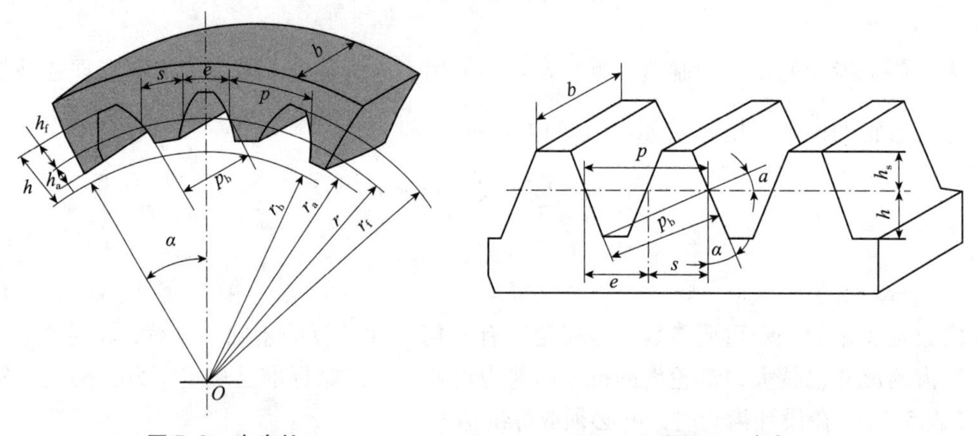

图5-6 内齿轮　　　　图5-7 齿条

表5-2 渐开线标准直齿圆柱齿轮主要几何尺寸的计算公式

名称	符号	公式		
		外齿轮	内齿轮	齿条
齿顶高	h_a	$h_a=h_a^*m$		
齿根高	h_f	$h=(h_a^*+c^*)m$		
齿高	h	$h=(2h_a^*+c^*)m$		
齿距	p	$p=\pi m$		
齿厚	s	$s=\frac{\pi m}{2}$		

（续）

名称	符号	公　式		
		外齿轮	内齿轮	齿条
齿槽宽	e	$e=\frac{\pi m}{2}$		
顶隙	c	$c=c^{*}m$		
分度圆直径	d	$d=zm$		
齿顶圆直径	d_a	$d_a=(z+2h_a^{*})m$	$d_a=(z-2h_a^{*})m$	
齿根圆直径	d_f	$d_f=(z-2h_a^{*}-2c^{*})m$	$d_f=(z+2h_a^{*}+2c^{*})m$	
基圆直径	d_b	$d_b=z\cos\alpha\cdot m$		
标准中心距	α	$\alpha=\frac{(z_1+z_2)}{2}\cdot m$	$\alpha=\frac{(z_1-z_2)}{2}\cdot m$	

5.3.4 径节制齿轮

在英美等一些以英制为单位的国家，不用模数而用径节（用 DP 表示）作为计算齿轮几何尺寸的基本参数。由 $\pi d=zp$，可知：

$$d=\frac{z}{\frac{\pi}{p}}=\frac{z}{DP}\quad(\text{in})$$

式中，径节 $DP=\frac{\pi}{p}$的单位为$\frac{1}{\text{in}}$。

模数 m 与径节 DP 互为倒数，各自的单位不同，它们的换算关系为

$$m=\frac{25.4}{DP}\quad(\text{mm})\tag{5-8}$$

径节制齿轮的压力角除20°以外，还有14.5°、15°等。

5.4 渐开线标准直齿圆柱齿轮的啮合传动

5.4.1 节点、节圆、啮合线和啮合角

过 K 点作两齿廓的公法线，由渐开线的性质可知，这条公法线必与两轮基圆相切，即为两轮基圆的内公切线，切点是 N_1 和 N_2。

当齿轮安装完之后，两轮的基圆位置不再改变。由于两圆沿同一方向的内公切线只有一条，所以 N_1N_2 与两轮连心线 O_1O_2 必交于定点 C，这个定点称为节点。

以轮心为圆心，过节点所做的圆称为节圆，两轮节圆直径分别用 d'_1 和 d'_2 表示。

由于齿廓 E_1 和 E_2 无论在何处接触，接触点 K 均在两基圆的内公切线 N_1N_2 上，即所有啮合点都在直线 N_1N_2 上，故称直线 N_1N_2 为啮合线。

啮合线与两轮节圆的内公切线所夹的锐角 α' 称为啮合角。显然啮合角在数值上等于齿廓在节点处的压力角。

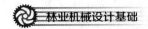

5.4.2 渐开线齿廓啮合特性

(1)齿轮的传动比

$$i=\frac{\omega_1}{\omega_2}=\frac{\overline{O_2C}}{\overline{O_1C}}$$

一对渐开线齿轮传动具有瞬时传动比恒定的特性，因而符合齿轮传动的基本要求。

由上式可得：

$$\omega_1\ \overline{O_1C}=\omega_2\ \overline{O_2C}$$

(2)中心距可分性

在图5-8中，因为直角$\triangle O_1N_1C\backsim\triangle O_2N_2C$，所以

$$i=\frac{\omega_1}{\omega_2}=\frac{\overline{O_2C}}{\overline{O_1C}}=\frac{d'_2}{d'_1}=\frac{d_{b2}}{d_{b1}} \tag{5-9}$$

式(5-9)表明，一对渐开线齿轮的传动比等于两轮基圆直径的反比。

对于标准齿轮，这一可分性只限于制造、安装误差和轴的变形、轴承磨损等微量范围内。中心距增大，两轮齿侧的间隙增大，传动时会产生冲击、噪声等。

(3)齿廓间作用的压力方向不变

两齿廓啮合传动时，如不计齿廓间的摩擦力，齿廓间作用的压力方向沿着齿廓的法线方向，也就是沿啮合线方向。啮合线为固定的直线，所以齿廓间作用的压力方向不变，传动平稳。

(4)齿廓间的相对滑动

由前述可知，两齿廓接触点K在其公法线N_1N_2上的分速度必定相等，但在其公切线上的分速度却不一定相等。因此在啮合传动时，齿廓间将产生相对滑动，从而引起摩擦损失并导致齿面磨损。

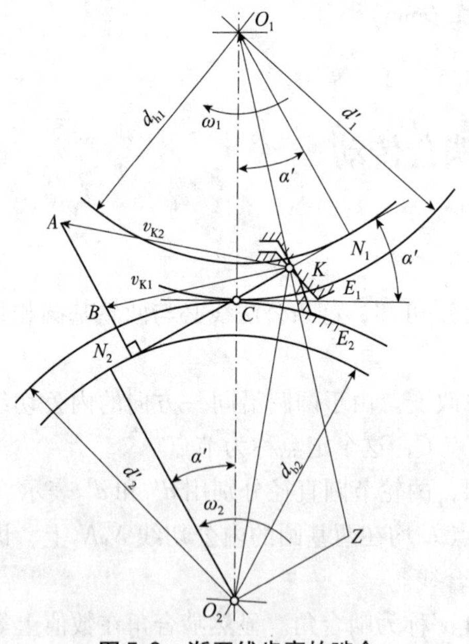

图5-8 渐开线齿廓的啮合

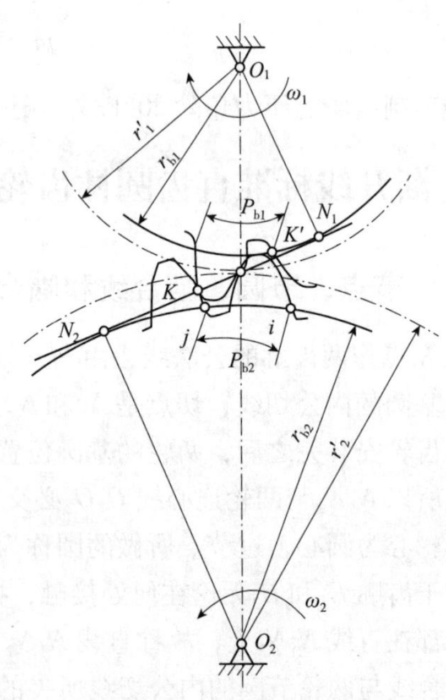

图5-9 正确啮合条件

因为两轮在节点处的速度相同，所以节点处齿廓间没有相对滑动。距节点越远，齿廓间的相对滑动越大。

5.4.3 正确啮合条件

一对齿轮传动，要使两轮相邻轮齿的两对同侧齿廓能同时在啮合线上正确地啮合，则要求前对齿在 α_1 点啮合时，后对齿在 α_2 点啮合，如图5-9所示。显然，两轮的相邻轮齿同侧齿廓沿法线的距离(称法向齿距，以 p_n 表示)必须相等，即

$$p_{n1} = p_{n2} \tag{5-10}$$

由渐开线性质知：齿轮法向齿距等于基圆上的齿距(基圆齿距以 p_b 表示)，故式(5-10)可写成

$$p_{b1} = p_{b2}$$

因为

$$p_{b1} = \frac{\pi d_{b1}}{z_1} = \frac{\pi d_1 \cos\alpha_1}{z_1} = \frac{\pi m_1 z_1 \cos\alpha_1}{z_1} = \pi m_1 \cos\alpha_1$$

同理

$$p_{b2} = \pi m_2 \cos\alpha_2$$

所以

$$\pi m_1 \cos\alpha_1 = \pi m_2 \cos\alpha_2$$

即

$$m_1 \cos\alpha_1 = m_2 \cos\alpha_2 \tag{5-11}$$

由于模数和压力角已经标准化，事实上难以拼凑满足上述关系，所以必须使

$$m_1 = m_2 = m$$

$$\alpha_1 = \alpha_2 = \alpha$$

综上所述，一对渐开线直齿圆柱齿轮的正确啮合条件是：两轮的模数和压力角必须分别相等。

由相互啮合齿轮模数相等的条件，可推出一对齿轮的传动比为

$$i_{12} = \frac{\omega_1}{\omega_2} = \frac{d'_2}{d'_1} = \frac{d_{b2}}{d_{b1}} = \frac{d_2}{d_1} = \frac{mz_2}{mz_1} = \frac{z_2}{z_1} \tag{5-12}$$

5.4.4 连续传动条件及重合度

齿顶圆越大，B_1、B_2点越接近 N_1、N_2点，但因基圆内无渐开线，故实际啮合线段的 K、K' 点不可能超过极限点 N_1 和 N_2。线段$\overline{N_1N_2}$为理论上可能的最长啮合线段，称为理论啮合线段。

两齿轮在啮合传动时，如果前一对轮齿啮合还没有脱离，而后一对轮齿就已进入啮合，则这种传动称为连续传动(图5-10)。

因此，保证连续传动的条件是

$$\overline{KK'} \geqslant \overline{K'C}$$

由渐开线性质可知，线段$\overline{K'C}$等于基圆齿距 P_b，经整理齿轮连续传动的条件可写作

$$\varepsilon = \frac{\overline{KK'}}{P_b} \geqslant 1 \tag{5-13}$$

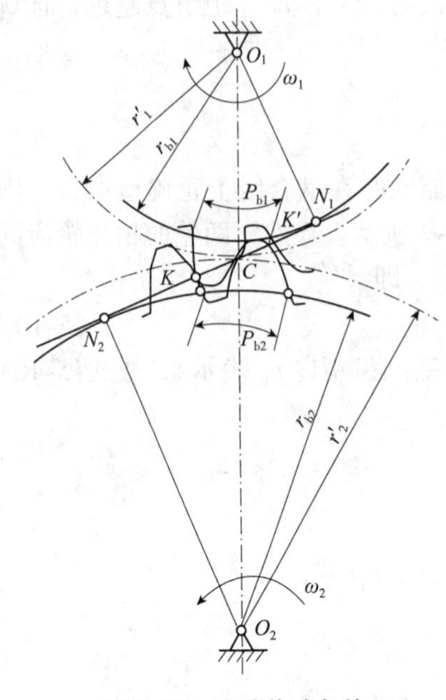

图 5-10　连续传动条件

式中，ε 表示实际啮合线段$\overline{KK'}$与基圆齿距 P_b 的比值，称为重合度。重合度 ε 越大，表示同时参加啮合的轮齿对数越多，传动越平稳。标准直齿圆柱齿轮传动，其重合度一般大于1，故可保证连续传动。

5.4.5　标准中心距

标准中心距也可表示为两轮分度圆半径之和，即

$$a = r_1 + r_2 = \frac{m}{2}(z_1 + z_2) \tag{5-14}$$

实际上由于制造、安装、磨损等原因，往往使得两轮的实际中心距 a'与标准中心距 a 不一致，不过渐开线齿轮具有可分离性，所以不会影响定传动比传动，但此时分度圆与节圆并不重合。若 $a' > a$ 时，节圆大于分度圆，啮合角也大于压力角；反之当 $a' < a$ 时，节圆小于分度圆，啮合角也将小于压力角。

对内啮合圆柱齿轮传动，当标准安装时，其标准中心距计算公式为

$$a = r_2 - r_1 = \frac{m}{2}(z_2 - z_1) \tag{5-15}$$

节圆、啮合角是一对齿轮传动时才存在的参数，单个齿轮没有节圆和啮合角，而分度圆、压力角则是单个齿轮所固有的几何参数，无论啮合传动与否，都不影响它们的独立存在。只有当标准齿轮标准安装时，分度圆与节圆才重合，啮合角才等于压力角。

5.5　渐开线齿轮的切齿原理

5.5.1　仿形法

仿形法是用圆盘铣刀(图 5-11)或指状铣刀(图 5-12)在普通铣床上将轮坯齿槽部分的材料逐渐铣掉。铣齿时，铣刀绕自己的轴线回转，同时轮坯沿其轴线方向送进。当铣完一个齿槽后，轮坯便退回原处，然后用分度头将它转过360°/z 的角度，再铣第二个齿槽，这样直到铣完所有齿槽为止。

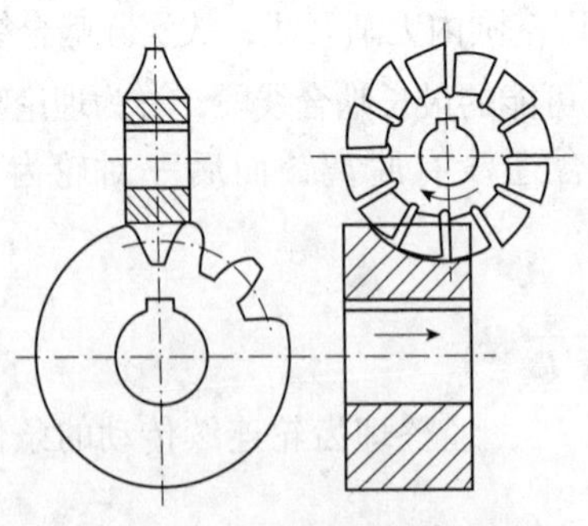

图 5-11　图盘铣刀切制齿轮

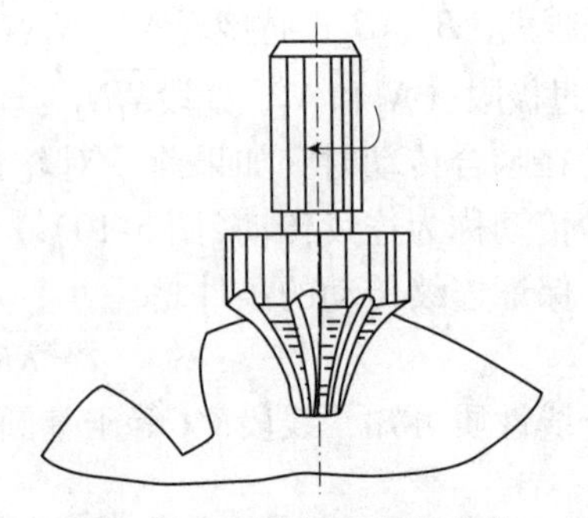

图 5-12　指状铣刀切制齿轮

渐开线齿廓的形状取决于基圆的大小，当 m、α 一定时，基圆大小随齿数 z 而变，齿槽形状也随之而不同，对应于每一个齿数都准备一把刀具是不经济、不现实的。

5.5.2 范成法

范成法是利用一对齿轮互相啮合传动时其两轮齿廓互为包络线的原理来加工齿轮的。刀具和轮坯之间的对滚运动与一对齿轮互相啮合传动完全相同，在对滚运动中刀具逐渐切削出渐开线齿形。范成法所用的刀具有齿轮插刀、齿条插刀和齿轮滚刀三种。

(1)齿轮插刀

如图5-13(a)所示，这种刀具是一个具有切削刃的齿轮，通称齿轮插刀。加工时插刀沿轮坯的轴线做迅速的往复进刀和退刀运动以进行切削，同时插刀和轮坯又以恒定的传动比$\left(t=\dfrac{\omega_1}{\omega_2}=\dfrac{z_2}{z_1}\right)$做缓慢的回转运动，好像一对齿轮互相啮合传动一样，因此，用这种方法加工出来的齿廓为插刀刀刃在各个位置的包络线，如图5-13(b)所示。

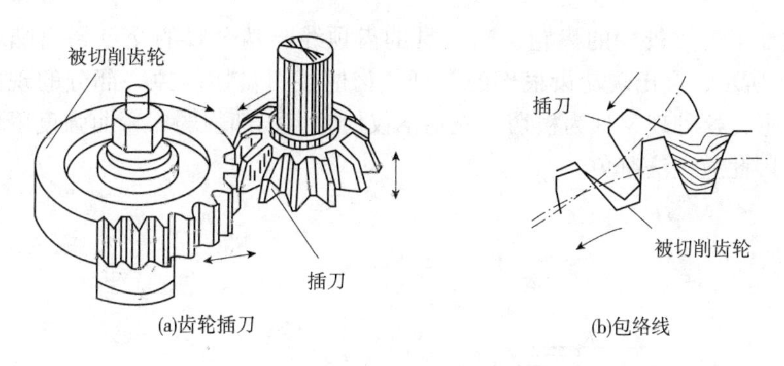

图5-13 齿轮插刀切制齿轮

(2)齿轮插刀

当齿轮插刀的齿数增加到无穷多时，其基圆半径变为无穷大，渐开线齿廓变为直线齿廓，而齿轮插刀变为齿条插刀。如图5-14所示，一方面齿条插刀与轮坯按啮合关系$\left(v_1=\omega\dfrac{mz_2}{2}\right)$做相对的移动和转动；另一方面齿条插刀做上下的切削运动，从而将轮坯的齿槽材料切削掉。

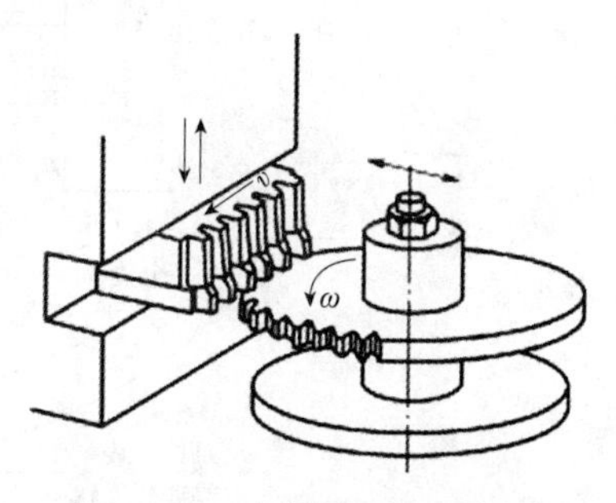

图5-14 齿条插刀切制齿轮

(3)齿轮滚刀

齿轮滚刀是具有斜槽(纵向)的蜗杆形状的刀具。由于滚刀轴向截面是齿条形状，所以滚刀与轮坯分别绕本身轴线转动时，在轮坯回转面内，相当于齿条与齿轮的啮合传动，同时，滚刀还沿轮坯轴线做进给运动，从而切出整个齿轮的轮齿，如图5-15所示。这种加工方法可用一把滚刀加工出模数和压力角相同而齿数不同的齿轮，切削过程连续，生产率较高。由于滚刀在轮坯回转面内的齿形不是精确的直线齿廓，所以加工精度不如齿条刀具。这种加工方法目前应用较为广泛。

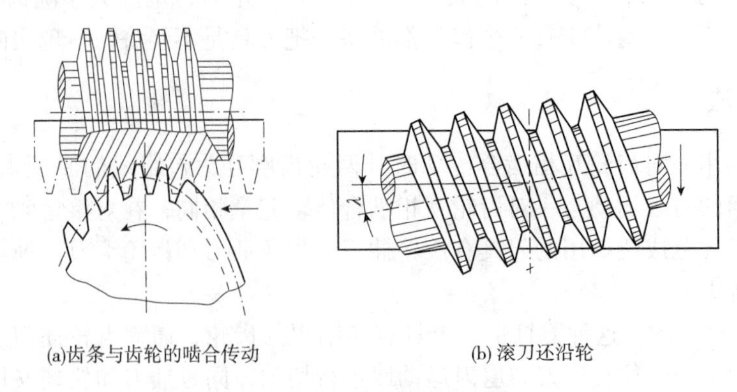

(a)齿条与齿轮的啮合传动　　(b) 滚刀还沿轮

图 5-15　齿轮滚刀切制齿轮

5.6　渐开线齿轮的根切现象和最少齿数

用范成法加工齿数较少的齿轮，当刀具的齿顶线与啮合线的交点超出啮合极限点 N 时，如图 5-16 所示，会出现轮齿根部的渐开线齿廓被刀具切削掉一部分的现象，加工出虚线所示的齿形，这种现象称为根切。根切不仅使轮齿根部削弱，弯曲强度降低，而且使重合度减小，因此应设法避免。

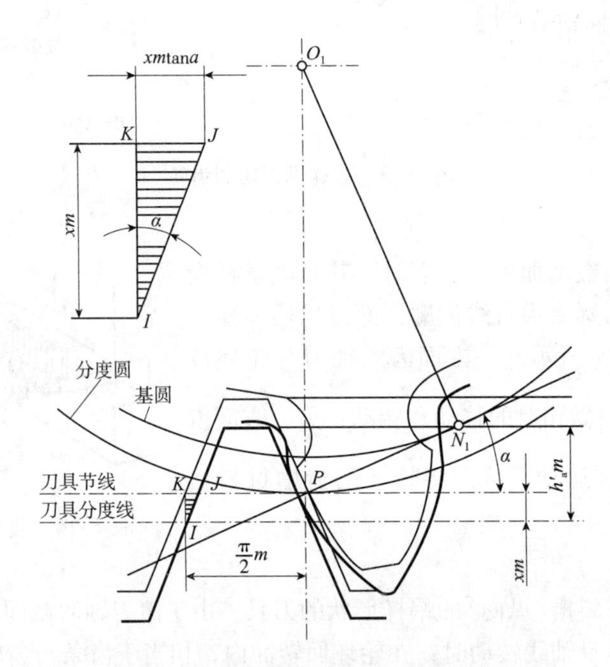

图 5-16　加工变位齿轮时刀具的变位量

用范成法加工齿轮时，因刀具的模数、压力角和齿顶高系数为定值，故对于一定的刀具，其齿顶线与啮合线的交点 B_2 为一定点，如图 5-17 所示。所以是否发生根切取决于啮合线与被切制齿轮基圆的切点 N_1（啮合极限点）的位置是否在 BC 之间。被切制齿轮的基圆

半 r'_{b} 小于 $r_{b,min}$ 时，其啮合极限点 N'_{1} 落在 $B_{2}C$ 之间，则产生根切；反之，当被切制齿轮的基圆半径 r''_{b} 大于 $r_{b,min}$ 时，其啮合极限点 N''_{1} 落在 $B_{2}C$ 之外，则不产生根切；当基圆半径等于 $r_{b,min}$ 时，啮合极限点 N_{1} 正好与 B_{2} 点重合，处于不发生根切的极限状态。此时的齿数称为标准齿轮不发生根切的最少齿数，用 z_{min} 表示。

由图 5-17 分析，若要不根切，必须满足

$$h_{a}^{*}m \leqslant MN$$

即

$$h_{a}^{*}m \leqslant r\sin^{2}\alpha = \frac{mz}{2}\sin^{2}\alpha$$

得

$$z \geqslant \frac{2h_{a}^{*}}{\sin^{2}\alpha},\ z_{min} = \frac{2h_{a}^{*}}{\sin^{2}\alpha}$$

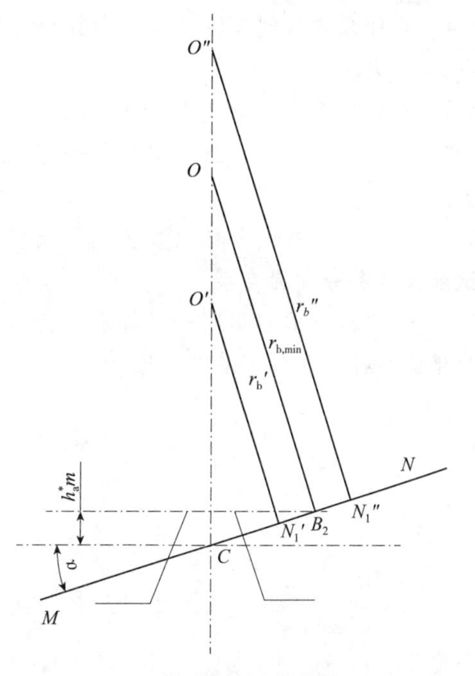

图 5-17 轮齿是否根切的参数关系

当采用齿条插刀(或滚刀)切制齿轮，且齿顶高系数 $h_{a}^{*}=1$，压力角 $\alpha=20°$ 时，$z_{min}=17$。若允许略有根切，则正常齿标准直齿圆柱齿轮的实际最少齿数可取 14。

小 结

本章介绍了概述、渐开线齿廓、齿轮各部分名称、基本参数及渐开线标准直齿圆柱齿轮几何尺寸计算、渐开线标准直齿圆柱齿轮的啮合传动、渐开线齿轮的切齿原理、渐开线齿轮的根切现象和最少齿数、渐开线变位齿轮传动简介、直齿圆柱齿轮的齿厚测量计算等基本知识。通过对齿轮概述，得出齿轮传动的分类，阐述了齿轮传动在工作过程中应满足的基本要求。通过渐开线齿廓分析，阐述出了渐开线的形成和性质，齿廓啮合基本定律。由齿轮各部分名称、基本参数及渐开线标准直齿圆柱齿轮几何尺寸计算，得出了齿顶圆、齿根圆、齿厚、齿槽宽、齿距、分度圆、齿顶高、齿根高、齿高、渐开线齿轮基本参数计算。在渐开线标准直齿圆柱齿轮的啮合传动中，得到渐开线齿廓啮合特性、正确啮合条件、中心距、连续传动条件及重合度。通过渐开线齿轮的切齿原理，得到仿形法、范成法，利用齿轮啮合传动时切齿原理加工齿轮。

习 题

5-1 齿轮传动的最基本要求是什么？齿廓的形状复合什么条件才能满足上述要求？

5-2 分度圆和节圆，压力角和啮合角有何区别？

5-3 一对渐开线标准齿轮正确啮合的条件是什么？

5-4　为什么要限制齿轮的最少齿数？对于 $\alpha = 20°$、正常齿制的标准直齿圆柱齿轮，最少齿数 z_{min} 是多少？

5-5　一对标准安装的外啮合标准直齿圆柱齿轮的参数为 $z_1 = 20$，$z_2 = 100$，$m = 2$，$\alpha = 20°$，$h_a^* = 1$，$c^* = 0.25$。试计算传动比 i，两轮的分度圆直径及齿顶圆直径、中心距、齿距。

5-6　已知一对外啮合标准直齿圆柱齿轮的标准中心距 $a = 160\text{mm}$，齿数 $z_1 = 20$，$z_2 = 60$。试求模数和分度圆直径。

5-7　试比较正常齿制渐开线标准直齿圆柱齿轮的基圆和齿根圆，在什么条件下基圆大于齿根圆？什么条件下基圆小于齿根圆？

第6章　间歇运动机构

本章提要

本章介绍了棘轮机构的工作原理和棘爪的工作条件，棘轮、棘爪的几何尺寸计算及棘轮齿形的画法，槽轮机构的工作原理，不完全齿轮机构，凸轮间歇运动机构。重点介绍了棘轮、棘爪的几何尺寸计算及棘轮齿形的画法。

能够掌握选定齿数 z 和按照强度要求确定模数 m 之后，棘轮和棘爪的主要几何尺寸计算。根据公式算出棘轮的主要尺寸，并按照一定方法画出齿形。

在机械中，特别是在各种自动和半自动机械中，常常需要把原动件的连续运动变为从动件的周期性间隙运动，实现这种间隙运动机构称为间隙运动机构。间隙运动机构的种类很多，本章将简单地介绍四种常用的间歇运动机构：槽轮机构、棘轮机构、不完全齿轮机构和凸轮间歇运动机构。

6.1 棘轮概述

6.1.1 棘轮机构的工作原理

如图 6-1 所示，棘轮机构主要由棘轮、棘爪和机架组成。棘轮 2 固连在轴 4 上，其轮齿分布在轮的外缘(也可分布于内缘或端面)。原动件 1 空套在轴 4 上，当原动件 1 逆时针方向摆动时，与它相连的驱动棘爪 3 便借助弹簧或自重的作用插入棘轮的齿槽内，使棘轮随着转过一定的角度。当原动件 1 顺时针方向摆动时，驱动棘爪 3 便在棘轮齿背上滑过。这时，簧片 6 迫使制动棘爪 5 插入棘轮的齿槽，阻止棘轮顺时针方向转动，故棘轮静止不动。当原动件连续地往复摆动时，棘轮做单向的间歇运动。

棘轮机构除了常用于实现间歇运动外，还能实现超越运动。图 6-2 所示为自行车后轮轴上的棘轮机构。当脚蹬踏板时，经链轮 1 和链条 2 带动内圈具有棘齿的链轮 3 顺时针转动，再通过棘爪 4 的作用，使后轮轴 5 顺时针转动，从而驱使自行车前进。自行车前进时，如果令踏板不动，后轮轴 5 便会超越链轮 3 而转动，让棘爪 4 在棘轮齿背上滑过，从而实现不蹬踏板的自由滑行。

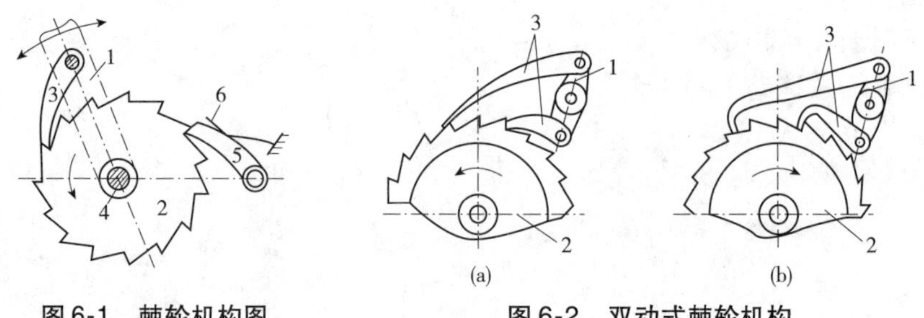

图 6-1 棘轮机构图　　图 6-2 双动式棘轮机构

6.1.2 棘爪工作条件

为了使棘爪受力最小，应使棘轮齿顶 A 和棘爪的转动中心 O_2 的连线垂直于棘轮半径 O_1A，即 $\angle O_1AO_2=90°$。轮齿对棘爪作用的力有：正压力 F_n 和摩擦力 F_f。当棘齿偏斜角为 φ 时，力 F_n 有使棘爪逆时针转动落向齿根的倾向；而摩擦力 F_f 阻止棘爪落向齿根。为了保证棘轮正常工作，使棘爪啮紧齿根，必须使力 F_n 对 O_2 的力矩大于 F_f 对 O_2 的力矩，即

$$F_nL\sin\varphi > F_fL\cos\varphi$$

因为 $F_f=F_n$ 和 $f=\tan\rho$，代入上式得

$$\tan\varphi > \tan\rho$$

故

$$\varphi > \rho \tag{6-1}$$

式中，ρ 为齿与爪之间的摩擦角。当摩擦因数 $f=0.2$ 时，$\rho=11°30'$。为可靠起见，通常取 $\varphi=20°$，一般手册中介绍的棘轮机构尺寸，均能满足 $\varphi>p$ 的要求，可不必验算。

6.1.3 棘轮、棘爪的几何尺寸计算及棘轮齿形的画法

当选定齿数 z 和按照强度要求确定模数 m 之后，棘轮和棘爪主要几何尺寸可按以下经验公式计算：

顶圆直径 $D=mz$；

齿高 $h=0.75m$；

齿顶厚 $a=m$；

齿槽夹角 $\theta=60°$ 或 $55°$；

棘爪长度 $L=2\pi m$。

其他结构尺寸可参看机械零件设计手册。

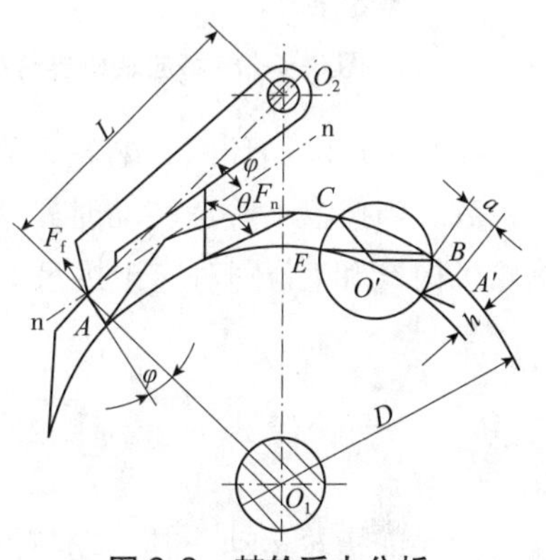

图6-3 棘轮受力分析

由以上公式算出棘轮的主要尺寸后，可按下述方法画出齿形：如图6-3所示，根据 D 和 h 先画出齿顶圆和齿根圆；按照齿数等分齿顶圆，得 A'、c 等点，并由任一等分点 A'，作弦 $A'B=a=m$；再由 B 到第二等分点 C 作弦 BC；然后自 B、C 点分别作角度 $\angle O'BC=\angle O'CB=90°-\theta$ 得 O' 点：以 O' 为圆心，$O'B$ 为半径画圆交齿根圆于 E 点，连 CE 得轮齿工作面，连 BE 得全部齿形。

6.2 槽轮机构

6.2.1 槽轮机构的工作原理

槽轮机构又称马尔他机构，槽轮机构构造简单，机械效率高，并且运动平稳，因此在自动机床转位机构、电影放映机卷片机构等自动机械中得到广泛的应用。图6-4所示为电影放映机卷片机构。当槽轮2间歇运动时，胶片上的画面依次在方框中停留，通过视觉暂留而获得连续的场景。

6.2.2 槽轮机构的主要参数

槽轮机构的主要参数是槽数 z 和拨盘圆销数 K。

如图6-5所示，为了使槽轮2在开始和终止转动时的瞬时角速度为零，以避免圆销与槽发生撞击，圆销进入或脱出径向槽的瞬时，槽的中心线 O_2A 应与 O_1A 垂直。设 z 为均匀分布的径向槽数目，则槽轮2转过 $2\varphi_2=2\pi/z$ 弧度时，拨盘1的转角 $2\varphi_1$ 将为

$$2\varphi_1=\pi-2\varphi_2=\pi-\frac{2\pi}{z} \tag{6-2}$$

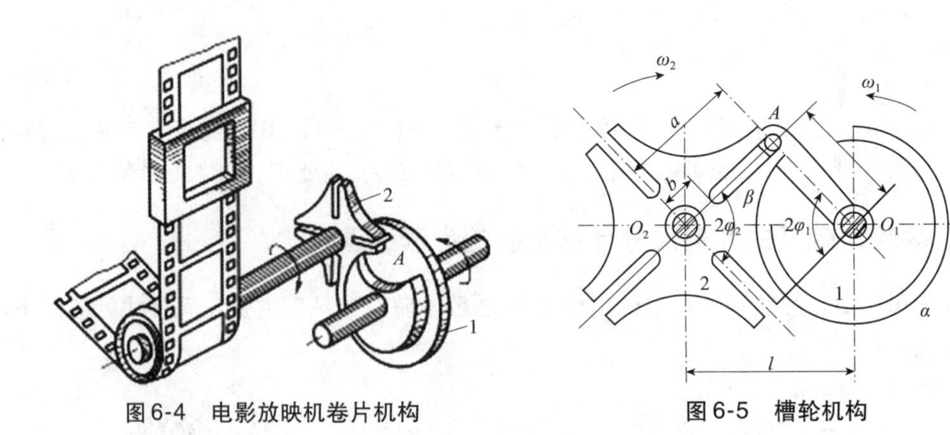

图 6-4　电影放映机卷片机构

图 6-5　槽轮机构

在一个运动循环内，槽轮 2 的运动时间 t_m对拨盘 1 的运动时间 t 之比值 τ 称为运动特性系数。当拨盘 1 等速转动时，这个时间之比可用转角之比来表示。对于只有一个圆销的槽轮机构 t_m和 t 分别对应于拨盘 1 转过的角度 $2\varphi_1$和 2π。因此其运动特性系数 τ 为

$$\tau = \frac{t_m}{t} = \frac{2\varphi_1}{2\pi} = \frac{\pi - \frac{2\pi}{z}}{2\pi} = \frac{1}{2} - \frac{1}{z} = \frac{z-2}{2z} \tag{6-3}$$

为保证槽轮运动，其运动特性系数 τ 应大于零。

槽轮机构的特点是结构简单，工作可靠，常用于只要求恒定旋转角的分度机构中。例如：用来使机床上的砖塔刀架、多轴自动机床的主轴转筒及工作台做自动的周期旋转以及更换工位；在电影放映机中也常见用它间歇地移动电影影片。

6.3　不完全齿机构

图 6-6 所示为不完全齿轮机构。

这种机构的主动轮 1 为只有一个齿或几个齿的不完全齿轮，从动轮 2 由正常齿和带锁住弧的厚齿彼此相间地组成。当主动轮 1 的有齿部分作用时，从动轮 2 就转动；当主动轮 1 的无齿圆弧部分作用时，从动轮停止不动，因而当主动轮连续转动时，从动轮获得时转时停的间歇运动。不难看出，每当主动轮 1 连续转过一圈时，图 6-6(a)(b)所示机构的从动轮分别间歇地转过 1/8 圈和 1/4 圈。为了防止从动轮在停歇期间游动，两轮轮缘上各装有锁住弧。

当主动轮匀速转动时，这种机构的从动轮在运动期间也保持匀速转动，但是当从动轮由停歇而突然到达某一转速，以及由某一转速突然停止时，都会像等速运动规律的凸轮机构那样产生刚性冲击。因此，它不宜用于主动轮转速很高的场合。

不完全齿轮机构常应用于计数器、电影放映机和某些具有特殊运动要求的专用机械中。图 6-7 所示的机构，主动轴 Ⅰ 上装有两个不完全齿轮 A 和 B，当主动轴 Ⅰ 连续回转时，从动轴 Ⅱ 能周期性地输出正转 - 停歇 - 反转运动。为了防止从动轮在停歇期间游动，应在从动轴上加设阻尼装置或定位装置。

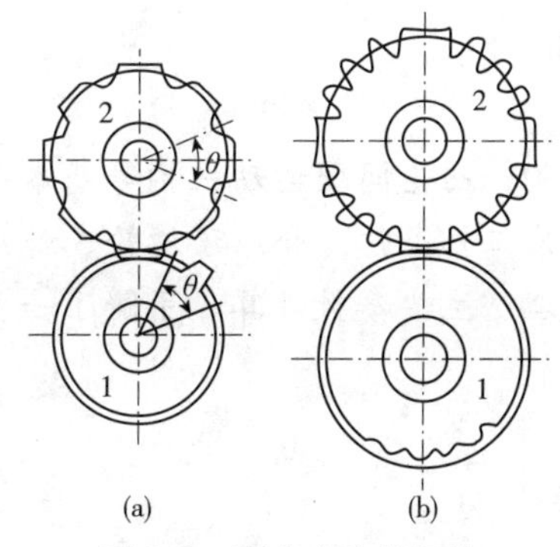

图 6-6　不完全齿轮机构

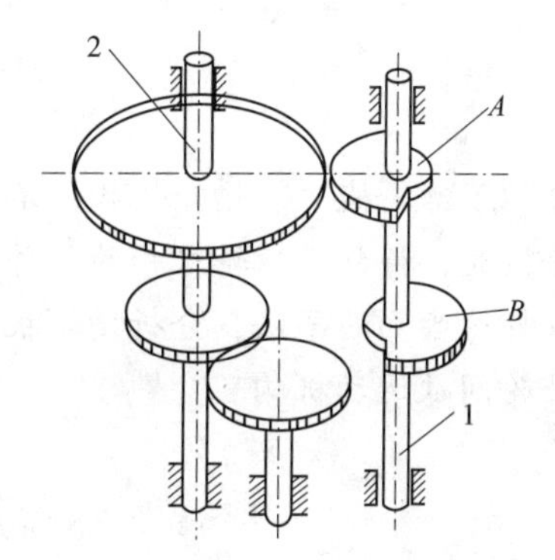

图 6-7　不完全齿轮机构的应用

6.4　凸轮间歇运动机构

凸轮间歇运动机构通常有两种形式。一种如图 6-8 示：凸轮 1 呈圆柱形，滚子 3 均匀分布在转盘 2 的端面上，滚子中心与转盘中心的距离等于 R_2。当凸轮转过角度 δ_t 时，转盘以某种运动规律转过角度 $\delta_{2,\max}=\dfrac{2\pi}{z}$，式中 z 为滚子数目。当凸轮继续转过其余 $(2\pi-\delta_t)$ 时，转盘静止不动。当凸轮继续转动时，第二个圆销与凸轮槽相作用，进入第二个运动循环。这样，当凸轮连续转动时，轮盘实现单向间歇转动。这种机构实质上是一个摆杆长度等于 R_2、只有推程和远休止角的摆动从动件圆柱凸轮机构。

另一种凸轮间歇运动机构如图 6-9 所示。凸轮形状如同圆弧面蜗杆，滚子均匀分布在转盘的圆柱面上，犹如蜗轮的齿，这种凸轮间歇运动机构可通过调整凸轮与转盘的中心距来消除滚子与凸轮接触面间的间隙以补偿磨损。

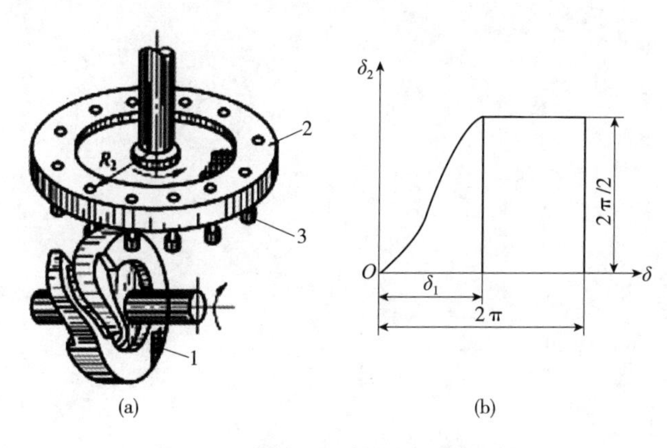

图 6-8　圆柱形凸轮间歇运动机构

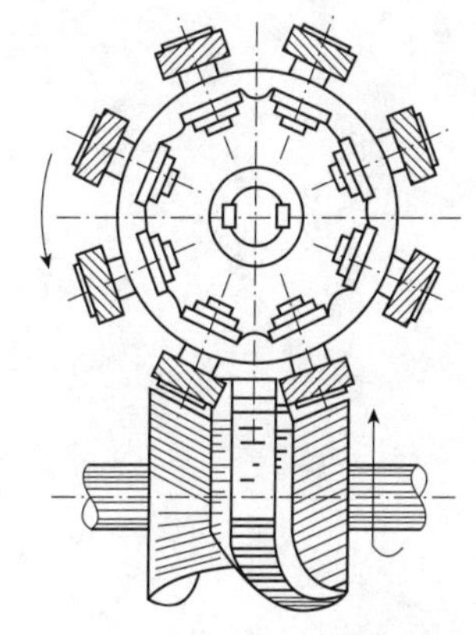

图 6-9　蜗杆形凸轮间歇机构

凸轮间歇运动机构的优点是运转可靠、传动平稳、转盘可以实现任何运动规律，还可以用改变凸轮推程运动角来得到所需要的转盘转动与停歇时间的比值。凸轮间歇运动机构常用于传递交错轴间的分度运动和需要间歇转位的机械装置中。

小　结

本章介绍了棘轮概述、槽轮机构、不完全齿机构、凸轮间歇运动机构等基本知识。通过对对棘轮概述，得到了棘轮机构的工作原理、棘爪工作条件。介绍了棘轮、棘爪的几何尺寸计算及棘轮齿形的画法，分析槽轮机构工作原理、主要参数计算。了解了一些不完全齿机构、凸轮间歇运动机构。

习　题

6-1　棘轮机构、槽轮机构及不完全齿轮机构各有何运动特点？试举出应用这些间歇运动机构的实例。

6-2　某单销槽轮机构的槽数 $z=6$，中心距 $l=80$mm，圆销直径为 10mm。试完成：

①计算该槽轮机构的基本尺寸并按比例绘出该槽轮的简图；

②计算该槽轮机构的运动系数。

第7章　机械零件设计概论

本章提要

本章介绍了机械零件设计概述，机械零件强度，应力的种类和许用应力的计算，机械零件的接触强度，机械零件的耐磨性，机械制造常用材料及其选择，公差与配合、表面粗糙度和优先数系，机械零件的工艺及标准化；重点介绍了机械零件的强度。

在机器运转时，零件还会受到各种附加载荷，通常用引入载荷系数的办法来估计这些因素的影响。载荷系数与名义载荷的乘积，称为计算载荷。按照名义载荷用力学公式求得的应力，称为名义应力，按照计算载荷求得的应力，称为计算应力。根据已知参数，计算许用应力和安全系数，来判断机器的性能好坏。

7.1 机械零件设计概述

机械零件由于某种原因不能正常工作时，称为失效。在不发生失效的条件下，零件所能安全工作的限度，称为工作能力。通常此限度对载荷而言，所以习惯上又称为承载能力。

零件的失效可能由于：断裂或塑性变形；过大的弹性变形；工作表面的过度磨损或损伤；发生强烈的振动；连接的松弛；摩擦传动的打滑等。

机械零件虽然有多种可能的失效形式，但归纳起来最主要的为强度、刚度、耐磨性、稳定性和温度的影响等几个方面。对于各种不同的失效形式，相应地有各种工作能力判定条件。

设计机械零件时，常根据一个或几个可能发生的主要失效形式，运用相应的判定条件，确定零件的形状和主要尺寸。

机械零件的设计常按下列步骤进行：

①拟定零件的计算简图。

②确定作用在零件上的载荷。

③选择合适的材料。

④根据零件可能出现的失效形式，选用相应的判定条件，确定零件的形状和主要尺寸。应当注意，零件尺寸的计算值一般并不是最终采用的数值，设计者还要根据制造零件的工艺要求和标准、规格加以圆整。

⑤绘制工作图并标注必要的技术条件。

以上所述为设计计算。在实际工作中，也常采用相反的方式——校核计算，这时先参照实物(或图纸)和经验数据，初步拟定零件结构和尺寸，然后再用有关的判定条件进行验算。

还应注意，在一般机器中，只有一部分零件是通过计算确定其形状和尺寸的，而其余的零件则仅根据工艺要求和结构要求进行设计。

7.2 机械零件的强度

在理想的平稳工作条件下作用在零件上的载荷称为名义载荷。然而在机器运转时，零件还会受到各种附加载荷，通常用引入载荷系数 K(有时只考虑工作情况的影响，则用工作情况系数 K_A)的办法来估计这些因素的影响。载荷系数与名义载荷的乘积，称为计算载荷。按照名义载荷用力学公式求得的应力，称为名义应力，按照计算载荷求得的应力，称为计算应力。

当机械零件按强度条件判定时，比较危险截面处的计算应力 σ、τ 是否小于零件材料的许用应力[σ]、[τ]。即

$$\left.\begin{aligned}\sigma\leqslant[\sigma],\ \text{而}[\sigma]=\frac{\sigma_{\lim}}{S}\\ \tau\leqslant[\tau],\ \text{而}[\tau]=\frac{\tau_{\lim}}{S}\end{aligned}\right\}\tag{7-1}$$

材料的极限应力一般都是在简单应力状态下用实验方法测出的。对于在简单应力状态下工作的零件，可直接按式(7-1)进行计算；对于在复杂应力状态下的零件，则应根据材料力学中所述的强度理论确定其强度条件。

许用应力取决于应力的种类、零件材料的极限应力和安全系数等。

7.2.1 应力的种类

按照随时间变化的情况，应力可分为静应力和变应力。

不随时间变化的应力，称为静应力[图7-1(a)]，纯粹的静应力是没有的，但如变化缓慢，就可看作是静应力。例如，锅炉的内压力所引起的应力，拧紧螺母所引起的应力等。

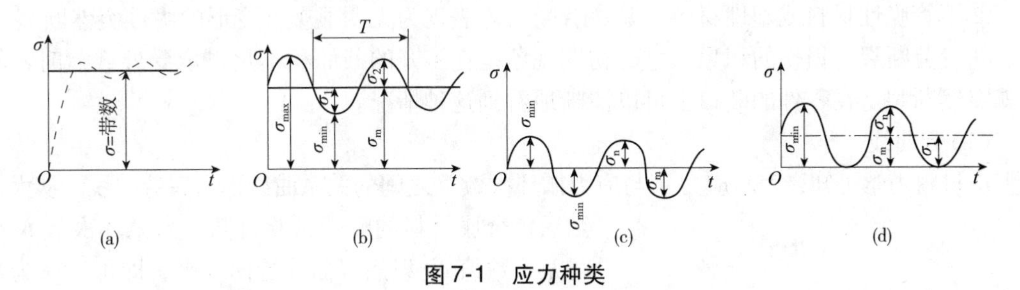

(a) (b) (c) (d)

图7-1 应力种类

随时间变化的应力，称为变应力。具有周期性的变应力称为循环变应力。图7-1(b)所示为一般的非对称循环变应力，图中 T 为应力循环周期。从图7-1(b)可知：

平均应力

$$\sigma_{m}=\frac{\sigma_{max}+\sigma_{min}}{2}$$

应力幅

$$\sigma_{a}=\frac{\sigma_{max}+\sigma_{min}}{2}\tag{7-2}$$

应力循环中的最小应力与最大应力之比，可用来表示变应力中的应力变化情况，通常称为变应力的循环特性，用 r 表示，即 $r=\dfrac{\sigma_{min}}{\sigma_{max}}$。

当 $\sigma_{max}=-\sigma_{min}$时，循环特性 $r=-1$，称为对称循环变应力[图7-1(c)]，其 $\sigma_{a}=\sigma_{max}=-\sigma_{min}$，$\sigma_{m}=0$。当 $\sigma_{max}\neq0$、$\sigma_{min}=0$ 时，循环特性 $r=0$，称为脉动循环变应力[图7-1(d)]，其 $\sigma_{a}=\sigma_{max}=1/2\sigma_{max}$。静应力可看作变应力的特例，其 $\sigma_{max}=\sigma_{min}$，循环特性 $r=+1$。

7.2.2 静应力下的许用应力

静应力下，零件材料有两种损坏形式：断裂或塑性变形。对于塑性材料，可按不发生

塑性变形的条件进行计算。这时应取材料的屈服极限 σ_s 作为极限应力，故许用应力为

$$[\sigma]=\frac{\sigma_s}{S} \tag{7-3}$$

对于用脆性材料制成的零件，应取强度极限 σ_B 作为极限应力，其许用应力为

$$[\sigma]=\frac{\sigma_B}{S} \tag{7-4}$$

对于组织均匀的脆性材料，如淬火后低温回火的高强度钢还应考虑应力集中的影响。灰铸铁虽属脆性材料，但由于本身有夹渣、气孔及石墨存在，其内部组织的不均匀性已远大于外部应力集中的影响，故计算时不考虑应力集中。

7.2.3 变应力下的许用应力

变应力下，零件的损坏形式是疲劳断裂。疲劳断裂具有以下特征：

①疲劳断裂的最大应力远比静应力下材料的强度极限低，甚至比屈服极限低。

②不管脆性材料或塑性材料，其疲劳断口均表现为无明显塑性变形的脆性突然断裂。

③疲劳断裂是损伤的积累，它的初期现象是在零开的截面积不足以承受外载荷时，零件就突然断裂。在零件的断口上可以清晰地看到这种情况。

(1)劳曲线

由材料力学可知，表示应力 σ 与应力循环次数 N 之间的关系曲线称为疲劳曲线。从大多数黑色金属材料的疲劳试验可知，当循环次数 N 超过某一数值 N_0 以后，曲线趋向水平，即可以认为在“无限次”循环时试件将不会断裂(图 7-2)。N_0 称为循环基数，对应于 N_0 的应力称为材料的疲劳极限。通常用 σ_{-1} 表示材料在对称循环变应力下的弯曲疲劳极限。

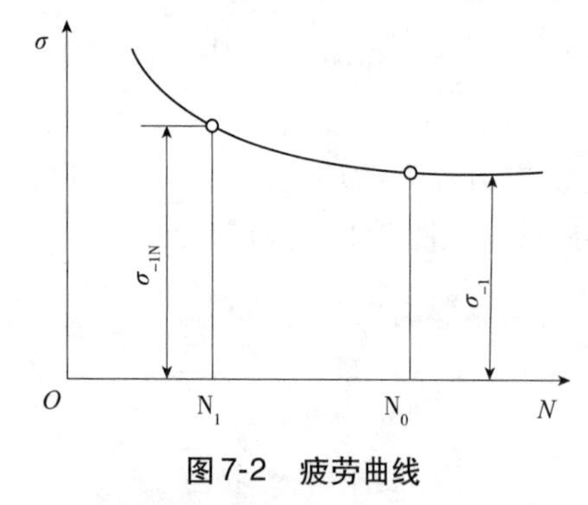

图 7-2　疲劳曲线

疲劳曲线的左半部 $N_1(N_0)$，可近似地用下列公式表示：

$$\sigma_{-1N}^{m}N_1=\sigma_{-1}^{m}N_0=c \tag{7-5}$$

式中，σ_{-1N} 为对应于循环次数 N_1 的疲劳极限；c 为常数；m 为随应力状态而不同的幂指数，例如弯曲时 $m=9$。

从式(7-5)可求得对应于循环次数 N_1 的弯曲疲劳极限为

$$\sigma_{-1N}=\sigma_{-1}\sqrt[m]{\frac{N_0}{N_1}} \tag{7-6}$$

(2)许用应力

变应力下，应取材料的疲劳极限作为极限应力。同时还应考虑零件的切口和沟槽等截面突变、绝对尺寸和表面状态等影响，为此引入有效应力集中系数 k_σ、尺寸系数 ε_σ 和表面状态系数 β 等。当应力是对称变化时，许用应力为

$$[\sigma_{-1}]=\frac{\varepsilon_\sigma\beta\sigma_{-1}}{k_\sigma S} \tag{7-7}$$

当应力是脉动循环变化时，许用应力为

$$[\sigma_0]=\frac{\varepsilon_\sigma\beta\sigma_0}{k_\sigma S} \tag{7-8}$$

式中，S 为安全系数；σ_0 为材料的脉动循环疲劳极限；k_σ、ε_σ 及 β 的数值可在材料力学或有关设计手册中查得。

以上所述为“无限寿命”下零件的许用应力。若零件在整个使用期限内，其循环总次数 N 小于循环基数 N_0 时，可根据式(7-6)求得对应于 N 的疲劳极限 σ_{-1N}。代入式(7-7)后，可得“有限寿命”下零件的许用应力。由于 σ_{-1N} 大于 σ_{-1}，故采用 σ_{-1N} 可得到较大的许用应力，从而减小零件的体积和质量。

7.2.4 安全系数

当没有专门的表格时，可参考下述原则选择安全系数：

①静应力下，塑性材料以屈服极限为极限应力。由于塑性材料可以缓和过大的局部应力，故可取安全系数 $S=1.2\sim1.5$；对于塑性较差材料(如 $\frac{\sigma_s}{\sigma_B}>0.6$)或铸钢件可取 $S=1.5\sim2.5$。

②静应力下，脆性材料以强度极限为极限应力，这时应取较大的安全系数。例如，对于高强度钢或铸铁件可取 $S=3\sim4$。

③变应力下，以疲劳极限作为极限应力，可取 $S=1.3\sim1.7$；若材料不够均匀、计算不够精确时可取 $S=1.7\sim2.5$。

7.3 机械零件的接触强度

通常，零件受载时是在较大的体积内产生应力，这种应力状态下的零件强度称整体强度。若两个零件在受载前是点接触或线接触，受载后，由于变形其接触处为一小面积，通常此面积小而表面产生的局部应力却很大，这种应力称为接触应力。这时零件强度称为接触强度。如齿轮，滚动轴承等机械零件，都是通过很小的接触面积传递载荷的，因此它们的承载能力不仅取决于整体强度，还取决于表面的接触强度。

机械零件的接触应力通常是随时间作周期性变化的，在载荷重复作用下，首先在表层内约 20μm 处产生初始疲劳裂纹，然后裂纹逐渐扩展(如有润滑油，则被挤进裂纹中产生高压，使裂纹加快扩展)，终于使表层金属呈小片状剥落下来，而在零件表面形成一些小坑(图7-3)。这种现象称为疲劳电蚀。发生疲劳点蚀后，减小了接触面积，损坏了零件的光滑表面，因而也降低了承载能力，并引起振动和噪声。疲劳点蚀常是齿轮、滚动轴承等零件的主要失效形式。

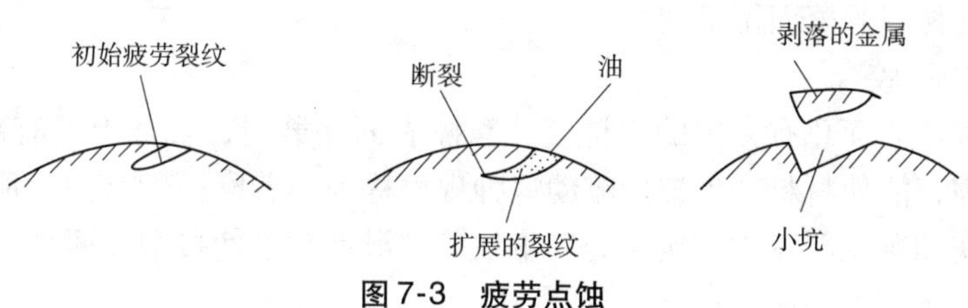

图7-3 疲劳点蚀

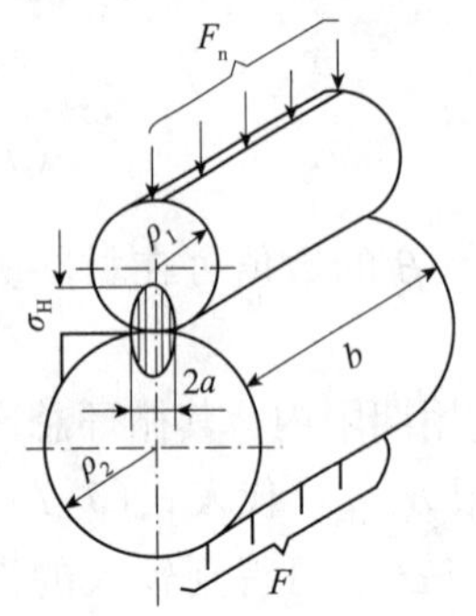

图 7-4 两圆柱体的接触应力

由弹性力学的分析可知，当两个轴线平行的圆柱体相互接触并受压时(图 7-4)，其接触面积为一狭长矩形，最大接触应力发生在接触区中线上，其值为

$$\sigma_H = \sqrt{\frac{F_n}{\pi b} \cdot \frac{\frac{1}{\rho_1} \pm \frac{1}{\rho_2}}{\frac{1-\mu_1^2}{E_1} + \frac{1-\mu_2^2}{E_2}}} \tag{7-9}$$

令$\frac{1}{\rho_1} \pm \frac{1}{\rho_2} = \frac{1}{\rho}$及$\frac{1}{E_1} \pm \frac{1}{E_2} = 2\,\frac{1}{E}$，对于钢或铸铁取泊松比$\mu_1 = \mu_2 = \mu = 0.3$，则式(7-9)可化简为

$$\sigma_H = \sqrt{\frac{1}{2\pi(1-\mu^2)} \cdot \frac{F_n E}{b\rho}} = 0.418\sqrt{\frac{F_n E}{b\rho}} \tag{7-10}$$

接触疲劳强度的判定条件为

$$\sigma_H \leqslant [\sigma_H]，而[\sigma_H] = \frac{\sigma_{H,\lim}}{S_H} \tag{7-11}$$

式中，$\sigma_{H,\lim}$为实验测得的材料接触疲劳极限，对于钢，其经验公式为

$$\sigma_{H,\lim} = 2.76\text{HBS} - 70\text{MPa}$$

式中，HBS 为布氏硬度，若两零件的硬度不同时，常以较软零件的接触疲劳极限为准。

7.4 机械零件的耐磨性

运动副中，摩擦表面物质不断损失的现象称为磨损，磨损会逐渐改变零件尺寸和摩擦表面状态。零件抗磨损的能力称为耐磨性。除非运动副摩擦表面为一层润滑剂所隔开而不直接接触，否则磨损总是难以避免的。但是只要磨损速度稳定缓慢，零件就能保持一定寿命。所以，在预定使用期限内，零件的磨损量不超过允许值时，就认为是正常磨损。

出现剧烈磨损时，运动副的间隙增大，能使机械的精度丧失，效率下降，振动、冲击、噪声增大。这时应立即停车检修、更换零件。

据统计，约有 80% 的损坏零件是因磨损而报废的，可见研究零件耐磨性具有重要意义。

磨损现象是相当复杂的，有物理、化学和机械等方面原因。下面对机械中磨损的主要类型做一简略介绍。

(1)磨粒磨损

硬质颗粒或摩擦表面上硬的凸峰，在摩擦过程中引起的材料脱落现象称为磨粒磨损。硬质颗粒可能是零件本身磨损造成的金属微粒，也可能是外来的尘土杂质等。摩擦面间的硬粒，能使表面材料脱落而留下沟纹。

(2)粘着磨损(胶合)

加工后的零件表面总有一定的粗糙度。摩擦表面受载时，实际上只有部分峰顶接触，接触处压强很高，能使材料产生塑性流动这种现象称为粘着磨损(胶合)。所谓材料转移是指接触表面擦伤和撕脱严重。若接触处发生粘着，滑动时会使接触表面材料由一个表面转移到另一个表面，摩擦表面能相互咬死。

(3)疲劳磨损(点蚀)

在滚动或兼有滑动和滚动的高副中，如凸轮、齿轮等，受载时材料表层有很大的接触应力，当载荷重复作用时，常会出现表层金属呈小片状剥落，而在零件表面形成小坑，这种现象称为疲劳磨损或点蚀。

(4)腐蚀磨损

在摩擦过程中，与周围介质发生化学反应或电化学反应的磨损，称为腐蚀磨损。

实用耐磨计算是限制运动副的压强 P，即

$$P \leqslant [P] \tag{7-12}$$

式中，$[P]$是由实验或同类机器使用经验确定的许用压强。

相对运动速度较高时，还应考虑运动副单位时间接触面积的发热量 p_v。在摩檫因数一定的情况下，可将 p_v 值与许用 p_v 值进行比较，即

$$p_v \leqslant [p_v] \tag{7-13}$$

7.5 机械制造常用材料及其选择

7.5.1 金属材料

1. 铸铁

铸铁和钢都是铁碳合金，它们的区别主要在于含碳量的不同。含碳量小于2%的铁碳合金称为钢，含碳量大于2%的称为铸铁。铸铁具有适当的易熔性，良好的液态流动性，因而可铸成形状复杂的零件。

2. 钢

与铸铁相比，钢具有高的强度、韧性和塑性，并可用热处理方法改善其力学性能和加工性能。钢制零件的毛坯可用锻造、冲压、焊接或铸造等方法取得，因此其应用极为广泛。

按照用途，钢可分为结构钢、工具钢和特殊钢。结构钢用于制造各种机械零件和工程结构的构件；工具钢主要用于制造各种刃具、模具和量具；特殊钢(如不锈钢、耐热钢、耐酸钢等)用于制造在特殊环境下工作的零件。按照化学成分，钢又可分为碳素钢和合金钢。碳素钢的性质主要取决于含碳量，含碳量越高则钢的强度越高，但塑性越低。为了改善钢的性能，特意加入了一些合金元素的钢称为合金钢。

(1)碳素结构钢

这类钢的含碳量一般不超过0.7%。含碳量低于0.25%的低碳钢，它的强度极限和屈服极限较低，塑性很高，且具有良好的焊接性，适于冲压、焊接，常用来制作螺钉、螺母、垫圈、轴、气门导杆和焊接构件等。含碳量在0.1%~0.2%的低碳钢还用以制作渗碳的零件，如齿轮、活塞销、链轮等。通过渗碳淬火可使零件表面硬而耐磨，心部韧而耐冲击。如果要求有更高强度和耐冲击性能时，可采用低碳合金钢。含碳量在0.3%~0.5%的中碳钢，它的综合力学性能较好，既有较高的强度，又有一定的塑性和韧性，常用作受力较大的螺栓，螺母、键，齿轮和轴等零件。含碳量在0.55%~0.7%的高碳钢，具有高的强度和弹性，多用来制作普通的板弹簧，螺旋弹簧或钢丝绳等。

(2)合金结构钢

钢中添加合金元素的作用在于改善钢的性能。例如：镍能提高强度而不降低钢的韧性；钼的作用类似于锰，其影响更大些；钒能提高韧性及强度；硅可提高弹性极限和耐磨性，但会降低韧性。合金元素对钢的影响是很复杂的，特别是当为了改善钢的性能需要同时加入几种合金元素时。应当注意，合金钢的优良性能不仅取决于化学成分，而且在更大程度上取决于适当的热处理。

(3)铸钢

铸钢的液态流动性比铸铁差，所以用普通砂型铸造时，壁厚常不小于10mm。铸钢件的收缩率比铸铁件大，故铸钢件的圆角和不同壁厚的过渡部分均应比铸铁件大些。

选择钢材时，应在满足使用要求的条件下，尽量采用价格便宜供应充分的碳素钢，必须采用合金钢时也应优先选用我国资源丰富的硅、锰、硼、钒类合金钢。例如，我国新颁布的齿轮减速器规范中，已采用35SiMn和ZG35SiMn等代替原用的35Cr、40CrNi等材料。

3. 铜合金

铜合金有青铜和黄铜之分，黄铜是铜和锌的合金，并含有少量的锰、铝、镍等，它具有很好的塑性及流动性，故可进行锻压和铸造，青铜可分为含锡青铜和不含锡青铜类，它们的减摩擦性和抗腐蚀性均较好，也可碾压和铸造。此外，还有轴承合金(又称巴氏合金)，主要用于制作滑动轴承的轴承衬。

7.5.2 非金属材料

(1)橡胶

橡胶富于弹性，能吸收较多的冲击能量，常用作联轴器或减震器的弹性元件，带传动的胶带等，硬橡胶可用于制作用水润滑的轴承衬。

(2)塑料

塑料的密度低，易于制成形状复杂的零件，而且各种不同塑料具有不同的特点，如耐蚀性、绝热性、绝缘性、减摩性、摩擦因数大等，所以近年来在机械制造中其应用日益广泛。以木屑、石棉纤维等作填充物，用热固性树脂压结而成的塑料称为结合塑料，可用来制作仪表支架、手柄等受力不大的零件。以布、石棉、薄木板等层状填充物为基体，用热固性树脂压结而成的塑料称为层压塑料，可用来制作无声齿轮、轴承衬和摩擦片等。

此外，在机械制造中也常用到其他非金属材料，如皮革、木材、纸板、棉、丝等。

设计机械零件时，选择合适的材料是一项复杂的技术经济问题。设计者应根据零件的用途、工作条件和材料的物理、化学、机械和工艺性能以及经济因素等进行全面考虑。这就要求设计者在材料和工艺等方面具有广泛的知识和实践经验。

7.6 公差与配合、表面粗糙度和优先系数

7.6.1 公差与配合

机器是由零件装配而成的。大规模生产要求零件具有互换性，以便在装配时不需要选择和附加加工，就能达到预期的技术要求。

为了实现零件的互换性，必须保证零件的尺寸、几何形状和相对位置以及表面粗糙度的一致性。就零件尺寸而言，它不可能做得绝对精确，但必须使尺寸介于两个允许的极限尺寸之间，这两个极限尺寸之差称为公差。因此互换性要求建立标准化的公差与配合制度。我国的公差与配合(GB/T 17851—1999；GB/T 17852—1999；GB/T 1800.1—2009；GB/T 1800.2—2009；GB/T 1801—2009；GB/T 1803—2003；GB/T 1804—2000；GB/T 18323—2001；GB/T 18737.8—2009；GB/T 18776—2002；GB/T 1958—2004)采用国际公差制，既能适应于我国生产发展的需要，也有利于国际间的技术交流和经济协作，配合种类如图7-5所示。

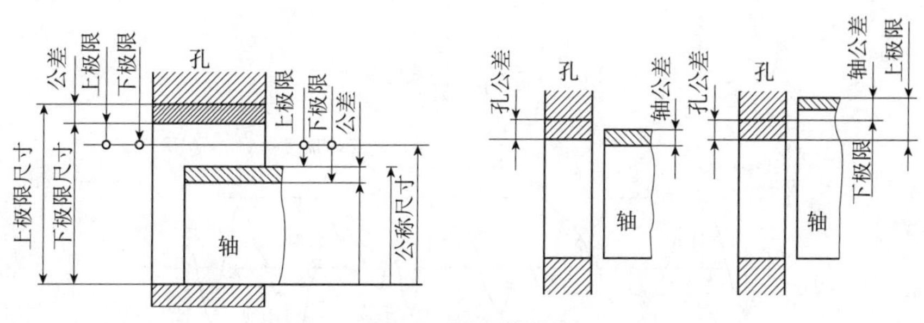

图7-5　配合的种类

孔，主要指圆柱形的内表面，也包括其他内表面，如键槽宽度。

轴，主要指圆柱形的外表面，也包括其他外表面，如与键槽相配合的键宽。前者统称为包容面，后者统称为被包容面。

机械制造中最常用的公差等级是4～11级。4级、5级用于特别精密的零件。6级、7级、8级用于重要的零件，它们是现代生产中采用的主要精度等级。8级、9级用于工作速度中等及具有中等精度要求的零件。10～11级用于低精度零件，主要用于低速机器中；这些精度等级允许直接采用棒材、管材或精密锻件而不需要再作切削加工。

配合制度有基孔制和基轴制两种。基孔制的孔是基准孔，其下偏差为零，代号为H，而各种配合特性是靠改变轴的公差带来实现的(图7-6)。基轴制的轴是基准轴，其上偏差为零，代号为h，而各种配合特性是靠改变孔的公差带来实现的。为了减少加工孔用的刀具(如铰刀、拉刀)品种，工程中广泛采用基孔制。但有时仍须采用基轴制，例如，光轴与具有不同配合特性的零件相配合时；滚动轴承外径与轴承孔配合时等。

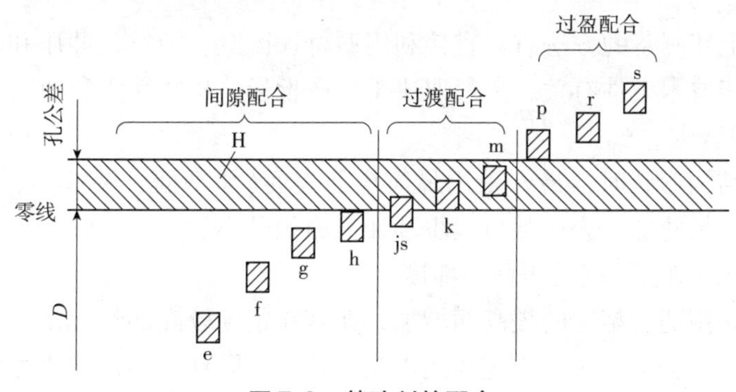

图7-6　基孔制的配合

7.6.2 表面粗糙度

表面粗糙度是指零件表面的微观几何形状误差。它主要是加工后在零件表面留下的微细而凸凹不平的刀痕。

表面粗糙度的评定参数之一是轮廓算术平均偏差 Ra，它是指在取样长度 l 内，被测轮廓上各点至轮廓中线偏距绝对值的算术平均值(图 7-7)，即

$$Ra = \frac{1}{l}\int_0^l |y|\mathrm{d}x$$

近似为

$$Ra = \frac{1}{n}\sum_{i=1}^{n} |y_i|$$

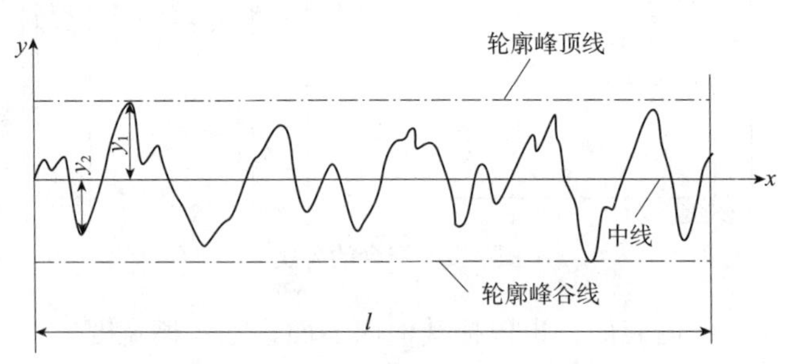

图 7-7 表征表面粗糙度的一些参数

y_1-轮廓峰高；y_2-轮廓谷深

7.7 机械零件的工艺及标准化

7.7.1 工艺性

设计机械零件时，不仅应使其满足使用要求，即具备所要求的工作能力，同时还应当满足生产要求，否则就可能制造不出来，或虽能制造但费工费料很不经济。

在具体生产条件下，如所设计的机械零件便于加工而加工费用又很低，则这样的零件就称为具有良好的工艺性。有关工艺性的基本要求是：

(1)毛坯选择合理

机械制造中毛坯制备的方法有：直接利用型材、铸造、锻造、冲压和焊接等。毛坯的选择与具体的生产技术条件有关，一般取决于生产批量、材料性能和加工可能性等。

(2)结构简单合理

设计零件的结构形状时，最好采用最简单的表面(如平面、圆柱面、螺旋面)及其组合，同时还应当尽量使加工表面数目最少和加工面积最小。

(3)规定适当的制造精度及表面粗糙度

零件的加工费用随着精度的提高而增加，尤其在精度较高的情况下，这种增加极为显著。因此，在没有充分根据时，不应当追求高的精度。同理，零件的表面粗糙度也应当根据配合表面的实际需要，作出适当的规定。

欲设计出工艺性良好的零件，设计者就必须与工艺技术员相结合并善于向他们学习。此外，在金属工艺学课程和手册中也都提供了一些有关工艺性的基本知识，可供参考。

7.7.2 标准化

标准化是指以制定标准和贯彻标准为主要内容的全部活动过程。标准化的研究领域十分宽广，就工业产品标准化而言，它是指对产品的品种、规格、质量、检验或安全、卫生要求等制定标准并加以实施。

产品标准化本身包括三个方面的含义：

(1)产品品种规格的系列化

将同一类产品的主要参数、形式、尺寸、基本结构等依次分档，制成系列化产品，以较少的品种规格满足用户的广泛需要。

(2)零部件的通用化

将同一类型或不同类型产品中用途结构相近似的零部件(如螺栓、轴承座、联轴器和减速器等)，经过统一后实现通用互换。

(3)产品质量标准化

产品质量是一切企业的“生命线”，要保证产品质量合格和稳定就必须做好设计、加工工艺、装配检验，甚至包装储运等环节的标准化。这样，才能在激烈的市场竞争中立于不败之地。

对产品实行标准化具有重大的意义：在制造上可以实行专业化大量生产，既可提高产品质量又能降低成本；在设计方面可减少设计工作量；在管理维修方面，可减少库存量和便于更换损坏的零件。

按照标准的层次，我国的标准分为国家标准、行业标准、地方标准和企业标准四级。强制性标准必须执行；而推荐性标准，鼓励企业自愿采用。

为了增强在国际市场的竞争能力，我国鼓励积极采用国际标准和国外先进标准。近年来发布的我国国家标准，许多都采用了相应国际标准(ISO)。设计人员必须熟悉现行有关标准。一般机械设计手册及机械工程手册(以后简称手册)中都收录摘编了常用标准和资料，以供查阅。

小　　结

本章介绍了机械零件设计概述、机械零件的强度、机械零件的接触强度、机械零件的耐磨性、机械制造常用材料及其选择、公差与配合、表面粗糙度和优先数系、机械零件的工艺及标准化等基本知识。通过对机械零件设计概述，得到设计零件常按照的步骤。在机械零件强度中，阐述了应力种类，静、变应力下的许用应力。对机械零件接触强度的分析，得到接触疲劳强度的判定条件，阐述了机械零件耐磨性、制造材料、公差、配合、表面粗糙度、优先系数、工艺、标准化等知识。

习　　题

7-1　通过热处理可改变毛坯或零件的内部组织，从而改善它的力学性能。钢的常用热处理方法有：退火、正火、淬火、调质、表面淬火和渗碳淬火等。试选择其中三种加以解释并简述其应用。

7-2　试求把 14 号热轧工字钢(材料为 Q235)沿轴线拉断时所需的最小拉力 F。

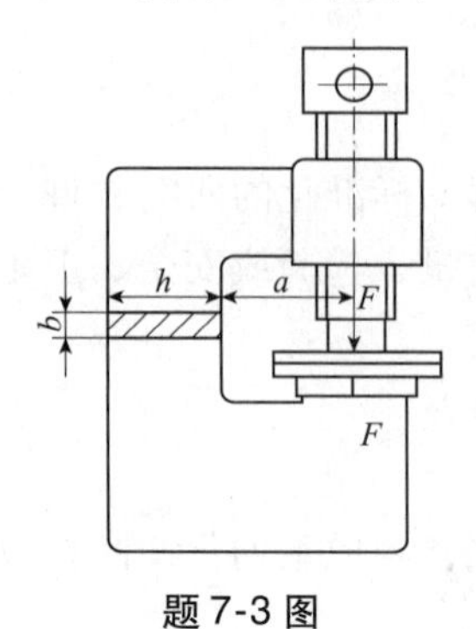

题 7-3 图

7-3　如题 7-3 图所示夹钳弓架的材料为 45 钢，已知尺寸：$a=65\text{mm}$，$b=16\text{mm}$，$h=50\text{mm}$。试按弓架强度计算夹钳所能承受的最大夹紧力 F(计算时取安全系数 $S=2$)并绘出应力分布图。

7-4　如题 7-4 图所示，试确定下列结构尺寸：

①普通螺纹退刀槽的宽度 b，沟槽直径 d_1，过渡圆角半径 r 及尾部倒角 C。

②扳手空间所需的最小中心矩 A_1 和螺栓轴线与箱壁的最小距离 T。

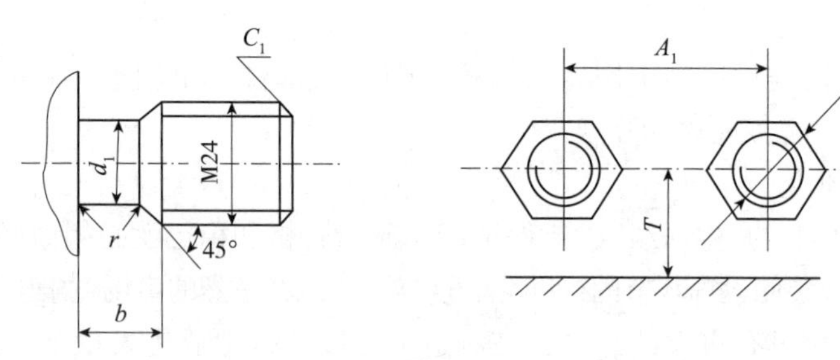

题 7-4 图

7-5　若题 7-5 图铆钉和被铆件的材料均为 Q215 钢，其许用切应力，许用挤压应力，铆钉的直径，横梁为 18 号工字钢，厚度其他尺寸见图。试校核铆钉连接的强度。

7-6　如题 7-6 图所示，活塞销两端与活塞孔为过渡配合，活塞销中段与连杆孔为间隙配合。试完成：①绘制轴与孔的公差带图；②说明它们是哪一种基准制，为什么要采用这种基准制。

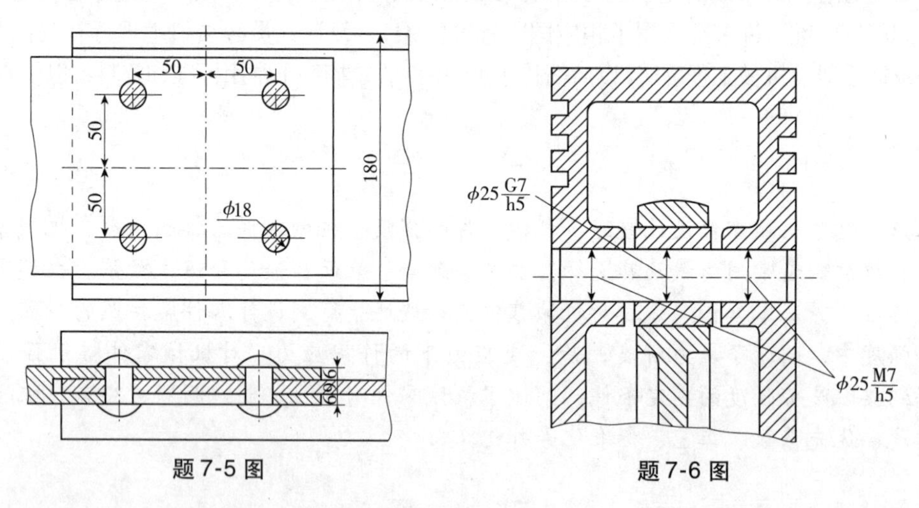

题 7-5 图　　题 7-6 图

7-7　基孔制优先配合为 $\frac{H11}{c11}$、$\frac{H11}{h11}$、$\frac{H9}{d9}$、$\frac{H9}{h9}$、$\frac{H8}{f7}$、$\frac{H8}{h7}$、$\frac{H7}{g6}$、$\frac{H7}{h6}$、$\frac{H7}{k6}$、$\frac{H7}{n6}$、$\frac{H7}{p6}$、$\frac{H7}{s6}$、$\frac{H7}{u6}$。试以基本尺寸为 50mm 绘制其公差带图。

第8章　挠性传动

本章提要

本章介绍带传动的类型，应用和工作特点；介绍带传动的特点、受力分析、应力分析、运动分析、传动设计以及各类传动带和有关标准等；重点介绍普V带的标准、选用和设计方法；介绍了带传动装置的维护和张紧方法，链传动的类型、特点和应用；介绍了套筒滚子链的结构、标准和选用设计方法；介绍了链轮的结构设计和有关链传动安装、张紧和维护等方面的知识；简要分析了链传动的运动特性；介绍了钢丝绳的特点及用途，钢丝绳的构造及分类，钢丝绳的受力分析，钢丝绳的选择，钢丝绳的使用；还介绍了滑轮及滑轮组，滑轮材料和效率，滑轮组类型，卷筒结构与材料。

带传动和链传动是常用的传动，都是通过中间挠性件(带或链)传递运动和动力的，主要适用于两轴中心距较大的场合。与齿轮传动相比，它们具有结构简单、成本低廉等优点。

8.1　带传动的类型和应用

8.1.1　带传动的工作原理

带传动一般是由主动轮1、从动轮2、紧套在两轮上的传动带3组成(图8-1)。当原动机驱动主动带轮转动时，由于带与带轮之间摩擦力的作用，拖动从动带轮一起转动，从而实现运动的动力传递。在安装时带被张紧在带轮上，这时带所受的拉力称为初拉力，它使带与带轮的接触面间产生压力。当原动机驱动主动轮1回转时，在带与轮缘接触表面间便产生摩擦力，正是借助于这种摩擦力，主动轮才能拖动带，继而带又拖动从动轮，从而将主动轴上的转矩和运动传给从动轴。

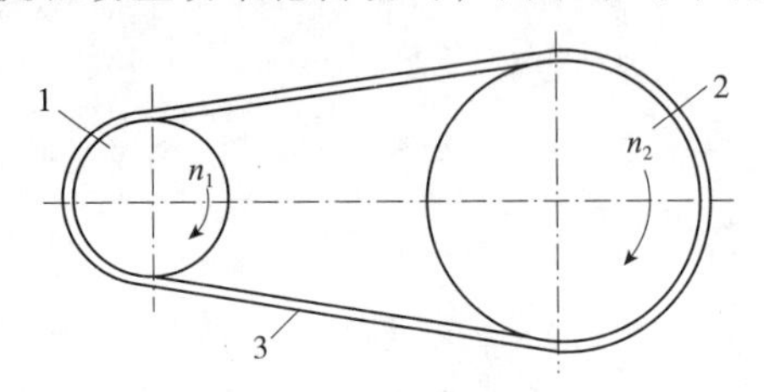

图8-1　带传动示意图

1-主动轮；2-从动轮；3-封闭环形带

8.1.2　带传动的类型

带传动根据横截面形状不同可分为平带传动、V带传动、圆带传动等，图8-2为带类型的示意图。

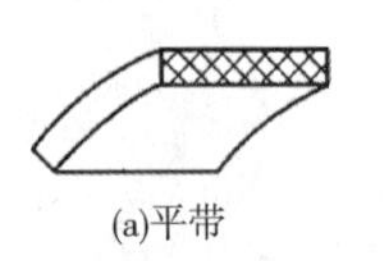
(a)平带

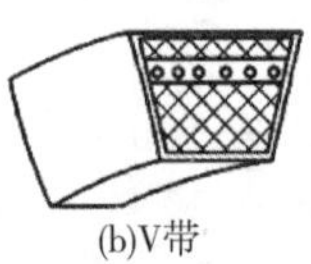
(b)V带

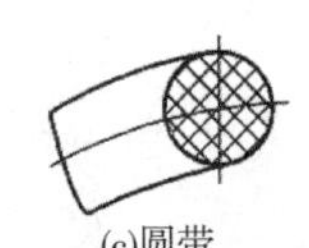
(c)圆带

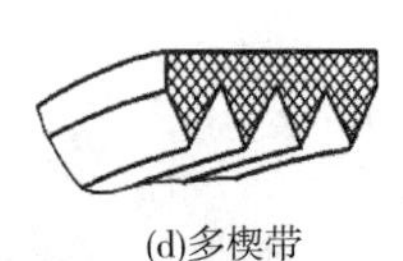
(d)多楔带

(e)同步带

图8-2　带的常用类型

平带的横截面为扁平矩形[图8-2(a)]，其工作面是与轮面相接触的内表面；V带[图8-2(b)]的横截面为等腰梯形，其工作面是与轮槽相接触的两侧面，而V带与轮槽槽底并不接触[图8-3(b)]。由于轮槽的楔形效应，初拉力相同时，V带传动较平带传动能产生更大的摩擦力，故具有较大的牵引能力。多楔带[图8-2(d)]以其扁平部分为基体，下面有几条等距纵向槽，其工作面是楔的侧面。多楔带是在平带基体上由多根V带组成的传动带。这种带兼有平带的弯曲应力小和V带的摩擦力大等优点，常用于传递动力较大而又要求结构紧凑的场合。圆带[图8-2(c)]的牵引能力小，常用于仪器和家用器械中，只用于小功率传动。同步带[图8-2(e)]传动是一种啮合传动，兼有带传动和齿轮传动的特点。同步带传动时无相对滑动，能保证准确的传动比。

摩擦带传动类型如图8-3所示。

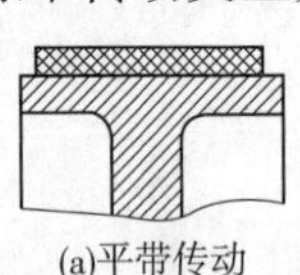
(a)平带传动

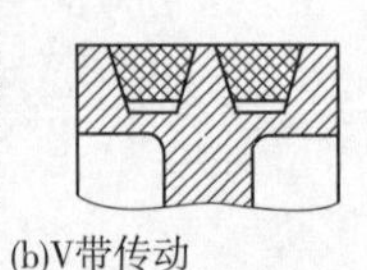
(b)V带传动

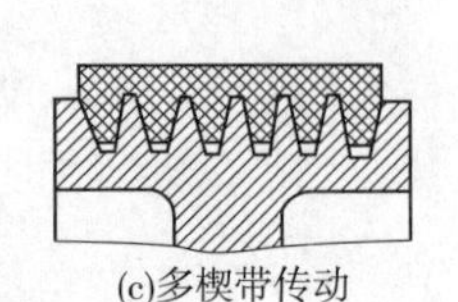
(c)多楔带传动

(d)圆带传动

图8-3　摩擦带传动类型

V 带传递功率的能力比平带传动大得多。在传递相同的功率时，若采用 V 带传动将得到比较紧凑的结构。在一般机械中，多采用 V 带传动。但 V 带传动只用于开口传动。

多楔带相当于多条 V 带组合而成，工作面是楔形的侧面，兼有平带挠曲性好和 V 带摩擦力大的优点，并且克服了 V 带传动各根带受力不均的缺点，故适用于传递功率较大且要求结构紧凑的场合。

同步带和工作表面也有相应的轮齿相配合，是带齿的环形带。工作时带齿与轮齿互相啮合，不仅兼有摩擦带传动能吸振、缓冲的优点，而且具有传递功率大，传动比准确等优点，故多用于要求传动平稳，传动精度较高的场合。

8.1.3 带传动的特点及应用

带传动具有传动平稳、噪声大、清洁(无须润滑)的特点，具有缓冲减振和过载保护作用，并且维修方便。带传动一般有以下特点：

①带有良好的挠性，能吸收震动，能缓冲，传动平稳，噪声小；

②当带传动过载时，带在带轮上打滑，这样可以防止其他机件损坏，起到保护作用；

③结构简单，制造，安装和维护方便，成本低廉；

④可以实现较大中心距的传动；

⑤带与带轮之间存在一定的弹性滑动，故不能保证恒定的传动比，精度和效率较低；

⑥由于带工作时需要张紧，带对带轮轴有很大的压轴力；

⑦带传动装置外廓尺寸大，结构不够紧凑，需要张紧装置；

⑧传动效率低，带的寿命较短，需经常更换；

⑨不宜在高温、易燃、易爆及有油、水等场合应用。

通常带传动用于两轴中心距较大，传动比要求不严格的机械中。一般带传动传递功率 $p \leqslant 50\mathrm{kW}$，带速 $v = 5 \sim 25\mathrm{m/s}$，传动效率 $\eta = 0.90 \sim 0.96$，允许的传动比 $i_{\max} = 7$(一般为 $2 \sim 4$)。在多级传动系统中，带传动常被放在高速级。

根据带轮轴的相对位置及带绕在带轮上的方式不同，带传动分为开口传动[图 8-4(a)]、交叉传动[图 8-4(b)]和半交叉传动[图 8-4(c)]。后两种带传动形式只适合平带传动和圆带传动。

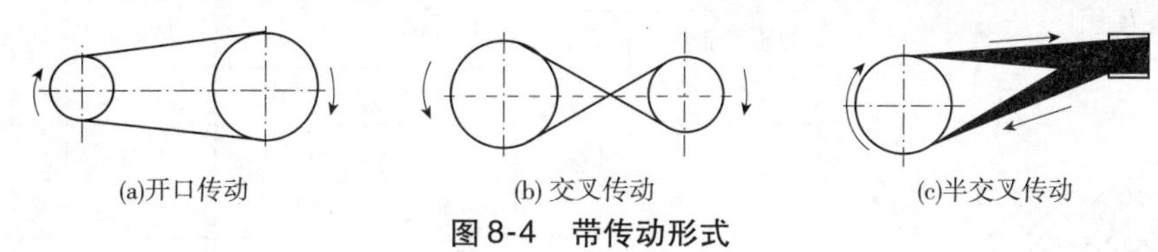

(a)开口传动　(b) 交叉传动　(c)半交叉传动

图 8-4　带传动形式

8.2 V 带与带轮

8.2.1 V 带结构与标准

标准普通 V 带都制成无接头的环形，其周长已经系列化。V 带的结构如图 8-5 所示，由包布层 1、顶胶 2、抗拉层 3 和底胶 4 组成。抗拉层是承受载荷的主体，由几层帘布或粗线绳组成，分别称为帘布芯结构[图 8-5(a)]和线绳芯结构[图 8-5(b)]。线绳芯结构比较柔软易弯曲，抗弯强度高，适于带轮直径较小、转速较高的场合。为提高带的拉曳能力，抗拉层还可采用尼龙丝绳或钢丝绳。顶胶层、底胶层均为胶料，V 带在带轮上弯曲时，顶胶层承受拉伸力，底胶层承受压缩力。包布层由几层橡胶布组成，是带的保护层。

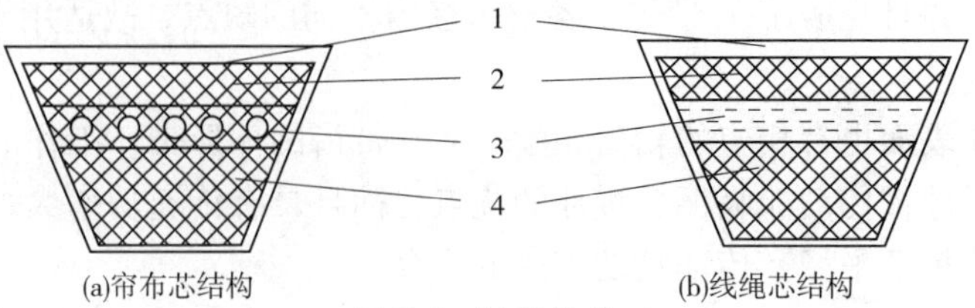

图 8-5　V 带结构

1-包布层；2-顶胶；3-抗拉层；4-底胶

如图 8-6 所示，当带纵向弯曲时，带中保持长度不变的任一条周线称为节线，由全部节线构成的面称为节面。带的节面宽度称为节宽 b_p，当带纵向弯曲时，该宽度保持不变。

与普通 V 带相比，在宽度相同时，窄 V 带的宽度比普通 V 带小约 30%（图 8-7），但传递功率较大，允许速度和挠曲次数较高，传递中心距较小，适用于大功率且结构紧凑的场合。普通 V 带和窄 V 带已标准化，按照截面尺寸的不同，标准普通带有 Y、Z、A、B、C、D、E 七种型号，从 Y 到 E，截面尺寸增加，承载能力增强。窄 V 带有 SPZ、SPA、SPB、SPC 四种型号。基本尺寸见表 8-1 所列。

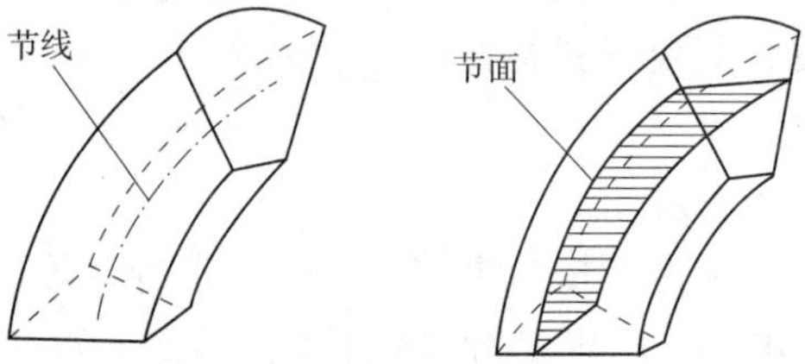

图 8-6　V 带的节线和节面

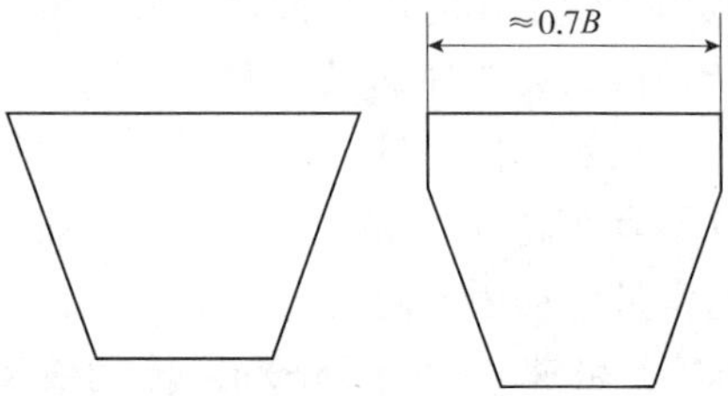

图 8-7　普通 V 带与窄 V 带比较

表 8-1　V 带截面尺寸（GB/T 11544—2012）

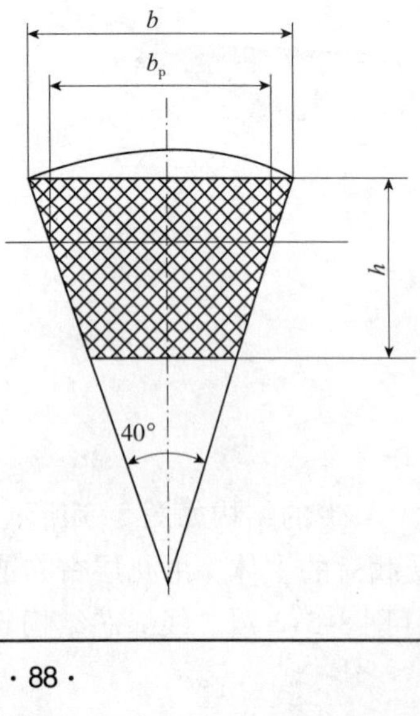

类型		节宽	顶宽	高度	单位长度质量
普通 V 带	窄 V 带	b_p/mm	b/mm	h/mm	q/(kg/mm)
Y		5.3	6.0	4.0	0.04
Z	SPZ	8.5	10.0	6.0	0.06
		8	10	8	0.07
A	SPA	11.0	13.0	8.0	0.1
		11	13	10	0.12
B	SPB	14.0	17.0	11.0	0.17
		14	17	14	0.2
C		10.0	25.0	14.0	0.30
		19	22	18	0.37
D	SPC	27.0	35.	19	0.60
E		32	38	23	0.87

在V带轮上与所配用V带的节面宽度 b_p 相对应的带轮直径称为基准直径 d。V带位于带轮基准直径上的周线长度称为基准长度 L_d。V带轮基准直径 d 和V带基准长度 L_d 均为标准值，其值分别见表8-2和表8-4所列。

表8-2　V带基准长度 L_d 和带长修正系数 K_L

基准长度 L_d/mm	普通V带					窄V带			
	Y	Z	A	B	C	SPZ	SPA	SPB	SPC
400	0.96	0.87							
450	1.00	0.89							
500	1.02	0.91							
560		0.94							
630		0.96	0.81			0.82			
710		0.99	0.83			0.84			
800		1.00	0.85			0.86	0.81		
900		1.03	0.87	0.82		0.88	0.83		
1000		1.06	0.89	0.84		0.90	0.85		
1120		1.08	0.91	0.86		0.93	0.87		
1250		1.11	0.93	0.88		0.94	0.89	0.82	
1400		1.14	0.96	0.90		0.96	0.91	0.84	
1600		1.16	0.99	0.92	0.83	1.00	0.93	0.86	
1800		1.18	1.01	0.95	0.86	1.01	0.95	0.88	
2000			1.03	0.98	0.88	1.02	0.96	0.90	0.81
2240			1.06	1.00	0.91	1.05	0.98	0.92	0.83
2500			1.09	1.03	0.93	1.07	1.00	0.94	0.86
2800			1.11	1.05	0.95	1.09	1.02	0.96	0.88
3150			1.13	1.07	0.97	1.11	1.04	0.98	0.90
3550			1.17	1.09	0.99	1.13	1.06	1.00	0.92
4000			1.19	1.13	1.02		1.08	1.02	0.94
4500				1.15	1.04		1.09	1.04	0.96
5000				1.18	1.07			1.06	0.98

普通V带为标准件，其标记由带型、基准长度和国家标准号组成。如A型普通V带，基准长度为1400mm，可标记为A－1400 GB/T 11544—2012。

通常将带的型号及基准长度压印在带的外表面上，以便选用和识别。

8.2.2　V带轮的结构和材料

V带轮由轮缘、轮辐和轮毂组成，其中轮缘用于安装V带，轮毂与轴相配合，V带是标准件，而V带轮轮缘的尺寸与带的型号和带的根数有关。普通V带带轮轮槽尺寸见表8-3所列，V带轮基准直径 d 见表8-4所列。

表 8-3　V 带轮槽尺寸

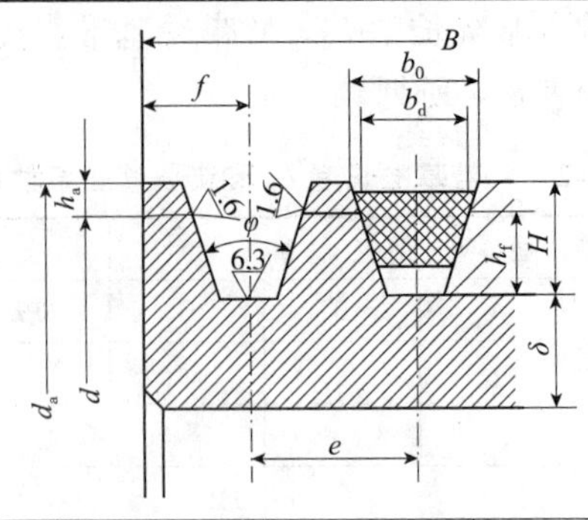

<table>
<tr><th colspan="3">槽　型</th><th>Y</th><th>Z
SPZ</th><th>A
SPA</th><th>B
SPB</th><th>C
SPC</th></tr>
<tr><td colspan="3">b_d</td><td>5.3</td><td>8.5</td><td>11</td><td>14</td><td>19</td></tr>
<tr><td colspan="3">$h_{a,min}$</td><td>1.6</td><td>5.0</td><td>5.75</td><td>3.5</td><td>4.8</td></tr>
<tr><td colspan="3">e</td><td>8 ±0.3</td><td>12 ±0.3</td><td>15 ±0.3</td><td>19 ±0.4</td><td>25.5 ±0.5</td></tr>
<tr><td colspan="3">f_{min}</td><td>6</td><td>7</td><td>9</td><td>11.5</td><td>16</td></tr>
<tr><td colspan="3">δ_{min}</td><td>5</td><td>5.5</td><td>6</td><td>7.5</td><td>10</td></tr>
<tr><td rowspan="4">φ/°</td><td>32</td><td rowspan="4">对应的
d/mm</td><td>≤60</td><td>—</td><td>—</td><td>—</td><td>—</td></tr>
<tr><td>34</td><td>—</td><td>≤80</td><td>≤118</td><td>≤190</td><td>≤315</td></tr>
<tr><td>36</td><td>> 60</td><td>—</td><td>—</td><td>—</td><td>—</td></tr>
<tr><td>38</td><td>—</td><td>> 80</td><td>> 118</td><td>> 190</td><td>> 315</td></tr>
</table>

表中带轮的轮槽槽角分别为 32°、34°、36°、38°，均小于 V 带的楔角 40°(表 8-1)，原因是当 V 带弯曲时，顶胶层在横向要收缩，而底胶层在横向要伸长，因而楔角要减少。为保证 V 带和 V 带轮工作面的良好接触，一般带轮的轮槽槽角都应适当减少。

轮槽的工作面要精加工，保证适当的粗糙度值，以减少带的磨损，保证带的疲劳寿命。

表 8-4　V 带轮最小基准直径

型号	Y	Z	SPZ	A	SPA	B	SPB	C	SPC	D	SPD
d_{min}	20	50	63	75	90	125	140	200	224	355	500

注：V 带轮的基准直径系列为 20　25.4　25　28　31.5　35.5　40　45　50　56　63　71　75　80　85　90　95100　(106)112　(118)　125　132　140　150　160　170　180　200　212　224　236　250　(265)　280　(300)　315　(335)355　(375)　400　425　450　475　500　530　560　600　630　670　710　(750)　800　(900)　1000 等，括号内的直径尽量不用。

带轮的材料主要为铸铁，常用材料的牌号为 HT150 或 HT200；允许的最大圆周速度为 25m/s，转速较高(大于 25m/s)时宜用球墨铸铁或铸钢，速度可达 45m/s；单件生产时可用钢板冲压－焊接带轮；小功率时可用铸铝或塑料。

铸铁制 V 带轮的典型结构有以下几种形式：

实心式[图 8-8(a)]：带轮的基准直径 $d \leqslant (5.5 \sim 3) d_s$（$d_s$ 为轴的直径，mm）时，可采用实心式。

腹板式[图 8-8(b)]：$d \leqslant 300$mm 时，可采用腹板式。

孔板式[图 8-8(c)]：$d \leqslant 300$mm、$D_1 - d_1 \geqslant 100$mm 时，为方便吊装和减轻质量，可在腹板上开孔，称为孔板式。

轮辐式[图 8-8(d)]：$d > 300$mm 时，可采用轮辐式。

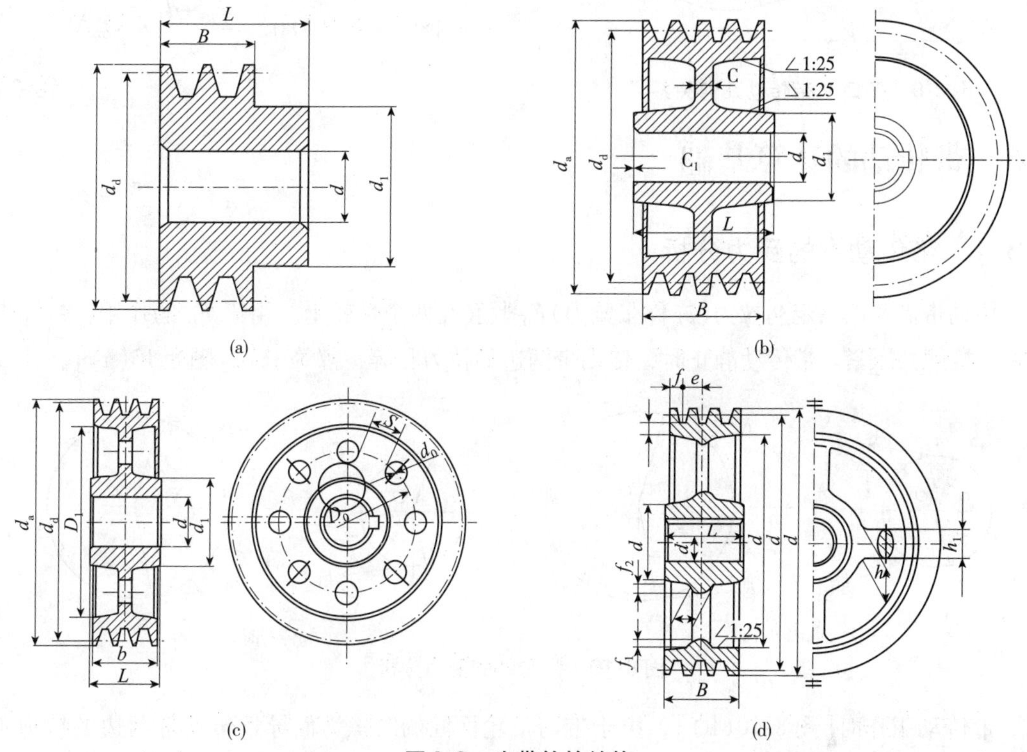

图 8-8　皮带轮的结构

V 带轮其他尺寸的确定可以按照下列公式确定，或查阅机械设计手册。

$$d_h = (1.8 \sim 2) d_s,\ d_1 = d_a - 2(h_a + h_f + \delta),\ L = (1.5 \sim 2) d,\ B = (z-1)e + 2f$$

式中，h_a、h_f、δ 见表 8-3 所列；z 为 V 带的根数。

带轮的结构设计，主要是根据带轮的基准直径选择结构形式；根据带的型号确定轮槽尺寸；带轮的其他结构尺寸可参照经验公式计算。确定了带轮的各部分尺寸后，即可绘制出零件图，并按工艺要求标注出相应的技术条件等。

V 带轮设计时要求质量小、结构工艺性要好，应易于制造，且无过大的铸造内应力，质量分布均匀，转速高时要经过动平衡；轮槽工作要精细加工，以减少带的磨损；为载荷分布均匀，应使各轮槽的尺寸和角度应保持一定的精度。

8.2.3　带传动的几何计算

带传动的主要几何参数有：中心距 a、带长 L；带轮直径 d_2、d_1；包角 α_1 将 V 带置于具有基准直径 d 的带轮轮槽中，并适当张紧，完成带传动的安装，其中心距为 a，以开口

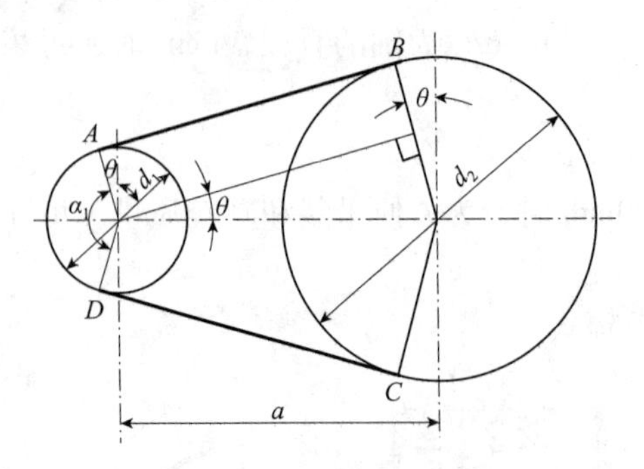

图 8-9 开口 V 带传动几何关系

V 带传动为例，其几何关系如图 8-9 所示，α_1 为包角(带与带轮接触弧所对应的圆心角)，是带传动中影响传动性能的重要参数之一。θ、d、a、α_1 的关系如下：

$$L = 2a + \frac{\pi}{2}(d_1 + d_2) + \frac{(d_2 - d_1)^2}{4a} \tag{8-1}$$

$$\alpha_1 = 180° - 2\theta \approx 180° - \frac{d_2 - d_1}{a} \times 57.3° \tag{8-2}$$

8.3 带传动的计算基础

8.3.1 带传动中的受力分析

传动带需要以一定初拉力(亦称张紧力)F_0 紧套在两个带轮上。由于 F_0 的作用，带和带轮相互接触并压紧。带传动静止时，传动带两边的拉力相等，都等于 F_0[图 8-10(a)]。

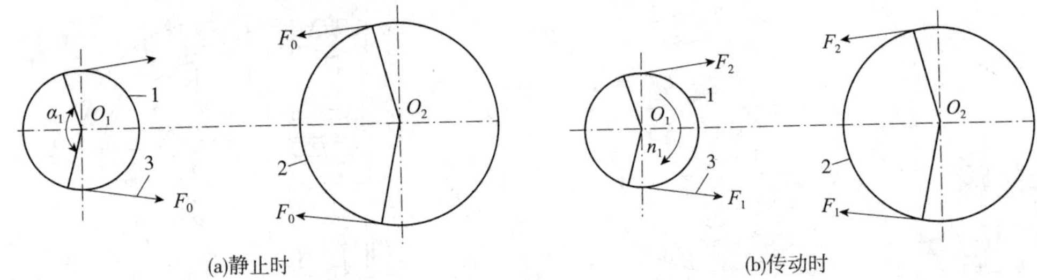

图 8-10 带传动的受力分析

带传动工作时[图 8-10(b)]，由于带与带轮面间的摩擦力而导致传动带两边的拉力不同：带绕上主动轮的一边被拉紧，称为紧边，紧边拉力由 F_0 增加到 F_1；带绕上从动轮的一边被放松，称为松边，松边拉力由 F_0 减少到 F_2。如果近似的认为带工作时的总长度不变，则带的紧边拉力增量，应等于松边拉力的减少量，即

$$F_1 - F_0 = F_0 - F_2 \text{ 或 } F_1 + F_2 = 2F_0 \tag{8-3}$$

当取主动轮一端的带为分离体时，则总摩擦力 F_f 和两边拉力对轴心力矩的代数和 $\sum T = 0$，即

$$F_f \frac{d_1}{2} - F_1 \frac{d_1}{2} + F_2 \frac{d_1}{2} = 0$$

由上式可得 $F_f = F_1 - F_2$。

带传动是靠摩擦来传递运动和动力的，故整个接触面上的摩擦力 F_f 即是带所传递的有效拉力 F，有效拉力 F 并不是作用于某固定点的集中力，而是带和带轮接触面上各点摩擦力的总和，则由上式关系可知：

$$F = F_f = F_1 - F_2 \tag{8-4}$$

由式(8-3)、式(8-4)可得：

$$F_1 = F_0 + \frac{F}{2} \tag{8-5}$$

$$F_2 = F_0 - \frac{F}{2} \tag{8-6}$$

带传动所能传递的功率为 P：

$$P = \frac{Fv}{1000} \quad (\text{kW}) \tag{8-7}$$

式中，F 为有效拉力，N；v 为带的速度，m/s。

由式(8-5)和式(8-6)可知，带的两边的拉力 F_1 和 F_2 的大小，取决于初拉力 F_0 和带传动的有效拉力 F。在带传动的传动能力范围内，F 的大小又和传动的功率 P 及带速 v 有关。当传动的功率增大时，带的两边拉力的差值 F 也要相应能增大。带的两边拉力的这种变化，实际上反映了带和带轮接触面上摩擦力的变化。显然，当其他条件不变且初拉力 F_0 一定时，这个摩擦力有一极限值(临界值)，这个极限值就限制着带传动的传动能力。

在带传动中，由式(8-7)可知，在速度一定的情况下，当传递的功率增大时，有效拉力 F 增大，这就要求带与带轮接触面间的摩擦力也增大。但初拉力 F_0 一定且其他条件不变时，这个摩擦力有一极限值，这就是带传动所能传递的最大有效拉力，等于沿带轮的接触弧上摩擦力的总和。若带传动中要求带所传递的有效拉力超过带与带轮接触面间的极限摩擦力，此时带与带轮间将产生显著的相对滑动，这种现象称之为打滑。如果工作阻力超过极限值，带就在轮面上打滑，传动不能正常进行。经常出现打滑时，将使带的磨损加剧，传动效率降低，以使传动失效。

8.3.2 平带传动及其影响因素

如图 8-11 所示，下面以平带传动为例进行说明。带在即将打滑时，可列出紧边拉力 F_1 和松边拉力 F_2 的平衡方式。如在带上截取一段弧段 $\mathrm{d}l$(微弧段)，相应包角 $\mathrm{d}\alpha$。微弧段两端的拉力分别为 F 与 $F+\mathrm{d}F$，带轮给微弧段的正压力 $\mathrm{d}F_{\mathrm{N}}$，带与带轮接触面间的极限摩擦力为 $f_{\mathrm{d}F_{\mathrm{N}}}$，若带速 $<10\text{m/s}$，可以不计离心力的影响，此时，力平衡方程式如下：

$$\mathrm{d}F_{\mathrm{N}} = F\sin\frac{\mathrm{d}\alpha}{2} + (F+\mathrm{d}F)\sin\frac{\mathrm{d}\alpha}{2} \tag{8-8}$$

$$f_{\mathrm{d}F_{\mathrm{N}}} = (F+\mathrm{d}F)\cos\frac{\mathrm{d}\alpha}{2} - F\cos\frac{\mathrm{d}\alpha}{2} \tag{8-9}$$

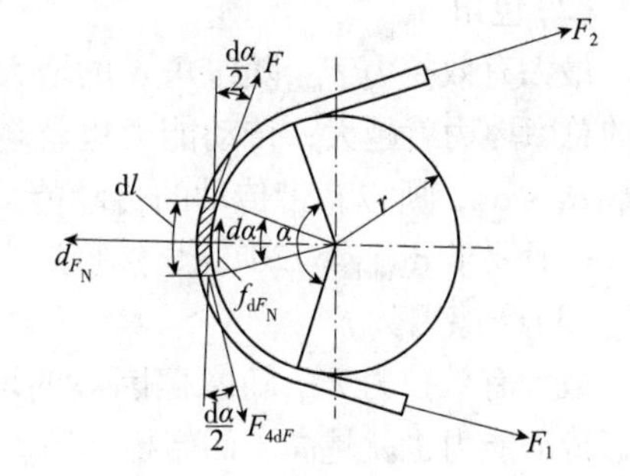

图 8-11 带松边和紧边拉力关系计算简图

因 $\mathrm{d}\alpha$ 很小，取 $\sin\frac{\mathrm{d}\alpha}{2} \approx \frac{\mathrm{d}\alpha}{2}$、$\cos\frac{\mathrm{d}\alpha}{2} \approx 1$，略去二阶微量 $\mathrm{d}F\frac{\mathrm{d}\alpha}{2}$，可将式(8-8)和式(8-9)简化为

$$\mathrm{d}F_{\mathrm{N}} = F\mathrm{d}\alpha \tag{8-10}$$

$$f_{\mathrm{d}F_{\mathrm{N}}} = \mathrm{d}F \tag{8-11}$$

由式(8-10)和式(8-11)可得$\dfrac{dF}{F}=fd\alpha$，两边积分$\int_{F_2}^{F_1}\dfrac{dF}{F}=\int_0^{\alpha}fd\alpha$，得

$$F_1=F_2e^{f\alpha} \tag{8-12}$$

式中，e为自然对数的底(e=5.718)；f为摩擦因数；α为带轮包角，rad。

式(8-12)称为柔性体摩擦的欧拉公式。

将式(8-5)和式(8-6)$F_1=F_0+\dfrac{F}{2}$和$F_2=F_0+\dfrac{F}{2}$代入式(8-12)整理后，得带两边拉力分别为

$$F_1=F\frac{e^{f\alpha}}{e^{f\alpha}-1} \tag{8-13}$$

$$F_2=F\frac{1}{e^{f\alpha}-1} \tag{8-14}$$

及带传动所能传递的最大有效拉力

$$F_{max}=2F_0\frac{1-\dfrac{1}{e^{f\alpha}}}{1+\dfrac{1}{e^{f\alpha}}} \tag{8-15}$$

由式(8-15)可知，最大有效拉力F_{max}与下列几个因素有关：

(1)初拉力F_0

最大有效拉力F_{max}与F_0成正比。这是因为F_0越大，带与带轮接触面间的正压力越大，则传动时的摩擦力越大，最大有效拉力F_{max}也就越大。但F_0过大，带的磨损也加剧，缩短带的工作寿命。如F_0过小，则带传动的工作能力得不到充分发挥，运转时容易发生跳动和打滑现象。因此带必须在预张紧后才能正常工作。初拉力F_0可以这样确定：在V带与两轮切点的跨度中心，施加一垂直于带边的力(其值参考见《机械设计手册》)，使带沿跨距每100mm所产生的挠度$y=1.6$mm，此时的初拉力F_0即可符合要求。

(2)包角α

最大有效拉力F_{max}随包角α的增大而增大。这是因为α越大，带和带轮的接触面上所产生的总摩擦力就越大，传动能力也就越强。通常紧边置于下边，以增大包角。在带传动中，一般$\alpha_1<\alpha_2$，所以，带传动的传动能力取决于小带轮的α_1，式(8-12)~式(8-15)中均代入α_1，一般要求$\alpha_{1,min}\geqslant 120°$。显然打滑也一定先出现在小带轮上。

(3)摩擦因数f

最大有效拉力F_{max}随摩擦因数的增大而增大。这是因为摩擦因数越大，则摩擦力就越大，传动能力也就越高。而摩擦因数f与带及带轮的材料、表面状况和工作环境条件等有关。

V带传动与平带传动初拉力F_0相等时(即带压向带轮的压力同为F_Q，如图8-12所示)它们的法向力F_N则不同。平带的极限摩擦力为$fF_N=fF_Q$，而V带的极限摩擦力

$$fF_N=f\frac{F_Q}{\sin\dfrac{\varphi}{2}}=f_VF_Q$$

式中，φ为带轮轮槽角；$f_V=\dfrac{f}{\sin\dfrac{\varphi}{2}}$为当量摩擦因数。显然$f_V>f$，故在相同条件下，V带

能传递较大的功率；或者说，在传递相同的功率时，V带传动的结构更紧凑。

对于V带传动，计算时式(8-12)～式(8-15)中均代入f_V。

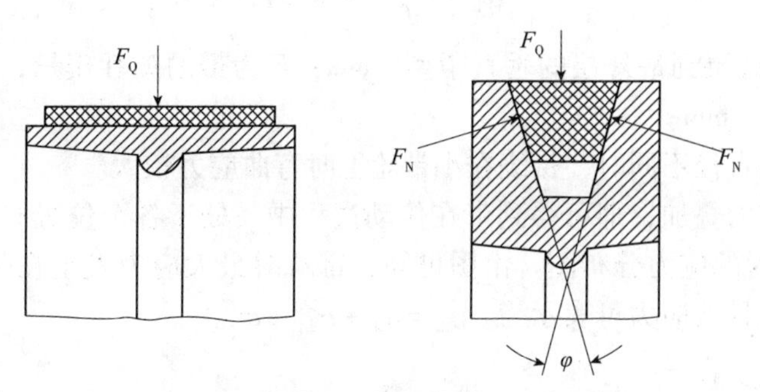

图8-12　V带、平带与带轮间受力比较

8.3.3　带的应力分析

带传动时，带的应力主要是拉力、离心力和弯曲产生的应力。

(1)由拉力产生的应力

紧边拉应力 $\sigma_1=\dfrac{F_1}{A}$(MPa)；

松边拉应力 $\sigma_2=\dfrac{F_2}{A}$(MPa)。

式中，A为带的横截面面积，mm^2。

(2)由离心力产生的应力

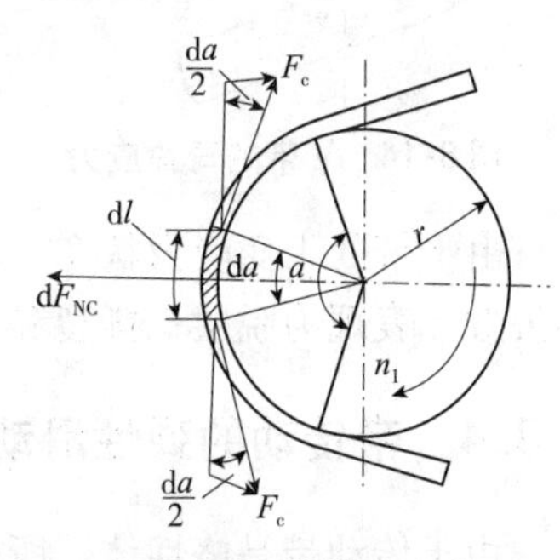

图8-13　带的离心力

当带绕过带轮时(图8-13)，设带以速度v(m/s)绕带轮运动，在微段dl带上的离心力为

$$dF_{NC}=qdl\frac{v^2}{r}=qrd\alpha\frac{v^2}{r}=qv^2d\alpha$$

在微段上产生的离心拉力F_c可由力的平衡条件求得，即

$$2F_c\sin\frac{d\alpha}{2}=dF_{NC}=qv^2d\alpha$$

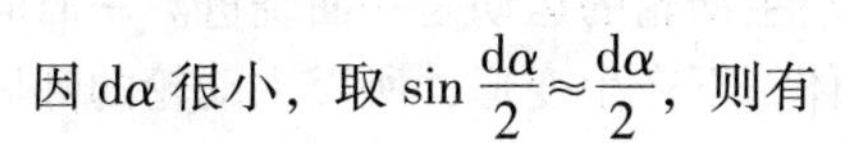

因$d\alpha$很小，取$\sin\dfrac{d\alpha}{2}\approx\dfrac{d\alpha}{2}$，则有

$$F_c=qv^2$$

带中的离心拉应力为

$$\sigma_c=\frac{qv^2}{A}(\mathrm{MPa})$$

式中，q为单位长度带的质量，kg/m；v为带的线速度，m/s。

可见离心拉应力σ_c与带单位长度的质量成正比，与带速的平方成正比，故高速时宜采用轻质带，带速限制在$v=5\sim25$m/s之间，以利于降低离心拉应力。

(3)由带弯曲产生的应力

带绕在带轮上时要引起弯曲应力，V带中的弯曲应力如图8-14所示，由材料力学可

知带的弯曲应力为

$$\sigma_b = \frac{2yE}{d} \quad (\text{MPa})$$

式中，y 为带的中性层到最外层的垂直距离，mm；E 为带的弹性模量，MPa；d 为带轮基准直径(见表 8-4)，mm。

显然，两带轮直径不同时，带绕在小带轮上时弯曲应力较大。

把上述三种应力叠加，即可得到带在传动过程中，处于各个位置时所受的应力情况，图 8-15 为带工作时的应力分布图。由图可知，带瞬时最大应力发生在带的紧边开始绕上小带轮处。此处的最大应力可表示为 $\sigma_{max} = \sigma_1 + \sigma_{b1} + \sigma_c$。

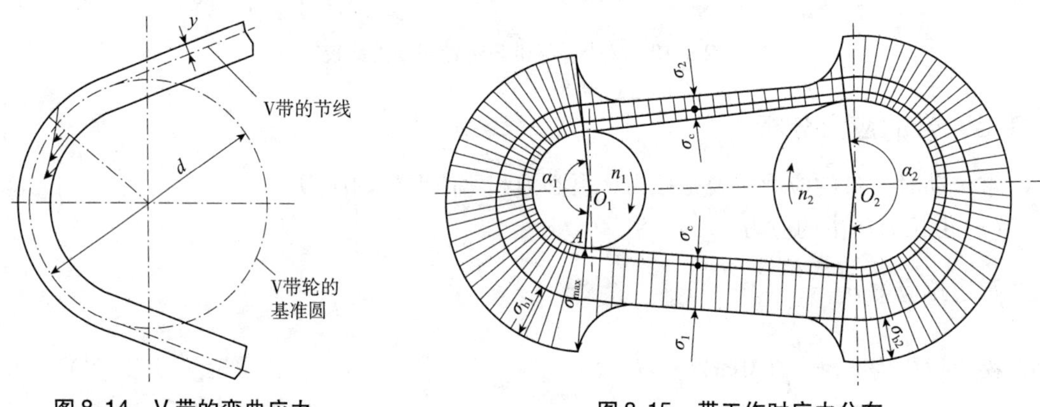

图 8-14　V 带的弯曲应力　　图 8-15　带工作时应力分布

由于带处于变应力状态，当应力循环次数达到一定值后，带将产生疲劳破坏而使带传动失效，表现为脱层、撕裂和拉断，限制了带的使用寿命。

8.3.4　带传动的弹性滑动

由于传动带是饶性体，所以传动带在拉力作用下要产生弹性伸长，工作时，由于紧边和松边的拉力不同，因而弹性伸长量也不同。如图 8-16 所示，当带从紧边 a 点转到松边 c 点的过程中，拉力由 F_1 逐渐减小到 F_2，使得弹性伸长量随之逐渐减少，因而带沿主动轮的运动是一面绕进。一面向后收缩。而带轮是刚性体，不产生变形，所以主动轮的圆周速度 v_1 大于带的圆周速度 v，这就说明带在绕经主动轮的过程中，在带与主动轮之间发生了相对滑动。相对滑动现象也要发生在从动轮上，根据同样的分析，带的速度 v 大于从动轮的速度 v_2。这种由于带的弹性变形而引起的带与带轮间的微小相对滑动，称为弹性滑动。

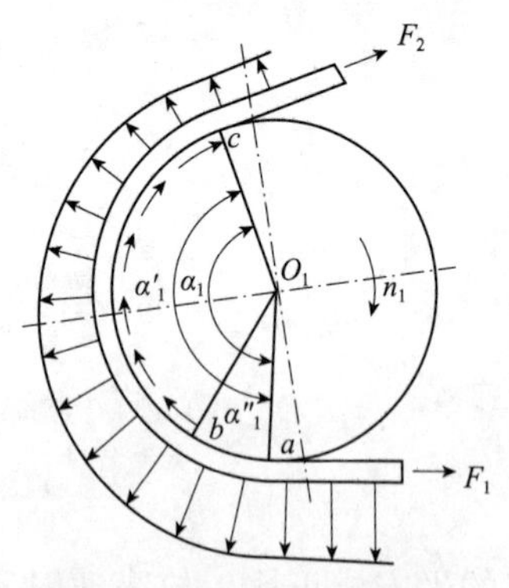

图 8-16　带传动的弹性滑动

弹性滑动可导致从动轮的圆周速度 v_2 低于主动轮的圆周速度 v_1，传动效率降低，引起带的磨损并使带的温度升高。

由于弹性滑动的影响，从动轮的圆周速度 v_2 低于主动轮的圆周速度 v_1，其降低量可用滑动率 ε 来表示：

$$\varepsilon=\frac{v_1-v_2}{v_1}\times 100\%$$

若主、从动轮的转速分别为 n_1、n_2，考虑 ε 的影响时，则带传动的传动比为

$$i=\frac{n_1}{n_2}=\frac{d_2}{d_1(1-\varepsilon)} \tag{8-16}$$

对V带传动一般 $\varepsilon=1\%\sim2\%$，在无须精确计算从动轮转速时，可不计 ε 的影响。

通常，包角所对应的带和带轮的接触弧并不全都发生弹性滑动，有相对滑动的部分称为动弧，无相对滑动的部分称为静弧，其对应的中心角分别称为滑动角 α' 和静角 α''，静弧总是发生在带进入带轮的这一边上。当带不传递载荷时，$\alpha'=0$，随着载荷的增加，滑动角增加而静角则减小，当 $\alpha'=\alpha_1$ 时，$\alpha''=0$，此时带传动的有效拉力达到最大值，带开始打滑。打滑是过载造成的带与带轮的全面滑动，带所传递的圆周力此时超过带与带轮间的极限摩擦力的总和。打滑将导致传动带的严重磨损并使带的运动处于不稳定的状态。打滑是过载造成的带传动的一种失效形式，可以避免且应该避免。

弹性滑动和打滑是两个完全不同的概念，弹性滑动是由于带的弹性和拉力差引起的，是带传动不可避免的现象，而打滑是由于过载而产生的，是可以而且必须避免的。

打滑现象的负面影响：导致传动带加剧磨损，使从动轮转速降低甚至工作失效。打滑现象的好处在于：过载保护，即当高速端出现异常(比如异常增速)，可以使低速端停止工作，保护相应的传动件及设备。

8.4 普通V带传动的设计

8.4.1 带传动的失效形式和设计准则

1. 失效形式

V带传动的主要失效形式是疲劳断裂和打滑。由带传动的应力分析(图8-15)可知：带在变应力下工作，随着时间的进展，V带先在局部出现疲劳裂纹脱层，随之出现疏松状体，最后发展成为断裂导致带传动失效。另外从摩擦传力的角度分析可知：当工作载荷超过V带最大有效拉力时，带与小带轮的工作接触面间产生相对滑动，导致传动打滑失效。

2. 设计准则

带传动的设计准则是：在保证带工作时不打滑的条件下，具有一定的疲劳强度和寿命，且带速不能太低或太高。

(1)不打滑条件

要求带所传递的有效拉力小于带与带轮间的极限摩擦力的总和，即

$$1000\frac{P}{v}\leqslant F_{\max}=F_1-F_2=F_1\left(1-\frac{1}{e^{f_V\alpha}}\right)=\sigma_1 A\left(1-\frac{1}{e^{f_V\alpha}}\right) \tag{8-17}$$

(2)疲劳强度的条件

为保证带的疲劳寿命，使其具有足够应力循环次数，就应对加以限制，使最大应力

$\sigma_{max}=\sigma_1+\sigma_{b1}+\sigma_c$ 小于带的许用应力$[\sigma]$。即疲劳强度的条件为

$$\sigma_{max}=\sigma_1+\sigma_{b1}+\sigma_c\leqslant[\sigma]$$

或

$$\sigma_1\leqslant[\sigma]-\sigma_{b1}+\sigma_c \tag{8-18}$$

式中，$[\sigma]$为由疲劳寿命决定的带的许用应力，MPa。

3. 单根V带所能传递的功率

根据设计准则，将带的应力转换成单根带传递的功率。

将式(8-17)、式(8-18)联立求解，则可得同时满足两个约束条件的单根V带传递的功率为

$$P_0=\frac{F_{max}v}{1000}=([\sigma]-\sigma_{b1}-\sigma_c)\left(1-\frac{1}{e^{f_v\alpha}}\right)\frac{Av}{1000}\quad(\text{kW}) \tag{8-19}$$

8.4.2 V带传动的设计计算

1. 单根V带的许用功率

在载荷平稳、包角$\alpha_1=180°$(即$i=1$)带长L_d为特定长度、抗拉层为化学纤维绳芯结构的条件下，由式(8-19)求得单根普通V带所能传递的基本额定功率P_0见表8-5所列；单根窄V带所能传递的基本额定功率P_0值见表8-6所列。若设计V带的包角α_1、带长L_d、传动比i不符合上述条件时，应对P_0予以修正。修正后即得实际工作条件下单根V带所能传递的功率，称为许用功率$[P_0]$。

$$[P_0]=(P_0+\Delta P_0)K_\alpha K_L \tag{8-20}$$

式中，ΔP_0为额定功率增量，考虑传动比$i\neq1$时，带在大带轮上的弯曲应力较小，故在寿命相同条件下，可增大传递的功率。单根普通V带额定功率增量ΔP_0见表8-7所列，单根窄V带额定功率增量ΔP_0见表8-8所列。K_α为包角修正系数，考虑包角$\alpha_1\neq180°$时对带传动能力的影响，见表8-9所列。K_L为带长修正系数，考虑带长不为特定长度时对带传动能力的影响，见前文表8-5所列。

表8-5 单根普通V带的基本额定功率P_0

(包角$\alpha=\pi$，特定基准长度、载荷平稳时) 单位：kW

型号	小带轮基准直径d_1/mm	小带轮转速n_1/(r/min)															
		200	400	800	950	1200	1450	1600	1800	2000	2400	2800	3200	3600	4000	5000	6000
Z	50	0.04	0.06	0.10	0.12	0.14	0.16	0.17	0.19	0.20	0.22	0.26	0.28	0.30	0.32	0.34	0.31
	56	0.04	0.06	0.12	0.14	0.17	0.19	0.20	0.23	0.25	0.30	0.33	0.35	0.37	0.39	0.41	0.40
	63	0.05	0.08	0.15	0.18	0.22	0.25	0.27	0.30	0.32	0.37	0.41	0.45	0.47	0.49	0.50	0.48
	71	0.06	0.09	0.20	0.23	0.27	0.30	0.33	0.36	0.39	0.46	0.50	0.54	0.58	0.61	0.62	0.56
	80	0.10	0.14	0.22	0.26	0.30	0.35	0.39	0.42	0.44	0.50	0.56	0.61	0.64	0.67	0.66	0.61
	90	0.10	0.14	0.24	0.28	0.33	0.36	0.40	0.44	0.48	0.54	0.60	0.64	0.68	0.72	0.73	0.56

（续）

型号	小带轮基准直径 d_1/mm	小带轮转速 n_1/(r/min)															
		200	400	800	950	1200	1450	1600	1800	2000	2400	2800	3200	3600	4000	5000	6000
A	75	0.15	0.26	0.45	0.51	0.60	0.68	0.73	0.79	0.84	0.92	1.00	1.04	1.08	1.09	1.02	0.80
	90	0.22	0.39	0.68	0.77	0.93	1.07	1.15	1.25	1.34	1.50	1.64	1.75	1.83	1.87	1.82	1.50
	100	0.26	0.47	0.83	0.95	1.14	1.32	1.42	1.58	1.66	1.87	5.05	5.19	5.28	5.34	5.25	1.80
	112	0.31	0.56	1.00	1.15	1.39	1.61	1.74	1.89	5.04	5.30	5.51	5.68	5.78	5.83	5.64	1.96
	125	0.37	0.67	1.19	1.37	1.66	1.92	5.07	5.26	5.44	5.74	5.98	3.15	3.26	3.28	5.91	1.87
	140	0.43	0.78	1.41	1.62	1.96	5.28	5.45	5.66	5.87	3.22	3.48	3.65	3.72	3.67	5.99	1.37
	160	0.51	0.94	1.69	1.95	5.36	5.73	5.54	5.98	3.42	3.80	4.06	4.19	4.17	3.98	5.67	—
	180	0.59	1.09	1.97	5.27	5.74	3.16	3.40	3.67	3.93	4.32	4.54	4.58	4.40	4.00	1.81	—
B	125	0.48	0.84	1.44	1.64	1.93	5.19	5.33	5.50	5.64	5.85	5.96	5.94	5.80	5.61	1.09	
	140	0.59	1.05	1.82	5.08	5.47	5.82	3.00	3.23	3.42	3.70	3.85	3.83	3.63	3.24	1.29	
	160	0.74	1.32	5.32	5.66	3.17	3.62	3.86	4.15	4.40	4.75	4.89	4.80	4.46	3.82	0.81	
	180	0.88	1.59	5.81	3.22	3.85	4.39	4.68	5.02	5.30	5.67	5.76	5.52	4.92	3.92	—	
	200	1.02	1.85	3.30	3.77	4.50	5.13	5.46	5.83	6.13	6.47	6.43	5.95	4.98	3.47	—	
	224	1.19	5.17	3.86	4.42	5.26	5.97	6.33	6.73	7.02	7.25	6.95	6.05	4.47	5.14	—	
	250	1.37	5.50	4.46	5.10	6.04	6.82	7.20	7.63	7.87	7.89	7.14	5.60	5.12	—	—	
	280	1.58	5.89	5.13	5.85	6.90	7.76	8.13	8.46	8.60	8.22	6.80	426	—	—	—	
C	200	1.39	5.41	4.07	4.58	5.29	5.84	6.07	6.28	6.34	6.02	5.01	3.23				
	224	1.70	5.99	5.12	5.78	6.71	7.45	7.75	8.00	8.06	7.57	6.08	3.57				
	250	5.03	3.62	6.23	7.04	8.21	9.08	9.38	9.63	9.62	8.75	6.56	5.93				
	280	5.42	4.32	7.52	8.49	9.81	10.72	11.06	11.22	11.04	9.50	6.13	—				
	315	5.84	5.14	8.92	10.05	11.53	15.46	15.72	15.67	15.14	9.43	4.16	—				
	355	3.36	6.05	10.46	11.73	13.31	14.12	14.19	13.73	15.59	7.98	—	—				
	400	3.91	7.06	15.1	13.48	15.04	15.53	15.24	14.08	11.95	4.34	—	—				
	450	4.51	8.20	13.8	15.23	16.59	16.47	15.57	13.29	9.64	—	—	—				

注：本表摘自 GB/T 13575.1—2008。为了精简篇幅，表中未列出 Y 型、D 型和 E 型的数据，表中分档也较粗。

表 8-6 单根窄 V 带的基本额定功率 P_0 单位：kW

型号	小带轮基准直径 d_1/mm	小带轮转速 n_1/(r/min)									
		400	730	800	980	1200	1460	1600	2000	2400	2800
SPZ	63	0.35	0.56	0.60	0.70	0.81	0.93	1.00	1.17	1.32	1.45
	75	0.49	0.79	0.87	1.02	1.21	1.41	1.52	1.79	5.04	5.27
	94	0.67	1.12	1.21	1.44	1.70	1.98	5.14	5.55	5.93	3.26
	100	0.79	1.33	1.33	1.70	5.02	5.36	5.55	3.05	3.49	3.90
	125	109	1.84	1.84	5.36	5.80	3.28	3.55	4.24	4.85	5.40

（续）

型号	小带轮基准直径 d_1/mm	小带轮转速 n_1/(r/min)									
		400	730	800	980	1200	1460	1600	2000	2400	2800
SPA	90	0.75	1.21	1.30	1.52	1.76	5.02	5.16	5.49	5.77	3.00
	100	0.94	1.54	1.65	1.93	5.27	5.61	5.80	3.27	3.67	3.99
	125	1.40	5.33	5.52	5.98	3.50	4.06	4.38	5.15	5.80	6.34
	160	5.04	3.42	3.70	4.38	5.17	6.01	6.47	7.60	8.53	9.24
	200	5.75	4.63	5.01	5.94	7.00	8.10	8.72	10.13	11.22	11.92
SPB	140	1.92	3.13	3.35	3.92	4.55	5.21	5.54	6.31	6.86	7.151
	180	3.01	4.99	5.37	6.31	7.38	8.50	9.05	10.34	11.21	1.621
	200	3.54	5.88	6.35	7.47	8.74	10.07	10.7	15.18	13.11	3.41
	250	4.86	8.11	8.75	10.27	11.99	13.72	14.51	16.19	16.89	16.441
	315	6.53	10.91	11.71	13.70	15.84	17.84	18.70	20.00	19.44	6.71
SPC	224	5.19	8.82	10.43	10.39	11.89	1326	13.81	14.58	14.01	—
	280	7.59	15.40	13.31	15.40	17.60	19.49	20.20	20.75	18.86	—
	315	9.07	14.82	15.90	18.37	20.88	25.92	23.58	23.47	19.98	—
	400	15.56	20.41	21.84	25.15	27.33	29.40	29.53	25.81	19.22	—
	500	16.52	26.40	28.09	31.38	33.85	33.46	31.70	19.35	—	—

表 8-7　单根普通 V 带 $i \neq 1$ 额定功率增量 ΔP_0　　单位：kW

型号	传动比 i	小带轮转速 n_1/(r/min)									
		400	730	800	980	1200	1460	1600	2000	2400	2800
Z	1.35～1.51	0.01	0.01	0.01	0.02	0.02	0.02	0.02	0.03	0.03	0.04
	1.52～1.99	0.01	0.01	0.02	0.02	0.02	0.02	0.03	0.03	0.04	0.04
	≥2	0.01	0.02	0.02	0.02	0.03	0.03	0.03	0.04	0.04	0.04
A	1.35～1.51	0.04	0.07	0.08	0.08	0.11	0.13	0.15	0.19	0.23	0.26
	1.5～1.99	0.04	0.08	0.09	0.10	0.13	0.15	0.17	0.22	0.26	0.3
	≥2	0.05	0.09	0.10	0.11	0.15	0.17	0.19	0.24	0.29	0.34
B	1.35～1.51	0.10	0.17	0.20	0.23	0.30	0.36	0.39	0.49	0.59	0.69
	1.52～1.99	0.11	0.20	0.23	0.26	0.34	0.40	0.45	0.56	0.62	0.79
	≥2	0.13	0.22	0.25	0.30	0.38	0.46	0.51	0.63	0.76	0.89
C	1.35～1.51	0.27	0.48	0.55	0.65	0.82	0.99	1.10	1.37	1.65	1.92
	1.52～1.99	0.31	0.55	0.63	0.74	0.94	1.14	1.25	1.57	1.88	5.19
	≥2	0.35	0.62	0.71	0.83	1.06	1.27	1.41	1.76	5.12	5.47

表 8-8 单根窄 V 带 $i \neq 1$ 额定功率增量 ΔP_0 单位：kW

型号	传动比 i	小带轮转速 n_1/(r/min)									
		400	730	800	980	1200	1460	1600	2000	2400	2800
SPZ	1.39～1.57	0.05	0.09	0.10	0.12	0.15	0.18	0.20	0.25	0.30	0.35
	1.58～1.94	0.06	0.10	0.11	0.13	0.17	0.20	0.22	0.28	0.33	0.39
	1.95～3.38	0.06	0.11	0.12	0.15	0.18	0.22	0.24	0.30	0.36	0.43
	≥3.39	0.06	0.12	0.13	0.15	0.19	0.23	0.26	0.32	0.39	0.45
SPA	1.39～1.57	0.13	0.23	0.25	0.30	0.38	0.46	0.51	0.64	0.76	0.89
	1.58～1.94	0.14	0.26	0.29	0.34	0.43	0.51	0.57	0.71	0.86	1.00
	1.95～3.38	0.16	0.28	0.31	0.37	0.47	0.56	0.62	0.78	0.93	1.09
	≥3.39	0.16	0.30	0.33	0.40	0.49	0.59	0.66	0.82	0.99	1.15
SPB	1.39～1.57	0.26	0.47	0.53	0.63	0.79	0.95	1.05	1.32	1.58	1.85
	1.58～1.94	0.30	0.53	0.59	0.71	0.89	1.07	1.19	1.48	1.78	5.08
	1.95～3.38	0.32	0.58	0.65	0.78	0.97	1.16	1.29	1.62	1.94	5.26
	≥3. 39	0.34	0.62	0.60	0.82	1.03	1.23	1.37	1.71	5.05	5.40
SPC	1.39～1.57	0.79	1.43	1.58	1.90	5.38	5.85	3.17	3.96	4.75	
	1.58～1.94	0.89	1.60	1.78	5.14	5.67	3.21	3.57	4.46	5.35	
	1.95～3.38	0.97	1.75	1.94	5.33	5.91	3.50	3.89	4.86	5.83	
	≥3.39	1.03	1.85	5.06	5.47	3.09	3.70	4.11	5.14	6.17	

表 8-9 包角修正系数 K_α

包角 α_1	180	170	160	150	140	130	120	110	100	90
K_α	1.00	0.98	0.95	0.92	0.89	0.86	0.82	0.78	0.74	0.69

2. V 带传动的设计步骤

设计 V 带传动，通常应已知传动用途，传动功率 P(kW)，带轮转速 n_1 和 n_2(或传动比 i)及工作条件等要求，设计内容包括：确定 V 带型号、长度、根数传动中心距、带轮基准直径、材料、结构及作用在轴上的压力。

V 带传动的设计计算一般步骤如下：

(1)确定计算功率 P_c

计算功率 P_c 是根据传递的名义功率 P，并考虑到载荷性质和每天运转时间长短等因素的影响而确定的，即

$$P_c = K_A P \quad (\text{kW}) \tag{8-21}$$

式中，P 为 V 带传递的名义功率，kW；K_A 为工况系数，其值见表 8-10 所列。

表 8-10 工况系数 K_A

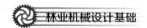

载荷性质	工作机	原动机					
		电动机（交流启动、三角启动、直流并励）、四缸以上的内燃机			电动机（联机交流启动、直流复励或串励）、四缸以下的内燃机		
		每天工作小时数/h					
		<10	10～16	>16	<10	10～16	>16
载荷变动很小	液体搅拌机、通风机和鼓风机（≤7.5kW）、离心式水泵和压缩机、轻负荷输送机	1.0	1.1	1.2	1.1	1.2	1.3
载荷变动小	带式输送机（不均匀负荷）、通风机（>7.5kW），旋转式水泵和压缩机（非离心式）、发电机、金属切削机床、印刷机、旋转筛、锯术机和木工机械	1.1	1.2	1.3	1.2	1.3	1.4
载荷变动较大	制砖机、斗式提升机、往复式水泵和压缩机、起重机、磨粉机、冲剪机床、橡胶机械、振动筛、纺织机械、重载输送机	1.2	1.3	1.4	1.4	1.5	1.6
载荷变动很大	破碎机（旋转式、颚式等）、磨碎机（球磨、棒磨、管磨）	1.3	1.4	1.5	1.5	1.6	1.8

（2）选择带的型号

根据计算功率 P_c 和小带轮转速 n_1 按照图 8-17 或图 8-18 的推荐选择普通 V 带或窄 V 带的型号。图中以粗斜直线划定型号区域，若所选取的结果在两种型号的分界线附近时，可按两种型号同时计算，然后择优选定。

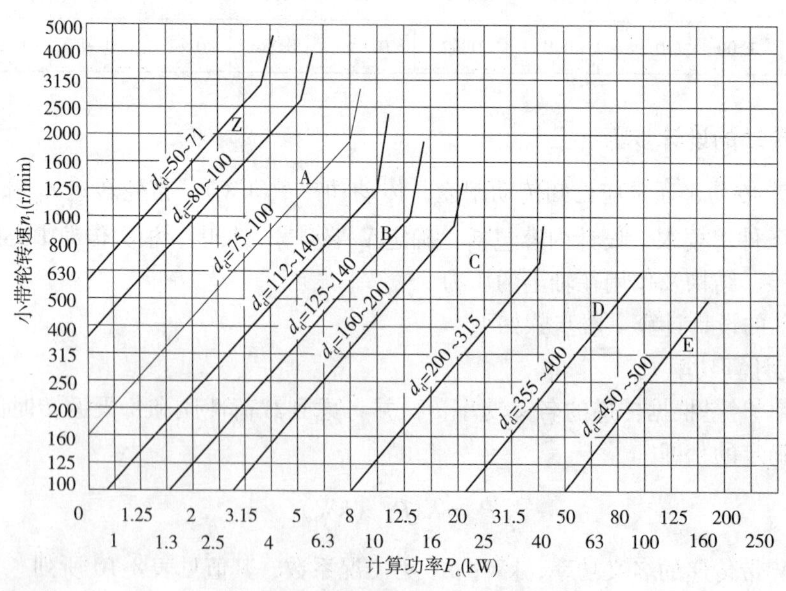

图 8-17 普通 V 带选型图

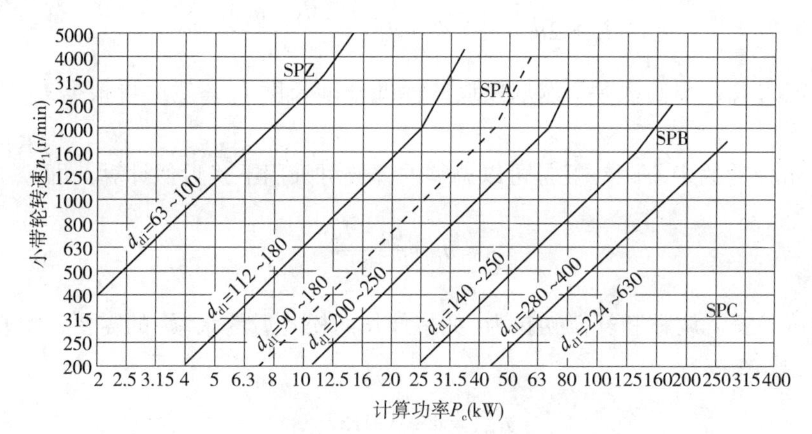

图 8-18 窄 V 带选型图

(3)确定带轮的基准直径、验算带速

小带轮的基准直径 d_1 应大于或等于表 8-4 中的最小基准直径 d_{min}。若 d_1 过小，则带的弯曲应力将过大，从而导致带的寿命降低；反之，则外廓尺寸大，结构不紧凑。

由式(8-16)得大带轮直径

$$d_2 = \frac{n_1}{n_2}d_1(1-\varepsilon) \tag{8-22}$$

传动比无严格要求时，ε 可不予考虑，则

$$d_2 = \frac{n_1}{n_2}d_1$$

d_1 和 d_2 应符合带轮基准直径尺寸系列，详见表 8-4 的表下注。

然后验算带速：

$$v = \frac{\pi d_1 n_1}{60 \times 1000} \quad (\text{m/s})$$

一般应使带速 v 在 5~25m/s 范围内。v 过大则离心力大，带传动能力降低，同时带速很高，带也容易发生振动，使其不能正常工作，此时可采用轻质带；但 v 过小，则由公式 $P = Fv/1000$ 可知，在传递功率一定的情况下，就要求有效拉力大，使带的根数过多或带的截面加大。如果带速不满足要求，可适当调整小带轮直径。

(4)确定中心距 a、V 带的基准长度 L_d 和验算小带轮上的包角

在带传动中，中心距过小，传动外廓尺寸及带长小，结构紧凑，但单位时间带绕过带轮的次数多，带中应力循环次数多，带容易发生疲劳破坏。而且中心距小，包角会减小，带传动的工作能力也降低；若中心距过大，带传动的外廓尺寸大，带也长，高速时会引起带的颤动。一般推荐按下式初步确定中心距 a_0：

$$0.7(d_1+d_2) < a_0 < 2(d_1+d_2) \tag{8-23}$$

初定中心距之后，按式(8-1)可初定 V 带基准长度：

$$L_0=2a_0+\frac{\pi}{2}(d_1+d_2)+\frac{(d_2-d_1)^2}{4a_0}$$

根据初定的 L_0，再由表 8-2 选取接近的标准基准长度 L_d，然后再根据 L_d 计算出实际中心距 a。

由于 V 带传动的中心距一般是可以调整的，故可采用下式近似计算，即

$$a\approx a_0+\frac{L_d-L_0}{2} \tag{8-24}$$

考虑带传动安装调整和补偿初拉力(如带伸长而松弛后的张紧)的需要，中心距的变动范围为

$$a_{min}=a-0.015L_d \tag{8-25}$$

$$a_{max}=a-0.03L_d \tag{8-26}$$

然后验算小带轮上的包角，主动带轮上的包角 α_1 不宜过小，以免降低带传动的工作能力，根据式(8-2)，对于开口传动，应保证

$$\alpha_1=180°-\frac{d_2-d_1}{a}\times57.3°\geqslant120°$$

若不满足此要求，可适当增大中心距、减小传动比或采用张紧轮装置。

(5)确定 V 带根数

由带传动的计算功率 P_c(式 8-21)除以修正后的实际工作条件下单根 V 带所能传递的许用$[P_0]$即可得所需 V 带根数 Z，即

$$Z=\frac{P_c}{[P_0]}=\frac{P_c}{(P_0+\Delta P_0)K_\alpha K_L} \tag{8-27}$$

在确定 V 带根数 Z 时，根数不宜太多，一般小于 10，以使各带受力较均匀，否则应增大带的型号或小带轮直径，再重新计算。

(6)确定初拉力

初拉力的大小是保证带传动正常工作的重要因素。初拉力小，摩擦力小，易发生打滑；初拉力过大，带的寿命会降低，轴和轴承所受的压力也增大。单根 V 带的初拉力 F_0 可由下式计算：

$$F_0=\frac{500P_c}{Zv}\left(\frac{2.5}{K_\alpha}-1\right)+qv^2 \tag{8-28}$$

(7)计算带传动作用在轴上的压力 F_Q

为了设计安装带轮的轴和轴承，必须确定带传动作用在轴上的压力 F_Q。忽略带的两边的压力差，则作用在轴上的压力，可以近似地按带的两边的初拉力 F_0 的合力来计算(图 8-19)。即

$$F_Q=2ZF_0\cos\frac{\beta}{2}=2ZF_0\cos\left(\frac{\pi}{2}-\frac{\alpha_1}{2}\right)=2ZF_0\sin\frac{\alpha_1}{2} \tag{8-29}$$

式中，Z 为带的根数：F_0 为单根带的初拉力：α_1 为主动轮上的包角。

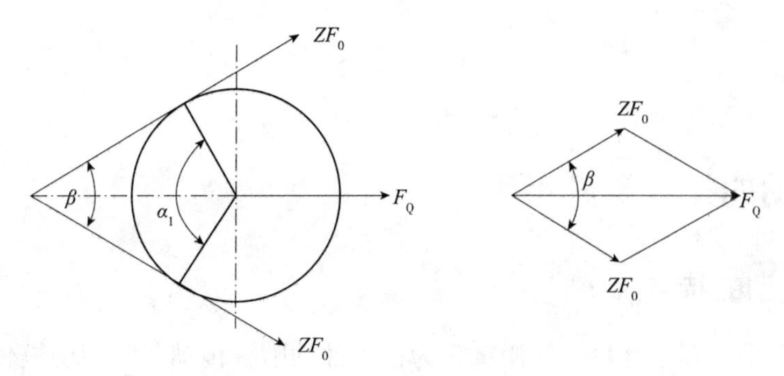

图 8-19 作用在轴上的力

8.5 带传动的张紧和维护

8.5.1 传动带的张紧

带经一段时间使用后，会因带的伸长而产生松弛现象，使 F_0 下降，为保证正常工作，应定期检查 F_0 大小。如 F_0 不合格，重新张紧，必要时安装张紧装置。V 带的张紧方法有：

(1)定期张紧法

图 8-20(a)所示为滑道式张紧装置；图 8-20(b)所示为摆架式(或称改变中心距法)张紧装置。

(2)加张紧轮法

如图 8-20(c)(当 a 不能调整时用)。

张紧轮位置：①松边常用内侧靠大轮；②松边外侧靠小轮。

张紧轮一般放在松边内侧，尽量靠大轮，使带呈单向弯曲且不致使小轮包角 α_1 过小。如图 8-20(c)所示，张紧轮装在松边外侧以增大轮包角 α_1。

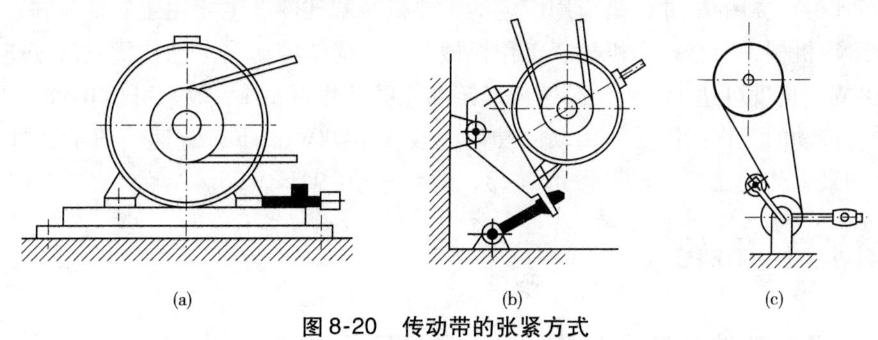

图 8-20 传动带的张紧方式

8.5.2 带传动安装和维护

安装与维护应注意：

①安装时不能硬撬(应先缩小 a 或顺势盘上)。

②带禁止与矿物油、酸、碱等介质接触，以免腐蚀带，不能暴晒。

③不能新旧带混用(多根带时)，以免载荷分布不匀。

④防护罩。

⑤定期张紧。

⑥安装时两轮槽应对准，处于同一平面。

8.6 链传动的特点及应用

8.6.1 链传动的特点

链传动是两个或多个链轮之间用链作为挠性件的啮合传动。常用的链传动通常由主、从动链轮和链条组成，如图 8-21 所示。

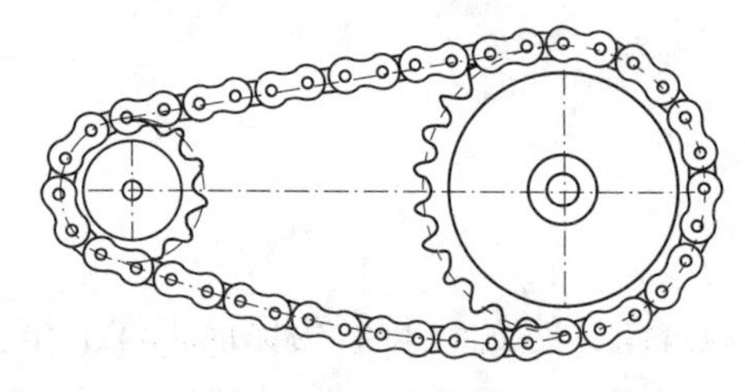

图 8-21 链传动

链传动兼有带传动与齿轮传动的一些特点。与摩擦带传动相比，链传动的主要优点是：无弹性滑动与打滑，能保持准确的平均传动比和较高的机械效率；预紧力小，因此对轴上的径向压力小；链传动中心距适用范围大，相同条件下比带传动紧凑；能在高温，甚至在可燃气氛下、有油污及腐蚀环境下工作。与齿轮传动相比，因为属非共轭啮合，链轮齿形可以有较大的灵活性，链轮制造安装精度要求低；链条与链轮多齿啮合，齿轮受力小、强度高；有较好的缓冲、吸振能力；中心距大，可实现远距离传动。

主要缺点是：瞬时传动比不恒定，传动不平稳；工作时有冲击、噪声；链节易磨损而使链条伸长，从而使链造成跳齿，甚至脱链，不宜在载荷变化大和急速反转的传动中应用。

8.6.2 链传动的应用

链传动作为主机的配件，是应用广泛的重要机械基础件。主要用于农业机械、石油机械、起重运输机械、冶金矿山机械、工作机械等。现代链传动技术已使优质滚子链传动功率达 5000kW，速度可达 35m/s；高速齿形链的速度可达 40m/s，效率可达 0.98。

滚子链传动的工作范围是：传动的功率一般在 100kW 以下，链速一般不超过 15m/s，推荐使用的最大传动比 $i_{max}=6$，常用 2～3，效率 $\eta=0.94\sim0.96$。

8.7 滚子链与链轮

8.7.1 滚子链的结构形式、基本参数和主要尺寸

滚子链由内链节、外链节和连接链组成。内链节由两个内链板 1、两个套筒 4 和两个滚子 5 组成(图 8-22)。内链板与套筒之间过盈配合，以防止二者发生相对转动。外链节由两个链板 2 和两个销轴 3 组成。外链板与销轴之间固连。滚子与套筒之间、套筒与销轴之间均为间隙配合，可相对自由转动。工作时，滚子沿链轮齿廓滚动，这样可减轻，磨损。链板为 8 字形钢板冲压而成，是界面具有等强度并减轻了链的质量和运动的惯性力。

当传动较大的载荷时，可采用双排链(图 8-23)或多排链。排数越多承载能力越高，但由于制造与装配精度影响，很难达到各排链受力均匀，故排数不宜超过四排。

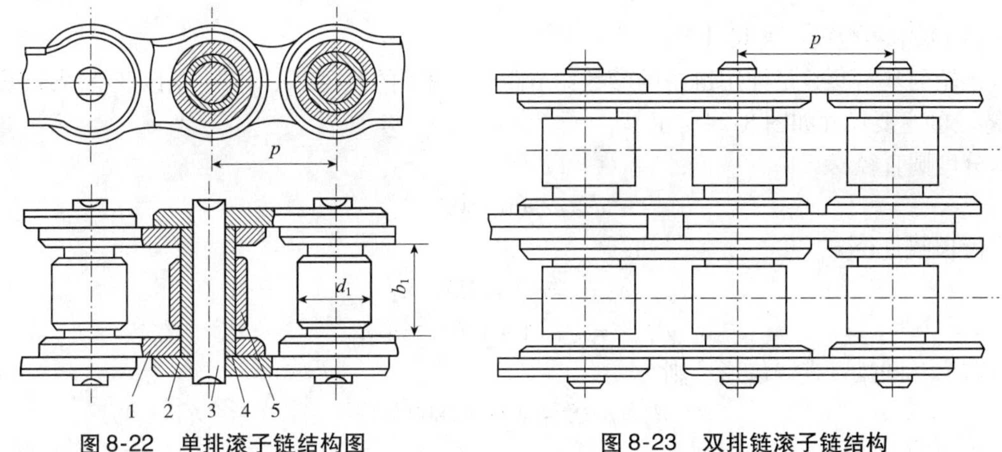

图 8-22　单排滚子链结构图　　　　图 8-23　双排链滚子链结构

在组成环形链条时，链节数为偶数时链节可用开口销或弹性锁片锁紧，如设计要求链条节数为奇数时，就必须采用过渡链节。

滚子链有三个主要尺寸，即节距 p、滚子直径 d_1 和内链节内宽 b_1，其中节距是链条的基本特性参数，滚子链的公称节距是指链条相邻两个铰接元件中心之间的距离公称值。

链条是标准件，短节距传动用精密滚子链标准见 GB/T 1243—1997。表 8-11 摘录了 A 系列滚子链主要参数。我国标准中规定链节距采用米制单位，而国际上链节距均采用英制单位，所以需要按转换关系从英制折算成米制单位。表中链号与相应的国际标准链号一致，链号乘以$\frac{25.4}{16}$mm 即为该型号链条的米制节距值。滚子链的标记规定如下：

链号 — 排数 — 整链链节数 — 标准编号

例如：08A-1-88 GB/T 1243—2006，表示 A 系列、8 号链、节距 12.7mm、单排、88 节的滚子链。

表 8-11　A 系列滚子链主要参数

ISO 链号	节距 p/mm	排距 p_1/mm	滚子直径 $d_{1,max}$/mm	销轴直径 $d_{2,max}$/mm	内链节内宽 $b_{1,min}$/mm	内链板高度 $h_{2,max}$/mm	极限拉伸载荷 Q/kN 单排	极限拉伸载荷 Q/kN 双排	单排每米质量 q/(kg/m)
08A	12.70	14.38	7.92	3.98	7.85	12.07	13.8	27.6	0.65
10A	15.875	18.11	10.16	5.09	9.40	15.09	21.8	43.6	1.00
12A	19.05	22.78	11.91	5096	12.57	18.08	31.1	62.3	1.50
16A	25.04	29.29	15.88	7.94	15.75	24.13	55.6	111.2	2.60
20A	31.75	35.76	19.05	9.54	18.90	30.18	86.7	173.5	3.80
24A	38.10	45.44	22.23	11.11	25.22	36.20	124.6	249.1	5.60
28A	44.45	48.87	25.4	12.71	25.22	42.24	169	338.1	7.50
32A	50.80	58.55	28.58	14.29	31.55	48.26	222.4	444.8	10.10
40A	63.50	71.55	39.68	19.85	37.85	54.31	347	693.9	16.10
48A	76.20	87.83	47.63	23.81	47.35	72.39	500.4	1000.8	22.60

8.7.2 滚子链链轮

(1)基本参数及主要尺寸

链轮的基本参数是配用链条的参数：节距 p、滚子的外径 d_1、排距 p_1 以及链轮的齿数 z。链轮的主要尺寸如图 8-24所示。

分度圆直径

$$d = p/\sin(180/z)$$

齿顶圆直径

$$d_{a,\max} = d + 1.25p - d_1$$

$$d_{a,\min} = d + (1 + 1.6/z)p - d_1$$

若为三圆弧 - 直线齿形，则

$$d_a = p[0.54 + \cot(180°/z)]$$

齿根圆直径

$$d_f = d - d_r;$$

分度圆弦齿高

$$h_{a,\max} = (0.625 + 0.8/z)p - 0.5d_1,\ h_{a,\min} = 0.5(p - d_1)$$

若为三圆弧 - 直线齿形，则 $h_a = 0.27p$。

其他尺寸可查机械设计手册。

(2)链轮齿形

滚子链与链轮齿的啮合属非共轭啮合，其链轮齿形的设计可以有较大的灵活性，GB/T 1243—2006规定了最大齿槽形状和最小齿槽形状及其极限参数。凡在两个极限齿槽形状之间的各种标准齿形都可采用。试验和使用表明齿槽形状在一定范围内变动，在一般工况下对链传动的性能不会有很大的影响。这样作为选择齿形参数留有较大余地，各种标准齿形的链轮可以进行互换。

我国一直延续使用的三圆弧 - 直线齿形(图 8-25)，它由三段圆弧$\overset{\frown}{aa}$、$\overset{\frown}{ab}$、$\overset{\frown}{cd}$和切线段 bc 组成，它基本符合 GB/T 1243—2006 规定的齿形范围。无论采用哪种齿形，在零件工作图上不必画出齿槽形状，但应注明：节距、滚子外径、齿数、量柱测量距、齿形标准等，工作图上要绘出轴向齿廓并注明出齿槽，链轮的轴向齿廓。

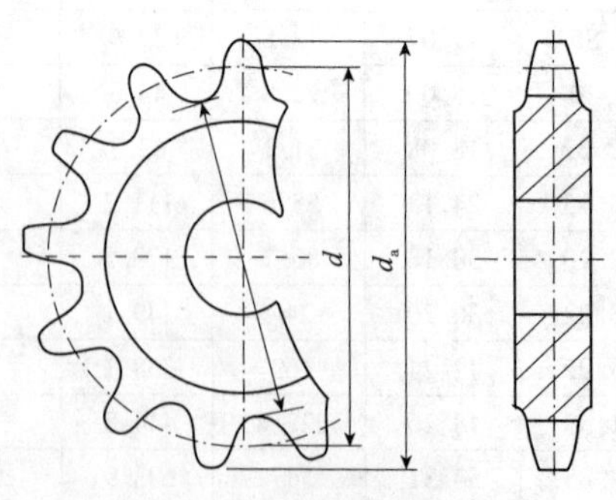

图 8-24 滚子链链轮图

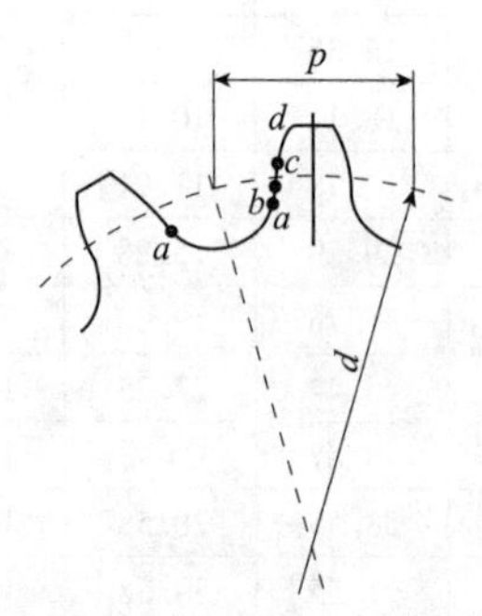

图 8-25 三圆弧 - 直线齿形

(3)链轮的材料及热处理

链轮的材料应保证轮齿具有足够的耐磨性和强度，由于小链轮的啮合次数比大链轮轮齿的啮合次数多，所受的冲击较严重，故小链轮应选用较好的材料制造。链轮的常用材料和应用范围见表8-12所列。

表8-12 常用链轮材料及齿面硬度

链轮材料	热处理	齿面硬度	应用范围
15、20	渗碳、淬火、回火	50~60HRC	$Z \leq 25$ 有冲击载荷的链轮
35	正火	160~200HBS	$Z > 25$ 的主、从动链轮
45、50、45Mn ZG310~570	淬火、回火	40~50HRC	无剧烈冲击振动和主、从动链轮
15Cr、20Cr	渗碳、淬火、回火	55~60HRC	$Z < 30$ 传递较大功率的重要链轮
40Cr、35SiMn、35CrMo	淬火、回火	40~50HRC	要求强度较高耐磨损的重要链轮
Q235、Q2756	焊接后退火	≈140HBS	中低速、功率不大的较大链轮
不低于HT200的灰铸铁	淬火、回火	260~280HBS	$Z > 50$ 的从动链轮、形状复杂的链轮
夹布胶木	—	—	$P < 6$kW、速度较高、要求传动平稳和噪声小的链轮

8.8 链传动的运动分析和受力分析

8.8.1 运动的不均匀性

由于链条是刚性链节用销轴铰接而成，当链于链轮啮合后便形成折线，链传动的运动情况与绕在多边形轮子上的带传动相似。

设 z_1、z_2 为两链轮的齿数，p 为量链轮的节距，n_1、n_2 为链链轮的转速，则链速为

$$v = \frac{z_1 p n_1}{60 \times 1000} = \frac{z_2 p n_2}{60 \times 1000} \quad (\text{m/s}) \tag{8-30}$$

传动比为

$$i = \frac{n_1}{n_2} = \frac{z_2}{z_1} \tag{8-31}$$

用式(8-30)、式(8-31)求得的链速和传动比都是平均值。实际上即使主动链轮的角速度 ω_1 为常数，瞬时链速和瞬时传动比都是变化的。

下面以图8-26来分析链速的变化规律。正确啮合的链条与链轮，销轴中心位于链轮分度圆上，当主动链轮以角速度 ω_1 转动时，销轴 A 的圆周速度 $v_A = \omega_1 r_1$。为了便于说明问题，令链的紧边(上边)置于水平位置。这样 v_A 可分解为沿链条方向的分速度和传至链条方向的分速度 v'，其值为

$$v = v_A \cos\beta = r_1 \omega_1 \cos\beta$$
$$v' = v_A \sin\beta = r_1 \omega_1 \sin\beta \tag{8-32}$$

式中，β 为啮入过程中销轴在主动轮上的相位角，β 的变化范围是 $-\varphi_1/2 \sim +\varphi_1/2$（即 $-180°/z_1 \sim +180°/z_1$）。当 $\beta = 0°$时，链速最大，$v_{max} = \omega_1 d_1/2$；当 $\beta = \pm 180°/z_1$ 时，链速最小，$v_{min} = \omega_1 d_1/2 \cdot \cos(180°)/z_1$。

即链轮每转过一个齿，瞬时链速和瞬时传动比都做周期性变化。同理，链条垂直于链速方向的分速度 v'也做周期性变化。

这种链条速度 v 忽快忽慢的变化，v'忽上忽下的变化现象称为多边形效应。链速的变化不可避免地要产生振动和动载荷。

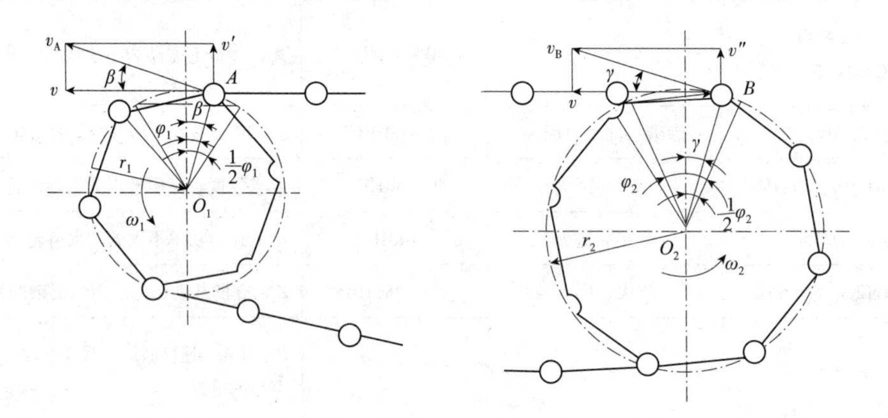

图 8-26 链传动的运动分析

8.8.2 链传动的受力分析

如图 8-27 所示，如果不计动载荷，传动链条的紧边拉力 F_1，由有效圆周力 F_e、离心拉力 F_c 及松边垂度引起的垂度拉力 F_y 三部分组成；松边拉力 F_2 则由 F_c、F_y 两部分组成，即

$$F_1 = F_e + F_c + F_y$$
$$F_2 = F_c + F_y \tag{8-33}$$

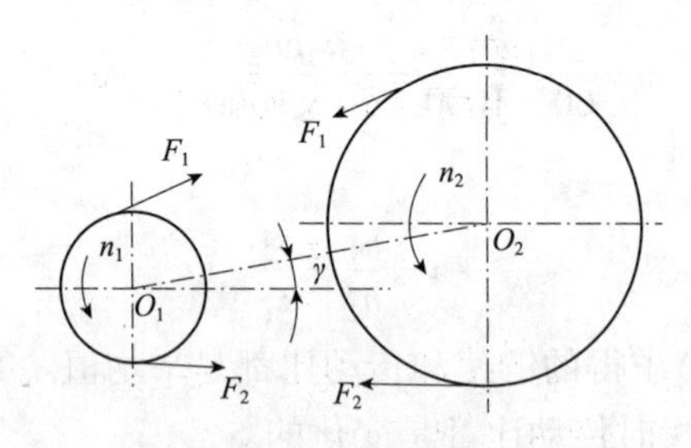

图 8-27 链条受力

(1)有效圆周力

$$F_e = \frac{1000P}{v} \quad (\text{N}) \tag{8-34}$$

(2)离心拉力

$$F_c = qv^2 \tag{8-35}$$

式中，q 为链条的线质量，kg/m。

(3)垂度拉力

$$F_y = k_f qga \times 10^{-2} \quad (\text{N}) \tag{8-36}$$

F_y 作用于链的全长，与松边重点垂度 y、中心距 a(mm)和布置形式有关(图 8-27)。

垂度 y 越小，F_y 越大。k_f 为垂度系数，标准规定：链条松边中点允许的垂度为中心距的0.01～0.03倍。当 $y/a=0.02$ 时，k_f 值从表 8-13 中选取。

表 8-13　链的垂度系数 k_f

γ^0	0	20	40	60	70	80
k_f	6.5	5.8	4.5	2.7	1.7	0.7

(4)作用于轴上的拉力

对水平布置和倾斜布置的传动

$$F_Q = (1.15 \sim 1.20) f_1 F_e$$

对接近垂直布置的传动

$$F_Q = 1.05 f_1 F_e \tag{8-37}$$

8.9　链传动的主要参数及其选择

(1)链轮齿数

由上节分析可知，为使链传动的运动平稳，小链轮齿数不宜过少。对于滚子链，可按传动比从表 8-14 中选取 z_1；然后按传动比确定大链轮齿数 $z_2 = iz_1$。

表 8-14　小链轮齿数 z_1

传动比 i	1～2	2～3	3～4	4～5	5～6	>6
z_1	31～27	27～25	25～23	23～21	21～17	17

若链条的铰链发生磨损，将使链条节距变长、链轮节圆 d' 向齿顶移动(图 8-28)。节距增长量 Δp 与节圆外移量 $\Delta d'$ 的关系，可由下式导出：

$$\Delta d' = \frac{\Delta p}{\sin \dfrac{180^\circ}{z_1}}$$

由此可知 Δp 一定时，齿数越多节圆外移量 $\Delta d'$ 就越大，也越容易发生跳齿和脱链现象。所以大链轮齿数不宜过多，一般应使 $z_2 \leqslant 120$。

一般链条节数为偶数，而链轮齿数最好选取奇数，这样可使磨损较均匀。

(2)链的节距

链的节距越大，其承载能力越高。但应注意：当链节以一定的相对速度与链轮齿啮合的瞬间，将产生冲击和动载荷。如图 8-29 所示，根据相对运动原理，把链轮看作静止的，

链节就以角速度 $-\omega$ 进入轮齿而产生冲击。根据分析，节距越大、链轮转速越高时冲击也越大。因此，设计时应尽可能选用小节距的链，重载时可选用小节距多排链。

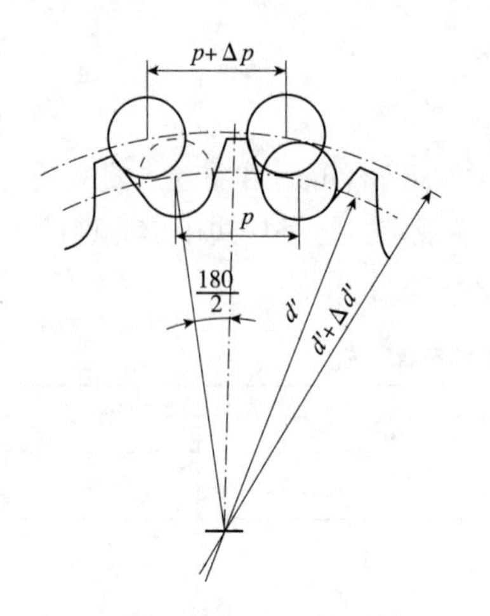

图 8-28　节圆外移量与链节距增长量关系

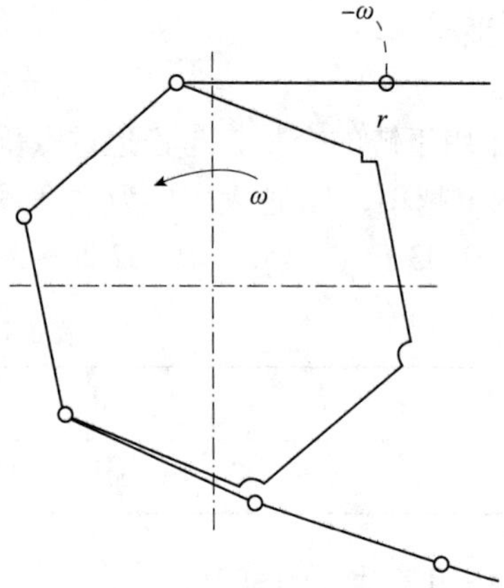

图 8-29　啮合瞬间的冲击

(3)中心距和链的节数

若链传动中心距过小，则小链轮上包角也小，同时啮合的链轮齿数也减少；若中心距过大，则易使链条抖动。一般可取中心距 $a=(30\sim50)p$，最大中心距 $a_{max}\leqslant 80p$。

链条长度用链的节数 L_p 表示。按带传动求带长公式可导出：

$$L_p = 2\frac{a}{p}+\frac{z_1+z_2}{2}+\frac{p}{a}\left(\frac{z_2-z_1}{2\pi}\right)^2 \tag{8-38}$$

由此算出的链的节数，须圆整为整数，最好取为偶数。

运用式(8-38)可解得由节数 L_p 求中心距 a 的公式：

$$a=\frac{p}{4}\left[\left(L_p-\frac{z_1+z_2}{2}\right)+\sqrt{\left(L_p-\frac{z_1+z_2}{2}\right)^2-8\left(\frac{z_2-z_1}{2\pi}\right)^2}\right] \tag{8-39}$$

为使松边有合适的垂度，实际中心距应比计算出的中心距小 Δa，$\Delta a=(0.002\sim0.004)a$，中心距可调时取大值。

为了便于安装链条和调节链的张紧程度，一般中心距设计成可以调节的或安装张紧轮。

8.10　链传动的布置与润滑

(1)链传动的布置

链传动合力布置的原则为：

①为保证正确啮合，两链轮应位于同一垂直平面内，并保持两轴相互平行；

②两轮中心连线最好水平布置或中心连线与水平线夹角 β 不大于 45°；

③链传动紧边(主动边)布置在上，松边布置在下，以避免松边在上时因下垂过大而发生链条与链轮的干涉。

具体布置方案见表 8-15 所列。

表 8-15 链传动的布置

传动条件	正确布置	不正确布置	说明
i 与 a 较佳场合 $i=2\sim3$ $a=(30\sim50)p$			两链轮中心连线最好呈水平，或与水平面成60°以下的倾角。紧边在上面较好
i 大、a 小场合 $i>2$ $a<30p$			两轮轴线不在同一水平面上，此时松边应布置在下面；否则松边下垂量增大后，链条已被小链轮钩住
i 小、a 大场合 $i<1.5$ $a>60p$			两轮轴线不在同一水平面上，松边应布置在下面；否则松边下垂量增大后，松边会与紧边相碰。此外，需经常调整中心距
垂直传动场合 i、a 为任意值			两轮轴线在同一铅垂面内，此时下垂量集中在下端，所以要尽量避免这种垂直或接近垂直的布置；否则，会减少下面链轮的有效啮合齿数，降低传动能力。应采用：①中心距可调；②张紧装置；③上下两轮错开，使其轴线不在同一铅垂面内；④尽可能将小链轮布置在上方等措施

(2)传动的润滑

链传动的润滑至关重要。合宜的润滑能显著降低链条铰链的磨损，延长使用寿命。

链传动的润滑方式有四种：

①人工定期用油壶或油刷给油；

②有油杯通过油管向松边内外链板间隙处滴油[图 8-30(a)]；

③油浴润滑[图 8-30(b)]或用甩油盘将油甩起，以进行飞溅润滑[图 8-30(c)]；

④用油泵经油管向链条连续供油，循环油可起润滑和冷却的作用[图 8-30(d)]。

封闭与壳体内的链传动，可以防尘、减轻噪声及保护人身安全。润滑油可选用 20、30 或 40 号机械油，环境温度高或载荷大时宜取黏度高者；反之黏度宜低。

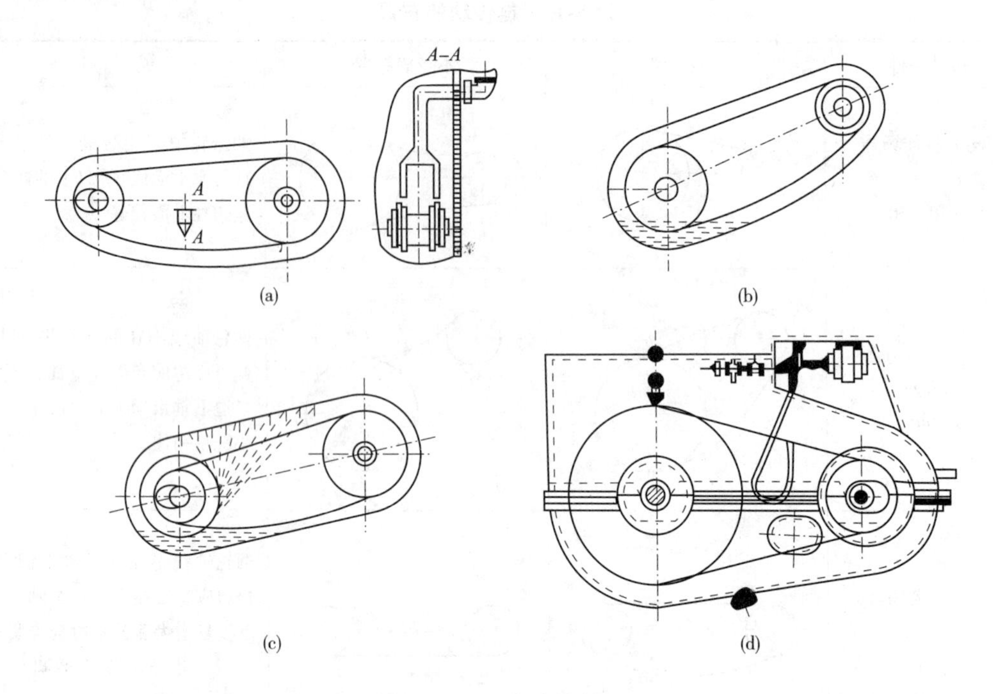

图 8-30　链传动的润滑

8.11　钢丝绳

8.11.1　钢丝绳的特点及用途

钢丝绳是起重机上最常用的一种挠性构件，具有以下特点：

①强度高，弹性好，耐冲击和自重轻；

②挠性好，运行平稳，可用于高速工作；

③工作可靠，不会突然断裂，在断裂之前，外部钢丝先断裂和松散。

其用途主要用于起升机构、变幅机构、牵引机构、扎系物品等用途，如图 8-31 所示。

8.11.2　钢丝绳的构造及种类

(1)根据捻绕次数分类

①单绕绳[图 8-32(a)]为普通单绕绳，是由几层钢丝依次围一钢芯捻绕制而成，其特点是挠性差，强度高，不宜用于起重绳，一般用于不运动的拉索或缆索。也可做成外形封闭的单绕钢丝绳[图 8-32(b)]。

②双绕绳是先由钢丝捻成股，再由股围绕绳芯捻成绳。绳芯材料为麻或石棉，钢丝绳挠性好，一般用在起重机中。

③三绕绳将双绕绳作为股，再由几股捻成绳。挠性特别好。由于钢丝太细，易折断，不宜用于起重机中。

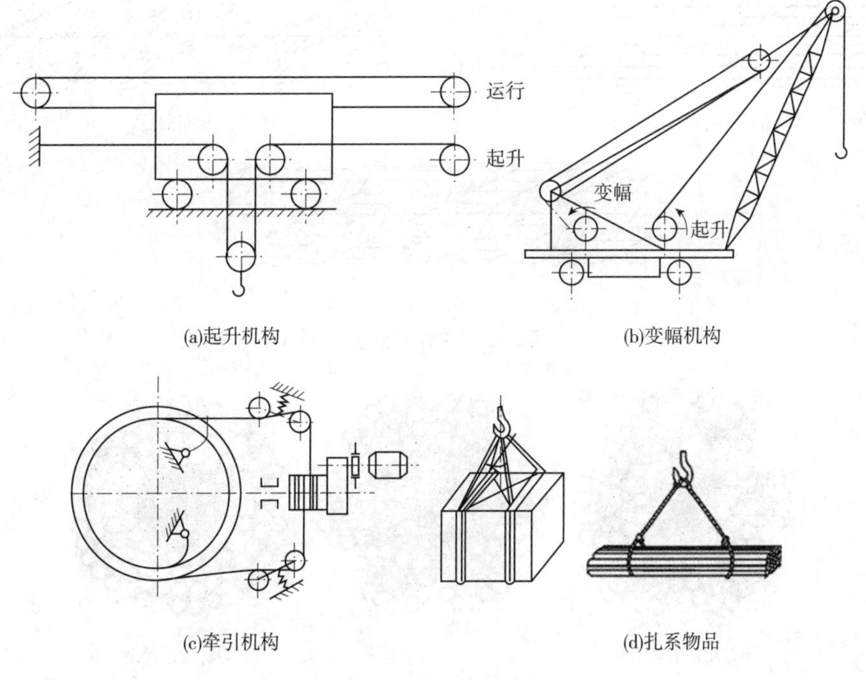

(a)起升机构　(b)变幅机构

(c)牵引机构　(d)扎系物品

图8-31　钢丝绳的应用

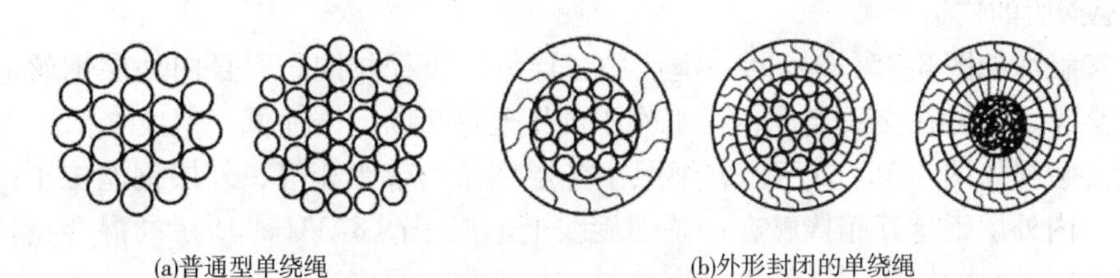

(a)普通型单绕绳　(b)外形封闭的单绕绳

图8-32　单绕绳

(2)根据钢丝绳的捻向分类

①同向捻钢丝绳如图8-33(b)所示，钢丝绳捻成股与股捻成绳的方向相同。其特点是钢丝绳之间的接触较好，表面比较平滑，挠性好，磨损小，使用寿命长。但有自行扭转和松散的趋向，易打结，不宜用于起重机中，适用于保持张紧力的场合。

②交互捻钢丝绳如图8-33(a)所示，钢丝绳捻成股与股捻成绳的方向相反。其特点是没有自行扭转和松散的趋向，不易打结，常用于起重机中，但挠性小和寿命短。

③混合捻钢丝绳如图8-33(c)所示，由两种相反绕向的股捻成的钢丝绳。有半数股左旋，有半数股右旋，其特点是介于同向捻和交互捻之间，一般用于大升起高度的起重机中。

(3)根据股的形状分类

①圆股绳制造方便，应用广泛。

②异形股绳有三角形股、椭圆股和扁股(图8-34)。特点是绳与滑轮槽或卷筒槽的接触面积大，耐磨性好，不易断丝，寿命长，比圆股绳长3倍。

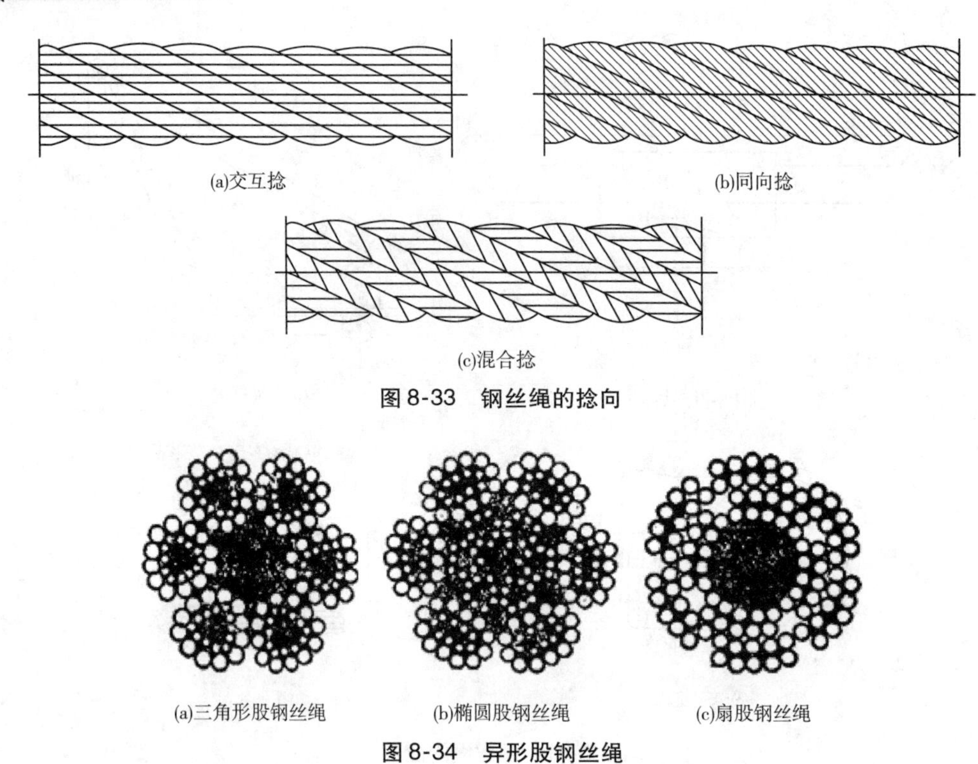

(a)交互捻　(b)同向捻　(c)混合捻

图 8-33　钢丝绳的捻向

(a)三角形股钢丝绳　(b)椭圆股钢丝绳　(c)扇股钢丝绳

图 8-34　异形股钢丝绳

(4)根据股的构造分类

①点接触绳如图 8-35(a)所示，绳股中各层钢丝直径相同，而且内外层钢丝的节距不等，相互交叉，接触在交叉点上，在工作中内钢丝易折断，寿命低，但成本低。

②线接触绳如图 8-35(b)所示，绳股中各层钢丝的节距相等，外层钢丝位于内层钢丝的沟缝中，内外层钢丝互相接触在一条螺旋线上形成了图 8-33(c)所示的混合捻接触，但需要采用不同直径的钢丝，其特点是寿命长、挠性好、强度高。

③面接触绳如图 8-35(c)所示，它的优点与线接触绳相同，而且更显著，但成本高。

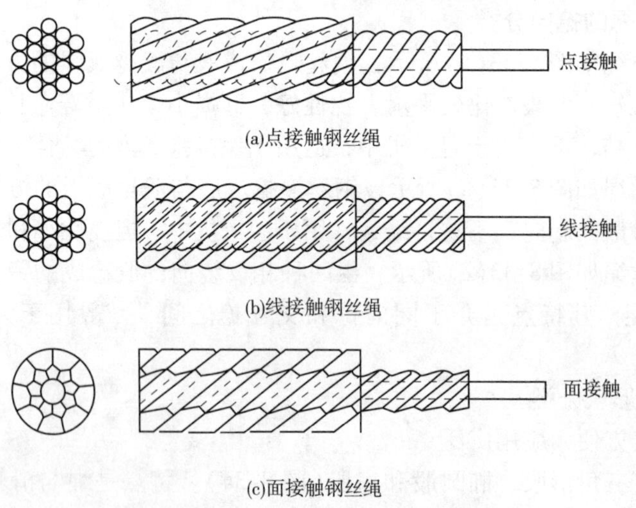

(a)点接触钢丝绳

(b)线接触钢丝绳

(c)面接触钢丝绳

图 8-35　点、线、面接触的钢丝绳

(5)根据股的数目分类

根据股的数目分为6股绳、8股绳和18股绳(图8-36)等;外层股的数目越多,钢丝绳与滑轮槽或卷筒槽接触得越好,可提高钢丝绳的寿命、减少滑轮或卷筒的磨损。

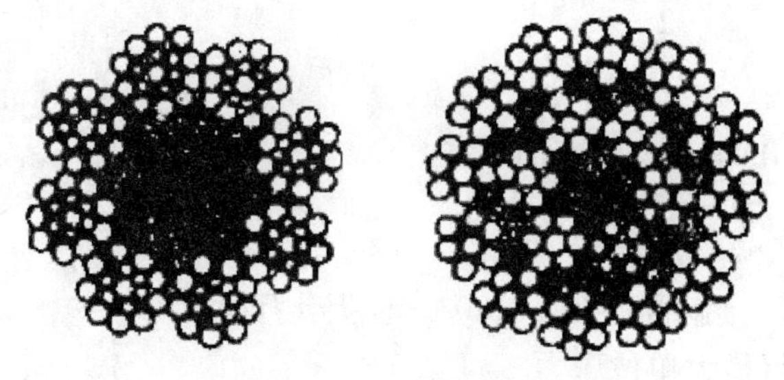

图8-36　多股钢丝绳

(6)绳芯

绳芯的作用是增加挠性、弹性和润滑。一般在绳中心布置一股绳芯,也可在每股中设置绳芯,绳芯有以下几种:

①有机芯。浸袖麻绳,不适用于高温环境;

②石棉芯。用石棉绳制作,可耐高温;

③金属芯。用软钢的钢丝或绳股作为绳芯,可耐高温和承受横向压力。

8.11.3　钢丝绳的受力分析

(1)拉应力

$$\sigma_{拉}=1.2\frac{S}{i\frac{\pi}{4}\delta^2}=1.2\frac{S}{\omega\frac{\pi}{4}d^2}\quad(\text{MPa})$$

式中,S为钢丝绳的拉伸载荷,N;δ为钢丝的直径,mm;i为钢丝绳中钢丝的根数;d为钢丝绳的直径,mm;ω为充满系数,$\omega=\frac{i\frac{\pi}{4}\delta^2}{\frac{\pi}{4}d^2}$。

(2)弯曲应力

$$\sigma_{弯}=\frac{M}{W}=\frac{2E_1J/D}{J/(\delta/2)}=\frac{E_1\delta}{D}\quad(\text{MPa})$$

式中,E_1为钢丝绳的弹性模具,$E_1\approx80000\text{MPa}$;$D$为卷筒或滑轮的直径,mm。

钢丝弹性模量E与钢丝绳弹性模量E_1的关系见下式:

$$\frac{E_1}{E}=\frac{80000}{210000}\approx0.4$$

$$\sigma_{弯}\approx0.4\frac{E\delta}{D}$$

(3)挤压应力

钢丝绳与滑轮槽或卷筒槽接触,拉应力引起钢丝之间、钢丝与滑轮槽或卷筒槽之间的挤压应力，如图 8-37所示。

钢丝绳对绳槽的正应力为

$$dN = 2\sin\frac{d\varphi}{2} \approx S d\varphi$$

单位弧长的压力为

$$P = \frac{dN}{\overset{\frown}{ab}} = \frac{S d\varphi}{\frac{D}{2} d\varphi} = \frac{2S}{D}$$

设钢丝绳与绳槽的接触圆心角为 180°。根据比压正弦分布的原理，求得最大单位压力

$$q_{\max} = 2\omega \frac{d}{D} \sigma_{拉}$$

式中，d 为钢丝绳的直径，mm。

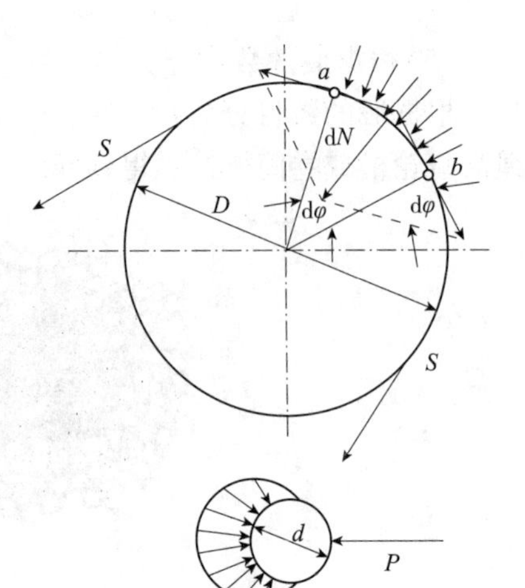

图 8-37　钢丝绳对绳槽的挤压应力计算简图

8.11.4　钢丝绳的选择

1. 确定钢丝绳的结构形式

根据起重机的使用条件和要求选择钢丝绳的类型，可参考表 8-16。

表 8-16　起重机中钢丝绳用途和常用型号

用途		名称	常用结构
起重机	大型浇铸吊车	线接触钢丝绳	6×19S IWR、6×19W IWR、6×25Fi IWR、6×26SW IWR、6×29Fi IWR、6×31S WIWR、6×36SW IWR
	港口装卸建筑塔式起重机	不旋转钢丝绳	18×7、18×19S、18×19W、34×7、36×7、35W×7、24W×7
		异形股钢丝绳	4V×39S、4V×48S
		压实股钢丝绳	DL1916AK、DL1212AK、DL0712AK、DL08PAK、DL1916HK、DL1315HK、DL1212HK、DL0712HK
	其他用途	线接触钢丝绳	6×19S、6×19W、6×25Fi、6×26SW、6×29Fi、6×31SW、6×36SW、8×19S、8×19W、8×25Fi、8×26SW、8×29Fi、8×31SW、8×36SW、8×36WS
		异形股钢丝绳	4V×39S、4V×48S

2. 确定钢丝绳的直径

(1)选择系数法

钢丝绳直径由最大工作拉力确定：

$$d = c\sqrt{S}$$

式中，S 为钢丝绳的最大工作静拉力，N；d 为钢丝绳的最小直径，mm；c 为选择系数，$mm/N^{\frac{1}{2}}$。

选择系数 c 的值与机构的工作级别有关，表 8-17 中的值是在 ω 为 0.106，折减系数 h 为 0.82 时的选择系数 c 值。当钢丝绳的 ω、h 和 σ_b 与表条件不符合时，可由下式换算选择系数 c 的值。

$$c = \sqrt{\frac{n}{k\omega \frac{\pi}{4}\sigma_b}}$$

式中，n 为安全系数，按表 8-17 选择；k 为钢丝绳捻制折减系数；ω 为钢丝绳充满系数；σ_b 为钢丝的公称抗拉强度。

表 8-17　选择系数 c 和安全系数 n 值

机构工作级别	选择系数 c 值 钢丝公称抗拉强度 σ_b/(N/mm)			安全系数 n
	1550	1700	1850	
M1 ~ M3	0.093	0.08	0.085	4
M4	0.099	0.095	0.091	4.5
M5	0.104	0.100	0.096	5
M6	0.114	0.109	0.106	6
M7	0.123	0.118	0.113	7
M8	0.140	0.134	0.128	9

注：①对于搬运危险物品的起重用钢丝绳，一般应按比设计工作级别高一级的工作级别选择表中的 c 或 n 值。对起升机构工作级别为 M7、MS 的某些冶金起重机，在保证一定寿命的前提下允许按低的工作级别选择，但最低安全系数不得小于6。②对缆索起重机的起升绳和牵引绳可做类似处理，起升绳的最低安全系数不得低于5，牵引绳的最低安全系数不得小于4。③臂架伸缩用的钢丝绳，安全系数不得小于4。

(2)安全系数法

按钢丝绳所在机构的工作级别有关的安全系数选择钢丝绳直径。所选钢丝绳的破断拉力应满足下式：

$$F_0 \geqslant Sn$$

式中，n 为钢丝绳最小安全系数，按表 8-17 选择；S 为钢丝绳最大工作静拉力，N；F_0 为所选用钢丝绳破断拉力，N。

在 GB/T 8918—2006 中给出钢丝被拉断拉力的总和 $\sum S_{丝}$，而不是整根钢丝绳的破断拉力 F_0。

对于纤维芯的钢丝绳

$$F_0 = \alpha_1 \sum S_{丝}$$

对于金属芯的钢丝绳

$$F_0 = \alpha_2 \sum S_{丝}$$

式中，α 为钢丝绳破断拉力换算系数，见表 8-18 所列。

表 8-18　铜丝绳破断拉力换算系数

钢丝绳结构	纤维芯 α_1	金属芯 α_2
1X7，1X19，1X(19)	0.90	
6X7，6X12，7X7	0.88	
1X37，6X19，7X19，6X219，6X30，6X(19)，6W(19)，6T(25)，6X(219)，6W(219)，6X(31)，8X19，8X(19)，8W(25)，8T(25)，18X7	0.85	0.92
6X37，8X37，18X19，6W(35)，6W(36)，6XW(36)，6X(37)	0.82	0.88
6X61，319X7	0.8	

注：系数 α_i 引自 GB/T 8918—2006，系数码按该标准中数据算出。表中 AXB 表示 A 股每股 B 芯钢丝绳。

8.11.5　钢丝绳的使用

1. 延长钢丝绳使用寿命的方法

①提高安全系数，降低钢丝绳的应力。

②增大滑轮和卷筒的直径。

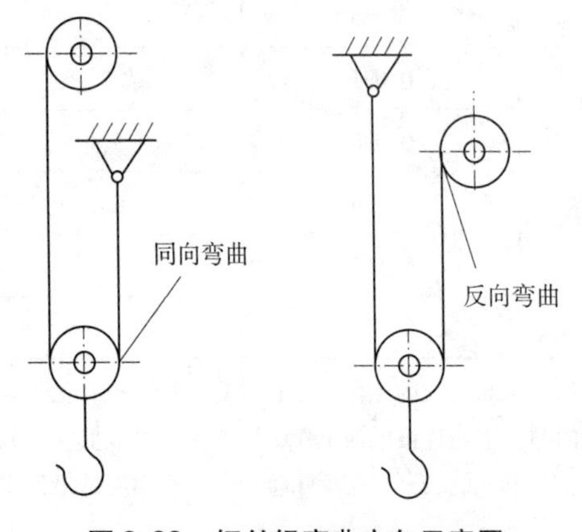

图 8-38　钢丝绳弯曲方向示意图

③选择合理的滑轮槽和卷筒槽的尺寸，理想的绳槽半径为 $R=0.53d$。

④减少钢丝绳的弯曲次数，而且避免反向弯曲，如图 8-38 所示。

⑤定期保养和润滑。

2. 严格执行钢丝绳报废的标准规定

新钢丝绳和正常工作的钢丝绳极少突然断裂。钢丝绳的破坏主要是外层钢丝的磨损和疲劳，逐渐断裂。因此，当钢丝的断裂达到一定的数量时，钢丝绳就应当报废。在报废标准中，当有下列情况之一者应当报废。

①钢丝绳被烧坏或断了一股。

②钢丝绳的表面钢丝被腐蚀、腐蚀达到钢丝直径的 40% 以上。

③受过死角拧扭，部分受压变形。

④钢丝绳在一个捻距中的断丝根数达到表 8-19 所列数值时。

⑤对于外层钢丝直径不等的钢丝绳，每根粗钢丝按 1.7 根计算，若外层钢丝磨损，但未达到 40%，可根据磨损程度，适当降低报废的断丝标准，见表 8-20 所列。

表 8-19　钢丝绳报废标准(断丝根数)

安全系数	钢丝绳结构			
	6×9+1 交互捻	6×37+1 交互捻	6×61+1 交互捻	18×19+1 交互捻
<6	12	22	36	36
6~7	14	26	38	38
>7	16	30	40	40

注：同向捻钢丝绳其断丝根数减半。

表 8-20 钢丝绳报废断丝标准的折减

钢绳直径磨损/%	报废断丝折减/%	钢绳直径磨损/%	报废断丝折减/%
10	85	25	60
15	75	30	50
20	70	40	报废

3. 钢丝绳端部的固定方法

(1)编结法

如图 8-39(a)所示，钢丝绳一端绕过形套环后与自身编结在一起，并用细钢丝扎紧。捆扎长度 $l=(20\sim25)d$(d 为钢丝绳直径)，同时要大于300mm。接头强度为钢丝绳自身强度的 75% ~90% 。

(2)楔形套筒

固定法如图 8-39(b)所示，钢丝绳一端绕过模块，一同放进套筒内，利用模块和套筒锁紧，这种方法方便。接头强度为钢丝绳自身强度的 75% ~85% 。

(3)锥形套筒灌铅法

如图 8-39(c)所示，钢丝绳末端穿过锥形套筒后松散钢丝，将钢丝头部弯成小钩，并铸入铅。接头强度与钢丝绳自身强度基本相同。

(4)绳卡固定法

如图 8-39(d)所示，钢丝绳套在心形套环上，用绳卡固定。绳卡的数目见表 8-21 所列。绳卡的型号见表 8-22 所列。

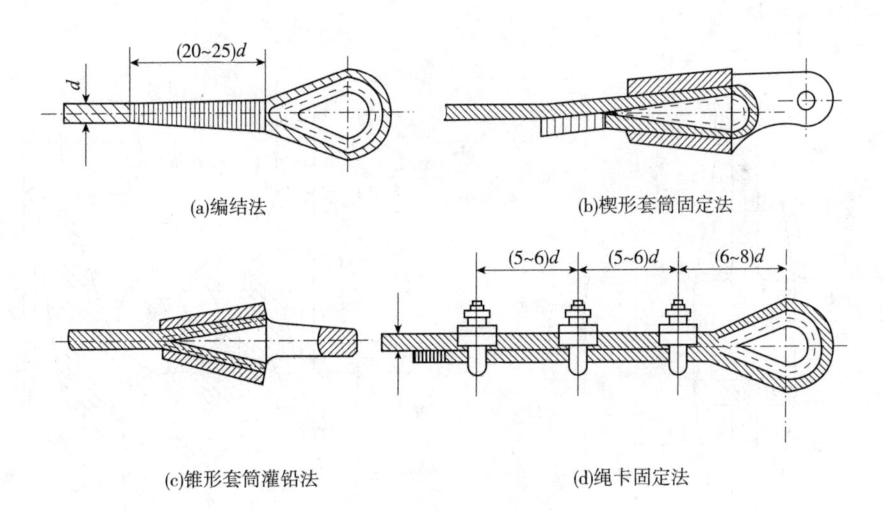

(a)编结法　(b)楔形套筒固定法

(c)锥形套筒灌铅法　(d)绳卡固定法

图 8-39 钢丝绳接头的方法

表 8-21 钢丝绳直径与绳卡数

钢丝绳直径 d/mm	7 ~ 16	17 ~ 27	28 ~ 37	38 ~ 45
绳卡数	3	4	5	6

表 8-22 绳卡型号与对应的钢丝绳直径

绳卡型号	钢丝绳最大直径 d/mm	绳卡型号	钢丝绳最大直径 d/mm
Y1～6	6	Y8～25	25
Y2～8	8	Y9～28	28
Y3～10	10	Y10～32	32
Y4～12	12	Y11～40	40
Y5～15	15	Y12～45	45
Y6～20	20	Y13～50	50
Y7～22	22		

8.11.6 滑轮及滑轮组

1. 滑轮的结构

滑轮是用来改变钢丝绳方向的，其结构如图 8-40 所示。

(1)滑轮的槽形

它是由一个圆弧槽底与两个倾斜的侧壁组成(图 8-41)。对槽形的要求是：

①保证钢丝绳与绳槽有足够的接触面积，通常 $R=(0.53\sim0.6)d$；

②在钢丝绳有一定的偏斜时，使钢丝绳与绳槽不产生摩擦，绳槽的两侧面应有适当的夹角 α，通常 $\alpha=35°\sim40°$。

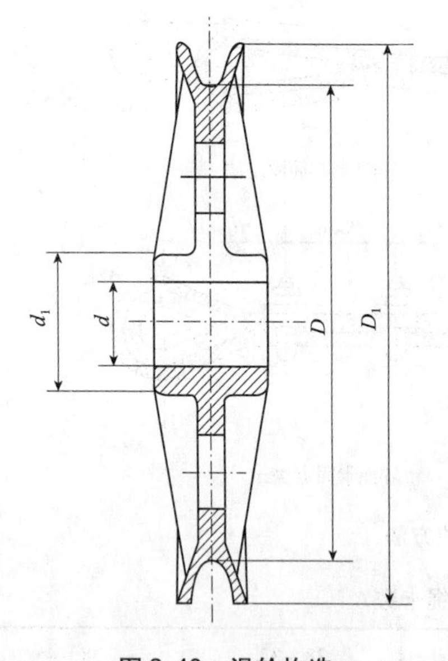

图 8-40 滑轮构造

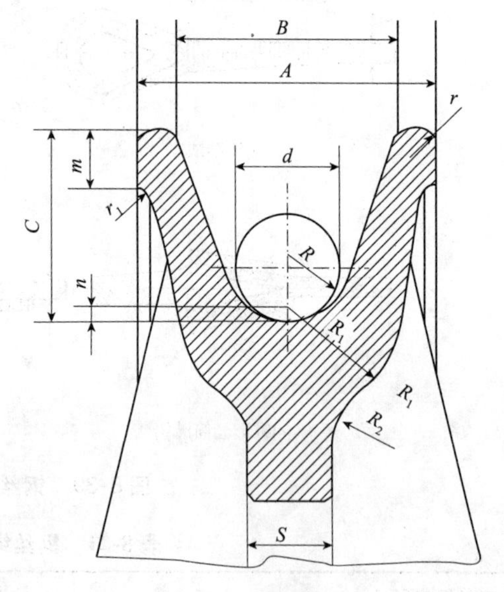

图 8-41 滑轮的槽形

轮槽的设计尺寸见表 8-23 所列。

表 8-23 滑轮轮缘尺寸 单位：mm

钢丝绳直径 d	A	B	C	η_z	S	R	r	r_1	R_1	R_2
7.7～9.0	25	17	11	5	8	5	2.5	1.5	10	5
11～14	40	28	25	8	10	8	4	2.5	16	8
15～18	50	35	32.5	10	12	10	5	3	20	10
18.5～23.5	65	45	40	13	16	13	6.5	4	26	13
25～28.5	80	55	50	16	18	16	8	5	32	16
31～34.5	95	65	60	19	20	19	10	6	38	19
36.5～39.5	110	78	70	22	22	22	11	7	44	22
43～47.5	130	95	85	26	24	26	13	8	50	26

(2)滑轮的材料

滑轮材料对钢丝绳寿命影响很大。滑轮上出现压痕，加剧对钢丝绳的磨损。滑轮材料主要有以下几种：

①铸铁(HT150 或 HT200)滑轮。成本低，对钢丝绳的挤压应力小，对钢丝绳的寿命有利。但轮缘易破碎，寿命短。

②球墨铸铁(QT1900-10)滑轮。有一定的韧性和强度，能够提高钢丝绳的寿命。

③铸钢(ZG200-1900 或 ZG250-1950)滑轮。强度和冲击韧性均很高，但对钢丝缉的寿命有影响。

④焊接滑轮。常用 Q235-A，滑轮重量轻，特别可制作大尺寸的单件的滑轮，而且有代替铸造滑轮的趋势。

⑤铝合金滑轮。质量轻、硬度低，可延长钢丝绳的寿命，但滑轮的使用寿命较短。

⑥尼龙滑轮。重量轻、耐磨性好、成本低，但硬度和强度较低，不宜在高温环境下使用。

(3)滑轮的轮辐与支承

小滑轮的轮辐制成整体腹板；中型滑轮制成带孔整体腹板；较大的滑轮一般加 4～6 个加强筋；大型的滑轮制成轮辐式。滑轮通常支承在固定的心轴上，并采用滚动轴承支承，如图 8-42 所示。

2. 滑轮的直径

滑轮直径对钢丝绳的使用寿命影响很大。增大滑轮的直径能够减小钢丝绳的弯曲应力和钢丝与滑轮的挤压应力，可以延长钢丝绳的寿命。在起重机的设计规范中，规定滑轮的最小卷绕直径，即

$$D_{0,\min}=hd$$

式中，$D_{0,\min}$为按钢丝绳中心计算的滑轮最小卷绕直径，mm；h 为与机构工作级别和钢丝绳有关的系数，如表 8-24 所列；d 为钢丝绳的直径，mm。

表 8-24 系数 h

机构工作级别	卷筒 h_1	滑轮 h	机构工作级别	卷筒 h_1	滑轮 h
M1～M3	14	16	M6	20	22.4
M4	16	18	M7	22.4	25
M5	18	20	M8	25	28

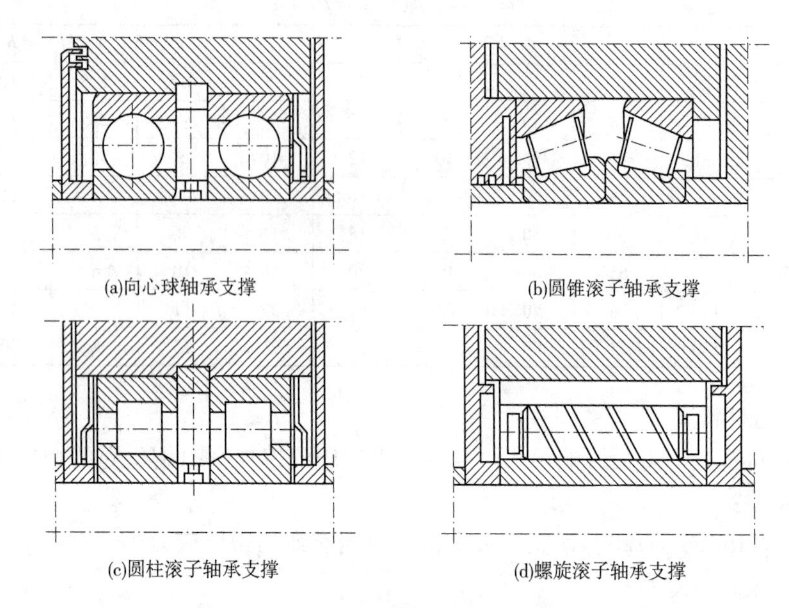

图 8-42　滑轮的滚动轴承支承

3. 滑轮的效率

(1)钢丝绳绕过滑轮的阻力

钢丝绳绕过滑轮的阻力包括两部分：一部分是僵性阻力，另一部分是滑轮轴承的摩擦阻力。分述如下：

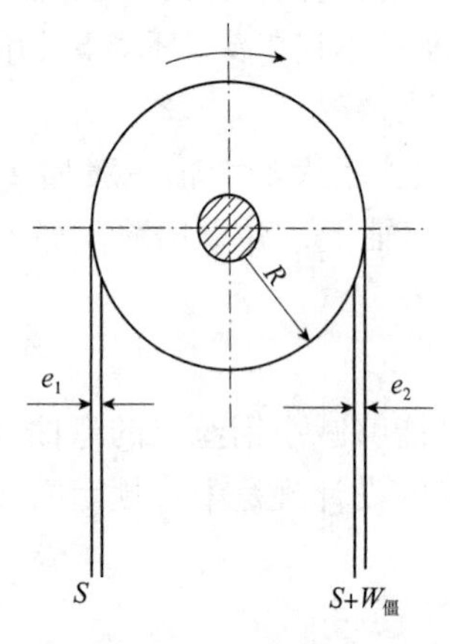

图 8-43　钢丝绳的僵性阻力

①僵性阻力(图 8-43)是钢丝绳内部钢丝之间的摩擦产生的。它随着钢丝绳之间的压力变化，而压力是在制造钢丝绳产生的，另外是在绳张力作用时产生的。滑轮的直径越小，钢丝绳弯曲与伸直的摩擦位移越大，摩擦功越大，因此僵性阻力越大。

由于钢丝绳具有一定僵性，当绕入滑轮时，不能立刻适应滑轮曲率，而是向外产生偏离值 e_1；当绕出滑轮时，不能立刻伸直，而向内产生偏离值 e_2。由于钢丝绳的弹性有利助于伸直，$e_1 > e_2$，而钢丝绳的绕入端的力臂大于绕出端，要使滑轮转动，因此必须增大绕出端的拉力。

由平衡条件为

$$S(R+e_1)=(S+W_{僵})(R-e_2)$$

钢丝绳的僵性阻力

$$W_{僵}=\frac{e_1+e_2}{R-e_2}S=\lambda S$$

式中，S 为钢丝绳绕入端的拉力；R 为滑轮卷绕半径；λ 为僵性阻力系数，一般 $\lambda=0.005$。

②滑轮轴承的摩擦阻力

$$W_{轴承}=\mu\frac{d}{D}N=2S\frac{d}{D}\sin\frac{\theta}{2}$$

式中，μ 为滑轮轴承摩擦因数；D 为滑轮直径；d 为钢丝绳直径；θ 为钢丝绳包角；S 为钢丝绳绕入端的拉力；N 为钢丝绳对滑轮的压力。

③滑轮总阻力

$$W=W_{僵}+W_{轴承}=\left(\lambda+2\mu\frac{d}{D}\sin\frac{\theta}{2}\right)S=kS$$

式中，k 为滑轮阻力系数；滚动轴承，$k=0.02$；滑动轴承，$k=0.04$。

(2)滑轮的效率

$$\eta=\frac{Q}{P}=\frac{S}{S+W}=\frac{S}{S+kS}=\frac{1}{1+k}\approx1-k$$

滚动轴承，$\eta=0.98$；滑动轴承，$\eta=0.96$。

8.11.7 滑轮组

(1)类型

滑轮组是由钢丝绳和一定数量的定滑轮和动滑轮组成。

按功能分，可分为省力滑轮组(图8-44)和增速滑轮组(图8-45)。

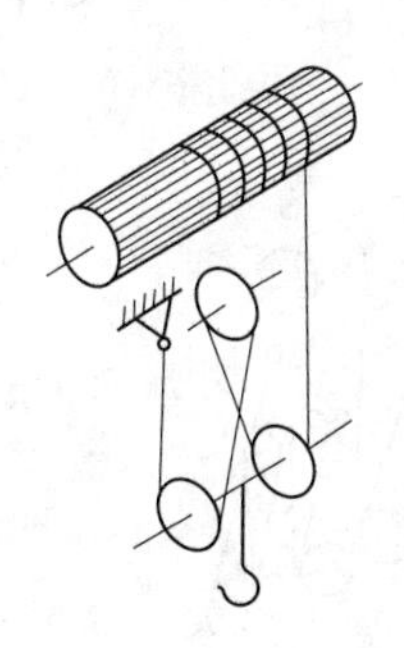

图8-44 省力滑轮组

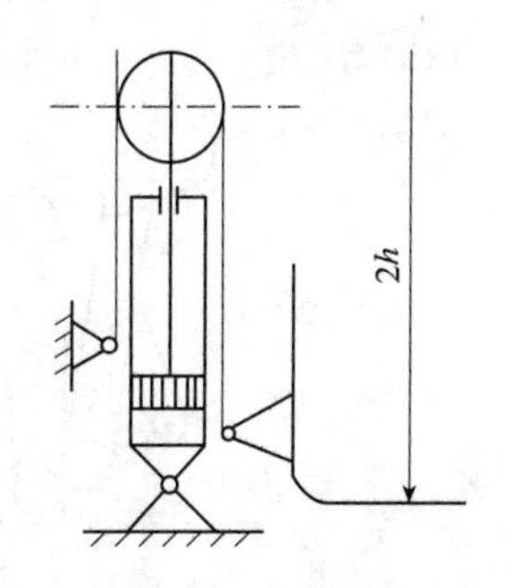

图8-45 增速滑轮组

按滑轮组的构造可分为单联滑轮组和双联滑轮组。

单联滑轮组的特点是卷筒上的钢丝绳分支数为一根，另一端固定在臂架上或吊钩组上。图8-46(a)所示为无导向滑轮，吊钩会沿着卷筒轴线水平移动，将引起货物在吊运时晃动。为了避免货物的水平移动或摇晃，采用一个导向滑轮，如图8-46(b)所示。若无法安装导向滑轮时，可采用双联滑轮。

双联滑轮组是由两个单联滑轮组构成，钢丝绳的两端固定在卷筒上，两边的钢丝绳通过中间平衡滑轮来平衡，具体形式如图8-47所示。

(2)滑轮组的倍率

滑轮组的倍率(图8-48)是钢丝绳卷绕速度与货物起升速度的比值，可用下式表示：

$$a=\frac{起升载荷\ Q}{理论提升力\ S_0}=\frac{钢丝绳卷绕速度\ v_{绳}}{货物提升速度\ v_{货}}=\frac{钢丝绳卷绕长度\ L}{货物移动距离\ H}$$

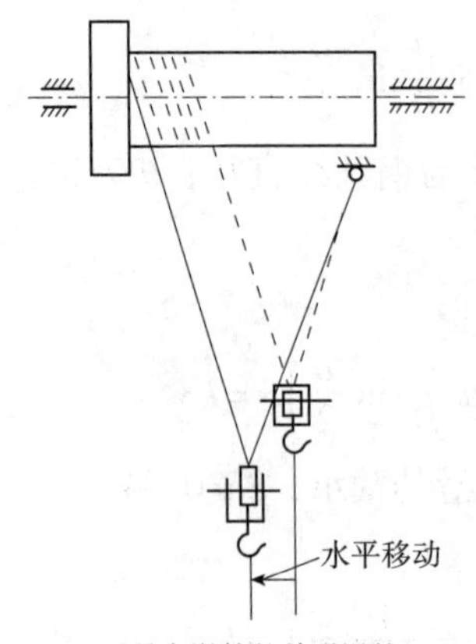

(a)无导向滑轮的单联滑轮组

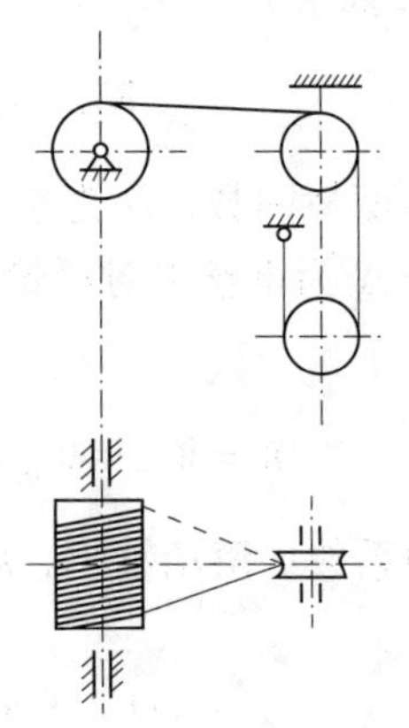

(b)用一个导向滑轮的单联滑轮组

图 8-46　单联滑轮

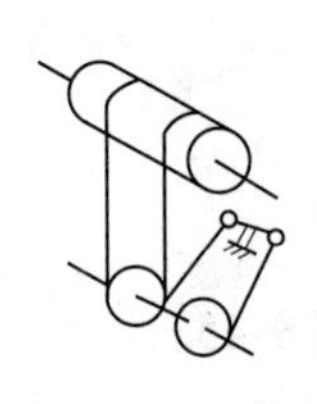

(a)2倍率双联滑轮组

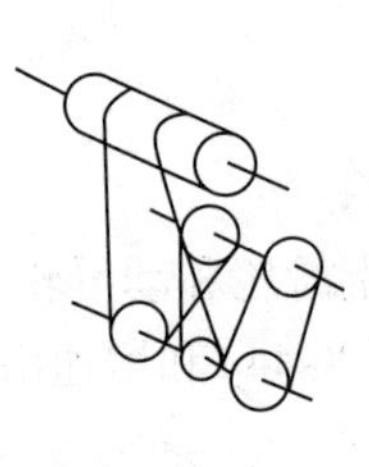

(b)3倍率双联滑轮组

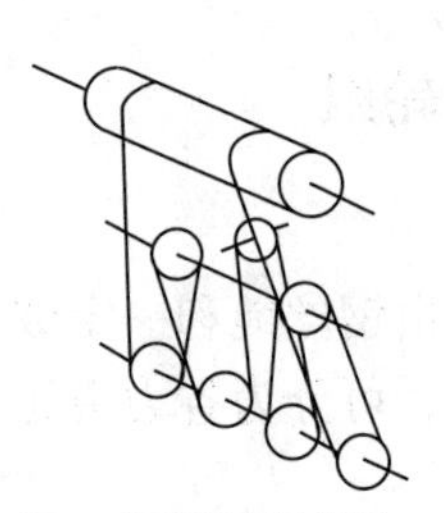

(c)4倍率双联滑轮组

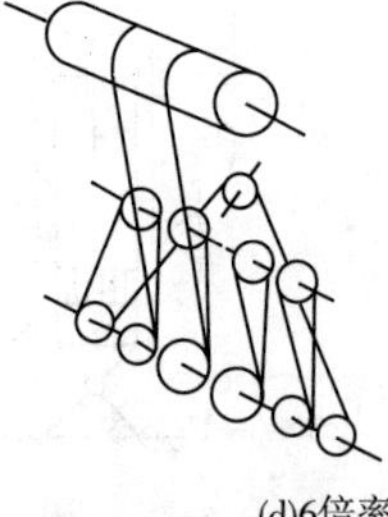

(d)6倍率双联滑轮组

图 8-47　双联滑轮

图 8-48　滑轮组的倍率

图 8-48 所示为省力单联滑轮组，若忽略钢丝绳绕过滑轮的阻力，每一分支的拉力都相等，则

$$S_0 = \frac{Q}{i} \quad i = \frac{Q}{S_0} = a$$

式中，Q 为起升载荷；i 为滑轮组钢丝绳分支数。

单联滑轮组的倍率等于钢丝绳的分支数，即 $a = i$；双联滑轮组的倍率等于钢丝绳的分支数的一半，即 $a = i/2$。

选择倍率的一般原则是：大起重量选用大的倍率；双联滑轮组选用较小的倍率；起升高度大时选用小倍率。

(3)滑轮组的效率

滑轮组的效率为

$$\eta_{组} = \frac{S_0}{S} = \frac{理论拉力}{实际拉力} < 1$$

当一个滑轮的效率为 η 时，计算的滑轮组效率为

$$\eta_{组} = \frac{1 - \eta^a}{a(1 - \eta)}$$

8.11.8　卷筒

1. 卷筒的结构与材料

卷筒在起升机构或牵引机构中用来卷绕钢丝绳，将螺旋运动转换为直线运动。卷筒通常是圆柱形的，特殊的卷筒也有制成圆锥形或曲线形的。卷筒有单层和多层两种，一般的起重机采用单层卷筒。单层卷筒通常表面切出螺旋槽，是为了增加钢丝绳的接触面积和防止相邻钢丝绳的磨损。绳槽分为标准槽和深槽两种(图 8-49)，其尺寸为 $R \approx 0.55d$。

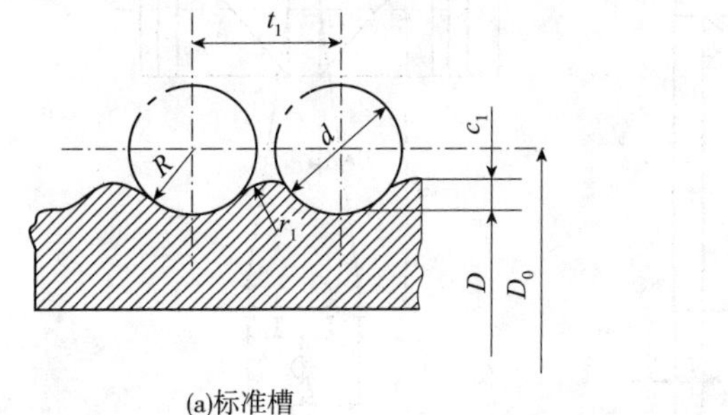

(a)标准槽　　(b)深槽

图 8-49　卷筒槽形

标准槽：$c_1 \approx (0.3 \sim 0.4)d$，$t_1 = d + (2 \sim 4)$　(mm)；

深槽：$c_2 \approx 0.6d$，$t_2 = d + (6 \sim 8)$　(mm)。

一般采用标准槽，由于节距小，机构紧凑，深槽的特点是不易脱槽，但节距大，增加了卷筒长度。

卷筒的制造可分为铸造和焊接两种。在一般载荷的起重机中采用灰口铸铁，对于重要的卷筒可用球墨铸铁，对于重载荷的卷筒，可采用铸钢。对于有质量(kg)要求的机构，采用焊接卷筒，比铸铁的轻 35% ~40%。

2. 卷筒的主要尺寸

(1)卷筒直径 D

卷筒直径 D 与滑轮直径一样，是以槽底计算的直径。卷筒直径的确定方法与滑轮完全相同，即 $D_{0,\min} = hd$。

(2)卷筒长度 L

①单联滑轮组卷筒的长度(图 8-50)：

$$L = L_0 + l_1 + 2l_2$$

式中，L 为卷筒总长度；L_0 为绳槽部分长度，其值为

$$L_0=\left(\frac{Ha}{\pi D_0}+n\right)t$$

式中，H 为起升高度；a 为滑轮组倍率；D_0 为卷筒卷绕直径；t 为绳槽节距。

l_1 为固定钢丝绳所需要的长度，$l_1=3t$；l_2 为两端的边缘长度。

②双联滑轮组卷筒的长度 L(图 8-51)：

$$L=2(L_0+l_1+2l_2)+l_3$$

式中，l_3 为卷筒中间无绳部分的长度，由钢丝绳允许的偏斜角决定。允许偏斜角通常为6°，故

$$B-0.2h_{min}\leqslant l_3\leqslant B+0.2h_{min}$$

式中，B 为由卷筒引入吊钩挂架两个滑轮的间距；h_{min} 为吊钩最高位置时滑轮轴线与卷筒轴线间的距离。

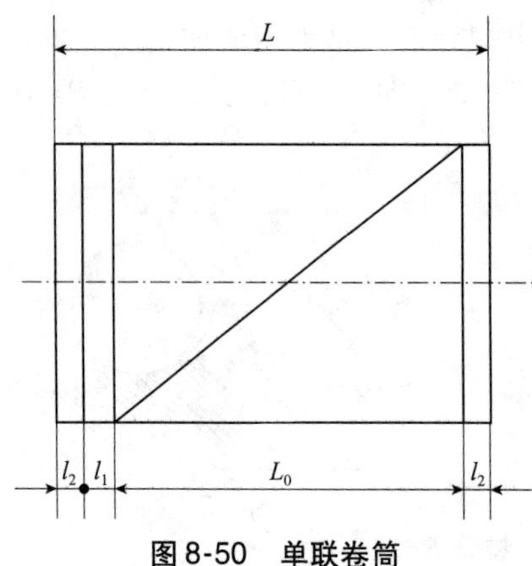

图 8-50　单联卷筒

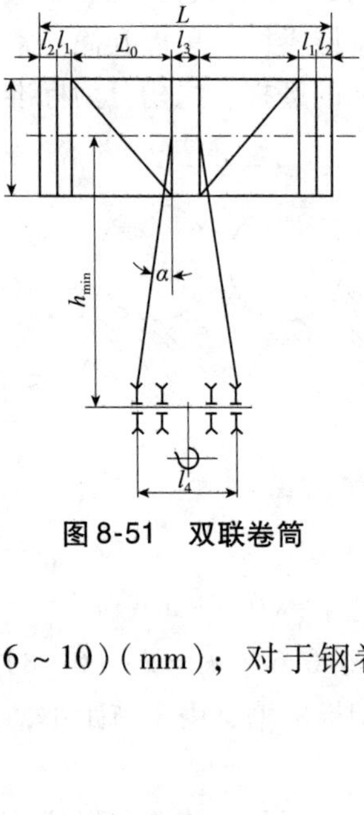

图 8-51　双联卷筒

(3)卷筒厚度

按经验公式计算，对于铸铁卷筒，$\delta=0.02D+(6\sim10)$(mm)；对于钢卷筒，$\delta\approx d$。然后进行强度校核，铸铁壁厚不宜小于12mm。

3. 卷筒的强度

(1)钢丝绳缠绕箍紧产生的压应力

可根据图 8-52 的平衡条件，求出卷筒中的压应力 σ_y。

$$S_{max}=\sigma_y\delta t$$

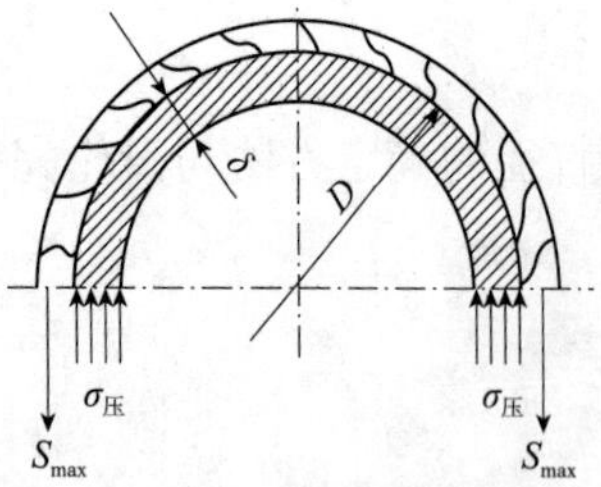

即

$$\sigma_y=\frac{S_{max}}{\delta t}$$

图 8-52　卷筒压应力

式中，S_{max} 为钢丝绳最大拉力；t 为钢丝绳卷绕节距；σ 为卷筒厚度。

(2)扭转应力 τ

$\tau=\frac{M_t}{W_p}$：单联卷筒，$M_t=\frac{S_{max}D_0}{2}$；双联卷筒，$M_t=S_{max}D_0$。

$$W_p=\frac{\pi}{16}\frac{[D^4-(D-2\delta)^4]}{D}$$

将上式简化后，可进行近似计算。

单联卷筒：

$$\tau=\frac{S_{max}}{\pi D\delta}$$

双联卷筒：

$$\tau=\frac{2S_{max}}{\pi D\delta}$$

通常扭转应力很小，可以忽略不计。

(3)弯曲应力

$$\sigma_w=\frac{M_w}{W_p}$$

$$W=\frac{\pi}{32}\frac{[D^4-(D-2\delta)^4]}{D}$$

当卷筒长度 $l \leqslant 3D$ 时，弯曲应力可以忽略不计。

(4)合成应力

$$\sigma=\sigma_w+\frac{[\sigma_1]}{[\sigma_2]}\sigma_y \leqslant [\sigma_1]$$

式中，$[\sigma_1]$为许用拉应力；$[\sigma_y]$为许用压应力。

对于钢，$[\sigma_1]=\sigma_s/2$，$[\sigma_y]=\sigma_s/1.5$；对于铸铁，$[\sigma_1]=\sigma_B/5$；$[\sigma_1]=\sigma_B/4.25$。其中，σ_s 为疲劳极限；σ_B 为强度极限。

4. 卷筒的抗稳定性

卷筒尺寸较大，壁厚较薄，也可能在钢丝绳的缠绕压力下失稳，向内压瘪。当卷筒直径 $D \geqslant 1200$mm，长度 $l \geqslant 2D$ 时，须对卷筒进行抗压稳定性验算，稳定性系数

$$k=p_k/p \geqslant 1.3 \sim 1.5$$

式中，p_k 为受压失稳的临界压力，$p_k=2E\left(\frac{\delta}{D}\right)^3$；$p$ 为卷筒单位面积上所受的外压力，$p=\frac{2S_{max}}{Dt}$。

5. 钢丝绳在卷筒上固定

(1)固定方法

用压板固定[图 8-53(a)]：该方法结构简单、可靠、易拆装和便于观察，但占用空间大。用楔子固定[图 8-53(b)]：这种方法结构复杂，更换钢丝绳费事，多用于多层绕。用长板条固定[图 8-53(c)]：该方法结构较复杂，但可使卷筒缩短。

(2)压板计算

①绳尾拉力 S

$$S=\frac{S_{max}}{e^{\mu\alpha}}$$

式中，S_{max}为钢丝绳的最大静拉力，N；μ为钢丝绳与卷筒表面之间的摩擦因数，$\mu=0.12\sim0.16$；α为安全圈在卷筒上的包角。

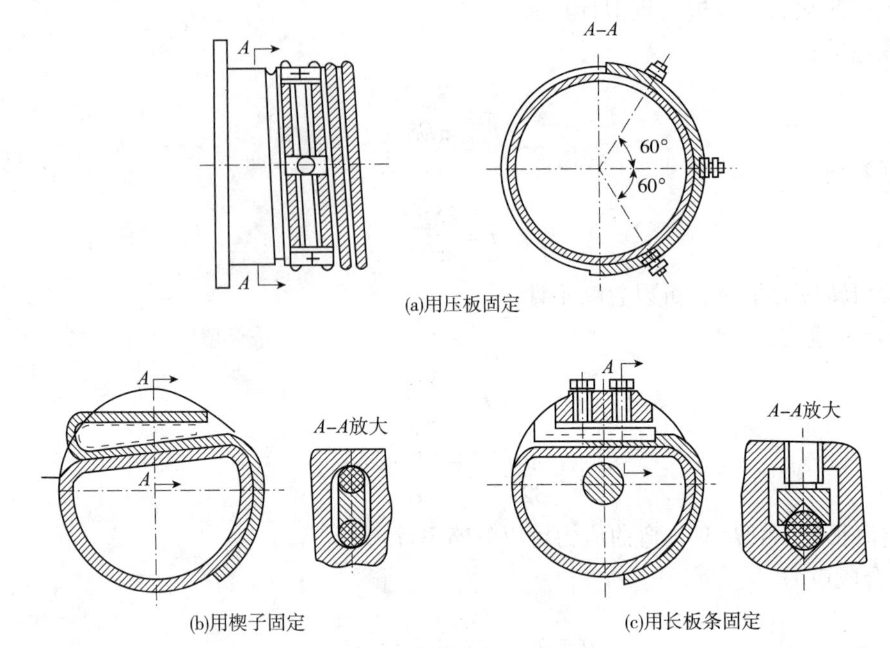

图 8-53　钢丝绳在卷筒上的固定方法

②每个压板的夹持力

圆形压板槽

$$S_1=2\mu P$$

梯形压板槽

$$S_1=(\mu+\mu_1)P$$

$$\mu_1=\frac{\mu}{\sin\beta}$$

小　　结

本章介绍了带传动的类型、特点、应用以及带轮的结构和张紧装置等基本知识。通过对带传动的受力分析和应力分析，得出带传动的失效形式和设计准则，阐述了带传动的设计方法。对比分析弹性滑动和打滑现象，同时分析了注意参数对带传动效能的影响。链传动是利用中间挠性链条和链轮的啮合进行传动，具有带传动和齿轮传动的优点，但缺点是瞬时传动比变化大。链的节距越大，链轮齿数越少，则链速的不均匀及附加的动载荷就越大；在设计链传动时，应尽可能选用较小的节距和齿数较多的链轮。链传动的主要参数的选择，链传动的使用寿命和运转的平稳性。有关链轮结构、材料、链传动的布置和润滑等，都是围绕上述各方面的情况综合考虑。通过钢丝绳的介绍，得到了钢丝绳的特点、用途、构造、分类、受力分析、选择、使用等知识。

习 题

8-1 试说明 V 带传动的优缺点。

8-2 带传动中的弹性滑动和打滑是怎么产生的？它们对带传动有何影响？

8-3 带传动中主要失效形式是什么？设计中怎么考虑。

8-4 一带式输送机传动装置采用 3 根 B 型 V 带传动，已知主动轮转速 $n_1=1450\text{r/min}$，从动轮转速 $n_2=600\text{r/min}$，主动轮基准直径 $d_{d1}=180\text{mm}$，中心距 $a\approx900\text{mm}$。试求带能传递的最大功率。为了使结构紧凑，将主动轮基准直径改为 $d_{d1}=125\text{mm}$，$a\approx400\text{mm}$。试问带所能传递的功率比原设计降低多少？

8-5 题 8-5 图所示的两级减速装置方案(电动机滚子链传动 V 带传动传送带)是否合理？为什么？

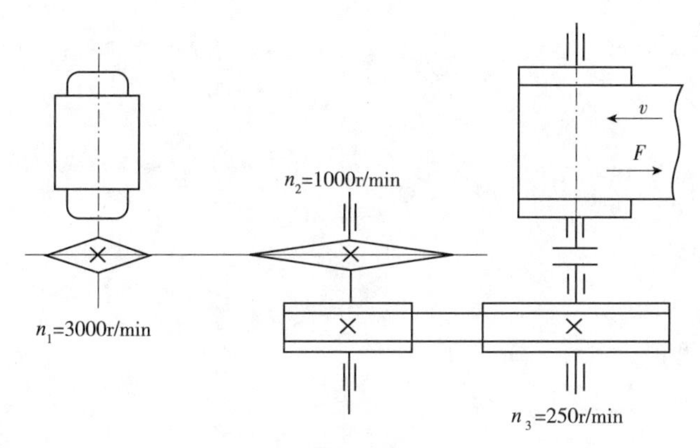

题 8-5 图

8-6 试设计一带式输送机中的 V 带传动。已知电动机功率 $P=7\text{kW}$，$n_1=1450\text{r/min}$，带传动输出轴转速 $n_2=400\text{r/min}$(转速允许误差 ±5%)，两班制工作，载荷稳定。

8-7 试设计一立式铣床主传动中的 V 带传动。已知电动机功率 $P=4.5\text{kW}$，转速$n_1=1450\text{r/min}$，进入变速箱的转速 $n_2=480\text{r/min}$，由于结构限制，要求带传动的中心距在 480 ~ 550mm 之间，两班制工作。

8-8 链传动的主要失效形式有几种？设计链传动时应该考虑哪一种失效形式？

8-9 选择链传动主要参数(i, z_1, p, a)时，各应考虑哪些因素的影响？

8-10 已知滚子链传动所传递的功率 $P=20\text{kW}$，$n_1=200\text{r/min}$，传动比 $i=3$，链轮中心距 $a=3\text{m}$，水平安装，载荷平稳，试设计此链传动。

8-11 有一摇绞车，起重量 $W=19\text{kN}$，准备采用 6×(19)钢丝绳，试问钢丝绳直径需多大？

8-12 试求题 8-12 图为简单滑轮组的倍率和效率。如物品重量 $W=10\text{kN}$，自由端驱动力 F 需多大？

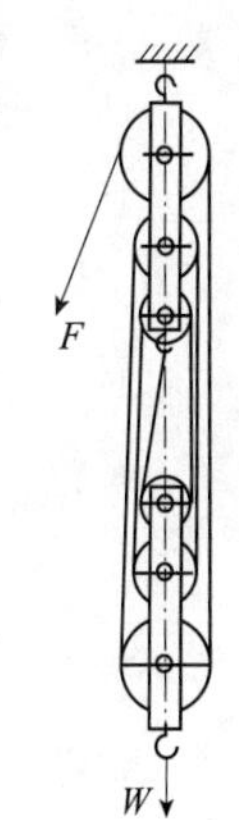

题 8-12 图

8-13 卷筒的外形尺寸如何确定？

第9章　齿轮传动

本章提要

本章介绍了齿轮的失效形式及计算准则，齿轮材料及热处理，齿轮传动的精度，直齿圆柱齿轮传动的受力分析及计算载荷，直齿圆柱齿轮传动的强度计算，直齿圆柱齿轮传动设计计算准则及主要设计参数的选择，斜齿圆柱齿轮传动，斜齿圆柱齿轮传动的受力分析及强度计算，直齿锥齿轮传动，齿轮结构，齿轮传动装置的维护与修复；重点介绍了直齿圆柱齿轮传动的强度计算。

本章介绍了齿轮传动设计计算的重要性，提出齿轮传动的类型和基本要求、啮合特点、选型、材料及热处理方法，从齿轮传动的失效形式引出强度的设计准则和计算方法。重点介绍直齿齿面接触的疲劳强度、轮齿弯曲疲劳强度、许用应力计算等。

9.1 齿轮的失效形式及计算准则

9.1.1 齿轮的失效形式

齿轮的失效主要是指轮齿的失效，常见的失效形式有轮齿折断、齿面点蚀、齿面胶合、齿面磨损和轮齿塑性变形。

(1)轮齿折断

轮齿折断一般发生在齿根部分，因为齿轮工作时轮齿可视为悬臂梁，齿根弯曲应力最大，而且有应力集中。轮齿根部受到脉动循环(单侧工作时)或对称循环(双侧工作时)的弯曲变应力作用而产生的疲劳裂纹，随着应力的循环次数的增加，疲劳裂纹逐步扩展，最后导致轮齿的疲劳折断，如图 9-1(a)所示。偶然的严重过载或大的冲击载荷，也会引起轮齿的突然脆性折断。轮齿折断是齿轮传动中最严重的失效形式，必须避免。

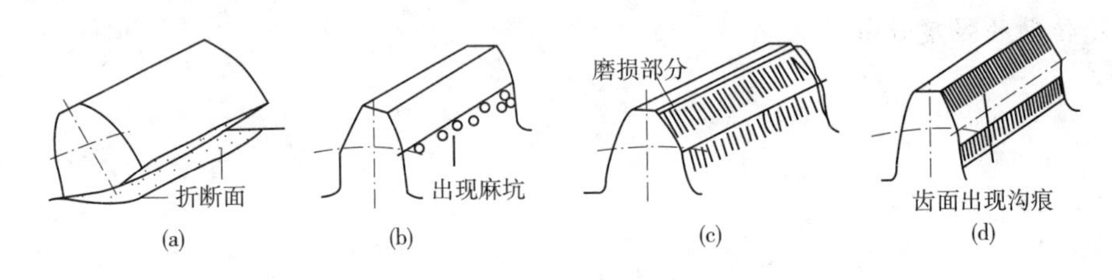

图 9-1 齿轮的失效形式

(2)齿面的点蚀

齿轮传动工作时，相当于对轴线平行圆柱滚子的接触，齿面受到脉动循环的接触应力作用，使得轮齿表层材料起初出现微小的疲劳裂纹，然后裂纹扩展，最后致使齿面表层的金属微粒剥落，形成齿面麻点，如图 9-1(b)所示，这种现象称为齿面点蚀。随着点蚀的发展，这些小的点蚀坑会连成一片，形成明显的齿面损伤。点蚀通常发生在轮齿靠近节线的齿根面上，发生点蚀后，齿廓形状被破坏，齿轮在啮合过程中会产生强烈振动，以至于齿轮不能正常工作而使传动失效。齿面抗点蚀能力与齿面硬度有关，齿面越硬抗点蚀能力越强。对于开式齿轮传动，因其齿面磨损的速度较快，当齿面还没有形成疲劳裂纹时，表层材料已被磨掉，故通常见不到点蚀现象。因此，齿面点蚀一般发生在软齿面闭式齿轮传动中。

(3)齿面磨损

在齿轮传动中，当轮齿的工作齿面间落入砂粒、铁屑等磨料性杂质时，齿面将产生磨粒磨损。齿面磨损严重时，使轮齿失去了正确的齿廓形状，如图 9-1(c)所示，从而引起冲击、振动和噪声，甚至因轮齿变薄而发生断齿。齿面磨损是开式齿轮传动的主要失效形式。

(4)齿面胶合

在高速、重载的齿轮传动中，因为压力大、齿面相对滑动速度大及瞬时温度高，而使相啮合的齿面间的油膜发生破坏，产生粘焊现象；而随着两齿面的相对滑动，粘着的地方又被撕开，以至在齿面上留下犁沟状伤痕，这种现象称为齿面胶合，如图9-1(d)所示。在低速、重载的齿轮传动中，因润滑效果差、压力大而使相啮合的齿面间的油膜发生破坏，也会产生胶合现象。

齿面胶合通常出现在齿面相对滑动速度较大的齿根部位。齿面发生胶合后，也会使轮齿失去正确的齿廓形状，从而引起冲击、振动和噪声并导致失效。

(5)轮齿塑性变形

如图9-2所示，由于轮齿齿面间过大的压应力以及相对滑动和摩擦造成两齿面间的相互碾压，以致齿面材料因屈服而产生沿摩擦力方向的塑性流动，甚至齿体也发生塑性变形。这种现象称为轮齿的塑性变形。轮齿塑性变形常发生在重载或频繁启动的软齿面齿轮上。

轮齿的塑性变形破坏了轮齿的正确啮合位置和齿廓形状，使传动失效。

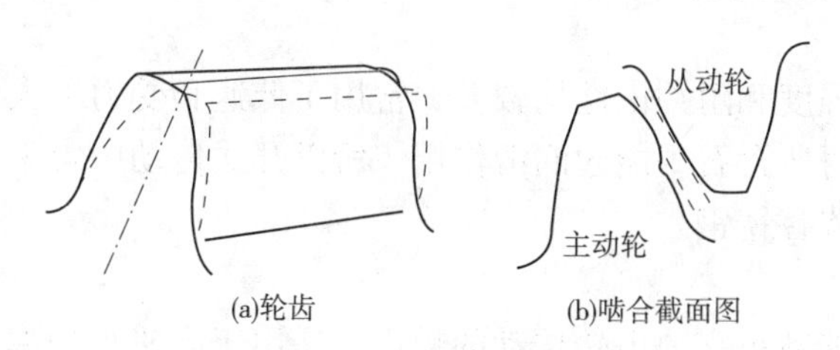

图9-2 轮齿的塑性变形

9.1.2 齿轮传动的设计计算准则

软齿面(HBS≤350)闭式齿轮传动，一般以齿面点蚀而失效。故通常先按齿面接触疲劳强度设计几何尺寸，然后用弯曲疲劳强度验算其承载能力；硬齿面(>350HBS)闭式齿轮传动一般以齿根折断而失效。故通常先按齿根弯曲疲劳强度设计几何尺寸，然后用齿面接触疲劳强度验算其承载能力；对于开式齿轮传动一般以齿根折断和齿面磨损而失效。但目前尚无完善的磨损计算方法，故仅以齿根弯曲疲劳强度设计几何尺寸或验算其承载能力，并在设计计算时用适当将 m 加大10%~15%模数的办法来考虑磨损因素的影响，不需要进行接触强度验算。

9.2 齿轮材料及热处理

9.2.1 齿轮材料

制造齿轮常用材料主要是锻钢和铸钢，其次是铸铁，特殊情况可用有色金属和非金属材料。

(1)锻钢

钢材经锻造镦粗后，改善了材料的内部纤维组织，其强度较直接采用轧制钢材为好。所以，重要齿轮都采用锻钢。从齿面硬度和制造工艺来分，可把钢制齿轮分为软齿面(齿面硬度 HBS≤350）和硬齿面（齿面硬度 >350HBS）两类。

软齿面轮齿是热处理（调质或正火）以后进行精加工（切削加工），因此其齿面硬度就受到限制，通常硬度在180～280HBS之间。一对齿轮中，小齿轮的齿面硬度最好比大齿轮的硬度高25～50HBS。软齿面齿轮由于硬度较低，所以承载能力也不高，但易于啮合，这类齿轮制造工艺较简单，适用于一般机械中。

硬齿面轮齿是在精加工后进行最终热处理的，其热处理方法常为渗碳淬火、表面淬火等。通常硬度为40～60HRC。最终热处理后，轮齿不可避免地会产生变形，因此，可用磨削或研磨的方法加以消除。硬齿面齿轮承载能力大、精度高，但制造工艺复杂，一般用于高速重载及结构要求紧凑的机械中，如机床、运输机械、煤矿机械中齿轮多为硬齿面齿轮。

（2）铸钢

当齿轮直径大于500mm时，轮坯不宜锻造，可采用铸钢。铸钢轮坯在切削加工以前，一般要进行正火处理，以消除铸件残余应力和硬度的不均匀，以便切削。

（3）铸铁

铸铁齿轮的抗弯强度和耐冲击性均较差，常用于低速和受力不大的地方。在润滑不足的情况下，灰铸铁本身所含石墨能起润滑作用，所以开式传动中常采用铸铁齿轮。在闭式传动中可用球墨铸铁代替铸钢。

（4）非金属材料

尼龙或塑料齿轮能减小高速齿轮传动的噪声，适用于高速小功率及精度要求不高的齿轮传动。

9.2.2 齿轮的热处理

齿轮常用的热处理方法有下列几种：

（1）表面淬火

表面淬火常用于中碳钢或中碳合金钢，如45钢、40Cr钢等。淬火后表面硬度可达HRC45～50，芯部较软，有较高的韧性，齿面接触强度高、耐磨性好。一般用于受中等冲击载荷的重要齿轮传动。

（2）渗碳淬火

渗碳淬火常用的材料为低碳钢或低碳合金钢，如20钢、20Cr、20CrMnTi等合金钢。渗碳淬火后表面硬度可达HRC56～62，芯部仍保持有较高的韧性。齿面接触强度高、耐磨性好。一般用于受冲击载荷的重要齿轮传动。

（3）氮化

氮化是一种化学热处理。氮化后表面硬度高（>65HRC），变形小，适用于难以磨齿的场合，为内齿轮等，常用材料为38CrMoAlA等。

（4）调质

调质常用于中碳钢和中碳合金钢，如45钢、40Cr钢等。调质处理后齿面硬度一般为200～280HBS。因硬度不高，故可在热处理后进行精加工。一般用于批量小、对传动尺寸没有严格限制的齿轮传动。

(5)正火

正火处理能消除内应力，提高强度与韧性，改善切削性能。机械强度要求不高的齿轮传动可用中碳钢正火处理或铸钢正火处理。正火处理后齿面硬度一般为160 ~220HBS。

9.3 齿轮传动的精度

9.3.1 选择齿轮精度的基本要求

在 GB 10095—2008 中，对渐开线圆柱齿轮规定了 12 个精度等级，第 1 级精度最高，第 12 级最低。齿轮精度等级主要根据传动的传递功率、圆周速度、使用条件以及其他经济、技术要求决定。6 级是高精度等级，用于高速、分度等要求高的齿轮传动，一般机械中常用 7 ~8 级，对精度要求不高的低速齿轮可使用 9 ~12 级。

齿轮每个精度等级的公差根据对运动准确性、传动平稳性和载荷分布均匀性等三方面要求，划分成三个公差组，即第 I 公差组、第 II 公差组、第 III 公差组。在一般情况下，可选三个公差组为同一精度等级，但也容许根据使用要求的不同，选择不同精度等级的公差组组合。

齿轮传动的侧隙是指一对齿轮在啮合传动中，工作齿廓相互接触时，在两基圆柱的内公切面上，两个非工作齿廓之间的最小距离。规定侧隙，可避免因制造、安装误差以及热膨胀或承载变形等原因而导致轮齿卡住。合适的侧隙可通过适当的齿厚极限偏差和选择齿轮传动的精度应考虑以下四个方面要求。

①传递运动准确性要求；

②工作平稳性要求；

③载荷分布均匀性要求；

④齿侧间隙要求。

9.3.2 “渐开线圆柱齿轮精度”国家标准简介

齿轮和齿轮传动有 12 个精度等级。精度由高到低的顺序依次用数字 1，2，3，…，12 表示。在齿轮传动中两个齿轮的精度等级一般相同，也允许用不同的精度等级组合。此外，在标准中按照误差的特性及它们对传动性能的主要影响，将齿轮的各项公差分成三个组别，分别称公差组 Ⅰ、Ⅱ、Ⅲ。它们对传动性能的主要影响分别为：Ⅰ传递运动的准确性；Ⅱ传动的平稳性；Ⅲ载荷分布的均匀性。

齿轮的精度等级应根据传动的用途、使用条件、传递功率、圆周速度及经济技术指标等决定。另外，根据使用要求不同，允许各公差组选用相同的或不同的精度等级。常用的精度等级是 5、6、7、8 级。这几级精度齿轮传动的应用范围见表 9-1 所列。

齿轮传动的间隙要求需选择适当的齿厚极限偏差和中心距极限偏差来保证。标准中规定了 14 种齿厚偏差，按偏差数值由小到大的顺序依次用字母 C、D、E、…、S 表示。

表 9-1　常用圆柱齿轮传动的精度等级及其应用范围

精度等级	圆周速度/(m/s)		应用范围	效　率
	直　齿	斜　齿		
5 级	>15	>30	精密的分度机构用齿轮；用于高速、并对传动平稳性和噪声有较高要求的齿轮；高速汽轮机用齿轮；8 级或 9 级精度齿轮的标准齿轮	99%
6 级	≤15	≤30	用于在高速下平稳地回转、并要求有最高的效率和低噪声的齿轮；分度机构用齿轮；特别重要的飞机齿轮	99%
7 级	≤10	≤20	用于在高速、载荷小或反转的齿轮；机床的进给齿轮；中速减速齿轮；飞机用齿轮	99%
8 级	≤6	≤12	对精度没有特别要求的一般机械用齿轮；机床齿轮(分度机构除外)；普通减速箱齿轮；特别不重要的飞机、汽车、拖拉机用齿轮	99%

在齿轮零件工作图上应标注齿轮精度等级和齿厚极限偏差的字母代号。

9.4　直齿圆柱齿轮传动的受力分析及计算载荷

9.4.1　受力分析

为了计算齿轮强度，首先要确定作用在轮齿上的力。

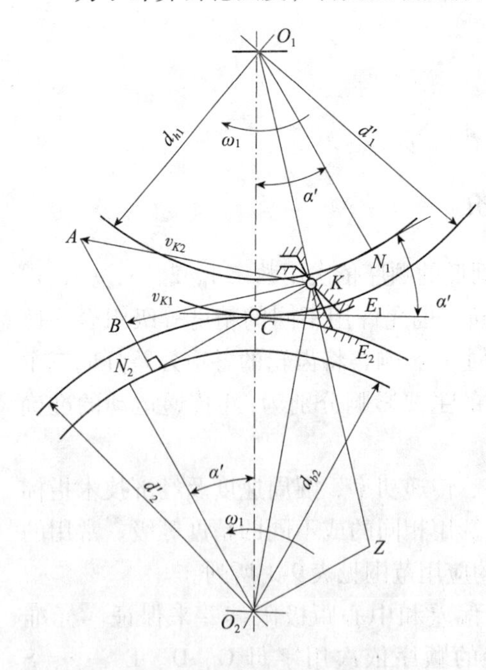

图 9-3　直齿圆柱齿轮传动

齿轮传动一般加以润滑，啮合轮齿间摩擦力通常很小，计算轮齿受力时，一般不考虑摩擦力的影响。

图 9-3 所示为一对直齿圆柱齿轮传动，略去齿面间摩擦力，则在啮合平面内的总压力就是法向力 F_n。F_n 向与啮合线重合，可分解为切向力 F_t、径向力 F_r 两个分力。

$$\left.\begin{aligned} F_t &= \frac{2000T_1}{d_1} \ (\mathrm{N}) \\ F_r &= F_t \cdot \tan\alpha \ (\mathrm{N}) \\ F_n &= \frac{F_t}{\cos\alpha} \ (\mathrm{N}) \end{aligned}\right\} \tag{9-1}$$

$$T_1 = 9550\,\frac{P}{n_1} \quad (\mathrm{N \cdot m}) \tag{9-2}$$

式中，T_1 为小齿轮上的转矩；P 为所传递的功率，kW；n_1 为小齿轮的转速，r/min；d_1 为小齿轮的分度圆直径，mm；α 为压力角。

9.4.2　计算载荷

以上分析所求得的载荷 F_t 称为名义载荷。实际上齿轮传动在工作过程中要受到工作情况、速度波动、同时啮合的轮齿对数及载荷沿齿长线方向分布情况等因素的影响。为此，应将名义载荷用一系列系数 K 进行修正，使其接近实际载荷 F_{tc}。在齿轮强度计算时，考虑上述影响因素，用计算载荷代替名义载荷 E(切向力)，即

$$\left.\begin{aligned} F_{tc} &= KF_t \\ K &= K_A K_V K_\alpha K_\beta \end{aligned}\right\} \tag{9-3}$$

(1)使用系数 K_A

见表9-2所列。

表9-2　使用系数 K_A

工　作　机	原　动　机		
	均匀平稳（如电动机、汽轮机）	轻微振动（如多缸内燃机）	中等振动（如单缸内燃机）
均匀平稳（如发电机、带式传动机、板式传动机、螺旋输送机、轻型升降机、电葫芦、机床进给机构、通风机、透平鼓风机、透平压缩机、均匀密度材料搅拌机）	1.00	1.25	1.50
中等振动（如机床主传动、重型升降机、起重机回转机构、矿山通风机、非均匀密度材料搅拌机、多缸柱塞泵、进料泵）	1.25	1.50	1.75
严重冲击（如冲床、剪床、橡胶压轧机、轧机、挖掘机、重型离心机、重型进料泵、旋转钻机、压坯机、挖泥机）	≥1.75	≥2.00	≥2.25

(2)动载系数 K_V

如图9-4所示。

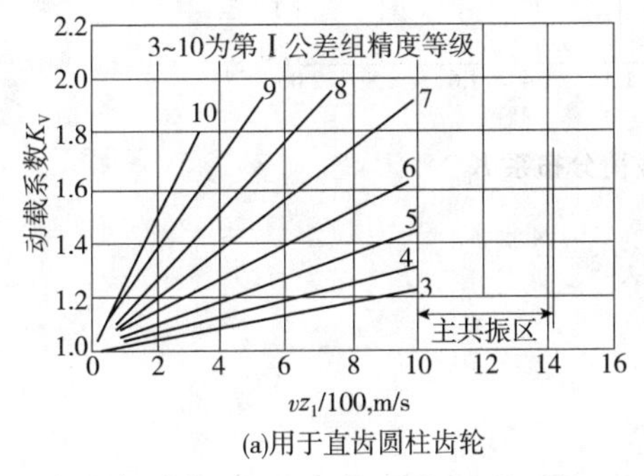

(a)用于直齿圆柱齿轮

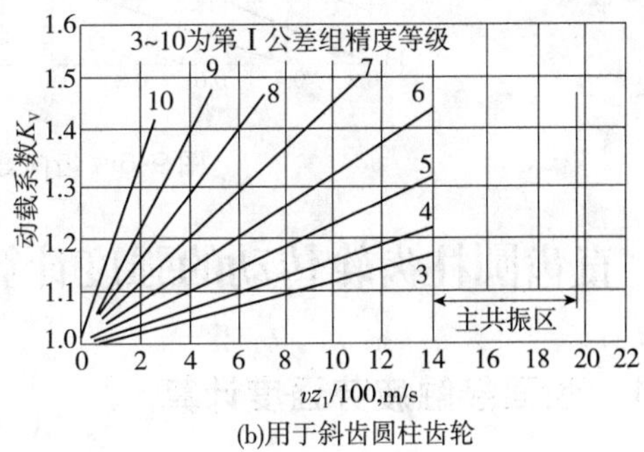

(b)用于斜齿圆柱齿轮

图9-4　动载系数 K_V

(3)齿间载荷分配系数 K_a

考虑同时啮合的各对齿轮间载荷分配不均匀而引入的系数，其值由图9-5查取。图中为重合度 ε_γ，对于直齿圆柱齿轮传动，$\varepsilon_\gamma = \varepsilon_a$，$\varepsilon_a$ 为端面重合度。

标准圆柱齿轮传动的 ε_a 可近似由下式计算：

$$\varepsilon_a = \left[1.88 - 3.2\left(\frac{1}{z_1} \pm \frac{1}{z_2}\right)\right]\cos\beta \tag{9-4}$$

式中，“+”号用于外啮合，“-”号用于内啮合。若为直齿圆柱齿轮传动，则$\beta = 0$。

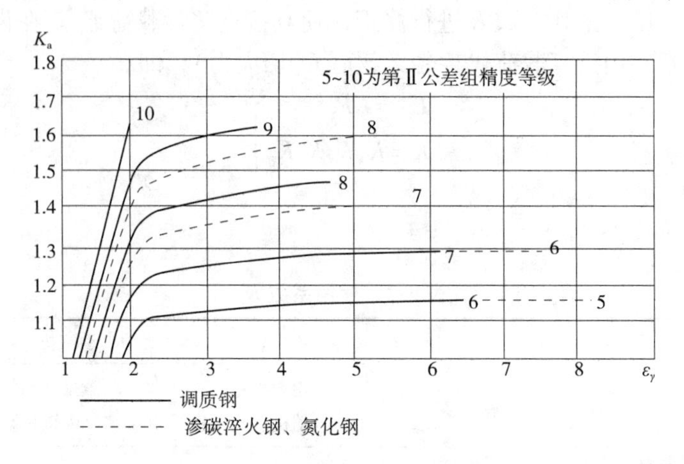

图 9-5　齿间载荷分配系数 K_a

(4)齿向载荷分布系 K_β

因考虑载荷沿齿宽方向分布不均匀而引入的系数(图 9-6)。

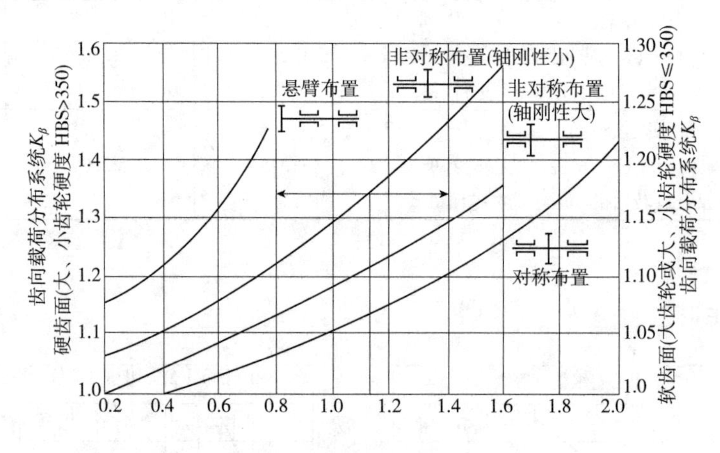

图 9-6　齿向载荷分布系 K_β

9.5　直齿圆柱齿轮传动的强度计算

9.5.1　齿面接触疲劳强度计算

轮齿表面的点蚀与齿面接触应力的大小有关，而齿面点蚀又多发生在节点附近。为了计算方便，通常取节点处接触应力为计算依据，可得齿面接触疲劳强度验算用公式：

$$\sigma_H \geqslant Z_E Z_H Z_\varepsilon \sqrt{\frac{2KT_1}{bd_1^2} \cdot \frac{u \pm 1}{u}} \leqslant [\sigma_H] \quad (\text{MPa}) \tag{9-5}$$

式中，Z_E 为弹性系数，按齿轮材料表9-3查取；Z_H 为节点区域系数，可根据图9-7查取；Z_ε 为重合度系数；“+”号用于外啮合，“-”号用于内啮合。引入齿宽系数$\varphi_d=\frac{b}{d_1}$，则由式(9-5)可得齿面接触疲劳强度设计用公式

$$d_1 \geqslant \sqrt[3]{\frac{2KT_1}{\varphi_d}\cdot\frac{u\pm1}{u}\left(\frac{Z_E Z_H Z_\varepsilon}{[\sigma_H]}\right)^2}\quad(\text{mm}) \tag{9-6}$$

齿轮传动的接触疲劳强度取决于齿轮的直径或中心距。

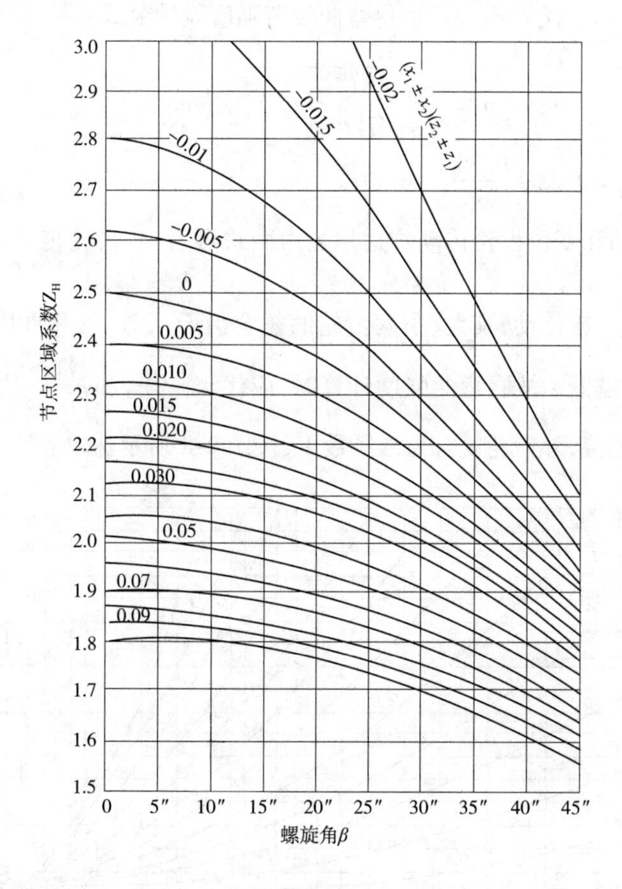

图9-7　节点区域系数 Z_H ($\alpha=20°$)

表9-3　材料弹性系数 Z_E

小齿轮材料	大齿轮材料			
	钢	铸钢	球墨铸铁	灰铸铁
钢	189.8	188.9	181.4	162.0
铸铁	—	188.0	180.5	161.4
球墨铸铁	—	—	173.9	156.6
灰铸铁	—	—	—	143.7

9.5.2 轮齿弯曲疲劳强度计算

为了防止轮齿因弯曲疲劳而折断,应保证轮齿具有足够的弯曲疲劳强度。为简化计算,通常假设全部载荷作用在只有一对轮齿啮合时的齿顶,并把轮齿看作是悬臂梁,则轮齿根部为危险截面,应用材料力学方法,可得齿根弯曲疲劳强度校核公式:

$$\sigma_F = \frac{2KT_1}{bd_1 m} Y_{FS} Y_\varepsilon \leqslant [\sigma_F] \quad (\text{MPa}) \tag{9-7}$$

将 $\varphi_d = \frac{b}{d_1}, d_1 = mZ_1$ 代入式(9-7),得弯曲疲劳强度设计公式:

$$m \geqslant \sqrt[3]{\frac{2KT_1}{\varphi_d Z_1^2 [\sigma_F]} Y_{FS} Y_\varepsilon} \quad (\text{mm}) \tag{9-8}$$

式中,重合度系数 $Y_\varepsilon = 0.25 + \frac{0.75}{\varepsilon_a}$。 (9-9)

对标准齿轮传动和变位齿轮传动均适用。由两式可看出:齿轮传动的齿根弯曲疲劳强度取决于齿轮模数。

应该注意:一对齿轮传动,其大、小两齿轮的复合齿形系数 Y_{FS} 和许用弯曲应力 $[\sigma_F]$ 越小,轮齿的弯曲强度越低。故在弯曲强度计算时,应代入 $\frac{Y_{FS1}}{[\sigma_{F1}]}$ 和 $\frac{Y_{FS2}}{[\sigma_{F2}]}$ 比值中较大者,算得的模数应圆整成标准值,外齿轮复合齿形系数 Y_{FS} 按图 9-8 所示选取。

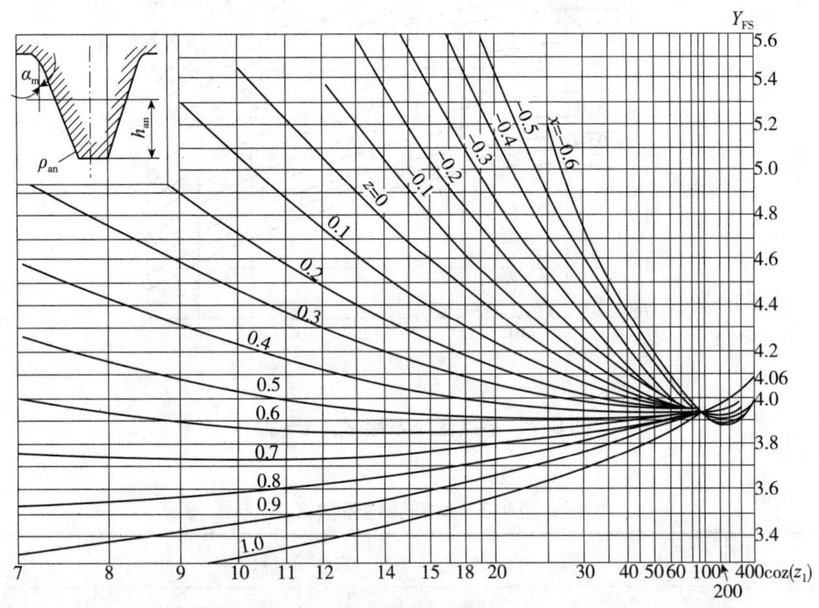

图 9-8 外齿轮复合齿形系数 Y_{FS}

9.5.3 许用应力

(1)许用接触应力 $[\sigma_H]$ 按下式计算:

$$[\sigma_H] = \frac{\sigma_{H,\lim}}{S_H} \quad (\text{MPa}) \tag{9-10}$$

式中，$\sigma_{H,lim}$ 为失效概率为1%时，试验齿轮的接触疲劳极限，其值从图9-9中查取；S_H 为齿面接触疲劳强度最小安全系数，从表9-4中查取。Z_N 为接触疲劳应力计算的寿命系数，按应力循环系数 N 由图9-10查取。

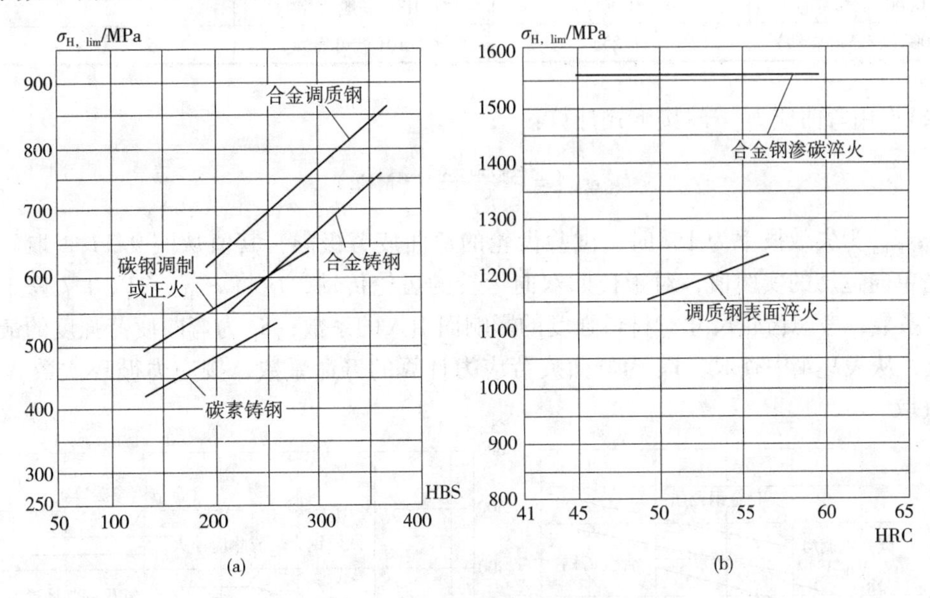

图9-9 齿轮的接触疲劳极限 $\sigma_{H,lim}$

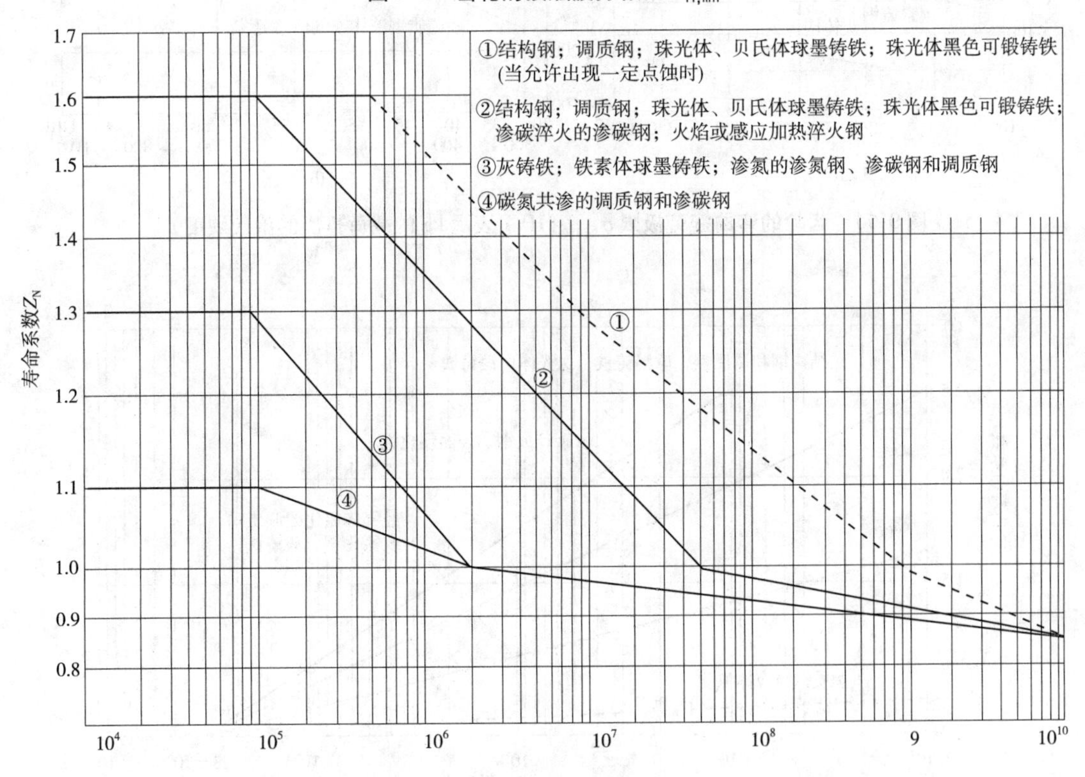

图9-10 接触疲劳寿命系数 Z_N

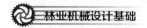

表 9-4 最小安全系数 S_H、S_F

失效概率（按使用要求提出）	S_H、S_F	失效概率（按使用要求提出）	S_H、S_F
≤1/10000（高可靠性）	1.5	≤1/100（一般可靠性）	1
≤1/1000（较高可靠性）	1.25	≤1/10（低可靠性）	0.85

（2）许用弯曲应力$[\sigma_F]$按下式计算：

$$[\sigma_F]=\frac{\sigma_{F,\lim}Y_X}{S_F}\quad(\text{MPa})\tag{9-11}$$

式中，$\sigma_{F,\lim}$为失效概率为1%时，试验齿轮的弯曲疲劳极限，其值从图9-11查取。图中$\sigma_{F,\lim}$是单向运转的实验值，对于长期双向运转的齿轮传动，应将$\sigma_{F,\lim}$乘以0.7修正；Y_X为尺寸系数，考虑齿轮尺寸对材料强度的影响而引入的系数；S_F为弯曲疲劳强度的最小安全系数，从表9-4中查取。Y_N为弯曲疲劳应力计算的寿命系数，按应力循环次数N由图9-12查取。

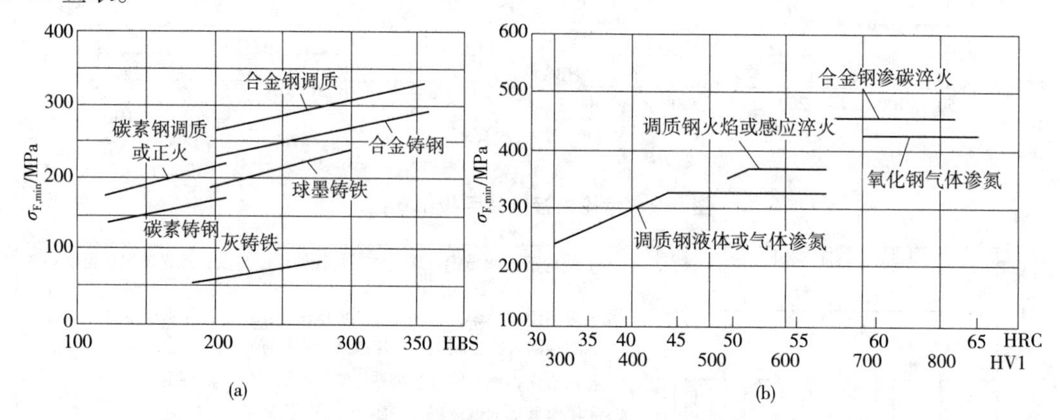

图 9-11 齿轮的弯曲疲劳极限$\sigma_{F,\min}$（HV1 表示 kg 的载荷打出的维氏硬度）

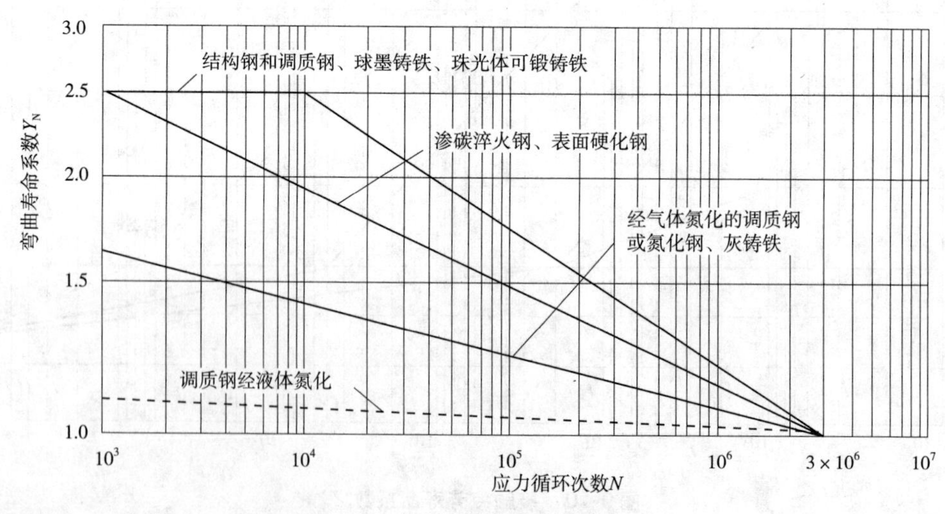

图 9-12 弯曲接触疲劳寿命系数 Y_N

9.6 直齿圆柱齿轮传动设计的计算准则及主要设计参数的选择

9.6.1 设计计算准则

(1)闭式传动

对软齿面(配对齿轮或其中一个齿轮的齿面硬度为 HBS≤350)的闭式齿轮传动，通常主要失效形式是齿面疲劳点蚀，其次是轮齿折断。因而先按齿面接触疲劳强度条件进行设计，求出齿轮直径和齿宽后，确定齿数与模数，然后校核齿根弯曲疲劳强度；硬齿面(配对齿轮的齿面硬度均为 HBS >350)的闭式齿轮传动，通常主要失效形式是轮齿折断，其次是齿面疲劳点蚀。因而先按齿根弯曲疲劳强度条件进行设计，求出模数后，确定齿轮直径与中心。

(2)开式传动

对开式传动齿轮来说，主要失效形式是齿面磨损和轮齿折断，目前尚无可靠和通用的计算方法。一般仍按齿根弯曲疲劳强度条件进行设计，求出模数。并考虑磨损影响，把求得的模数加大10% ~15%。

9.6.2 主要设计参数的选择

(1)精度等级

齿轮精度等级的高低，直接影响着内部动载荷、齿间载荷分配与齿向载荷分布及润滑油膜的形成，并影响齿轮传动的振动与噪声。提高齿轮的加工精度，可以有效地减少振动及噪声，但制造成本大为提高。一般按工作机的要求和齿轮的圆周速度确定精度等级。表 9-3列出了齿轮的圆周速度与精度等级的关系及应用举例。

(2)齿数 Z_1 和模数 m

软齿面闭式传动的承载能力主要取决于齿面接触疲劳强度。故齿数宜选多些，模数宜选小一些。从而提高传动的平稳性并减少轮齿的加工量。推荐取 $Z_1 \geq 24 \sim 40$。

硬齿面闭式传动及开式传动的承载能力主要取决于齿根弯曲疲劳强度。模数宜选大些，齿数宜选少些。从而控制齿轮传动尺寸不必要的增加。推荐取 $Z_1 = 17 \sim 24$。

传递动力的齿轮，模数不应小于 2mm。

(3)齿宽系数 ψ_d 和齿宽 b

由齿轮的强度计算公式可知，轮齿越宽，承载能力越高，故轮齿不宜过窄，但增大齿宽又会使齿面上的载荷分布更趋不均匀，因此齿宽系数应取得适当。圆柱齿轮的齿宽系数 ψ_d的荐用值从表 9-5 选取。

圆柱齿轮的计算齿宽 $b = \psi_d d$，并加以圆整。为防止两齿轮因装配引起的轴向错位而导致啮合齿宽减小，常取 $b_2 = \psi_d d_1$，而 $b_1 = b_2 + (5 \sim 10)$，单位：mm。

表 9-5 圆柱齿轮的齿宽系数 ψ_d

齿轮相对于轴承位置	对称布置	非对称布置	悬臂布置
ψ_d	0.9 ~ 1.4	0.7 ~ 1.15	0.4 ~ 0.6

(4)齿数比 u

一对齿轮传动的齿数比 u,不宜选择过大,否则大、小齿轮的尺寸相差悬殊,增大了传动装置的结构尺寸。一般对于直齿圆柱齿轮传动 $u \leqslant 5$;斜齿圆柱齿轮传动 $u \leqslant 6 \sim 7$。当传动比$\left(i=\frac{n_1}{n_2}=\frac{z_2}{z_1}\right)$较大时,可采用两级或多级齿轮传动。

对于开式传动或手动传动,必要时单级传动的 u 可取到 8 ~12。

【例 9-1】 试设计一单级减速器中的标准斜齿圆柱齿轮传动,已知主动轴由电动机直接驱动,功率 $P=10\text{kW}$,转速 $n_1=970\text{r/min}$,传动比 $i=4.6$,工作载荷有中等冲击。单向工作,单班制工作 10 年,每年按 300 天计算。

解 解题过程如表 9-6 所列:

表 9-6 解题过程

计 算 与 说 明	结 果
1. 选择精度等级 一般减速器速度不高,故齿轮用 8 级精度	8 级精度
2. 选材与热处理 减速器的外廓尺寸没有特殊限制,采用软齿面齿轮,大、小齿轮均用 45 钢,小齿轮调质处理,齿面硬度为 217 ~255HBS,大齿轮正火处理,齿面硬度为169 ~217HBS	小齿轮 45 钢调质 大齿轮 45 钢正火
3. 按齿面接触疲劳强度设计:$d_1 \geqslant \sqrt[3]{\left(\frac{650}{[\sigma_H]}\right)^2 \cdot \frac{KT_1}{\psi_d} \cdot \frac{u \pm 1}{u}}$ (1)载荷系数 K:取 $K=1.3$ (2)转矩:$T_1=9.55\times10^6\times\frac{P_1}{n_1}=9.55\times10^6\times\frac{10}{970}=98453.6\text{N}\cdot\text{mm}$ (3)接触疲劳许用应力:$[\sigma_H]=\frac{\sigma_{H,\lim}}{S_H}Z_N$ 按齿面硬度中间值查图 9-9 得$[\sigma_{H,\lim1}]=600\text{MPa}$,$[\sigma_{H,\lim2}]=550\text{MPa}$ 应力循环次数:$N_1=60njL_h=60\times970\times1\times10\times300\times8=1.39\times10^9$ $N_2=\frac{N_1}{i}=\frac{1.39\times10^9}{4.6}=3.036\times10^8$ 查图 9-10 得接触疲劳寿命系数 $Z_{N1}=1$、$Z_{N2}=1.08$;($N_0=10^9$,$N_1>N_0$) 按一般可靠性要求取 $S_H=1$,则$[\sigma_{H1}]=600\text{MPa}$;$[\sigma_{H2}]=\frac{500\times1.08}{1}=594\text{MPa}$ 查表 9-5 取 $\psi_d=1.1$;查表 9-3 得 $Z_E=189.8\text{MPa}$ (4)计算小齿轮分度圆直径:$d_1 \geqslant \sqrt[3]{\left(\frac{650}{[\sigma_H]}\right)^2 \frac{KT_1}{\psi_d}\frac{u\pm1}{u}}$ $=\sqrt[3]{\left(\frac{650}{594}\right)^2\times\frac{1.3\times98453.6}{1.1}\times\frac{4.6+1}{4.6}}=55.35\text{mm}$	$K=1.3$ $T_1=98453.6\text{N}\cdot\text{mm}$ $[\sigma_H]=594\text{MPa}$ 取 $d_1=60\text{mm}$
4. 确定主要参数: (1)齿数:取 $Z_1=20$,则 $Z_2=Z_1 i=20\times4.6=92$ (2)初选螺旋角:$\beta_0=15°$ (3)确定模数:$m_n=d_1\cos\beta_0/z_1=55.35\times\cos15°/20=2.67\text{mm}$ 取标准值 $m_n=2.75\text{mm}$	$Z_1=20$ $Z_2=92$ $m_n=2.75\text{mm}$

（续）

计 算 与 说 明	结 果
(4)计算中心距 a：$d_2=d_1 i=55.35\times4.6=254.61\text{mm}$ 初定中心距 $a_0=(d_1+d_2)/2=(55.35+254.61)/2=154.98\text{mm}$ 圆整取 $a=160\text{mm}$ (5)计算螺旋角 β：$\cos\beta=m_n(Z_1+Z_2)/2a=2.75\times(20+92)/(2\times160)=0.9625$ 则 $\beta=15°44'26''$，β 在 $8°\sim20°$ 的范围内，故合适 (6)计算主要尺寸： 分度圆直径：$d_1=m_n Z_1/\cos\beta=2.75\times20/0.9625=57.14\text{mm}$ $d_2=m_n Z_2/\cos\beta=2.75\times92/0.9625=262.86\text{mm}$ 齿宽：$b=\psi_d d_1=1.1\times57.14=62.85\text{mm}$ 取 $b_2=65\text{mm}$；$b_1=b_2+5\text{mm}=70\text{mm}$	$a=160\text{mm}$ $\beta=15°44'26''$ $d_1=57.14\text{mm}$ $d_2=262.86\text{mm}$ $b_2=65\text{mm}$ $b_1=70\text{mm}$
5. 验算圆周速度 v_1：$v_1=\pi n_1 d_1/(60\times1000)$ $=3.14\times970\times57.14/(60\times1000)=2.90\text{m/s}$，$v<6\text{m/s}$，故取8级精度合适	8级齿轮精度合适
6. 校核弯曲疲劳强度：$\sigma_F=\dfrac{1.6KT_1\cos\beta}{bm_n^2 Z_1}Y_{FS}$ (1)齿形系数 Y_{FS}：$Z_{v1}=Z_1/\cos3\beta=20/0.96253=22.4$ $Z_{v2}=Z_2/\cos3\beta=92/0.96253=103.2$ 由图9-8得 $Y_{FS1}=4.31$，$Y_{FS2}=3.93$ (2)弯曲疲劳许用应力按齿面硬度中间值由图9-10得 $\sigma_{F,\lim}=240\text{MPa}$，$\sigma_{F,\lim}=220\text{MPa}$ 由图9-12得 $Y_{N1}=1$，$Y_{N2}=1$；取 $S_F=1$，则 $[\sigma_{F1}]=240\text{MPa}$ $[\sigma_{F2}]=220\text{MPa}$ $\sigma_{F1}=\dfrac{1.6KT_1\cos\beta}{bm_n{}^2 Z_1}Y_{FS}$ $=\dfrac{1.6\times1.3\times98453.6\times0.9625}{65\times2.75^2\times20}\times4.31=86.41\text{MPa}\leqslant[\sigma_{F1}]$ $\sigma_{F2}=\sigma_{F1}Y_{FS2}/Y_{FS1}=78.79\text{MPa}\leqslant[\sigma_{F2}]$	$[\sigma_{F1}]=240\text{MPa}$ $[\sigma_{F2}]=220\text{MPa}$ 强度足够
7. 结构设计(略)	

9.7 斜齿圆柱齿轮传动

9.7.1 齿廓曲面的形成和啮合特点

前面研究的渐开线直齿圆柱齿轮的齿形，实际上只是齿轮的端面齿形，而齿廓曲面是按下述过程形成的：如图9-13(a)所示，当与基圆柱相切的发生面沿基圆柱做纯滚动时，发生面上与齿轮轴线相平行的直线 KK 所展成的渐开线，形成了直齿轮的齿廓曲面。斜齿轮的齿廓曲面形成与直齿轮的齿廓曲面形成相似，只是直线 KK 不再与齿轮的轴线平行，而与它成一交角 β_b[图9-13(b)]。当发生面沿基圆柱做纯滚动时，直线 KK 上各点展成的渐开线集合，形成了斜齿轮的渐开螺旋形齿廓曲面。角 β_b 称为基圆柱上的螺旋角。斜齿轮传动的一对轮齿啮合过程长、重合度大,且受力不具有突加性,故斜齿轮传动较直齿轮传动平稳,承载能力大。

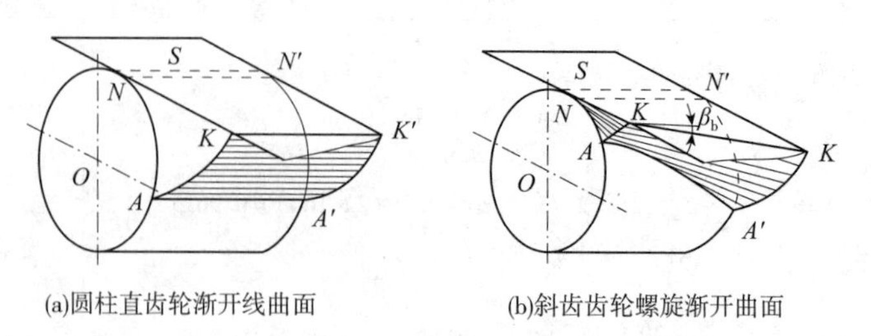

图 9-13　圆柱直齿轮、斜齿轮齿廓曲面的形成

9.7.2　斜齿圆柱齿轮的基本参数、正确啮合条件和几何尺寸计算

1. 螺旋角 β

β 是反映斜齿轮特征的一个重要参数,通常所说斜齿轮的螺旋角,如不特别注明,即指分度圆柱面上的螺旋角。β 大则重合度 ε 增大,对运动平稳和降低噪声有利,但工作时产生的轴向力 F_a 也增大。故 β 的大小,应视工作要求和加工精度而定,一般机械推荐 $\beta = 80 \sim 250$,而对于噪声有特殊要求的齿轮,β 还要大一些。如小轿车齿轮,可取 $\beta = 350 \sim 370$。

2. 端面参数和法面参数的关系

垂直于斜齿轮轴线的平面称为端面,与分度圆柱面上螺旋线垂直的平面称为法面。在进行斜齿轮几何尺寸计算时,应注意端面参数和法面参数之间的换算关系。

(1)齿距与模数

图 9-14 为斜齿圆柱齿轮分度圆柱面的展开图。设 P_n 为法向齿距,P_t 为端面齿距,m_n 为法向模数,m_t 为端面模数,从图 9-14 所示知它们的关系为

$$\left.\begin{aligned} p_n &= p_t \cos\beta \\ m_n &= m_t \cos\beta \end{aligned}\right\} \tag{9-12}$$

(2)压力角

图 9-15 所示为斜齿条的一个齿,其法面内(ade 平面)的压力角 α_n 称法面压力角,端面内(abe 平面)的压力角 α_t 称端面压力角。由图 9-15 可知,它们的关系为

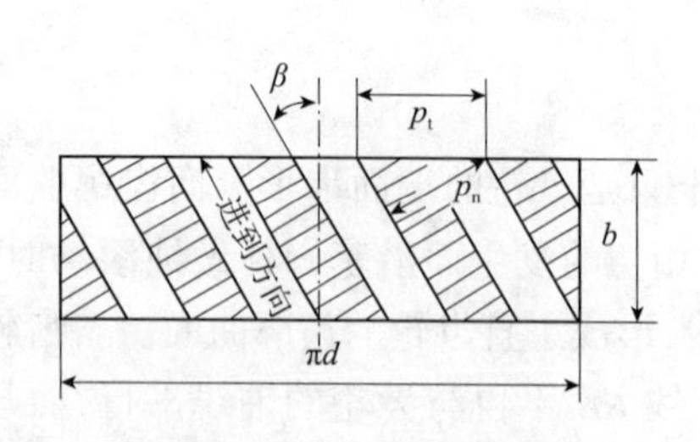

图 9-14　分度圆柱面展开图

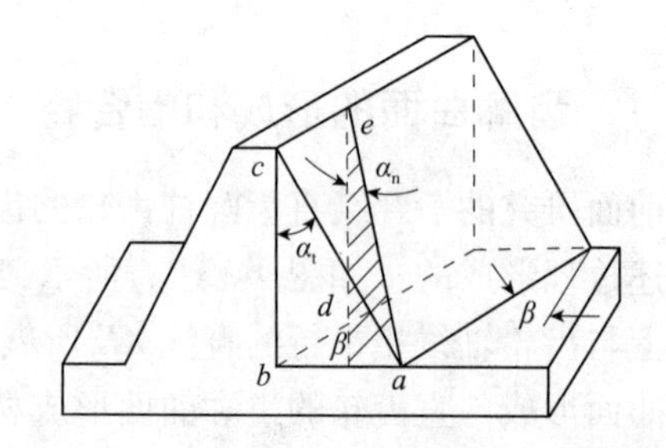

图 9-15　斜齿轮法面和端面压力角的关系

$$\tan\alpha_n = \tan\alpha_t \cos\beta \tag{9-13}$$

用成形铣刀或滚刀加工斜齿轮时，刀具的进刀方向垂直于斜齿轮的法面，故一般规定法面内的参数为标准参数。

(3)外啮合斜齿轮的正确啮合条件

该条件用下式表达：

$$\left.\begin{aligned} m_{n1} = m_{n2} = m_n \\ \alpha_{n1} = \alpha_{n2} = \alpha_n \\ \beta_1 = -\beta_2 \end{aligned}\right\} \tag{9-14}$$

式中，$\beta_1 = -\beta_2$ 表示两斜齿轮螺旋角大小相等，旋向相反，如图 9-16 所示。

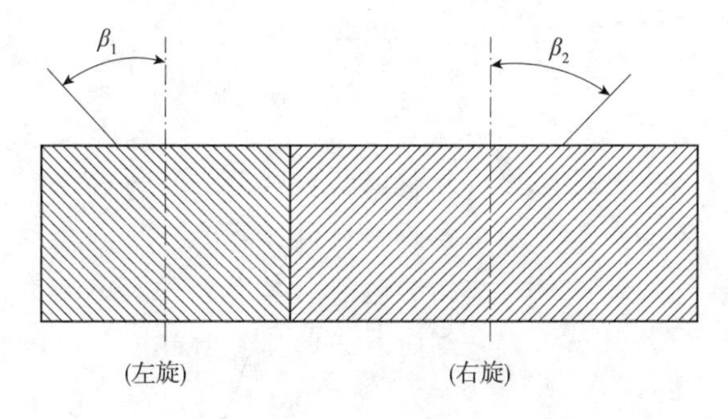

图 9-16　左、右旋斜齿轮啮合

(4)几何尺寸计算

因一对斜齿圆柱齿轮传动在端平面上相当于一对直齿圆柱齿轮传动，故可将直齿圆柱齿轮的几何尺寸计算公式用于斜齿轮的端面，其计算公式列于表 9-7 中。

表 9-7　外啮合标准斜齿圆柱齿轮的几何计算

名　称	代　号	计 算 公 式	备　注
端面模数	m_t	$m_t = \dfrac{m_n}{\cos\beta}$($m_t$ 为法面模数)	m_n 由强度计算决定，并为标准值
端面压力角	α_t	$\alpha_t = \arctan\dfrac{\tan\alpha_n}{\cos\beta}$	α_n 为标准值
螺旋角	β	一般取 $\beta = 8° \sim 25°$	
分度圆直径	d_1, d_2	$d_1 = m_t Z_1 = \dfrac{m_n Z_1}{\cos\beta}, d_2 = m_t z_2 = \dfrac{m_n Z_2}{\cos\beta}$	
齿顶高	h_a	$h_a = h_a^* m_n = m_n$	h_a^* 为标准值
齿根高	h_f	$h_f = (h_a^* + c^*) m_n = 1.25 m_n$	c^* 为标准值
齿全高	h	$h = h_a + h_f = 2.25 m_n$	
顶隙	c	$c = h_f - h_a = 0.25 m_n$	
齿顶圆直径	d_{a1}, d_{a2}	$d_{a1} = d_1 + 2m_n$ $d_{a2} = d_2 + 2m_n$	
齿根圆直径	d_{f1}, d_{f2}	$d_{f1} = d_1 - 2.5m_n$ $d_{f2} = d_2 - 2.5m_n$	
中心距	a	$a = \dfrac{d_1 + d_2}{2} = \dfrac{m_t}{2}(Z_1 + Z_2) = \dfrac{mn(Z_1 + Z_2)}{2\cos\beta}$	

9.7.3 斜齿轮传动的重合度

图9-17(a)表示斜齿轮与斜齿条在前端面的啮合情况。齿廓在A点开始进入啮合,在E点终止啮合,FG是一对齿啮合过程中齿条分度线上一点所走的距离,称为啮合弧。作从动齿条分度面的俯视图,如图9-17(b)所示。显然,齿条前端面的工作齿廓只在FG区间处于啮合状态。由图可见,当轮齿到达虚线所示位置时,前端面虽已开始脱离啮合区,但轮齿的后端面仍处在啮合区内,整个轮齿尚未终止啮合。只有当轮齿后端面也走出啮合区,该齿才终止啮合。

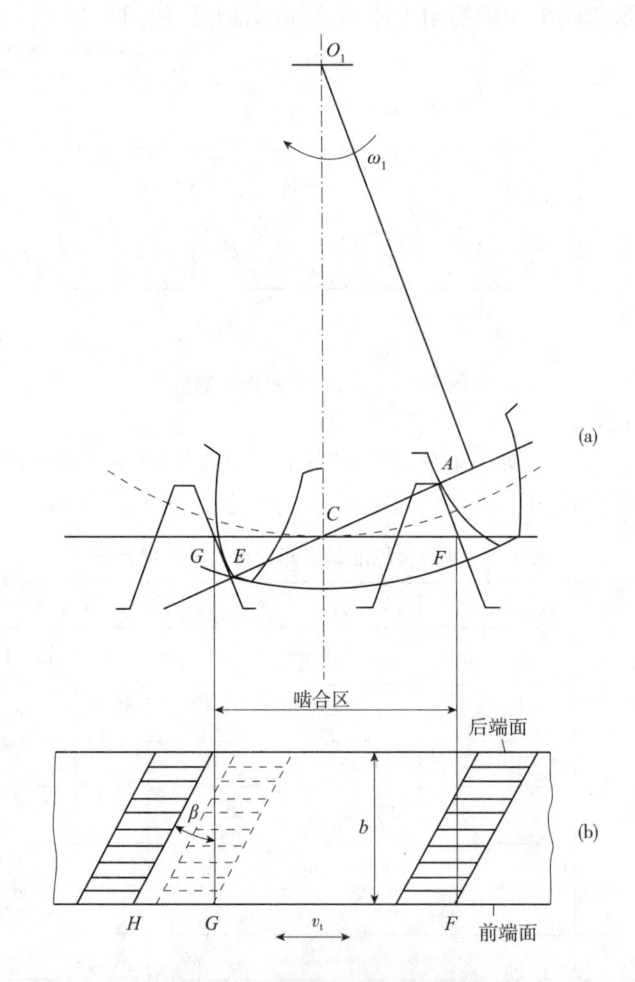

图9-17 斜齿轮传动的重合度

即斜齿轮传动的啮合弧比端面齿廓完全相同的直齿轮传动啮合弧增大GH,故斜齿轮传动重合度为

$$\varepsilon_r = \frac{\text{啮合弧}}{\text{端面齿距}} = \frac{\overset{\frown}{FH}}{p_t} = \frac{\overset{\frown}{FG} + \overset{\frown}{GH}}{p_t} = \varepsilon_a + \frac{b\tan\beta}{p_t} = \varepsilon_a + \varepsilon_\beta \tag{9-15}$$

式中,ε_a为端面重合度,其值等于与斜齿轮端面参数相同的直齿轮重合度;ε_β为轴向重

合度，是轮齿倾斜而产生的附加重合度，计算式为

$$\varepsilon_\beta = \frac{b\tan\beta}{p_t} = \frac{b\tan\beta}{\pi m_t} = \frac{\psi_d Z_1}{\pi}\tan\beta$$

由式(9-15)可见，斜齿轮传动的重合度随齿宽 b 和螺旋角 β 的增大而增大，这是斜齿轮传动运转平稳、承载能力较高的原因之一。

9.7.4 斜齿轮的当量齿数

用仿型法加工斜齿轮或进行强度计算时，必须知道斜齿轮法面上的齿形。如图 9-18 所示，过斜齿轮分度圆上一点 c 作齿的法平面 nm，该平面与分度圆柱面的交线为椭圆，其长半轴 $\rho = \frac{d}{2\cos\beta}$，短半轴 $b = \frac{d}{2}$。由高等数学可知，椭圆在 c 点的曲率半径 ρ 为

$$\rho = \frac{a^2}{b} = \frac{d}{2\cos^2\beta}$$

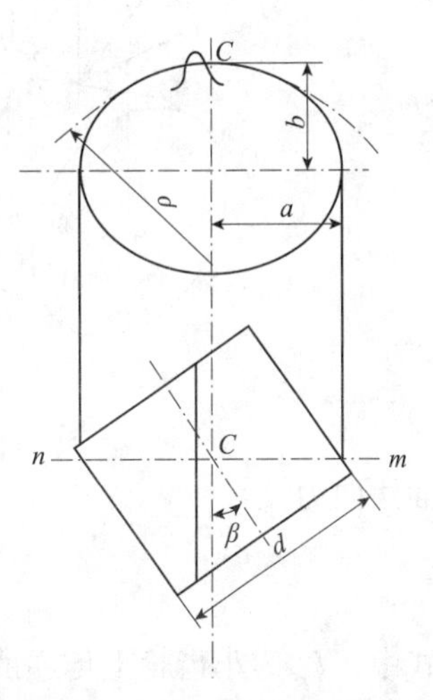

图 9-18 斜齿轮的当量齿轮

以 ρ 为分度圆半径，以斜齿轮的法面模数 m_n 为模数，取标准压力角 a_n 做一直齿圆柱齿轮，其齿形近似于此斜齿轮的法面齿形。则此直齿圆柱齿轮称为该斜齿圆柱齿轮的当量齿轮，其齿数称为当量齿数，用 z_v 表示。故

$$z_v = \frac{2\pi\rho}{\pi m_n} = \frac{d}{m_n\cos^2\beta} = \frac{m_t z}{m_n\cos^2\beta} = \frac{z}{\cos^3\beta} \tag{9-16}$$

式中，z 为斜齿轮的实际齿数。

当量齿数可以用来选择铣刀号码或进行强度计算，还可以将直齿轮的某些概念直接用到斜齿轮上。如用 z_v 计算斜齿轮的不产生根切的最少齿数 $z_{\min}$，由式(9-16)可得

$$z_{\min} = z_{v,\min}\cos^3\beta \tag{9-17}$$

式中，$z_{v,\min}$ 为直齿圆柱齿轮不产生切齿干涉的最少齿数。由式(9-17)可知，斜齿轮不产生切齿干涉的最少齿数比直齿轮的少，故机构紧凑。

9.8 斜齿圆柱齿轮传动的受力分析及强度计算

9.8.1 受力分析

图 9-19(a)所示为斜齿轮传动中，主动齿轮的受力情况。当不计摩擦力时。轮齿所受的法向力 F_n 可分解为三个相互垂直的分力，单位为 N：

$$\left.\begin{aligned} &\text{切向力 } F_t = \frac{2000T_1}{d_1} \\ &\text{轴向力 } F_a = F_t\tan\beta \\ &\text{径向力 } F_r = F_t\frac{\tan\alpha_n}{\cos\beta} \end{aligned}\right\} \tag{9-18}$$

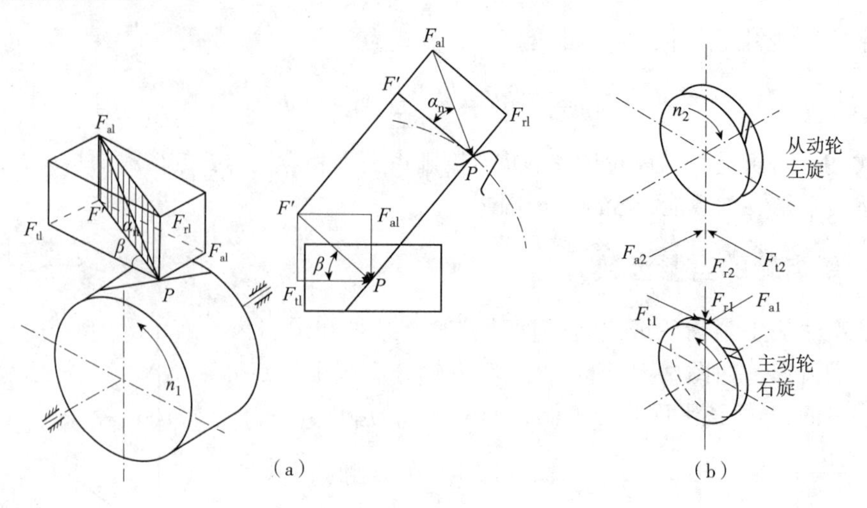

图 9-19　斜齿轮受力分析

而法向力

$$F_n = \frac{F_t}{\cos\alpha_n \cos\beta}$$

式中，T_1 为小齿轮上传递的名义转矩，N · m；d_1 为小齿轮分度圆直径，mm；α_n 为法面压力角。

图 9-19(b)表示一对斜齿轮传动的受力情况，主动轮上的切向力 F_{t1} 与齿轮回转方向 n_1 相反；从动轮上的切向力 R 与齿轮回转方向相同。两轮的径向力 F_r 的方向都指向各自的轮心。至于轴向力 F_a 的方向，则与齿轮回转方向和螺旋线方向有关，可用主动轮左、右手法则判断(图 9-20)：左螺旋用左手，右螺旋用右手，握住齿轮轴线，四指曲指方向为回转方向，则大拇指的指向为轴向力 F_{a1} 的指向，从动轮的轴向力 F_{a2} 与其相反。

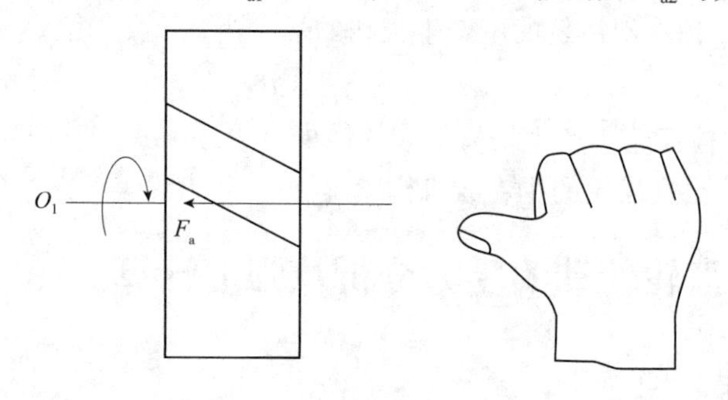

图 9-20　主动轮左右手法则

9.8.2　强度计算

(1)齿面接触强度计算

斜齿轮齿面接触强度计算与直齿轮基本相同，其接触强度验算公式为

$$\sigma_H = Z_E Z_H Z_\varepsilon Z_\beta \frac{2KT_1}{bd_1^2} \cdot \frac{u+1}{u} \leqslant [\sigma_H] \quad (\text{MPa}) \tag{9-19}$$

设计公式为

$$d_1 \geqslant \sqrt[3]{\frac{2KT_1}{\psi_d} \cdot \frac{u \pm 1}{u}\left(\frac{Z_E Z_H Z_\varepsilon Z_\beta}{[\sigma_H]}\right)^2} \quad (\text{mm}) \tag{9-20}$$

上述公式中系数、数据的计算与选用方法如下：

①重合度系数 Z_ε，同时考虑端面重合度 L 和轴向重合度对接触应力影响而引入的系数，其值按下式计算

$$Z_\varepsilon = \sqrt{\frac{4 - \varepsilon_a}{3}(1 - \varepsilon_\beta) + \frac{\varepsilon_\beta}{\varepsilon_a}} \tag{9-21}$$

若 $\varepsilon_\beta \geqslant 1$ 时，则取 $\varepsilon_\beta = 1$。

②螺旋角系数 Z_β，因斜齿轮接触线倾斜，其接触强度比直齿轮有所提高，用螺旋角系数 z_β考虑其影响，并按下式计算。

$$Z_\beta = \sqrt{\cos\beta} \tag{9-22}$$

③弹性系数 Z_E，查表9-3，许用接触应力$[\rho_H]$和许用弯曲应力$[\rho_F]$仍分别按式(9-10)和式(9-11)计算；齿宽系数 ψ_d 见表9-5所列。

(2)齿根弯曲强度计算

斜齿圆柱齿轮齿根弯曲强度按其法面上的当量直齿圆柱齿轮进行计算。除了考虑接触线倾斜有利于提高弯曲强度而引入螺旋角系数 Y_β外，其余与直齿轮完全相同。故有弯曲度验算公式为

$$\sigma_F = \frac{2KT_1}{bd_1 m_n} Y_{FS} Y_\varepsilon Y_\beta \leqslant [\sigma_F] \quad (\text{MPa}) \tag{9-23}$$

代入 $b = \psi_d d_1$，$d_1 = \dfrac{m_n z_1}{\cos\beta}$，得设计用公式：

$$m_n \geqslant \sqrt[3]{\frac{2KT_1 \cos^2\beta}{\psi_d z_1^2 [\sigma_F]} Y_{FS} Y_\varepsilon Y_\beta} \quad (\text{mm}) \tag{9-24}$$

上述公式中各系数和数据的计算与选用方法如下：

①复合齿形系数 Y_{FS}，按当量齿数 Z_y从图9-8中查取；

②重合度系数 Y_ε，仍按式(9-9)计算；

③螺旋角系数 Y_β，按下式计算：

$$Y_\beta = 1 - \varepsilon_\beta \frac{\beta}{120°} \tag{9-25}$$

当 $\varepsilon_\beta \geqslant 1$ 时，取 $\varepsilon_\beta = 1$。若 $\varepsilon_\beta < 1$，则取 $\varepsilon_\beta = 0.75$；

④许用弯曲应力$[\rho_F]$、载荷系数 K 分别见式(9-11)和式(9-3)。

9.9 直齿锥齿轮传动

锥齿轮用于相交两轴之间的传动，和圆柱齿轮传动相似，两对圆锥齿轮的运动相当于一对节圆锥的纯滚动。除了节圆锥之外，圆锥齿轮还有分度圆锥，齿顶圆锥、齿根商锥和基圆锥。图9-21所示为一对正确安装的标准圆锥齿轮，其节圆锥与分度圆锥重合。设 δ_1 和 δ_2 分别为小齿轮和大齿轮的分度圆锥角。Σ为两轴线的交角，因为

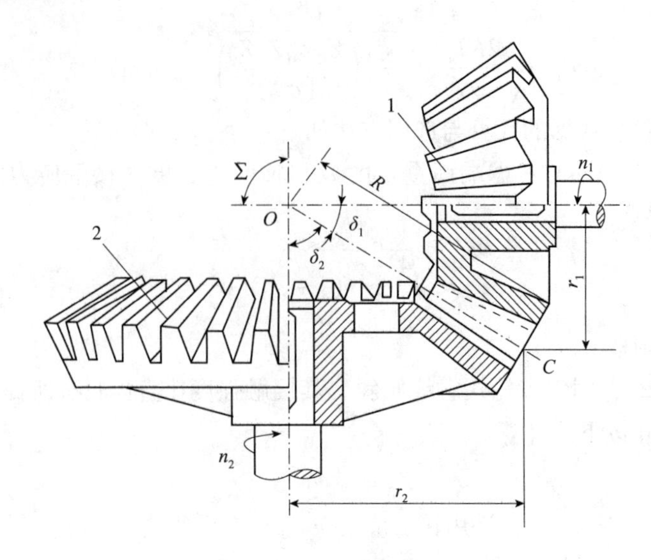

图 9-21　圆锥齿轮传动

$$r_2 = \mathrm{d}_{OC}\sin Z_2,\ r_1 = \mathrm{d}_{OC}\sin Z_1$$

故传动比

$$i = \frac{w_1}{w_2} = \frac{z_2}{z_1} = \frac{r_2}{r_1} = \frac{\sin\delta_2}{\sin\delta_1} \tag{9-26}$$

$\Sigma = \delta_1 + \delta_2$ 在大多数情况下，$\Sigma = 90°$时

$$i = \frac{w_1}{w_2} = \frac{z_2}{z_1} = \frac{r_2}{r_1} = c\tan\ \delta_1 = \tan\ \delta_2 \tag{9-27}$$

9.9.1　直齿锥齿轮的当量齿数 z_v

与斜齿圆柱齿轮一样，为了近似地将直齿圆柱齿轮原理(包括啮合理论及强度计算)应用到直齿锥齿轮上，也需要找出直齿锥齿轮的当量圆柱齿轮，即找出与锥齿轮大端齿形相当的直齿圆柱齿轮。

如图 9-22(a)所示，OAA'为分度圆锥，$O'A$ 垂直 OA；$O'A'$垂直 OA'，则 $O'AA'$称为直齿锥齿轮的背锥。以大端的齿形作为背锥上的齿形(模数、压力角相同)，并将背锥上的齿形随同背锥一起展开，再补足成完整的圆柱齿轮，如图 9-22(b)所示，这个齿轮就是该锥齿轮的当量圆柱齿轮，其齿数称为当量齿数，用 z_v 表示。

$$z_v = \frac{z}{\cos\delta} \tag{9-28}$$

标准锥齿轮不产生切齿干涉的最少齿数应为

$$z_{\min} = z_{v,\min}\cos\delta$$

9.9.2　直齿锥齿轮的几何尺寸计算

一对轴交角$\Sigma = 90°$的标准直齿锥齿轮传动，如图 9-23 所示，直齿锥齿轮的几何尺寸计算都以大端为基准，故大端模数为标准模数。由图 9-23 可以看出，轮齿啮合处的顶隙由大端逐渐向小端缩小，这种情况称为不等顶隙收缩齿。

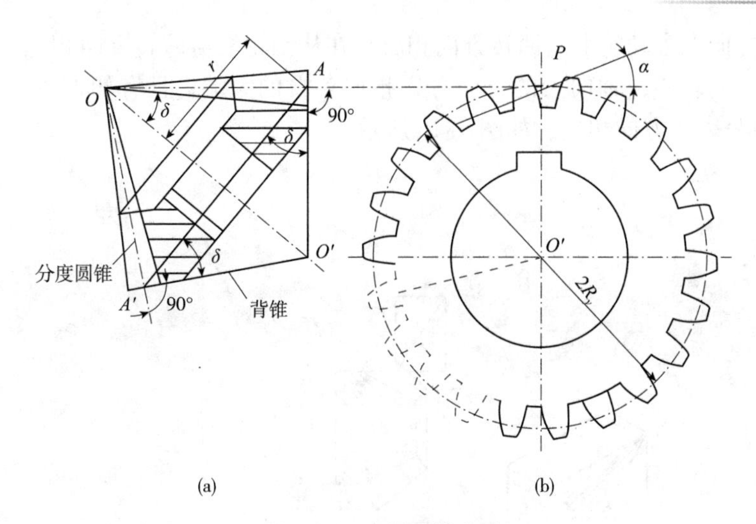

图 9-22　当量圆柱齿轮

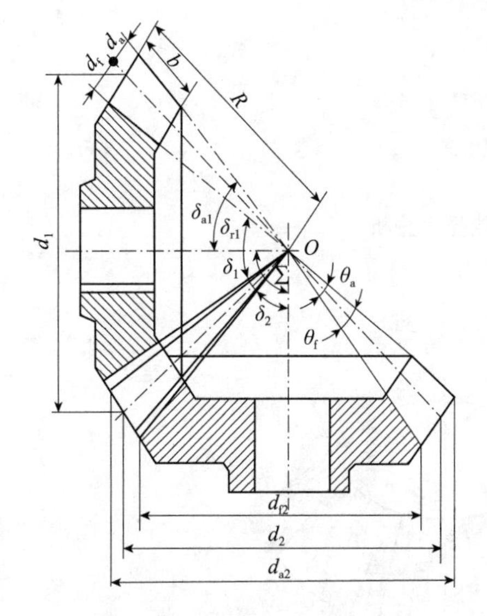

图 9-23　直齿圆锥齿轮的几何尺寸

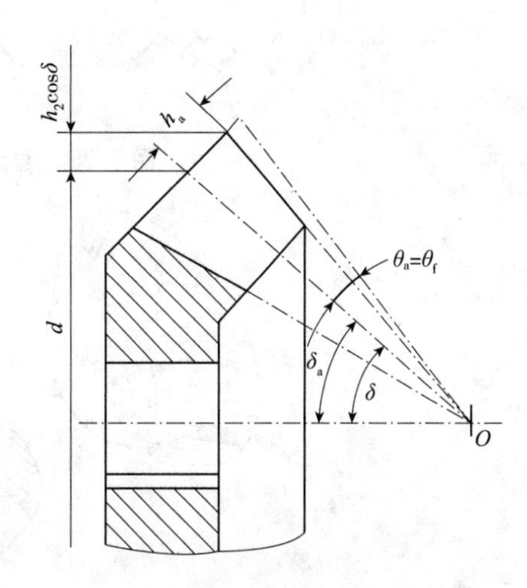

图 9-24　等顶隙收缩齿

此外还有一种等顶隙收缩齿，如图 9-24 所示，即它的顶隙沿齿宽方向相等，都是 0.2m。显然，这时顶圆锥与分度圆锥的锥顶不再重合，顶锥角 $\delta_a=\delta+\theta_a$。

9.9.3　受力分析

图 9-25 所示为直齿锥齿轮传动从动轮的受力情况。不计摩擦，假设法向力 F_1位于通过齿宽中点并垂直于分度圆锥母线，其方向垂直于齿廓。法向力 R 可分解为相互垂直的三个分力：

$$\left.\begin{aligned}&\text{切向力 } F_t=\frac{2\times10^3T_1}{d_{m1}}\\&\text{径向力 } F_{r2}=F'\cos\delta_2=F_t\tan\alpha\cos\delta_2\\&\text{轴向力 } F_{a2}=F'\sin\delta_2=F_t\tan\alpha\sin\delta_2\end{aligned}\right\}\tag{9-29}$$

切向力的方向在主动轮上与回转方向相反，在从动轮上与回转方向相同，径向力的方向分别指向各自的轮心；轴向力的方向分别指向各自的大端，且有如下关系 $F_{r1}=-F_{a2}$，$F_{r2}=-F_{a1}$，负号表示方向相反，如图 9-26 所示。

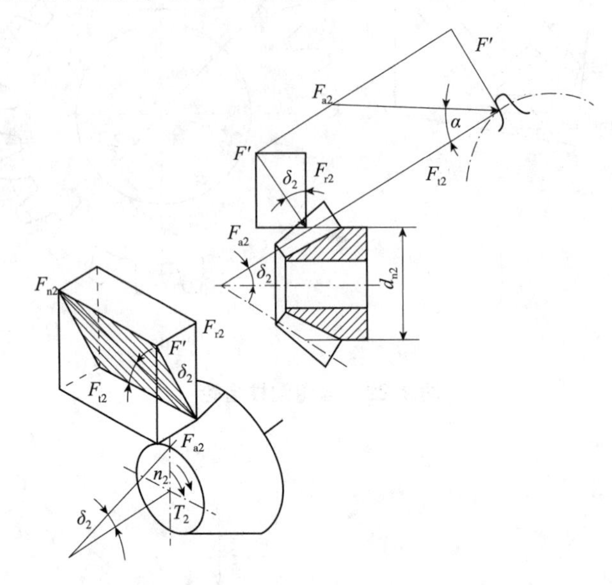

图 9-25 直齿圆锥齿轮受力分析

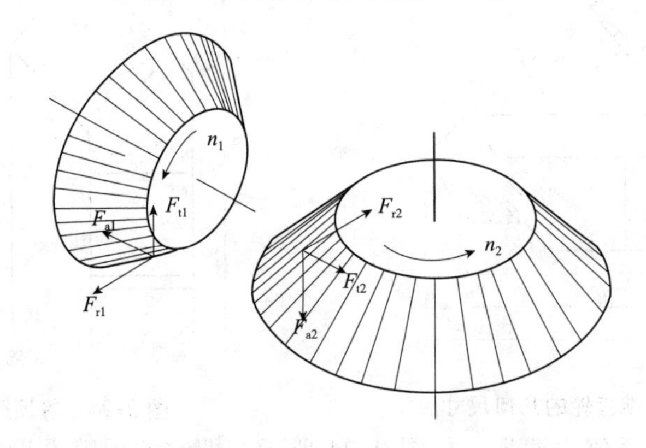

图 9-26 主、从动轮受力分析

9.9.4 直齿锥齿轮传动强度计算

直齿锥齿轮传动的强度计算比较复杂。为了简化计算，可近似地用齿宽中点处背锥所形成的当量直齿圆柱齿轮的强度计算代替，即用中点处的当量齿轮的有关参数代入式(9-3)、式(9-6)，并根据中点处当量齿轮的参数与锥齿轮参数的关系，以锥齿轮参数取代当量齿轮的参数，即可以得到直齿锥齿轮传动的强度计算公式。锥齿轮制造精度较低。轮齿的刚度大端大、小端小。沿齿宽的载荷分布不均匀程度比圆柱齿轮严重，故锥齿轮齿宽不宜太大。在强度验算中忽略与重合度有关的系数影响取齿间载荷分配系数 $K_a=1$，重合度系数 $Z_\varepsilon=Y_\varepsilon=1$。

(1)接触强度计算

验算公式为

$$\sigma_H = Z_E Z_H \sqrt{\frac{4KT_1}{\varphi_R(1-0.5\varphi_R)^2 d_1^3 u}} \leqslant [\sigma_H] \quad (\text{MPa}) \tag{9-30}$$

设计公式为

$$d_1 \geqslant \sqrt[3]{\frac{4KT_1}{\varphi_R(1-0.5\varphi_R)^2 u}\left(\frac{Z_E Z_H}{[\sigma_H]}\right)^2} \quad (\text{mm})$$

式中的有关系数和数据的计算方法如下:

①载荷系数 $K=K_A K_v K_\beta$，使用系数 K_A 查表9-2；动载系数 K_v 由图9-4查取；齿向载荷分部系数 K_β 由图9-6查取，齿宽系数 ψ_{dm} 由下式计算:

$$\psi_{dm} = \frac{b}{d_{m1}} = \frac{\psi_R}{d_{m1}} = \frac{\psi_R d_1 \sqrt{u^2+1}}{2(1-0.5\varphi_R)d_1} = \frac{\psi_R \sqrt{u^2+1}}{2-\psi_R} \tag{9-31}$$

②弹性系数 Z_E 查表9-3；节点区域系数 Z_H 由图9-7查取；许用接触应力$[\sigma_H]$由式(9-10)计算。

(2)弯曲强度计算

验算公式为

$$\sigma_F = \frac{4KT_1}{\varphi_R(1-0.5\varphi_R)^2 z_1^2 m^3 \sqrt{u^2+1}} Y_{FS} \leqslant [\sigma_F] \quad (\text{MPa}) \tag{9-32}$$

设计公式为

$$m \geqslant \sqrt[3]{\frac{4KT_1}{\varphi_R(1-0.5\varphi_R)^2 z_1^2 [\sigma_F]\sqrt{u^2+1}}} \quad (\text{mm}) \tag{9-33}$$

式中，复合齿形系数 Y_{FS} 按当量齿数 Z_V 由图9-8查取；许用弯曲应力$[\sigma_F]$由式(9-10)计算。

9.10 齿轮结构

齿轮的结构形式主要由毛坯材料、几何尺寸、加工工艺、生产批量、经济等因素确定。

按照毛坯制造方法的不同，齿轮结构可以分为锻造齿轮、铸造齿轮、装配式齿轮和焊接齿轮等。

(1)锻造齿轮

顶圆直径 $d_a \leqslant 500$mm 时，一般采用锻造齿轮、当小齿轮的齿根圆直径与轴径很接近，即由齿根到键槽底部的距离 Y(图9-27)小于 $2\sim2.5m_t$ 时，可将齿轮与轴做成整体，称齿轮轴。

当 $d_a \leqslant 150\sim200$mm 时，可制成实体式齿轮(图9-28)。

当 d_a 为 $150\sim500$mm 时，宜采用腹板式结构，如图9-28所示，结构尺寸由图中的经验公式确定。

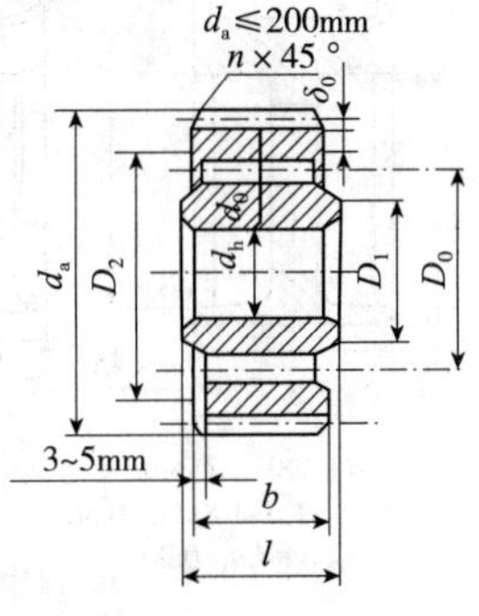

图9-27 实体式齿轮

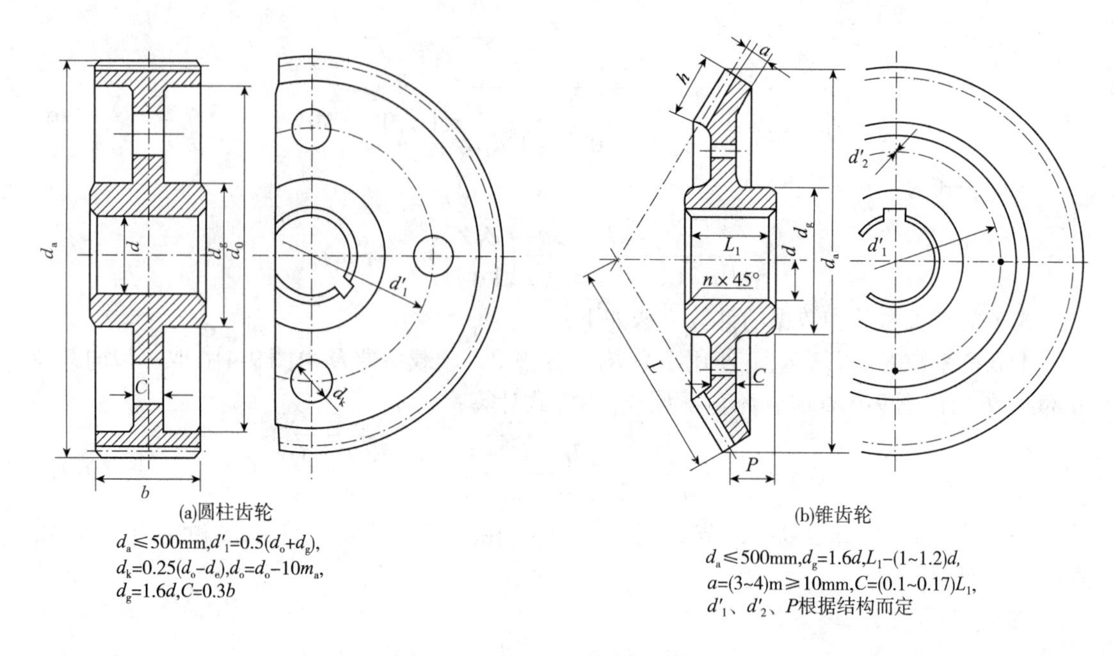

图 9-28 锻造齿轮结构——腹板式

(2)铸造齿轮

当顶圆直径 $d_a > 400 \sim 500$mm 时，一般可采用铸造齿轮。铸造齿轮有腹板式和轮辐式两种结构。图 9-29 所示为铸造轮辐式圆柱齿轮；$d_a > 300$mm 的锥齿轮可铸成带有加强筋的腹板式结构，如图 9-30 所示。

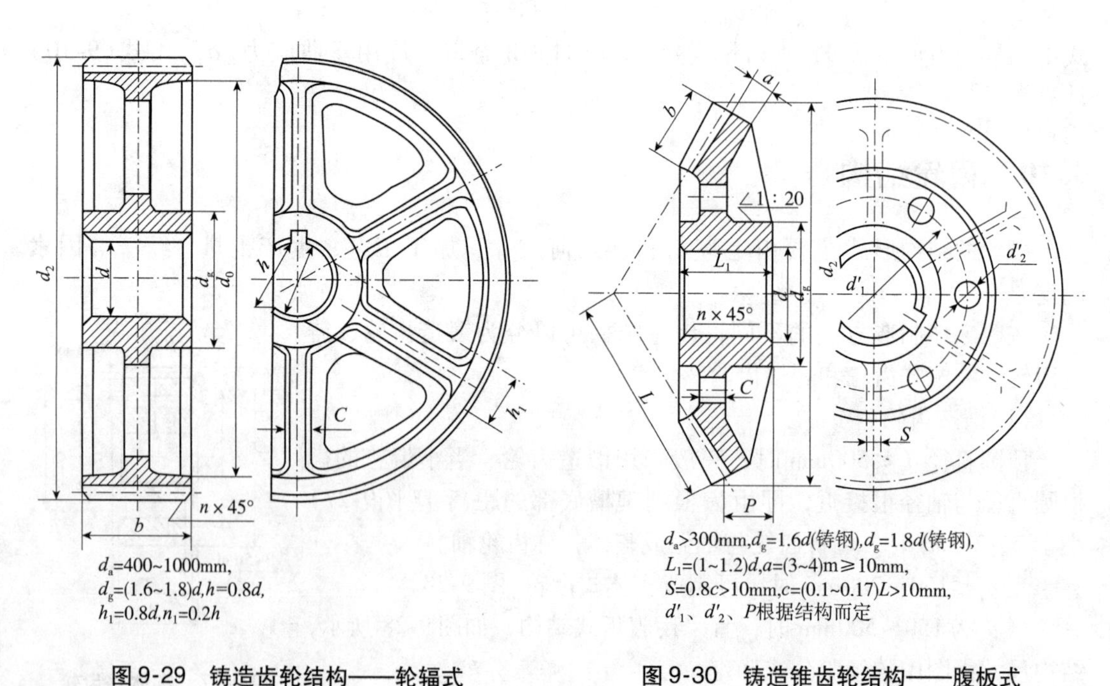

图 9-29 铸造齿轮结构——轮辐式

图 9-30 铸造锥齿轮结构——腹板式

9.11 齿轮传动润滑

齿轮在啮合传动时会产生摩擦和磨损，造成动力损耗，使传动效率降低。因此，齿轮传动，特别是高速重载齿轮传动的润滑非常必要。良好的润滑可以减少齿轮传动的磨损、降低噪声、散热和防锈蚀。

(1)齿轮传动的润滑方式

齿轮传动的润滑方式，主要由齿轮圆周速度和具体工况要求确定。

闭式齿轮传动，当齿轮的圆周速度 $v \leqslant 15\text{m/s}$ 时，常将大齿轮的轮齿浸入油池而采用油浴润滑，如图 9-31 所示。借助齿轮的传动，将油带到啮合齿面，同时也可把油甩到箱壁上，用以散热和润滑轴承。为了减少齿轮的搅油阻力和润滑油的温升，齿轮浸入油中的深度，一般不超过一个齿高(但不少于 10mm)，最大浸油深度不应超过大齿轮半径的 1/3。对于锥齿轮，浸油深度至少为齿宽 b 的一半，或至整个齿宽。箱体油池中的油量，与齿轮传递功率的大小有关。单级齿轮传动，每 1kW 的加油量约为(0.35～0.7)L，多级齿轮传动，按级数可适当成倍增加。

当齿轮圆周速度 $v > 15\text{m/s}$ 时，应采用喷油润滑。所谓喷油润滑是将润滑油以一定压力由喷嘴直接喷射到齿轮啮合处的一种润滑方法，如图 9-32 所示。

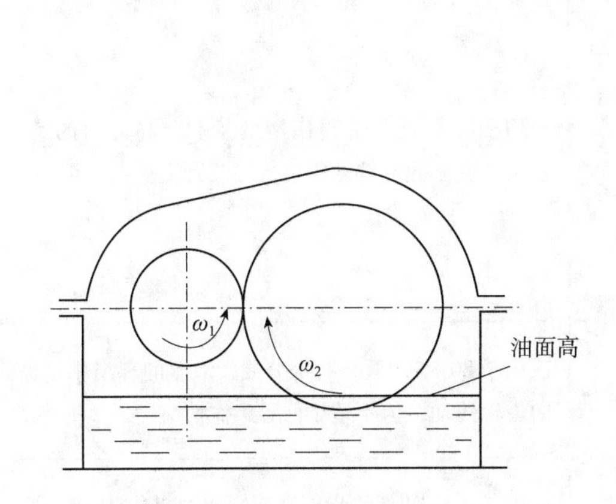

图 9-31 油浴润滑

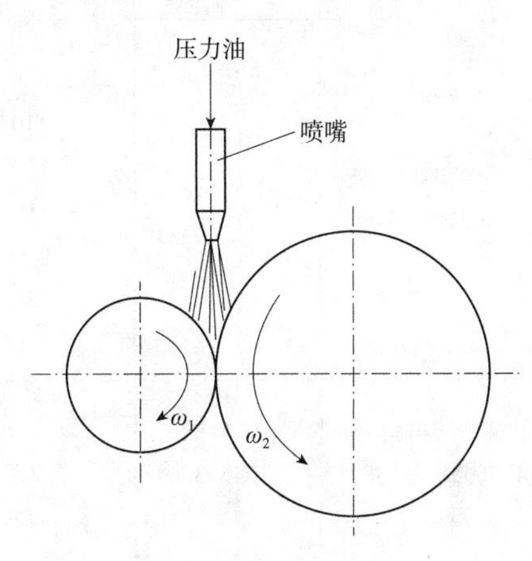

图 9-32 喷油润滑

(2)齿轮润滑油的选择

齿轮润滑油的选择由齿轮的类型、工况、载荷、速度和温升等条件决定，从表 9-8 齿轮传动常用的润滑剂中选择。

表 9-8 齿轮传动常用的润滑剂

名　称	牌　号	运动黏度 v/(mm/s)(40℃)	应　用
全损耗系统用油(GB 443—1989)	L-AN46 L-AN68 L-AN100	41.4～50.6 61.2～74.8 90.0～110.0	适用于对润滑油无特殊要求的锭子、轴承、齿轮和其他低负荷机械等部件的润滑

（续）

名　称	牌　号	运动黏度 v/(mm/s)(40℃)	应　用
工业齿轮油 (SY 1172—1988)	68 100 150 220 320	61.2～74.8 90～110 135～165 198～242 288～352	适用于工业设备齿轮的润滑
工业闭式齿轮油 (GB/T 5903—1995)	68 100 150 220 320 460	61.2～74.8 90～110 135～165 198～242 288～352 414～506	适用于煤炭、水泥和冶金等工业部门的大型闭式齿轮传动装置的润滑
普通开式齿轮油 (SY 1232—1985)	68 100 150	100℃ 60～75 90～110 135～165	主要适用于开式齿轮、链条和钢丝绳的润滑
硫－磷型极压工业齿轮油	120 150 200 250 300 350	50℃ 110～130 130～170 180～220 230～270 280～320 330～370	适用于经常处于边界润滑的重载、高冲击的直、斜齿轮和蜗轮装置轧钢机齿轮装置
钙钠基润滑脂 (ZBE 86001—1988)	ZGN-2 ZGN-3		适用于80～100℃，有水分或较潮湿的环境中工作的齿轮传动，但不适于低温工作情况
石墨钙基润滑脂 (ZBE 36002—1988)	ZG-S		适用起重机底盘的齿轮传动、开式齿轮传动、需耐潮湿处

注：表中所列仅为齿轮油的一部分，必要时可参阅有关资料。

小　结

本章介绍了齿轮的失效形式及计算准则、齿轮材料及热处理、齿轮传动的精度、直齿圆柱齿轮传动的受力分析及计算载荷、直齿圆柱齿轮传动的强度计算、直齿圆柱齿轮传动设计计算准则及主要设计参数的选择、斜齿圆柱齿轮传动、斜齿圆柱齿轮传动的受力分析及强度计算、直齿锥齿轮传动、齿轮结构、圆弧齿轮传动简介、齿轮传动的维护与修复等基本知识。在齿轮的失效形式及计算准则中，讲解了常见的失效形式，有轮齿折断、齿面点蚀、齿面胶合、齿面磨损和轮齿塑性变形；设计准则取决于齿轮的失效，而不同失效的形式，与齿轮的材料及热处理、齿轮的工作条件等因素有关。在齿轮材料及热处理中，阐述了齿轮材料和热处理，传动的精度，对齿轮精度的基本要求。在直齿圆柱齿轮传动的受力分析及计算载荷中，进行受力分析，计算出载荷，对直齿圆柱齿轮传动的强度进行计算，计算出齿面接触疲劳强度、轮齿弯曲疲劳强度计算、许用应力。通过斜齿圆柱齿轮传动，阐述了齿廓曲面的行程和啮合特点，斜齿圆柱齿轮的基本参数、正确啮合条件和几何尺寸计算，斜齿圆柱齿轮传动的受力分析及强度计算，直齿锥齿轮传动，当量齿数，几何尺寸计算，强度计算等。

习　题

9-1　单击闭式直齿圆柱齿轮传动中，小齿轮的材料为45钢调质处理，大齿轮的材料为*ZG*45正火，$P=4\text{kW}$，$n_1=720\text{r/min}$，$m=4$，$z_1=25$，$z_2=73$，$b_1=84$，$b_2=78$，单项转动载荷有中等冲击，用电动机驱动，试验算此单级传动的强度。

9-2　已知开式直齿圆柱齿轮传动，$i=3.5$，$P=3\text{kW}$，$n_1=50\text{r/min}$用电动机驱动，单向转动，载荷均匀，$z_1=19$小齿轮为45钢调质，大齿轮为45钢正火，试计算此单级传动的强度。

9-3　已知闭式直齿圆柱齿轮传动的传动比$i=4.6$，$n_1=730\text{r/min}$，$P=30\text{kW}$，长期双向转动，载荷带中等冲击，要求结构紧凑。$z_1=27$，大小齿轮都用40Cr表面淬火，试计算此单级传动的强度。

9-4　已知单级斜齿圆柱齿轮传动中：$T=22\text{kW}$，$n_1=140\text{r/min}$双向转动，电动机驱动，载荷平稳，$z_1=21$，$z_2=107$，$m_n=3\text{mm}$，$\beta=16°15'$，$b_1=85\text{mm}$，$b_2=80\text{mm}$，小齿轮材料为40MnB调质，大齿轮材料为35SiMn调质，试校核此闭式传动的强度。

9-5　试画出题9-5图所示的两级齿轮减速器中间轴上齿轮2及3所受各力(F_t、F_r、F_a)的方向。

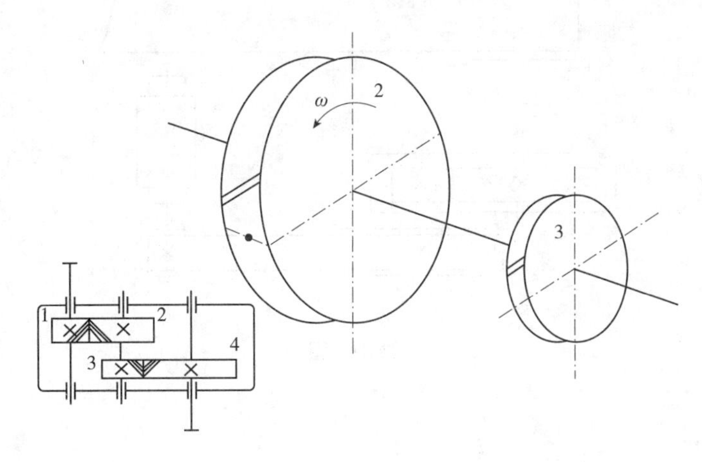

题9-5图

9-6　今有一单级直齿圆柱齿轮减速器(正常齿标准齿轮)，其齿轮齿数 $z_1=20$，$z_2=80$，并测得齿顶圆直径 $d_{a1}=110\text{mm}$，$d_{a2}=410\text{mm}$，齿宽 $b=60\text{mm}$。小齿轮材料为45钢，齿面硬度为220HBS，大齿轮材料为AG310-570，其硬度为180HBS，齿轮精度为8级，齿轮相对轴承对称布置。现想把此减速器用于带式输送机上，所需的输出转速 $n_2=240\text{r/min}$，单向转动，试求此减速器所能传递的最大功率。

9-7　如题9-7图所示，圆盘给料机由电动机通过两级圆柱齿轮减速器和圆锥齿轮驱动。已知电动机功率 $P=2.8\text{kW}$，转速 $n_1=1430\text{r/min}$，两级齿轮减速器的总传动比为12.6，高速级传动比 $i_1=3.15$，给料机圆盘的转速 $n_1=35\text{r/min}$，试设计齿轮箱中高速级斜齿圆柱齿轮的主要尺寸。

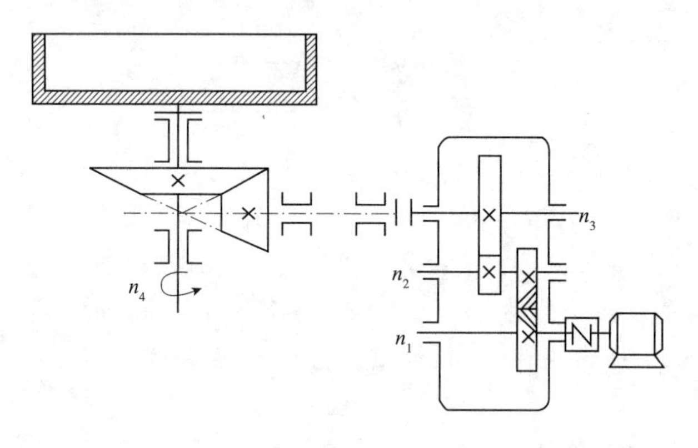

题9-7图

9-8　在题9-8图所示驱动装置已知带式输送机中的电动机功率 $P=4.5\text{kW}$，转速 $n_1=980\text{r/min}$，带式输送机主动轮转速 $n_3=65\text{r/min}$，且工作平稳。试设计此带式输送机的驱动装置中的V带—齿轮两级传动。

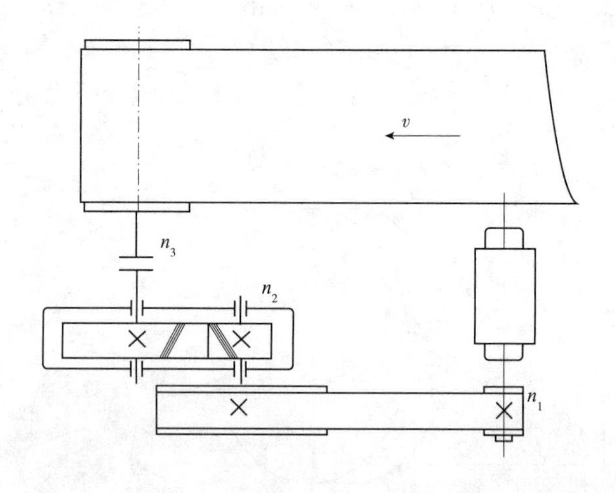

题9-8图

第10章　蜗杆传动

本章提要

本章介绍了蜗杆传动的类型，蜗杆传动的特点，普通圆柱蜗杆传动的主要参数和几何尺寸，蜗杆传动的失效形式、设计准则和材料选择，蜗杆传动的受力分析，蜗杆传动的强度计算，蜗杆传动的效率及热平衡计算，蜗杆传动的安装与维护，重点介绍了普通圆柱蜗杆传动的主要参数和几何尺寸蜗杆传动的失效形式、设计准则和材料选择。

设定对蜗杆的主要参数，并对蜗杆的几何尺寸进行计算。蜗杆传动的主要失效形式是胶合和磨损。闭式蜗杆传动以胶合为主要失效形式，开式蜗杆传动主要是齿面磨损。根据蜗杆传动的失效特点，蜗杆副材料不但应具有足够的强度，而且还应具有良好的耐磨性和抗胶合性能。实践证明，较理想的蜗杆副材料是磨削淬硬的钢制蜗杆匹配青铜蜗轮。

10.1 蜗杆传动的类型

蜗杆传动由蜗杆、蜗轮和机架组成(图 10-1)，用于传递空间两交错轴间的运动和动力。蜗杆传动广泛应用于各种机械设备和仪表中，常用作减速，且蜗杆为主动件，轴交角为 90°。

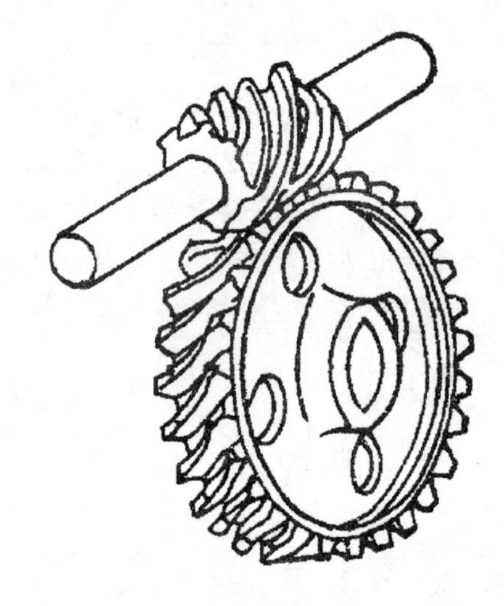

图 10-1　蜗杆传动

10.1.1 蜗杆传动的类型

如图 10-2 所示，根据蜗杆的形状，蜗杆传动可分为圆柱蜗杆传动[图 10-2(a)]、环面蜗杆传动[图 10-2(b)]和锥面蜗杆传动[图10-2(c)]。

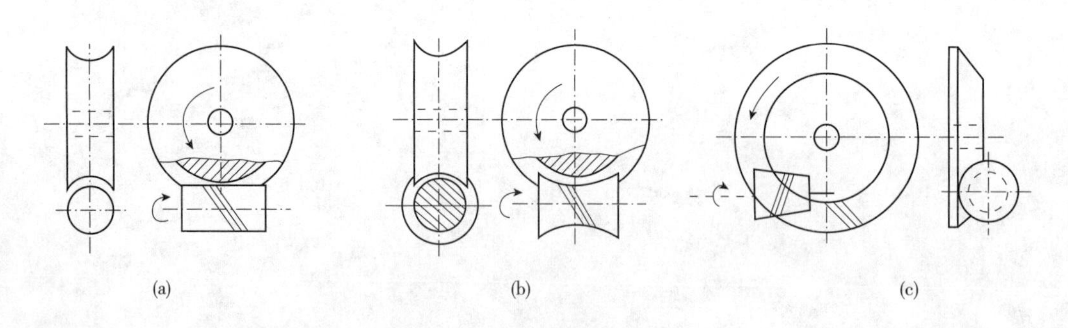

图 10-2　蜗杆传动的类型

圆柱蜗杆传动，按蜗杆轴面齿型又可分为普通蜗杆传动和圆弧齿圆柱蜗杆传动。

普通蜗杆传动多用直母线刀刃的车刀在车床上切制，可分为阿基米德蜗杆(ZA 型)、渐开蜗杆(ZI 型)和法面直齿廓蜗杆(ZH 型)等几种。

如图 10-3 所示，车制阿基米德蜗杆时刀刃顶平面通过蜗杆轴线。该蜗杆轴向齿廓为直线，端面齿廓为阿基米德螺旋线。阿基米德蜗杆易车削难磨削，通常在无须磨削加工情况下被采用，广泛用于转速较低的场合。

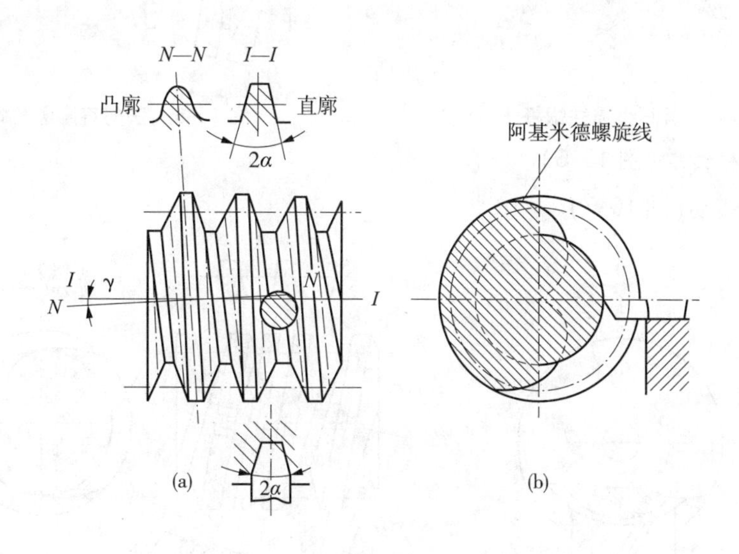

图 10-3 阿基米德圆蜗杆

常用蜗杆传动类型如下：

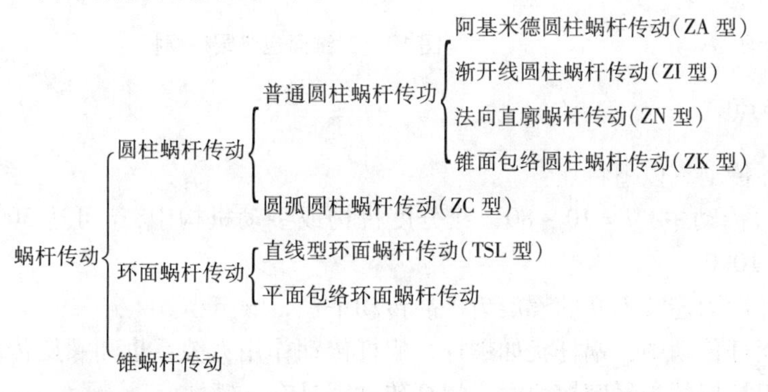

1. 圆柱蜗杆传动

(1)普通圆柱蜗杆传动：

①阿基米德圆柱蜗杆(ZA 型)；

②渐开线圆柱蜗杆(ZI 型)，如图 10-4 所示；

③法向直廓圆柱蜗杆(ZN 型)，如图 10-5 所示。

(2)圆弧圆柱蜗杆传动(ZC 型)。

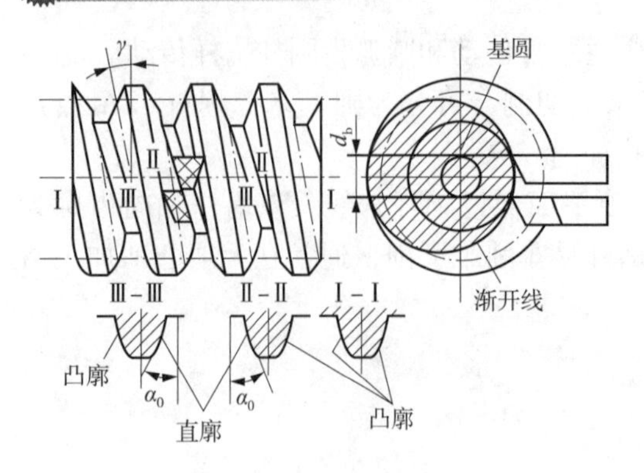

图 10-4　渐开线圆柱蜗杆

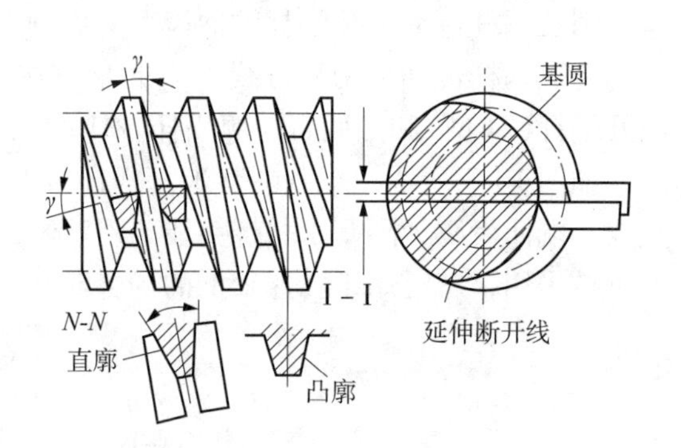

图 10-5　法向直廓圆柱蜗杆

2. 环面蜗杆传动(图 10-6)

3. 锥蜗杆传动(图 10-7)

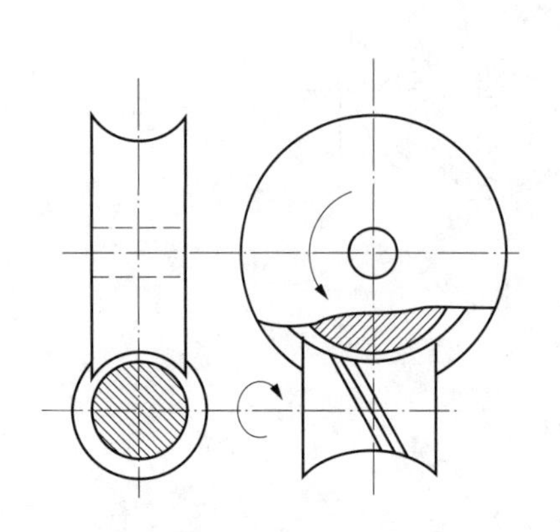

图 10-6　环面蜗杆传动

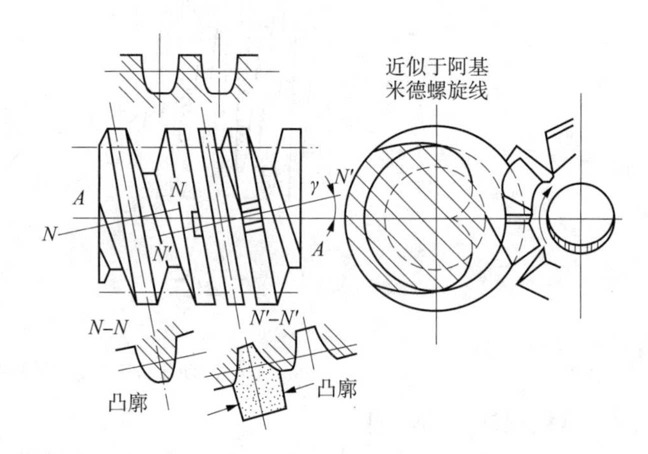

图 10-7　锥面包络圆柱蜗杆

10.1.2　蜗杆传动的特点

与其他传动相比，蜗杆传动有以下特点：

①传动比大。一般动力传动中，$i=10\sim80$；在分度机构或手动机构中，i 可达 300，若主要是传递运动，i 可达 1000。

②工作平稳。由于蜗杆齿为连续不断的螺旋齿，故传动平稳，噪声小。

③可以实现自锁。在蜗杆传动中，蜗杆犹如螺杆，蜗杆传动作用力关系也和螺旋传动一样，故蜗杆导程角小于蜗杆副的当量摩擦角时，蜗杆传动就具有自锁性。

④效率较低。由于蜗杆与蜗轮齿面间相对滑动速度很大，摩擦与磨损严重，故蜗杆传动效率低。一般为 $\eta=0.7\sim0.9$，自锁时 $\eta<0.5$。因此，在连续工作的闭式传动中，应具有良好的润滑和散热条件。

⑤蜗轮材料较贵。为了减磨和抗胶合，蜗轮材料常选用青铜合金制造，成本较高。

⑥不能实现互换。由于蜗轮是用与其匹配的蜗杆滚刀加工的，因此，仅模数和压力角相同的蜗杆与蜗轮是不能任意互换的。

蜗杆传动适用于传动比大、传递功率不大且不做长期连续运转的场合。

10.2 普通圆柱蜗杆传动的主要参数和几何尺寸

10.2.1 蜗杆传动的主要参数

如图 10-8 所示，通过蜗杆轴线并垂直于涡轮轴线的平面，称为主平面。由于蜗轮是用与蜗杆形状相仿的滚刀(为了保证轮齿啮合时的径向间隙，滚刀外径大于蜗杆顶圆直径)，按范成原理切制轮齿，所以在主平面内蜗轮与蜗杆的啮合就相当于渐开线齿轮与齿条的啮合。蜗杆传动的设计计算都以主平面的参数和几何关系为准。它们正确啮合条件是：蜗杆轴向模数和轴向压力角应分别等于蜗轮端面模数和断面压力角。

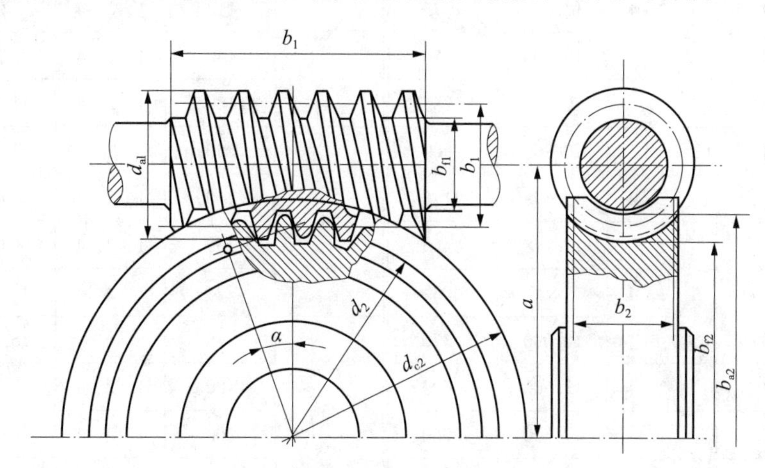

图 10-8　普通圆柱蜗杆传动的啮合

(1)模数 m 和压力角 α

$$m_{x1}=m_{t2}=m$$

$$\alpha_{x1}=\alpha_{t2}=\alpha \tag{10-1}$$

标准规定压力角 $\alpha=20°$。模数 m 的标准值见表 10-1 所列。

表 10-1　蜗杆基本参数

模数 m /mm	分度圆直径 d_1/mm	蜗杆头数 z_1	直径系数 q	m^2d_1 /mm³	模数 m /mm	分度圆直径 d_1/mm	蜗杆头数 z_1	直径系数 q	m^2d_1 /mm³
1	18	1	18.000	18	2.5	(22.4)	1，2，4	8.960	140
1.25	20	1	16.000	31.25		28	1，2，4，6	11.200	175
	22.4	1	17.920	35		(35.5)	1，2，4	14.200	221.9
1.6	20	1，2，4	12.500	51.2		45	1	18.000	281
	28	1	17.500	71.68	3.15	(28)	1，2，4	8.889	278
2	(18)	1，2，4	9.000	72		35.5	1，2，4，6	11.27	352
	22.4	1，2，4，6	11.200	89.6		45	1，2，4	14.286	447.5
	(28)	1，2，4	14.000	112		56	1	17.778	556
	35.5	1	17.750	142		(31.5)	1，2，4	7.875	504

（续）

模数 m /mm	分度圆直径 d_1/mm	蜗杆头数 z_1	直径系数 q	m^2d_1 /mm³	模数 m /mm	分度圆直径 d_1/mm	蜗杆头数 z_1	直径系数 q	m^2d_1 /mm³
4	40	1，2，4，6	10.000	640	12.5	160	1	16.000	16000
	(50)	1，2，4	12.500	800		(90)	1，2，4	7.200	14062
	71	1	17.750	1136		112	1，2，4	8.960	17500
	(40)	1，2，4	8.000	1000		(140)	1，2，4	11.200	21875
5	50	1，2，4，6	10.000	1250	16	200	1	16.000	31250
	(63)	1，2，4	12.600	1575		(112)	1，2，4	7.000	28672
	90	1	18.000	2250		140	1，2，4	8.750	35840
6.3	(50)	1，2，4	7.936	1985		(180)	1，2，4	11.250	46080
	63	1，2，4，6	10.000	2500	20	250	1	15.625	64000
6.3	(80)	1，2，4	12.698	3175		(140)	1，2，4	7.000	56000
	112	1	17.778	4445		160	1，2，4	8.000	64000
8	(63)	1，2，4	7.875	4032		(224)	1，2，4	11.200	89600
	80	1，2，4，6	10.000	5376	25	315	1	15.750	126000
	(100)	1，2，4	12.500	6400		(180)	1，2，4	7.200	112500
	140	1	17.500	8960		200	1，2，4	8.000	125000
10	(71)	1，2，4	7.100	7100		(280)	1，2，4	11.200	175000
	90	1，2，4，6	9.000	9000		400	1	16.000	250000
	(112)	1，2，4	11.200	11200					

注：①表中模数和分度圆直径仅列出了第一系列较常用的数据；②括号内的数字尽可能不用。

(2)蜗杆分度圆直径 d_1

当用滚刀加工蜗轮时，为了保证蜗杆与该蜗轮的正确啮合，所用蜗轮滚刀的齿形及直径必须与相啮合的蜗杆相同(只是为了保证传动啮合时的径向间隙，滚刀的齿顶高稍高些)。这样，每一种尺寸的蜗杆，就对应有一把蜗轮滚刀。因此，为了减少滚刀的规格数量，规定蜗杆分度圆直径为标准值，且与模数相搭配，其对应关系如表 10-1 所列，这是与齿轮传动不同之处，齿轮的分度圆直径不是标准值。

$$d_1 = mq \tag{10-2}$$

(3)蜗杆导程角 γ 和蜗轮螺旋角 β

设 z_1 为蜗杆头数，γ 为蜗杆导程角，则从图 10-9 可得

$$d_1 = \frac{z_1 m}{\tan\gamma} \tag{10-3}$$

从式(10-3)可知，当模数 m 与分度圆直径 d_1 一定时，由于蜗杆头数 z_1 的不同，导程角 γ 亦不同。因此，对每一种 m 与 β 的搭配值，必须有 z_1 把蜗轮滚刀，这是与齿轮完全不同的。必要时采用飞刀(相当于只有一个刀刃的蜗轮滚刀)加工。

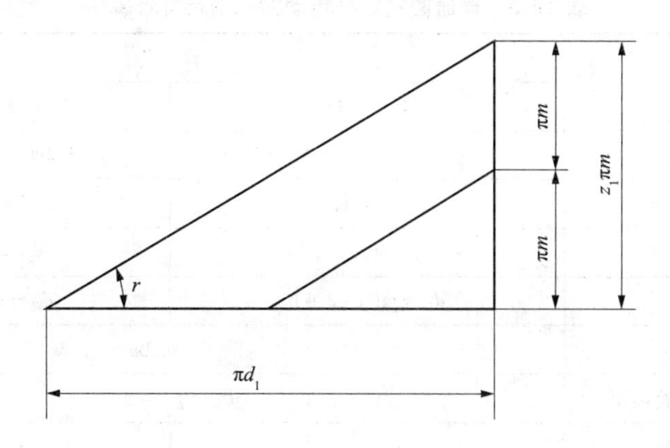

图 10-9 蜗杆分度圆上导程角 γ

对于普通圆柱蜗杆传动，为了保证正确啮合，还应保证 γ 与 β 大小相等，旋向相同。即 $\gamma=\beta$，γ 角的范围为 $3°\sim3.5°$，不同 z_1 时所用的 z_1 值不同。

(4)传动比 i、蜗杆头数 z_1 和蜗轮齿数 z_2

①蜗杆传动传动比 i

$$i=\frac{n_1}{n_2}=\frac{z_2}{z_1}=\frac{d_2/m}{\tan\gamma q}=\frac{d_2/m}{\tan\gamma d_1/m}=\frac{d_2}{d_1\tan\gamma} \tag{10-4}$$

②蜗杆头数 z_1。蜗杆头数一般为 $z_1=1$、2、4、6。当 z_1 过多时，难以制造较高精度的蜗杆与蜗轮，传动比大且要求自锁的蜗杆传动取 $z_1=1$。

③蜗轮齿数 z_2。一般取 $z_2=27\sim80$。z_2 增多可以增加同时参与啮合的齿数，改善运动平稳性，但是，当 $z_2>80$ 时，会导致模数过小而削弱轮齿齿根强度或使蜗杆轴刚度下降。$z_2<27$，蜗轮齿将产生根切与干涉现象。

在蜗杆传动设计中，传动比的公称值按下列数值选取：5、7.5、10、12.5、15、20、25、30、40、50、60、70、80。其中 10、20、40、80 为基本传动比应优先选用。z_1、z_2 可根据传动比 i 按表 10-2 选取。

表 10-2 z_1 和 z_2 的推荐值

i	7~8	9~13	14~24	25~27	28~40	>40
z_1	4	3~4	2~3	2~3	1~2	1
z_2	28~32	27~52	28~72	50~81	28~80	>40

10.2.2 普通圆柱蜗杆传动的几何尺寸计算

设计蜗杆传动时，一般是先根据传动的功用和传动比的要求，选择蜗杆头数 z_1 和蜗轮齿数 z_2，然后再按照强度计算确定模数 q。当上述主要参数确定后，可根据表 10-3 计算出蜗杆、蜗轮的几何尺寸(两轴交错角为 90°，标准传动)。

表 10-3 普通圆柱蜗杆传动的几何尺寸计算

名称	计算公式	
	蜗杆	蜗轮
齿顶高和齿根高	$h_{a1}=h_{a2}=m$，$h_{f1}=h_{f2}=1.2m$	
分度圆直径	$d_1=m_q$	$d_2=mz_2$
齿顶圆直径	$d_{a1}=m(z_2+2)$	$d_{a2}=m(z_2+2)$
齿根圆直径	$d_{f1}=m(q-2.4)$	$d_{f2}=m(z_2-2.4)$
顶隙	$C=0.2m$	
蜗杆轴向齿距蜗轮端面齿距	$P_{a1}=p_{t2}=\pi m$	
蜗杆分度圆导程角 蜗轮分度圆螺旋角	$\gamma=\arctan(z_1/q)$	$\beta=\gamma$
中心距	$a=\frac{m}{2}(q+z_2)$	
蜗杆螺纹部分长度 蜗轮齿顶圆弧半径	$z_1=1$、2，$L\geqslant(11+0.06z_2)m$ $z_1=3$、4，$L\geqslant(12.5+0.09z_2)m$	$r_{a2}=a-\frac{1}{2}d_{a2}$
蜗轮外圆直径		$z_1=1$，$d_{e2}\leqslant d_{a2}+2m$ $z_1=2$、3，$d_{e2}\leqslant d_{a2}+1.5m$ $z_1=4\sim6$，$d_{e2}\leqslant d_{a2}+m$
蜗轮轮缘宽度		$z_1=1$、2，$b\leqslant0.75d_{a1}$ $z_1=4\sim6$，$b\leqslant0.67d_{a1}$

10.2.3 蜗杆、蜗轮的结构

(1)蜗杆的结构

通常蜗杆与轴做成一体，称为蜗杆轴(图 10-10)。根据加工方法的不同，其结构有两种：

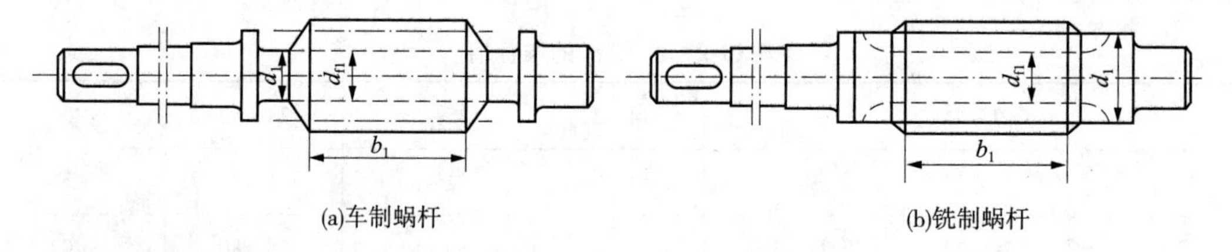

(a)车制蜗杆　　(b)铣制蜗杆

图 10-10 蜗杆轴

①车制蜗杆，要求 $d_1=d_{f1}+(2\sim4)$ mm；

②铣制蜗杆，要求 $d_1>d_{f1}$。

若 $d_{f1}/d\geqslant1.7$ 时，可采用蜗杆齿轮圈配合于轴上。

(2)蜗轮的结构

蜗杆的典型结构如表 10-4 所列。

表 10-4 蜗轮的典型结构

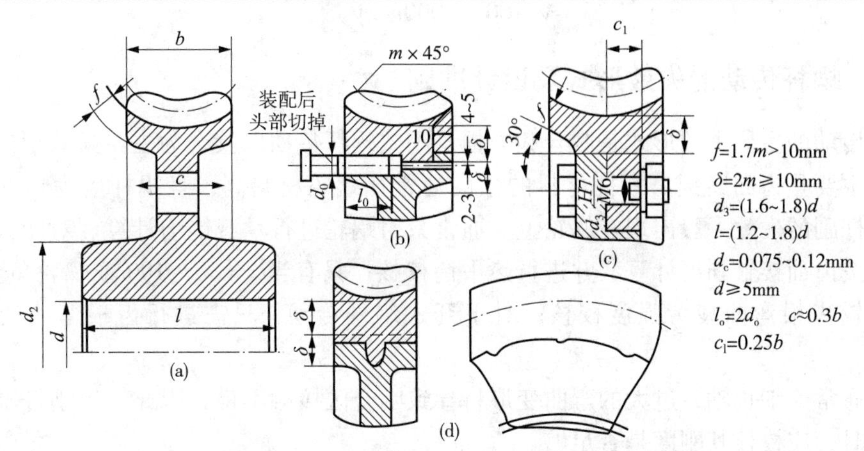

结构形式	特　点
整体式	当直径小于 100mm 时，可以用青铜铸成整体，当滑动速度 $v_1 \leqslant 2\mathrm{m/s}$ 时，可用铸铁铸成整体
轮箍式	青铜轮缘与铸铁轮心通常采用$\frac{H7}{s6}$配合，并加台肩和螺钉固定，螺钉数 6 ~ 12 个
螺栓连接键	以光制螺栓连接。螺栓孔要同时绞制其配合为$\frac{H7}{m6}$螺栓数按剪切计算确定，并以轮缘受挤压，校核轮缘衬料许用挤压应力 $\sigma_{jp} = 0.3\sigma_s$。$\sigma_s$ 为轮缘材料屈服强度

10.3 蜗杆传动的失效形式、设计准则和材料选择

10.3.1 蜗杆传动的相对滑动速度 v_s

蜗杆传动中，在蜗杆与蜗轮齿面间会产生很大的滑动速度 v_s，由图 10-11 得

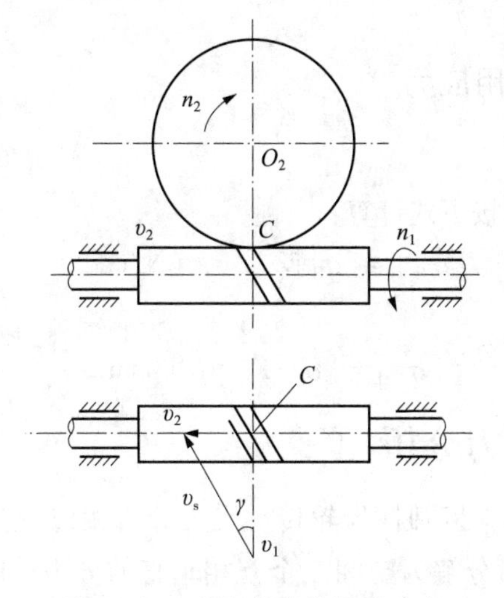

图 10-11 蜗杆传动的滑动速度

$$v_s = \frac{v_1}{\cos\gamma} = \frac{\pi d_1 n_1}{60 \times 1000\cos\gamma} \quad (\text{m/s}) \tag{10-5}$$

10.3.2 蜗杆传动的失效形式及设计准则

蜗杆传动的主要失效形式是胶合和磨损。闭式蜗杆传动以胶合为主要失效形式，开式蜗杆传动主要是齿面磨损。蜗杆材料的强度通常比蜗轮材料高，且蜗杆齿为连续的螺旋齿，故蜗杆副的失效一般出现在蜗轮上。通常只对蜗轮进行承载能力计算。对闭式蜗杆传动，一般按齿面接触强度计算，并进行热平衡校核，只有当 $z>80\sim100$ 或蜗轮负变位时，才进行蜗轮齿根弯曲疲劳强度校核；对于开式蜗杆传动，只需进行齿根弯曲疲劳强度计算。

蜗杆通常为细长轴，过大的弯曲变形将导致啮合区接触不良，因此，当蜗杆轴的支承跨距较大时，应校核其刚度是否足够。

10.3.3 蜗杆和蜗轮的材料选择

根据蜗杆传动的失效特点，蜗杆副材料不但应具有足够的强度，而且还应具有良好的耐磨性和抗胶合性能。实践证明，较理想的蜗杆副材料是磨削淬硬钢制蜗杆匹配青铜蜗轮。

蜗杆常用材料为碳钢或合金钢。高速重载的传动，蜗杆常用低碳合金结构钢经渗碳淬火，表面硬度可达50~63HRC；中速中载传动，蜗杆常用优质碳素钢，或合金结构钢经表面淬火，表面硬度达到45~55HRC低速；不重要的传动用45钢调质处理，硬度达到255~270HBS。

常用蜗轮材料有铸造锡青铜、铸造铝铁青铜及灰铸铁等。锡青铜的抗胶合、减摩和耐磨性能最好，但价格较贵，用于 $v_s \geq 5$m/s 的重要传动；铝铁青铜具有足够的强度，并耐冲击，价格便宜，但胶合及耐磨性能不如锡青铜，一般用于 $v_s \leq 5$m/s 传动中；灰铸铁用于 $v_s \leq 2$m/s 不重要的场合。

10.3.4 蜗杆材料的许用应力

(1)许用接触应力 $[\sigma_H]$

锡青铜的许用接触应力按下式计算：

$$[\sigma_H] = [\sigma'_H] Z_{vs} Z_N \quad (\text{N/mm}^2) \tag{10-6}$$

(2)许用弯曲应力 $[\sigma_F]$

$$[\sigma_F] = [\sigma'_F] Y_N \quad (\text{N/mm}^2) \tag{10-7}$$

10.4 蜗杆传动的受力分析

蜗杆传动的受力分析与斜齿圆柱齿轮传动受力分析相似，在不计算摩擦力的情况下，作用在轮齿上的法向力 F_n 可分解为空间三个互相垂直的分力：圆周力 F_t、径向力 F_r 和轴向力 F_x。由图10-12可知

$$\left.\begin{aligned} F_{t1} &= \frac{2000T_1}{d_1} = -F_{x2} \\ F_{t2} &= \frac{2000T_2}{d_2} = -F_{x1} \\ F_{r2} &= F_{r2}\tan\alpha_{x1} = -F_{r1} \end{aligned}\right\} \quad (10\text{-}8)$$

$$T_2 = T_1 i\eta = 9550\frac{P_1}{n_1}i\eta \quad (\mathrm{N \cdot mm})$$

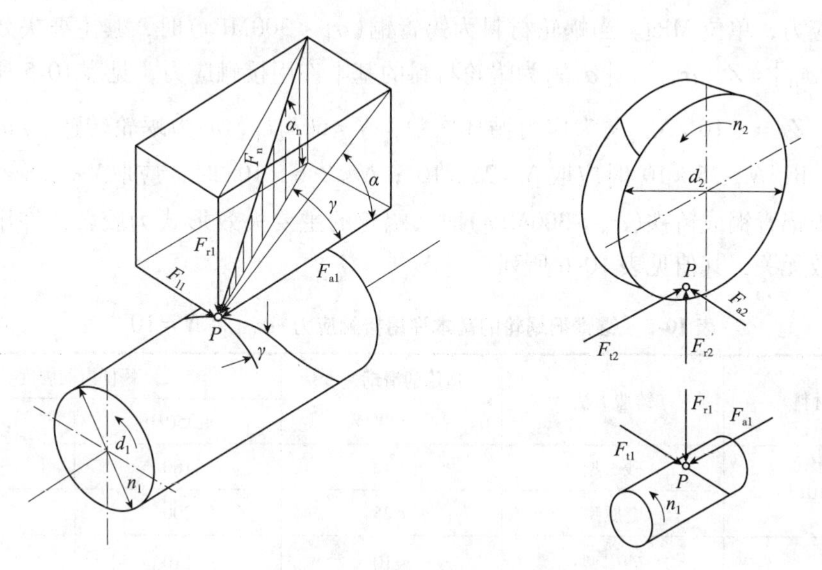

图 10-12　蜗杆传动的受力分析

在分析蜗杆和蜗轮受力方向时，必须先指明主动轮和从动轮(一般蜗杆为主动轮)：蜗杆或蜗轮的螺旋方向：左旋或右旋，蜗杆的转向和位置。图 10-12 所示为下置右旋蜗杆传动的三个分力方向。

蜗杆与蜗轮轮齿上各方向判断如下：①圆周力 F_t 的方向，主动轮圆周力 F_{t1} 与其节点速度方向相反，从动轮圆周力 F_{t2} 与其节点速度方向相同；②径向力 F_r 的方向，由啮合点分别指向各自轴心；③轴向力 F_x 的方向，蜗杆主动时，蜗杆轴向力 F_{x1} 的方向由“主动轮左、右手定则”判定：右旋蜗杆用右手(左旋用左手)，四指顺着蜗杆转动方向弯曲，大拇指指向即蜗杆轴向力 F_{a1} 的方向。蜗轮轴向力 F_{x2} 的方向与蜗杆圆周力 F_{t1} 方向相反。

10.5　蜗杆传动的强度计算

10.5.1　蜗轮齿面接触疲劳强度计算

(1)验算公式

蜗轮齿面接触疲劳强度计算与斜齿轮相似，以赫兹公式为计算基础，按节点处的啮合条件计算齿面接触应力，可推出对钢制蜗杆与青铜蜗轮或铸铁蜗轮校核公式如下：

$$\sigma_H = z_E \sqrt{\frac{9400T_2}{d_1 d_2^2} K_A K_v K_\beta} \leqslant [\sigma_H] \quad (\text{MPa}) \tag{10-9}$$

(2)设计公式

$$m^2 d_1 \geqslant \left(\frac{15000}{[\sigma_H] z_2}\right)^2 KT_2 \quad (\text{mm}^3) \tag{10-10}$$

式中，T_2为蜗轮轴的转矩，N·mm；K为载荷系数$K=1\sim1.5$，当载荷平稳相对滑动速度较小时($v_S<3$m/s)取较小值，反之取较大值，严重冲击时取$K=1.5$；$[\sigma_H]$为蜗轮材料的许用接触应力，单位MPa。当蜗轮材料为锡青铜($\sigma_b<300$MPa)时，其主要失效形式为疲劳点蚀，$[\sigma_H]=Z_N[\sigma_{0H}]$，$[\sigma_{0H}]$为蜗轮材料的基本许用接触应力，见表10-5所列；$Z_N$为寿命系数，$Z_N=\sqrt[8]{10^7/N}$，$N$为应力循环次数，$N=60n_2L_h$，$n_2$为蜗轮转速(r/min)，$L_h$为工作寿命，h；$N>25\times10^7$时应取$N=25\times10^7$；$N<2.6\times10^5$时，应取$N<2.6\times10^5$。当蜗轮的材料为铝青铜或铸铁($\sigma_b>300$MPa)时，蜗轮的主要失效形式为胶合，许用应力与应力循环次数无关，其值见表10-6所列。

表10-5　锡青铜蜗轮的基本许用接触应力$[\sigma_{0H}]$($N=10^7$)　　单位：MPa

蜗轮材料	铸造方法	适用的滑动速度 v_S/(m/s)	蜗杆齿面硬度	
			≤350HB	>45HRC
ZCuSn10P1	砂　型	≤12	180	200
	金属型	≤25	200	220
ZCuSn5Pb5Zn5	砂　型	≤10	110	125
	金属型	≤12	135	150

表10-6　铸铝青铜及铸铁蜗轮的许用接触应力$[\sigma_H]$　　单位：MPa

蜗轮材料	蜗杆材料	滑动速度 v_S/(m/s)						
		0.5	1	2	3	4	6	8
ZCuAl10Fe3	淬火钢	250	230	210	180	160	120	90
HT150，HT200	渗碳钢	130	115	90	—	—	—	—
HT150	调质钢	110	90	70	—	—	—	—

10.5.2　蜗轮齿根弯曲疲劳强度

(1)验算公式

由于蜗轮轮齿的齿形比较复杂，要精确计算轮齿的弯曲应力比较困难，通常近似地将蜗轮看作斜齿轮按圆柱齿轮弯曲强度公式来计算，化简后齿根弯曲强度的校核公式为

$$\sigma_F = \frac{666T_2K_AK_vK_\beta}{d_1d_2m}Y_{FS}Y_\beta \leqslant [\sigma_F] \quad (MPa) \tag{10-11}$$

(2)设计公式

$$m^2d_1 \geqslant \frac{600KT_2Y_{FS}}{Z_2[\sigma_F]} \quad (mm^3) \tag{10-12}$$

式中，Y_{F2}为蜗轮的齿形系数，按蜗轮的实有齿数Z_2查表10-7得；$[\sigma_F]$为蜗轮材料的许用弯曲应力，$[\sigma_F]=Y_N[\sigma_{0F}]$，$[\sigma_{0F}]$为蜗轮材料的基本许用弯曲应力，如表10-8所列。$Y_N$为寿命系数，$Y_N=\sqrt[8]{10^7/N}$，$N=60N_2L_h$。当$N>25\times10^7$时，取$N=25\times10^7$；当$N<10^5$时，取$N=10^5$。

表10-7 蜗轮的齿形系数 Y_{F2}（$\alpha_2=20°$，$h_a^*=1$）

Z	10	11	12	13	14	15	16	17	18	19	20	22	24	26
Y_{F2}	4.55	4.14	3.70	3.55	3.34	3.22	3.07	2.96	2.89	2.82	2.76	2.66	2.57	2.51
Z	28	30	35	40	45	50	60	70	80	90	100	150	200	300
Y_{F2}	2.48	2.44	2.36	2.32	2.27	2.24	2.20	2.17	2.14	2.12	2.10	2.07	2.04	2.04

表10-8 蜗轮材料的基本许用弯曲应力$[\sigma_{0F}]$($N=10^6$) 单位：MPa

材 料	铸造方法	σ_b	σ_s	蜗杆硬度≤45HRC		蜗杆硬度>45HRC	
				单向受载	双向受载	单向受载	双向受载
ZCuSn10P1	砂模	200	140	51	32	64	40
	金属模	250	150	58	40	73	50
ZCuSn5Pb5Zn5	砂模	180	90	37	29	46	36
	金属模	200	90	39	32	49	40
ZCuAi10Fe3	金属模	500	200	90	80	113	100
HT150	砂模	150	—	38	24	48	30
HT200	砂模	200	—	48	30	60	38

10.6 蜗杆传动的效率及热平衡计算

10.6.1 蜗杆传动的效率

闭式蜗杆传动的功率损耗包括三部分：轮齿啮合时的摩擦损耗、轴承摩擦损耗和搅油损耗。故蜗杆传动的总效率为

$$\eta = \eta_1\eta_2\eta_3 \tag{10-13}$$

式中，η_1为蜗杆传动的啮合效率，其计算方法与螺旋传动的计算方法相同。当蜗杆为主动件时，$\eta_1=\dfrac{\tan\gamma}{\tan(\gamma+\rho_v)}$(其中：$\gamma$为蜗杆导程角；$\rho_v$为当量摩擦角)。$\eta_2$为搅油效率，

一般 $\eta_2=0.94\sim0.99$。η_3为轴承效率，每对滚动轴承 $\eta_3=0.98\sim0.99$；每对滑动轴承 $\eta_3=0.97\sim0.99$。

蜗杆传动效率主要取决于 η_1，一般 η_1随 γ 的增大而提高，但 $\gamma>28°$后，η_1提高已不明显，而且大导程角的蜗杆制造困难，所以实用为 $\gamma\leqslant27°$。

10.6.2 蜗杆传动的热平衡计算

由于蜗杆传动效率较低，工作时发热量大，若散热不良，将使减速器温度和油温不断升高，润滑油稀释，变质老化，润滑失效，导致齿面胶合。所以对连续工作的闭式蜗杆传动，应进行热平衡计算。所谓热平衡是指蜗杆传动单位时间内由摩擦产生的热量 H_1应小于(或等于)同时间内由箱体表面散发的热量 H_2，即 $H_1\leqslant H_2$，从而保证箱体内油温稳定在规定范围内。

单位时间内由摩擦产生的热量 $H_1=1000P_1(1-\eta)$，单位为 W。

同时间内由箱体表面散发的热量 $H_2=K_A(t_1-t_2)$，单位为 W。

根据热平衡条件 $H_1\leqslant H_2$得

$$t_1=\frac{1000P_1(1-\eta)}{KA}+t_0\leqslant70℃(最高不超过90℃) \tag{10-14}$$

若润滑油温度 t_1超过许可温度，可采用下列措施：

①在箱体壳外铸出散热片，增加散热面积 A。

②在蜗杆轴上装风扇[图 10-13(a)]，提高散热系数，此时 $K_s\approx20\sim28\text{W}/(\text{m}^2\cdot℃)$。

③加冷却装置。在箱体油池内装蛇形冷却管[图 10-13(b)]，或用循环油冷却[图 10-13(c)]。

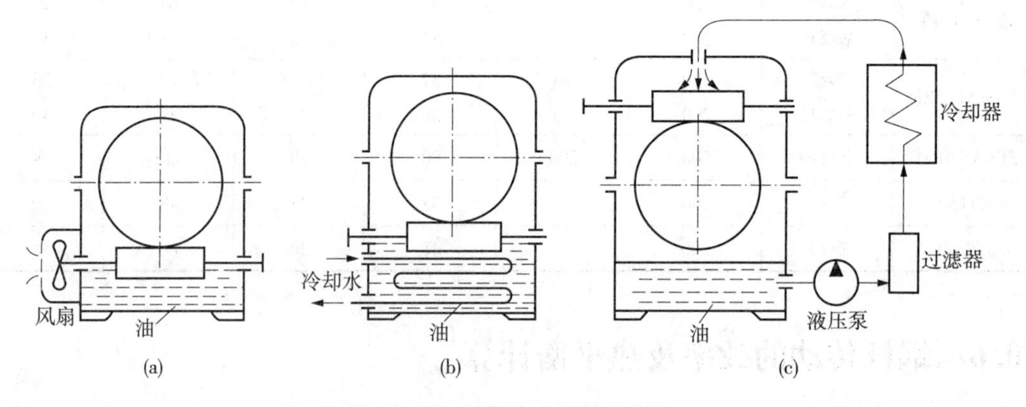

图 10-13 蜗杆传动的散热方法

10.7 蜗杆传动润滑

润滑对蜗杆传动特别重要，因为润滑不良时，蜗杆传动的效率将显著降低，并会导致剧烈的磨损和胶合。通常采用黏度较大的润滑油，为提高其抗胶合能力，可加入油性添加剂以提高油膜的刚度，但青铜蜗轮不允许采用活性大的油性添加剂，以免被腐蚀。

闭式蜗杆传动的润滑油黏度和润滑方法可参考表 10-9 选择。开式传动则采用黏度较高的齿轮油或润滑脂进行润滑。闭式蜗杆传动用油池润滑，在 $v_S\leqslant5\text{m/s}$ 时常采用蜗杆下置式，浸油深度约为一个齿高，但油面不得超过蜗杆轴承的最低滚动体中心，如图10-13(a)(b)所示；$v_S > 5$m/s 时常用上置式[图 10-13(c)]，油面允许达到蜗轮半径1/3 处。

表 10-9　蜗杆传动的润滑油黏度及润滑方法

滑动速度 v_S/(m/s)	<1	<2.5	<5	>5~10	>10~15	>15~25	>25
工作条件	重载	重载	中载	—	—	—	—
运动黏度 υ(40℃)/(mm^2/s)	1000	680	320	220	150	100	68
润滑方法	浸　油			浸油或喷油	喷油润滑，油压/MPa		
					0.07	0.2	0.3

小　结

本章介绍了蜗杆传动的类型、普通圆柱蜗杆传动的主要参数和几何尺寸、蜗杆传动的失效形式、设计准则和材料选择、蜗杆传动的受力分析、蜗杆传动的强度计算、蜗杆传动的效率及热平衡计算、蜗杆传动的安装与维护等基本知识。通过蜗杆传动的类型得到常用蜗杆传动类型。在普通圆柱蜗杆传动主要参数和几何尺寸中，对蜗杆传动的主要参数、几何尺寸进行计算。介绍了蜗杆传动的失效形式、设计准则和材料选择，阐述了蜗杆传动的相对滑动速度，蜗杆传动的主要失效形式，即胶合和磨损，对蜗杆材料的许用应力的计算。通过蜗杆传动的强度计算，得到蜗轮齿面接触疲劳强度计算、蜗轮齿根弯曲疲劳强度计算、蜗杆传动的效率、热平衡计算。

习　题

10-1　蜗杆传动有何特点，适用于什么场合？

10-2　蜗杆传动的模数和压力角是在哪个平面上定义的？蜗杆传动正确啮合的条件是什么？

10-3　如何选择蜗杆的头数 z_1、蜗轮的齿数 z_2？

10-4　设计蜗杆传动时如何确定蜗杆的分度圆直径 d_1 和模数 m，为什么要规定 m 和 d_1 的对应标准值？

10-5　蜗杆传动的失效形式是有哪几种、设计准则是什么？

10-6　蜗杆、蜗轮常用的材料有哪些，选择材料的主要依据是什么？

10-7　为什么蜗杆传动常采用青铜蜗轮而不采用钢制蜗轮？为什么青铜蜗轮常采用组合结构？

10-8　蜗杆传动的啮合效率与哪些因素有关？对于动力用蜗杆传动，为提高其效率常采用什么措施？

10-9　为什么对连续工作的闭式蜗杆传动要进行热平衡计算？若蜗杆传动的温度过高，应采取哪些措施?

10-10 标出题10-10图中未注明的蜗杆或蜗轮的旋向及转向(蜗杆为主动件)，并绘出蜗杆和蜗轮啮合点作用力的方向。

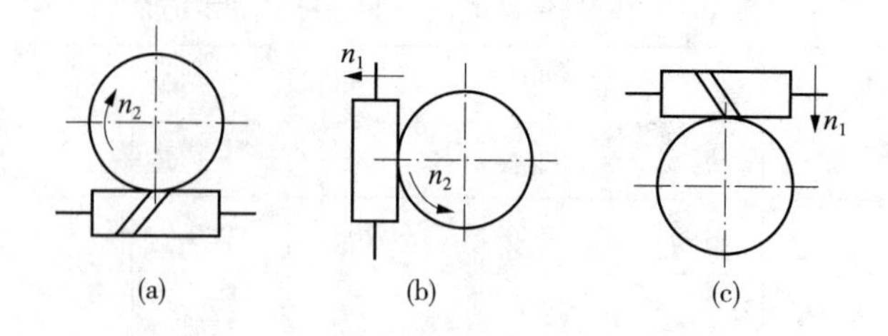

题10-10图

10-11 已知一蜗杆减速器中蜗杆的参数为 $z_1=2$ 右旋、$d_{a1}=48\text{mm}$、$p_{a1}=12.56\text{mm}$、中心距 $a=100\text{mm}$，试计算蜗轮的几何尺寸(d_2、z_2、d_{a2}、d_{f2}、β)。

10-12 一对阿基米德标准蜗轮机构，$z_1=2$，$z_2=50$，$m=8\text{mm}$，$q=10$，求传动比 i_{12} 和中心距 a、蜗杆导程角 γ。

第11章　齿轮系传动

本章提要

本章介绍了定轴轮系传动比的计算，行星轮系传动比的计算，组合行星轮系传动比的计算，轮系的功用，几种特殊行星传动简介。重点介绍了定轴轮系传动比的计算、行星轮系传动比的计算。

计算定轴轮系的传动比，并从动轮转向确定。行星轮系是一种先进的齿轮传动机构。由于行星传动机构中具有动轴线行星轮，采用合理的均载装置，由数个行星轮共同承担载荷，实行功率分流，并且合理地应用内啮合传动，计算出行星轮传动比计算和行星轮系各轮齿数的关系。由多对齿轮所组成的传动系统称为齿轮系，简称轮系。按照传动时各齿轮的轴线位置是否固定，轮系分为定轴轮系和行星轮系两种基本类型。

①定轴轮系。在图 11-1 所示的轮系中，传动时所有齿轮的几何轴线位置均固定不变，这种轮系统为定轴轮系。

②行星轮系。在图 11-2 所示的轮系中，传动时齿轮 g 的几何轴线绕齿轮 a，b 和构件 H 的共同轴线转动，这样的轮系统称为行星轮系。

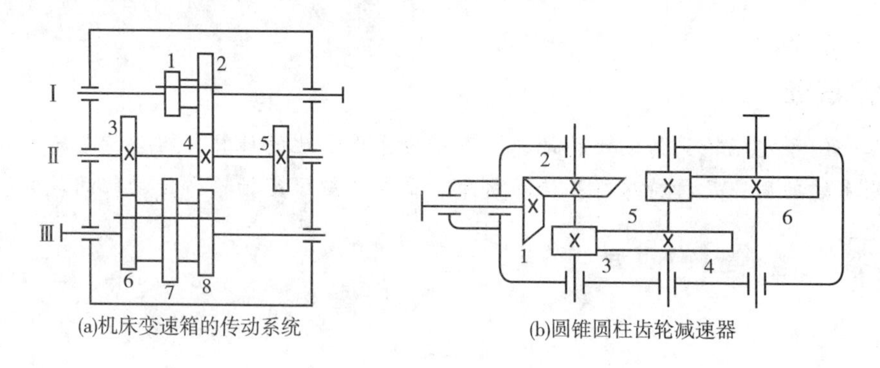

(a)机床变速箱的传动系统　　(b)圆锥圆柱齿轮减速器

图 11-1　定轴轮系

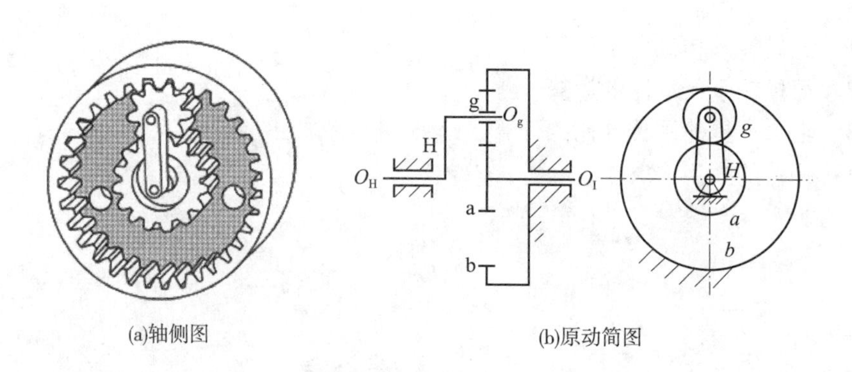

(a)轴侧图　　(b)原动简图

图 11-2　行星轮系

11.1　定轴轮系传动比的计算

11.1.1　轮系的传动比

轮系始端主动轮与末端从动轮的转速之比值，称为轮系的传动比，用 i_{1k} 表示。

$$i_{1k}=\frac{n_1}{n_k} \tag{11-1}$$

式中，n_1 为主动轮 1 的转速，r/min；n_2 为从动轮 k 的转速，r/min。

轮系传动比的计算，包括计算传动比的大小和确定从动轮的转向。

11.1.2 定轴轮系传动比的计算

1. 一对齿轮的传动比

设主动轮1的转速和齿数为n_1、z_1，从动轮2的转速和齿数为n_2、z_2，其传动比大小等于

$$i_{12}=\frac{n_1}{n_2}=\frac{z_2}{z_1}$$

圆柱齿轮传动的两轮轴线平行。对于外啮合传动[图11-3(a)]，两轮转向相反，传动比可用负号表示；内啮合传动[图11-3(b)]，两轮转向相同，传动比用正号表示。

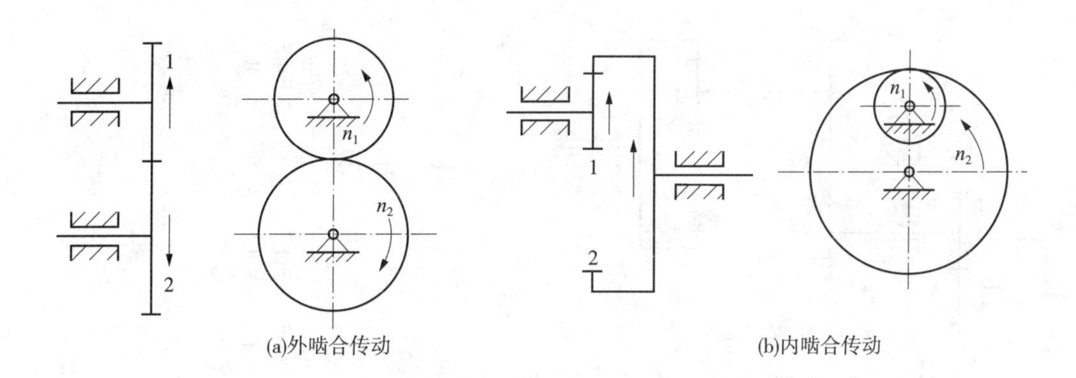

图11-3 圆柱齿轮传动

故其传动比可写为

$$i_{12}=\frac{n_1}{n_2}=\pm\frac{z_2}{z_1}$$

两轮的转向关系也可在图上用箭头来表示。如图11-4所示，以箭头方向表示主动轮看得见一侧的运动方向。用反向箭头(箭头相对或相背)来表示外啮合时两轮的相反转向，用同向箭头表示内啮合传动两轮的相同转向。

对于圆锥齿轮的轴线相交，不能说两轮的转向是相同或相反。因此，其转向关系便不能用传动比的正负来表示，只能在图上用箭头表示。两轮的转向箭头必须同时指向节点，或同时背离节点，如图11-4所示。

由于蜗杆传动两轴线在空间相交错成90°，同样，其转向关系亦不能用传动比的正负来表示，只能用画箭头的方法来确定，如图11-5所示。

2. 定轴轮系传动比大小的计算

在图11-6所示的定轴轮系中，齿轮1为始端主动轮，齿轮5为末端从动轮，则轮系传动比为$i_{15}=\frac{n_1}{n_5}$。下面讨论计算i_{15}大小的方法。

设各轮齿数分别为z_1、$z_{2'}$、z_3、$z_{4'}$、z_5，各对齿轮传动的传动比为

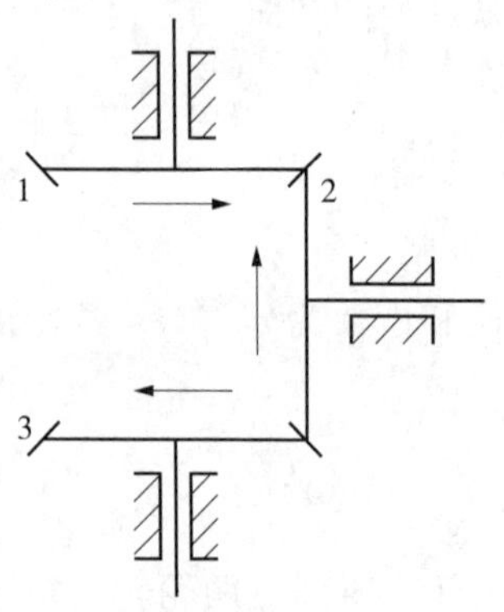

图 11-4　圆锥齿轮传动

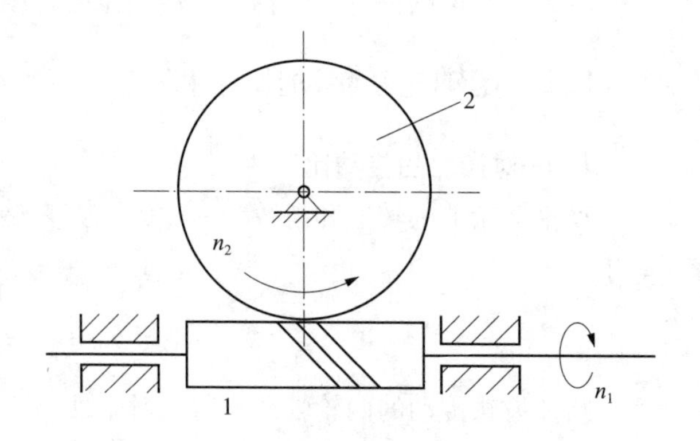

图 11-5　蜗杆传动

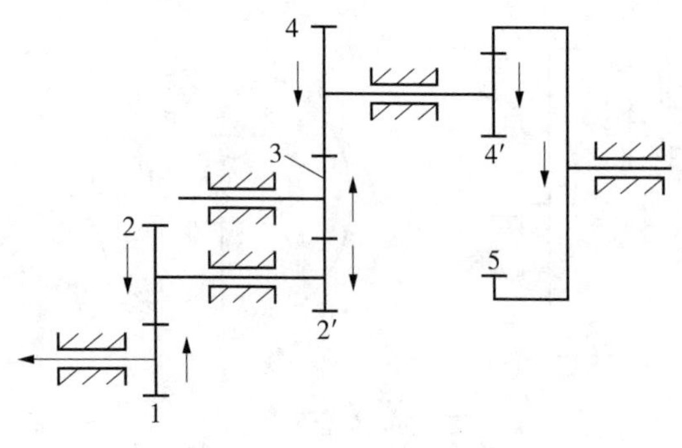

图 11-6　定轴轮系传动比分析

$$i_{12}=\frac{n_1}{n_2}=\frac{z_1}{z_2}$$

$$i_{2'3}=\frac{n_{2'}}{n_3}=\frac{z_3}{z_{2'}}$$

$$i_{34}=\frac{n_3}{n_4}=\frac{z_4}{z_3}$$

$$i_{4'5}=\frac{n_{4'}}{n_5}=\frac{z_5}{z_{4'}}$$

将以上等式两边连乘可得

$$i_{12}i_{2'3}i_{34}i_{4'5}=\frac{n_1}{n_2}\cdot\frac{n_{2'}}{n_3}\cdot\frac{n_3}{n_4}\cdot\frac{n_{4'}}{n_5}=\frac{z_2}{z_1}\cdot\frac{z_3}{z_{2'}}\cdot\frac{z_4}{z_3}\cdot\frac{z_5}{z_{4'}}$$

由于，$n_{2'}=n_2$，$n_{4'}=n_4$，则有

$$i_{15}=\frac{n_1}{n_5}=i_{12}i_{2'3}i_{34}i_{4'5}=\frac{n_1}{n_2}\cdot\frac{n_{2'}}{n_3}\cdot\frac{n_3}{n_4}\cdot\frac{n_{4'}}{n_5}=\frac{z_2z_4z_5}{z_1z_{2'}z_{4'}}$$

上式表明，该定轴轮系的传动比为各级传动比的连乘积，其大小等于各对齿轮中的从动轮齿数连乘积与主动齿轮数连乘积之比。上述结论也适用于任何定轴轮系。设齿轮 1 为始端主动轮，齿轮 k 为末端从动轮，则轮系传动比大小的计算通式为：

$$i_{1k}=\frac{n_1}{n_k}=\frac{\text{从动轮齿数连乘积}}{\text{主动轮齿数连乘积}} \tag{11-2}$$

当主动轮转速已知时，从动轮的转速为 $n_k=n_1/i_{1k}$。

3. 从动轮转向的确定

对于圆柱齿轮组成的定轴轮系，确定从动轮的转向有两种方法：

(1) $(-1)^m$法

由圆柱齿轮组成的定轴轮系，各轮轴线互相平行，主从动轮的转向不是相同就是相反，其转向关系可以用传动比的正负号表示。当二者转向相同时用正号，相反时用负号。

轮系中有 m 对外啮合传动，则主动轮至从动轮的回转方向将改变 m 次。因此传动比的正负号取决于外啮合齿轮对数 m，轮系主从动轮转向的异同，可用 $(-1)^m$ 来判定。将 $(-1)^m$ 放在式(11-2)齿数连乘积之比：

$$i_{1k}=(-1)^m\frac{n_1}{n_k}=\frac{\text{从动轮齿数连乘积}}{\text{主动轮齿数连乘积}}$$

可直接计算出传动比的大小和正负，这对计算圆柱齿轮组成的定轴轮系的传动比较为简便。在图 11-6 中，$m=3$，传动比为负值，说明齿轮 5 与齿轮 1 的转向相反。

注意：$(-1)^m$ 法只适用于圆柱齿轮所组成的定轴轮系。

(2)画箭头法

先画出主动轮的转向箭头，根据前述一对齿轮传动转向的箭头表示法，依次画出各轮的转向。在图 11-6 中用画箭头同样得出齿轮 5 和齿轮 1 转向相反的结果。

对于含有圆锥齿轮、蜗杆传动的定轴轮系，由于在轴线不平行的两齿轮传动比前加正负号没有意义，所以从动轮的转向只能用逐对标定齿轮转向箭头的方法来确定，而不能采用 $(-1)^m$ 法。总之，画箭头法是确定定轴轮系从动轮转向的普遍适用的基本方法。

【例 11-1】 图 11-7 所示为提升装置。其中各轮齿数为：$z_1=20$，$z_2=80$，$z_3=25$，$z_4=30$，$z_5=1$，$z_6=40$。试求传动比 i_{16}。并判断蜗轮 6 的转向。

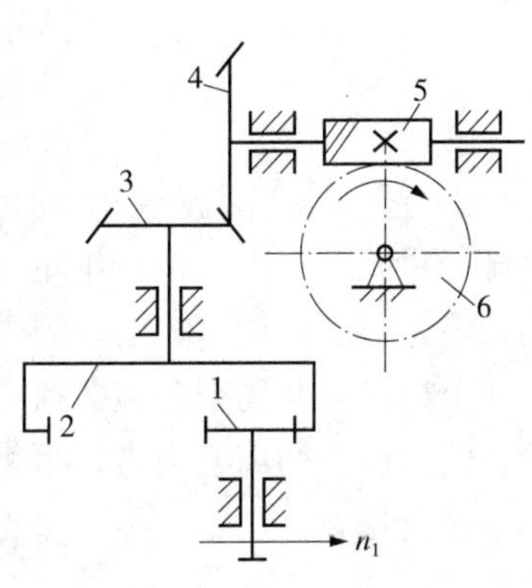

图 11-7　提升装置

解　因该轮系为定轴轮系，而且存在非平行轴传动，故应按式(11-1)计算轮系传动比的大小。

然后再按画箭头的方法确定蜗轮的转向如图所示。

$$i_{16}=\frac{z_2\,z_4\,z_6}{z_1\,z_3\,z_5}=\frac{80\times30\times40}{20\times25\times1}=192$$

11.2　行星轮系传动比的计算

行星轮系是一种先进的齿轮传动机构。由于行星传动机构中具有动轴线行星轮，采用合理的均载装置，由数个行星轮共同承担载荷，实行功率分流，并且合理地应用内啮合传动，以及输入轴与输出轴共轴线等，从而具有结构紧凑、体积小、质量小、承载能力大、传递功率范围及传动比范围大、运行噪声小、效率高及寿命长等优点。所以行星轮系传动在国防、冶金、起重、运输、矿山、化工、轻纺、建筑工业等部门的机械设备中，得到了越来越广泛的应用。我国现已制定了部分行星减速器的标准系列。

11.2.1　行星轮系的组成

图 11-8 所示为最常用的一种行星轮系的传动简图。齿轮 g 活套在构件 H 上，分别与外齿轮 a 和内齿轮 b 相啮合。构件 H、齿轮 a 和 b 三者的轴线必须重合，否则整个轮系不能转动。传动时，齿轮 g 一方面绕自身的几何轴线 O_g 转动(自转)，同时又随构件 H 绕固

定的几何轴线 O_H 回转(公转)，如同天空中的行星运动一样。

行星轮系有三种基本构件：

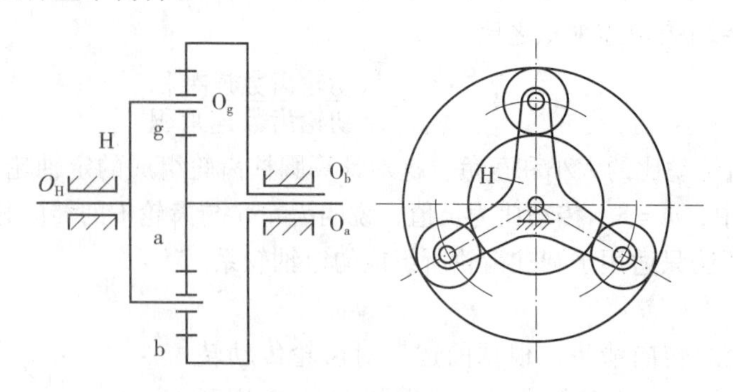

图 11-8　行星轮系的组成

①行星轮。作行星运动的齿轮，用符号 g 表示。从运动学角度来讲，图 11-7 所示的单排行星轮系只需 1 个行星轮。而在实际传递动力的行星减速器中，都采用多个完全相同的行星轮，最多达 12 个，通常为 2 ~6 个。各行星轮均匀地分布在中心轮四周。这样既可使几个行星轮共同来分担载荷，以减小齿轮尺寸，同时又可使各啮合处的径向分力和行星轮公转所产生的离心力得以平衡，以减小主轴承内的作用力，增加运转的平稳性。

②行星架。用于支承行星轮并使其得到公转的构件称行星架，用符号 H 表示，行星架又称系杆。

③中心轮。在行星轮系传动中，与行星轮相啮合且轴线位置固定的齿轮。用符号 K 表示，通常将外齿中心轮称为太阳轮，用符号 a 表示；将内齿中心轮称为内齿圈，用符号 b 表示。

11.2.2　行星轮系的分类

根据行星轮系基本构件的组成情况，可分为三种类型：

①2K-H 型。由两个中心轮(2K)和一个行星架(H)组成的行星齿轮传动机构。2K-H 型传动方案很多，由于 2K-H 型具有构件数量少，传动功率和传动比变化范围大，设计较容易等优点，因此应用最广泛。

②3K 型。有三个中心轮(3K)，其行星架不传递转矩，只起支承行星轮的作用。

③K-H-V 型。由一个中心轮(K)、一个行星架(H)和一个输出机构组成，输出轴用 V 表示。

行星轮系按啮合方式来命名有 NGW 型、NW 型和 NN 型等。N 表示内啮合(齿轮b-g)，W 表示外啮合(齿轮 a-g)，G 表示公用的行星轮 g。

11.2.3　行星轮系传动比的计算

行星轮系与定轴轮系的根本差别在于行星轮系中具有转动的行星架，从而使得行星轮既有自转又有公转。因此，行星轮系各构件间的传动比不能直接引用定轴轮系传动比的公式来计算。

在图 11-9(a)所示的 2K-H 型行星轮系中，行星轮、中心轮(a、b)和行星架的转速分别为 n_g、n_a、n_b、n_H。设想给整个行星轮系加上一个和行星架 H 的转速 n_H 大小相等方向相反且绕定轴线的公共转速(n_H)后，根据相对运动原理，各构件间的相对运动关系并不发生变化，正如手表中各指针间的相对运动关系不随手臂运动而改变一样。这样，行星架的绝对速度为零。

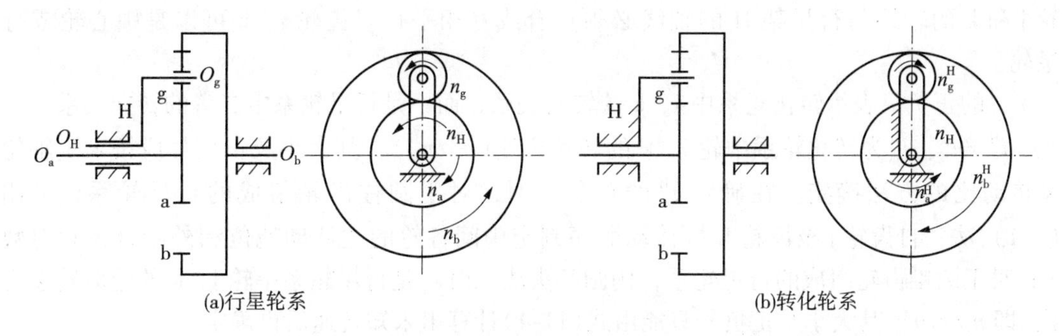

(a)行星轮系　　(b)转化轮系

图 11-9　行星轮系与其转化轮系

各构件在转化前后的转速见表 11-1 所列。

表 11-1　各构件在转化前后的转速

构　件	行星轮系中的转速 n	转化轮系中的转速 n_H
中心轮 a	n_a	$n_a^H = n_a - n_H$
中心轮 b	n_b	$n_b^H = n_b - n_H$
行星轮 g	n_g	$n_g^H = n_g - n_H$
行星架 H	n_H	$n_H^H = n_h - n_H = 0$

转化轮系中齿轮 a 与齿轮 b 的传动比为

$$i_{ab}^H = \frac{n_a^H}{n_b^H} = \frac{n_a^H - n_H}{n_b - n_H} = (-1)^1 \frac{z_g z_b}{z_a z_g} = -\frac{z_b}{z_a}$$

$$i_{ab}^H = \frac{n_a - n_H}{n_b - n_H} = -\frac{z_b}{z_a} \tag{11-3}$$

式中，负号表示齿轮 a、b 在转化轮系中的转向相反。

式(11-3)虽然求出的是转化轮系的传动比，但它却给出了行星轮系中构件的绝对转速与齿数的关系。由于各轮齿数均已知，当给定 n_a、n_b和 n_H中的任意两个，便可求出第三个转速，从而计算出行星轮系的传动比。因此，借助于转化轮系传动比的计算式，求出各构件绝对转速之间的关系，是行星轮系传动比计算的关键步骤。这也是处理问题的一种思想方法。

由式(11-3)的推导过程可以看出，若传动比 i_{ab}^H已知，计算 $n_a n_b$和 n_H，需要给定其中两个构件的运动，才能确定另一构件的运动，即机构的自由度为 2。这种自由度为 2 的行星轮系称为差动轮系。

将上述分析推广到一般情形。设齿轮 j 为主动轮，齿轮 k 为从动轮，则行星轮系的转

化轮系传动比的一般计算式为

$$i_{jk}^{H}=\frac{n_{j}^{H}}{n_{k}^{H}}=\frac{n_{j}-n_{H}}{n_{k}-n_{H}}+\frac{\text{轮 j 至轮 k 从动轮齿数连乘积}}{\text{轮 j 至轮 k 从动轮齿数连乘积}} \tag{11-4}$$

应用式(11-4)时必须注意：

由于对各构件所加的公共转速($-n_H$)与各构件原来的转速是代数相加的，所以齿轮 j 和 k 的轴线与行星架 H 的轴线必须重合或互相平行。齿轮 j、k 可以是中心轮或行星轮。

i_{jk}^{H}的正负只表示转化轮系中 j、k 的转向关系，而不是行星轮系中二者的转向关系。

$i_{jk}^{H}\neq i_{jk}$。i_{jk}^{H}为转化轮系中轮 j、k 的转速之比(n_j^H/n_k^H)，其大小及正负号应按求定轴轮系传动比的方法确定。在确定 i_{jk}^{H} 的正负号时，对于圆柱齿轮组成的行星轮系，可用$(-1)^m$法，自齿轮 j 至齿轮 k 按传动顺序判定中间各轮的主从动地位和外啮合齿轮对数 m；对于圆锥齿轮组成的行星轮系，用画箭头法。而 i_{jk}是行星轮系中轮 j、k 的绝对转速之比(即 n_j/n_k)，其大小及正负号只能由式(11-4)计算出未知转速后再确定。

将已知转速代入式(11-4)求解未知转速时，应注意转向。若假定某一方向的转动为正，其相反方向的转向就是负。必须将转速大小连同其符号一同代入公式计算。

【例 11-2】 在图 11-10 所示差动轮系中，各轮的齿数为：$z_1=15$，$z_2=25$，$z_2'=z_3=60$。已知 $n_1=200\text{r/min}$、$n_3=50\text{r/min}$，转向如图上箭头所示。试求行星架 H 的转速 n_H。

解 设转速 n_1 为正，因 n_3 的转向与 n_1 相反，故转速 n_3 为负，则

$$i_{13}^{H}=\frac{n_1-n_H}{n_3-n_H}=(-1)^1\ \frac{z_2z_3}{z_1z_2'}$$

从而

$$\frac{200-n_H}{-50-n_H}=-\frac{25\times60}{15\times20}$$

解得

$$n_H=-8.33\text{r/min}$$

负号表示 n_H 的转向与 n_1 相反，而与 n_3 相同。

【例 11-3】 图 11-11 所示为圆锥齿轮组成的轮系，已知各轮齿数 $z_1=45$，$z_2=30$，$z_3=z_4=20$；$n_1=60\text{r/min}$，$n_H=100\text{r/min}$，若 n_1与 n_H转向相同，试求 n_4、i_{14}。

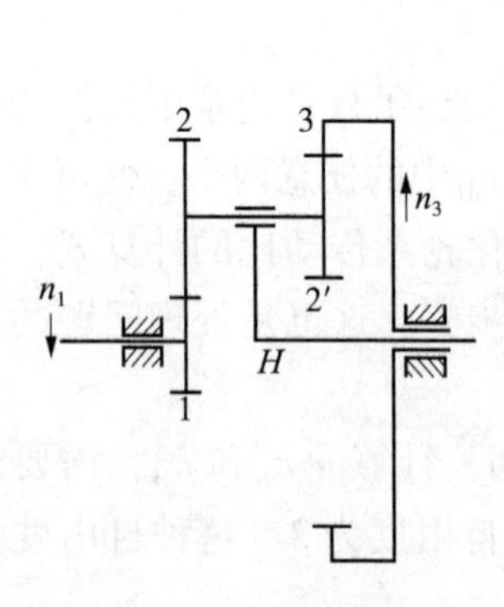

图 11-10 差动轮系

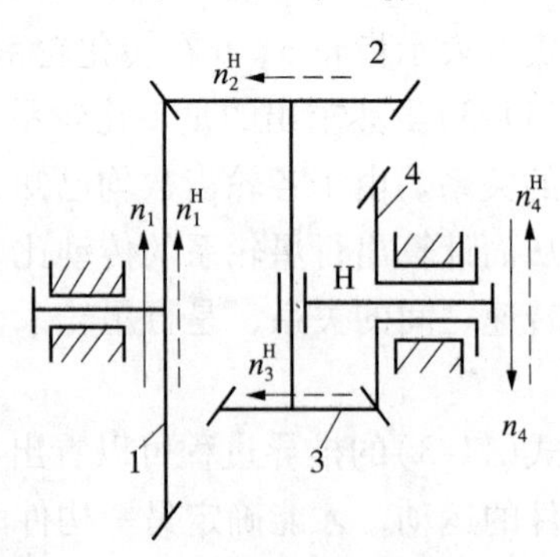

图 11-11 圆锥齿轮行星轮系

解 由式(11-4)得

$$i_{14}^{\mathrm{H}}=\frac{n_1-n_{\mathrm{H}}}{n_4-n_{\mathrm{H}}}=\pm\frac{z_2z_4}{z_1z_3}\pm\frac{30\times20}{40\times20}$$

用画箭头的方法可知转化轮系中 n_1^{H} 与 n_4^{H} 的转向相同，故 i_{14}^{H}应为正值。即

$$i_{14}^{\mathrm{H}}=\frac{n_1-n_{\mathrm{H}}}{n_4-n_{\mathrm{H}}}=\frac{30}{45}$$

将 $n_1=60\mathrm{r/min}$，$n_{\mathrm{H}}=100\mathrm{r/min}$ 代入上式得

$$\frac{60-180}{n_4-180}=\frac{30}{45}$$

解得 $n_4=40\mathrm{r/min}$，由此得

$$i_{14}=\frac{n_1}{n_4}=\frac{60}{40}=1.5$$

正号表明1、4两齿轮的实际转向相同。

11.2.4 行星轮系各轮齿数的关系

在行星轮系中，各轮齿数的多少应满足以下四个条件：传动比条件、同心条件、装配条件和邻接条件。现以图11-2所示的单排2K-H型行星轮系为例，简要说明如下：

(1)传动比条件

行星轮系应能保证实现给定的传动比，得

$$\frac{z_{\mathrm{b}}}{z_{\mathrm{a}}}=i_{\mathrm{aH}}-1 \tag{11-5}$$

(2)同心条件

行星轮系要能够正常回转，行星架的回转轴线应与中心轮的几何轴线相重合。当采用标准齿轮传动或等移距变位齿轮传动时，内齿圈b的分度圆半径 r_{b}应等于太阳轮a的分度圆半径 r_{a}与行星轮g的分度圆直径($2r_{\mathrm{g}}$)之和，即

$$r_{\mathrm{b}}=r_{\mathrm{a}}+2r_{\mathrm{g}}$$

$$z_{\mathrm{b}}=z_{\mathrm{a}}+2z_{\mathrm{g}} \tag{11-6}$$

(3)安装条件

为使各行星轮都能装入两个中心轮之间且均匀分布，两中心轮的齿数和 $z_{\mathrm{a}}+z_{\mathrm{b}}$应为行星轮数目 k 的整数倍 N，即

$$\frac{z_{\mathrm{a}}+z_{\mathrm{b}}}{k}=N \tag{11-7}$$

(4)邻接条件

为保证相邻两行星轮的齿顶不致相碰撞，应使其中心距大于行星轮的齿顶圆直径。若采用标准齿轮，齿顶高系数为 h_{a}^*，则

$$(z_{\mathrm{a}}+z_{\mathrm{g}})\sin\frac{180^\circ}{k}>z_{\mathrm{g}}+2h_{\mathrm{a}}^* \tag{11-8}$$

11.3 组合行星轮系传动比的计算

计算组合行星轮系传动比的一般方法步骤如下：

(1)正确划分出基本类型的轮系

由于计算定轴轮系与行星轮系传动比的方法不同，要计算组合行星轮系的传动比，就须首先把轮系中的定轴轮系部分和行星轮系部分正确地划分出来。关键是划分出单个基本行星轮系(多为2K-H型)。其方法如下：

①先找出几何轴线运动的行星轮。

②找出支承行星轮的行星架。应当注意：行星架不一定呈简单的杆形，它既可能为盘形、壳体形等，也可能是齿轮或带轮兼具行星架的功能。

③找出与行星轮直接啮合且绕固定轴线转动的中心轮。

④由于行星轮、行星架、中心轮和机架组成单个行星轮系。需要指出的是，每个基本行星轮系只能含有一个行星架；而同一个行星架可能为几个不同的行星轮系所共用。

划分出行星轮系后，其余的则为定轴轮系。

(2)分别列出传动比计算式

分清行星轮系和定轴轮系以后，按照前述方法分别列出行星轮系的转化轮系传动比计算式和定轴轮系传动比的计算式。

(3)联立求解

将各个传动比关系式联立，消去不需要的量，解出待求的未知量。

在列传动比计算式和联立求解时，应特别注意传动比的符号和各构件的回转方向，切勿弄错和漏掉。弄清符号是正确求解的又一关键。

11.4 轮系的功用

轮系的功用很多，主要以下几个方面：

11.4.1 实现相距较远的两轴间运动和动力的传递

在齿轮传动中，当主从动轴间的距离较远时，如果只用一对齿轮来传动(如图11-12中的齿轮1和2)，齿轮的尺寸势必很大。这样，既增大了机器的结构尺寸和质量，又浪费材料，而且制造安装都不方便。若改用两对齿轮a、b、c、d组成的轮系来传动，就可使齿轮尺寸小得多，制造安装也较方便。

11.4.2 实现分路传动

利用轮系可以使一根主动轴带动若干根从动轴同时转动，获得所需的各种转速。例如，图11-13所示的钟表传动示意图中，由发条盘驱动齿轮1转动时，通过齿轮1与齿轮2的啮合命名分针M转动；同时由齿轮1、2、3、4、5、6组成的轮系可使秒针S获得一种转速；由齿轮1、2、9、10、11、12组成的轮系可使时针H获得另一种转速。按传动比的计算，如适当选择各轮的齿数，便可得到时针、分针、秒针之间所需的走时关系。

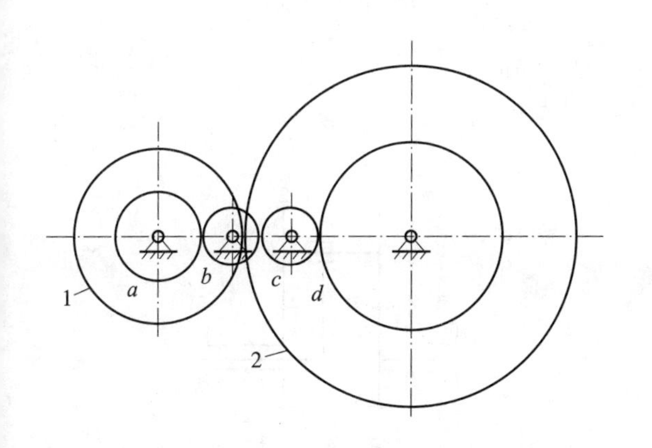

图 11-12 利用轮系减小传动尺寸

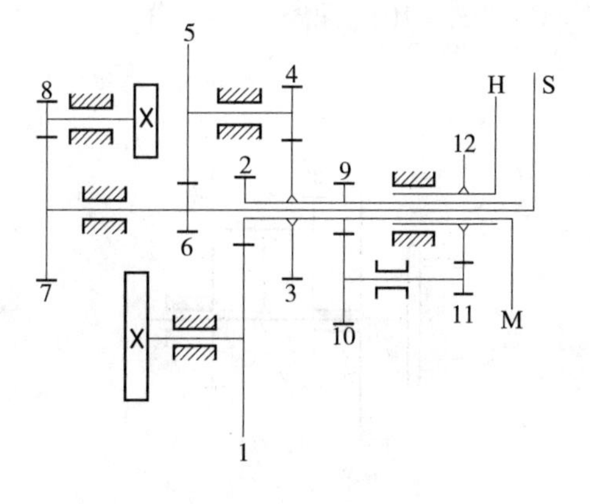

图 11-13 钟表传动示意图

11.4.3 实现变速传动

金属切削机床、汽车、起重设备等机械中，在主轴转速不变的情况下，输出轴需要有多种转速(即变速传动)，以适应工作条件的变化。如图 11-14 所示汽车变速箱，输入轴Ⅰ与发动机相连，输出轴Ⅳ与传动轴相连，Ⅰ轴与Ⅳ轴之间采用了定轴轮系。当操纵杆移动齿轮 4 或 6，使其处于啮合状态时，可改变输出轴的转速及方向。

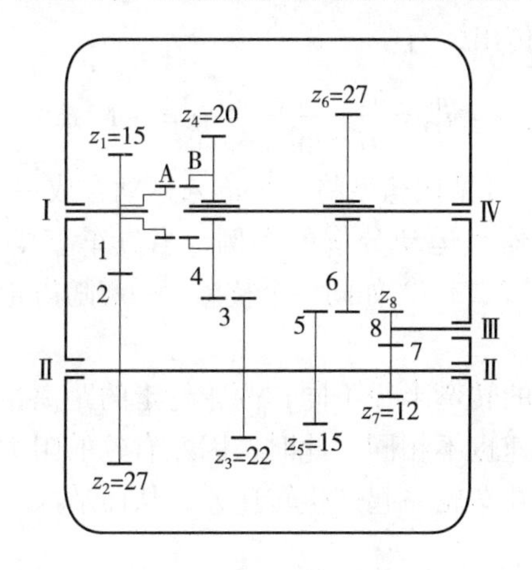

图 11-14 汽车变速箱

11.4.4 获得较大的传动比

当两轴间的传动比要求较大而结构尺寸要求较小时，可采用定轴轮系或行星轮系来达到目的。如图 11-15 所示自动进刀读数装置的行星轮系，若已知 $z_a=100$，$z_g=z_f=20$，$z_b=99$。则主动手柄 K 与读数盘 W(从动轮)的传动比 i_{ab}^{H}有

$$i_{ab}^{H}=\frac{n_a-n_H}{n_b-n_H}=\frac{z_g z_b}{z_a z_f}=\frac{20\times 99}{100\times 20}(\text{其中 } n_b=0)$$

解式得 $i_{Ha}=100$。

又如图 11-16 所示渐开线少齿差行星减速器，若已知各轮齿数：$z_1=100$，$z_2=99$，

$z_2' = 100$，$z_3 = 101$，得

$$i_{13}^{H} = \frac{n_1 - n_H}{n_3 - n_H} = \frac{n_1 - n_H}{0 - n_H}$$

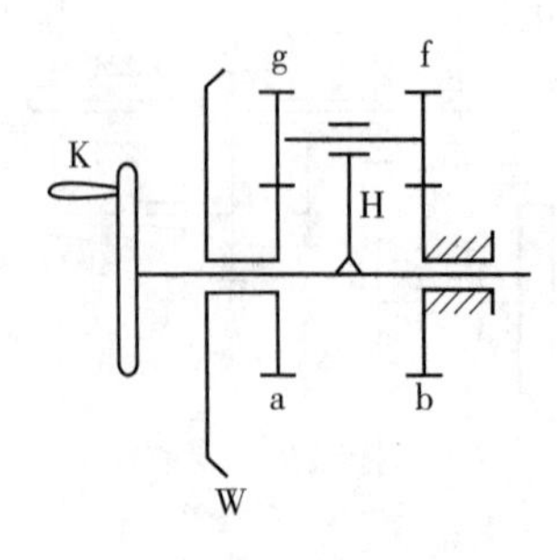

图 11-15　自动进刀读数装置

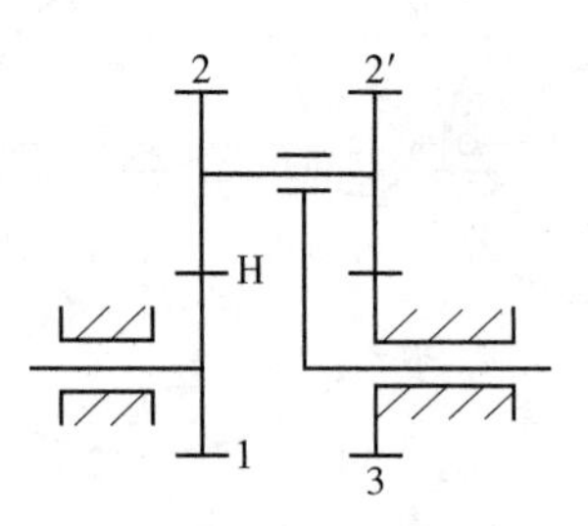

图 11-16　少齿差行星轮系

求出 $i_{H1} = 10000$；为正，说明行星架的转向与齿轮 1 的相同。

由此例可知，行星架 H 转 10000 圈太阳轮只转 1 圈，表明机构的传动比很大。

11.4.5　实现运动的合成和分解

如图 11-17 所示滚齿机行星轮系中，$z_1 = z_3$，分齿运动由轮 1 传入，附加运动由行星架 H 传入，合成运动由齿轮 3 传出，有

$$i_{13}^{H} = \frac{n_1 - n_H}{n_3 - n_H} = -\frac{z_3}{z_1} = -1$$

解上式得 $n_3 = 2n_H - n_1$，可见该轮系将两个输入运动合成一个输出运动。

图 11-18 所示汽车差速器是运动分解的实例，当汽车直线行驶，左右两后轮转速相同，行星轮不自转，齿轮 1、2、3、2′如同一个整体，一起随齿轮 4 转动，此时 $n_3 = n_4 = n_1$，差速器起到联轴器的作用。

汽车转弯时，左右两轮的转弯半径不同，两轮行走的距离也不相同，为保证两轮与地面做纯滚动，要求两轮的转速也不相同。此时，因左右轮的阻力不同使行星轮自转，造成左右半轴齿轮 1 和 3 连同左右车轮一起产生转速差，从而适应了转弯的需求。差速器此时起到运动分解的作用。

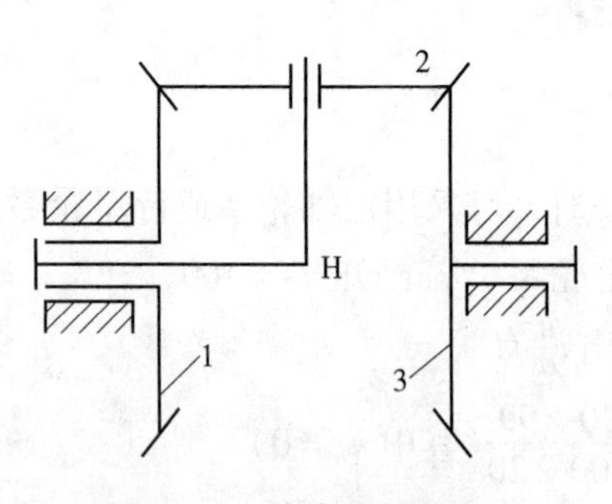

图 11-17　滚齿机行星轮系

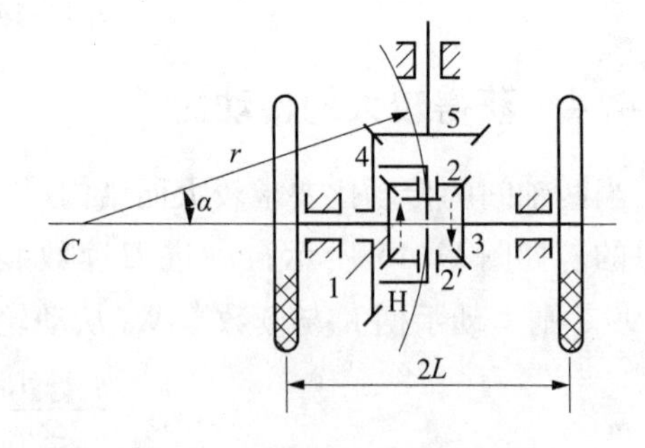

图 11-18　汽车后桥差速器

小　　结

本章介绍了定轴轮系传动比的计算、行星轮系传动比的计算、组合行星轮系传动比的计算、轮系的功用、几种特殊行星传动简介等基本知识。通过学习要掌握定轴轮系、周转轮系及混合轮系的传动比的计算方法和转向确定方法，并对新型行星齿轮传动及特点有所了解。在运用反转法计算周转轮系传动比时，应特别注意转化轮系传动比计算式中的转向正负号的确定，并区分行星系和差动轮系的传动比计算的特点。混合轮系传动比计算的要点是如何正确划分各个基本轮系，划分的关键是先找出轮系中的周转轮系部分。轮系的组成情况和运动传递情况十分复杂，在掌握基本轮系和典型轮系的基础上，可创新设计出功能独特的混合轮系。

习　　题

11-1　定轴轮系中，输入轴与输出轴之间的传动比如何确定？与主动齿轮、从动轮的齿数有何关系？如何判定输出轴的转向？

11-2　在题11-2图所示的行星轮系中，已知系杆H的角速度ω_H及各轮的齿数z_1、z_2、$z_{2'}$、z_3（或半径r_1、r_2、$r_{2'}$、r_3）。试求齿轮3的角速度ω_3。

11-3　在题11-3图所示的行星轮系中，已知各轮的齿数：$z_1=98$，$z_2=100$，$z_{2'}=102$，$z_3=100$。试求轮系的传动比。

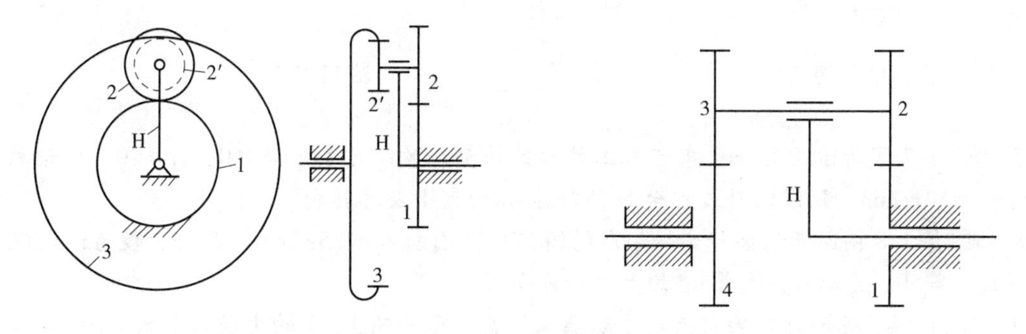

题11-2图　　　　题11-3图

11-4　题11-4图所示为输送机传动装置，为了降速及远距离传动，采用了减速箱及链传动，带传动等机构，其中减速箱是机械传动中常用的装置。已知各轮齿数：$z_1=17$，$z_2=51$，$z_{2'}=17$，$z_3=60$，$z_{3'}=18$，$z_4=34$，滚筒直径$d=360$mm。试求输送带的速度，并指出电动机的转向。

11-5　在题11-5图所示的定轴轮系中，已知各轮齿数$z_1=20$，$z_2=50$，$z_3=15$，$z_4=30$，$z_5=1$，$z_6=40$。试求传动比i_{16}，并标出蜗轮的转向。

11-6　题11-6图为机床主轴变速箱传动简图。已知电动机转速$n_1=1440$r/min，带轮直径$D_1=125$mm，$D_2=250$mm；各齿轮齿数如图所示。试求：①机床主轴可获得多少种转速？②机床主轴的最低及最高输出转速各是多少？

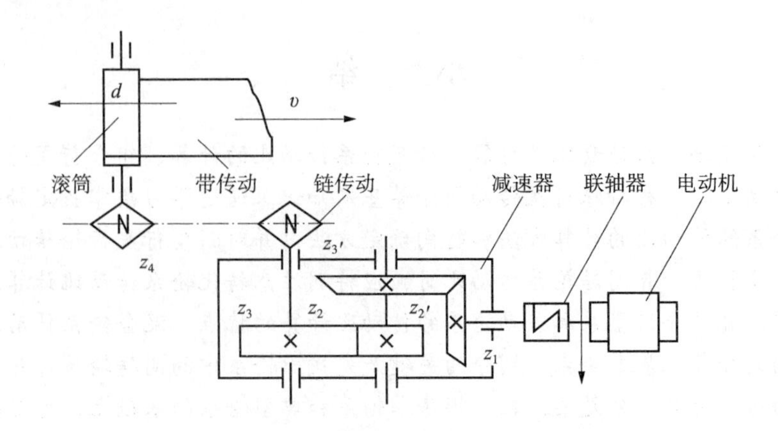

题 11-4 图

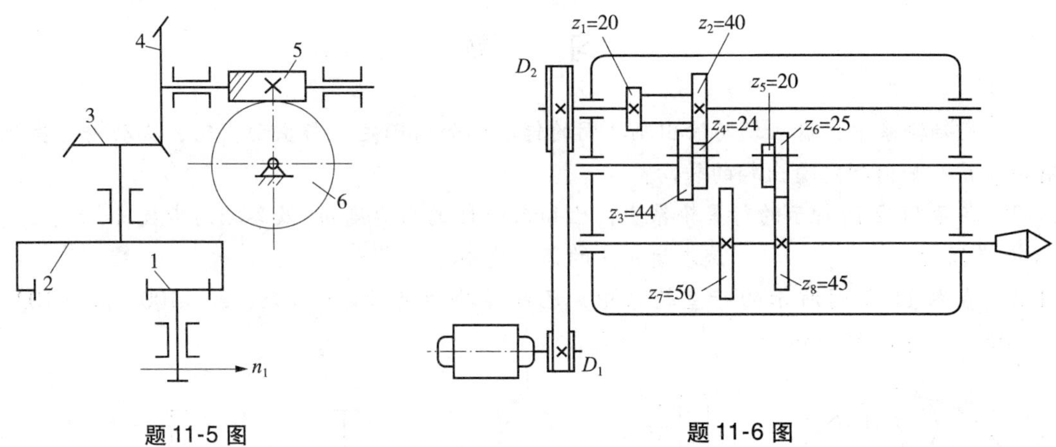

题 11-5 图　　　　题 11-6 图

11-7　题 11-7 图所示为某一机床回转工作台的传动机构。已知 $z_1=160$，$z_2=20$，电动机转速 $n_M=14\mathrm{r/min}$。试求回转工作台 H 的转速 n_H 的大小及其转向。

11-8　在题 11-8 图所示的圆锥齿轮组成的轮系中，已知 $n_a=85\mathrm{r/min}$，各轮齿数为 $z_a=20$，$z_g=30$，$z_f=50$，$z_b=80$。试求 n_H 的大小和方向。

11-9　题 11-9 图所示为车床溜板箱手动操纵机构。已知轮 1、2 的齿数为杂 $z_1=16$，$z_2=$

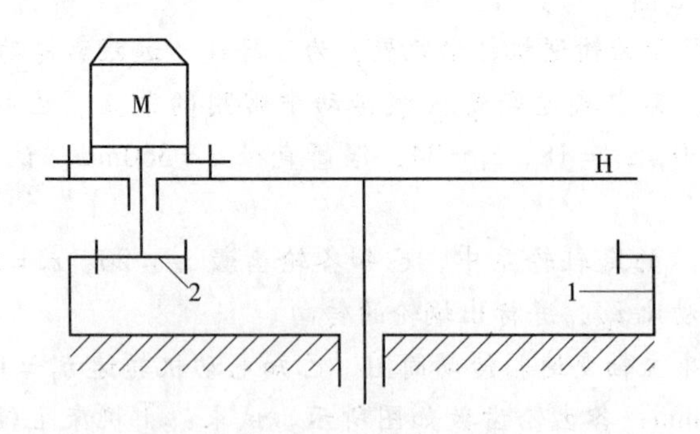

题 11-7 图

80；齿轮3的齿数为 $z_3 = 13$，模数 $m = 2.5\text{mm}$，与齿轮3啮合的齿条被固定在床身上。试求当溜板箱移动速度为1m/min时手轮的转速。

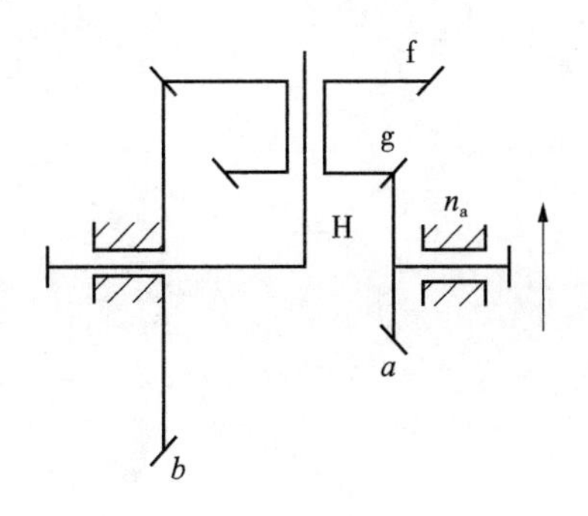

题11-8图

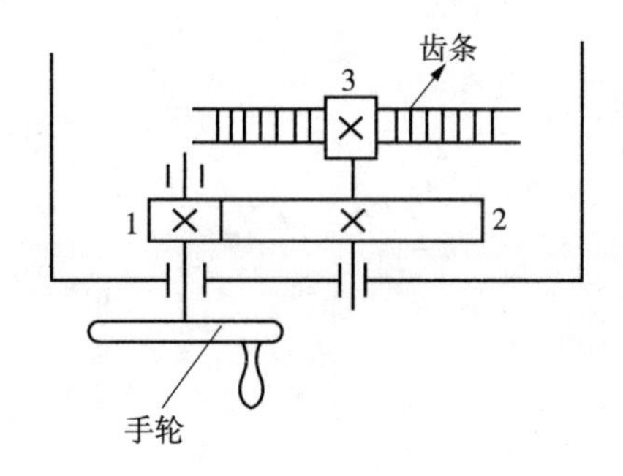

题11-9图

第12章　螺纹连接

本章提要

本章介绍了螺纹连接概述、常用螺纹的类型特点和应用，螺纹连接的类型和螺纹紧固件，螺纹连接的预紧和放松，螺栓的强度计算，螺栓连接的结构设计，重点介绍螺栓的强度计算。

螺栓连接的强度计算，主要是根据连接的类型、连接的装配情况(是否预紧)和受载状态等条件，确定螺栓的受力；然后按相应的强度条件计算螺栓危险截面的直径(螺纹小径)或校核其强度——主要是普通螺栓连接的强度计算和受剪螺栓连接的强度计算。

机械制造中，连接是指被连接零件之间的固定接合。就机械零件而言，被连接零件有轴与轴上零件(如齿轮、飞轮)、轮缘与轮心、箱体与箱盖、焊接零件中的钢板与型钢等。专门用于连接的零件称为连接件，又称紧固件，如螺栓、螺母、销等。有些连接则没有专门的紧固件，如被连接本身变形组成的过盈连接、利用分子结合力组成的焊接和粘接等。连接分为可拆的和不可拆的。允许多次装拆而无损于使用性能的连接称为可拆连接，如螺纹连接、键连接和销连接；若不损坏组成零件就不能拆开的连接则称为不可拆连接，如焊接、粘接和铆接。本章只讨论可拆连接。

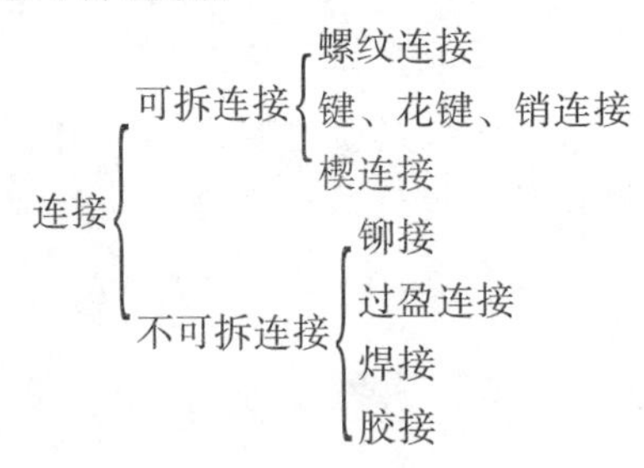

可拆连接是指连接拆开时，不破坏连接中的零件，重新安装，即可继续使用的连接。不可拆连接是指连接拆开时，要破坏连接中的零件、不能继续使用的连接。过盈连接介于可拆和不可拆之间，一般宜用作不可拆连接，因一经拆开，虽仍可使用，但会引起表面损坏和配合松动；但过盈量小的，如滚动轴承套圈，虽多次装拆轴承对连接损伤也不大，可视为可拆连接。设计中选用何种连接，主要取决于使用要求和经济要求。一般说来，采用可拆连接是由于结构、安装、维修和运输上的需要；而采用不可拆连接，主要是由于工艺和经济上要求。螺纹连接是利用具有螺纹的零件构成一种可拆连接，主要有结构简单、装拆方便、成本低廉、工作可靠、互换性强、供应充足等优点，所以螺纹连接应用非常广泛。

12.1 概述、常用螺纹的类型特点和应用

12.1.1 螺纹的主要参数

普通螺纹的主要几何参数有：螺纹大径 $d(D)$、小径 $d_1(D_1)$、中径 $d_2(D_2)$、螺距 P、螺纹线数 n、导程 L、螺旋升角 λ、牙型角 α、牙型斜角 β。其中 D、D_1、D_2用于内螺纹，螺纹的大径为公称直径。螺距与导程的关系为 $S=nP$。

下面以圆柱螺纹为例，说明螺纹的主要几何参数(图 12-1)：

①大径 d。与外螺纹牙顶(或内螺纹牙底)相重合的假想圆柱体的直径。

②小径 d_1。与外螺纹牙底(或内螺纹牙顶)重合的假想圆柱体的直径。

③中径 d_2。假想圆柱的直径，该圆柱的母线上牙型沟槽和凸起宽度相等。

④螺距 P。相邻两牙在中径线上对应两点间的轴向距离。

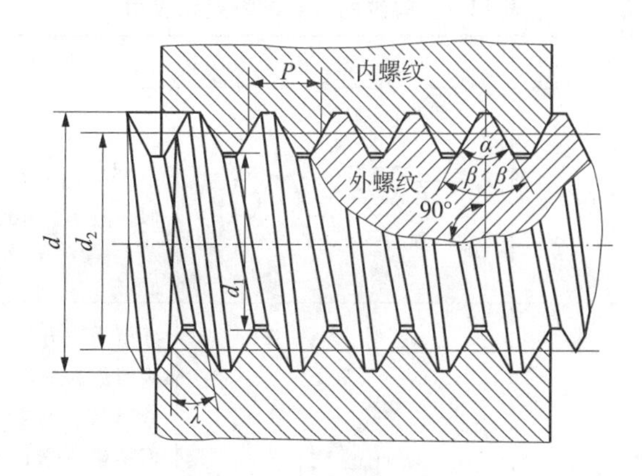

图 12-1 螺纹的主要参数

⑤导程 S。同一条螺旋线上的相邻两牙在中径线上对应两点间的轴向距离。设螺旋线数为 n，则 $S=nP$。

⑥螺纹升角 λ。中径 d_2 圆柱上，螺旋线的切线与垂直螺纹轴线的平面间的夹角(图 12-1)。

$$\tan\lambda=\frac{S}{\pi d_2}=\frac{nP}{\pi d_2}$$

⑦牙型角 α。轴向截面内构成螺纹牙型的两侧边的夹角称为牙型角。牙型侧边与垂直于螺纹轴线的平面之间的夹角称为牙型斜角 β。对于对称牙型，$\beta=\alpha/2$。

12.1.2 螺纹的类型、特点和应用

根据螺纹的牙型，可分为三角形螺纹、矩形螺纹、梯形螺纹和锯齿形螺纹等，其形状及代号见表 12-1 所列；根据螺旋线方向，可分为左旋[图 12-2(a)]和右旋[图 12-2(b)]螺纹(当螺纹轴线垂直放置时，螺纹自左到右升高者，称为右旋，反之为左旋)，一般常用右旋；根据螺旋线的数目，螺纹分为单线[图 12-2(a)]和多线[图 12-2(b)]，按螺距(大径相同时)分，可分为粗牙螺纹和细牙螺纹；按母体形状分，可分为圆柱螺纹和圆锥螺纹。

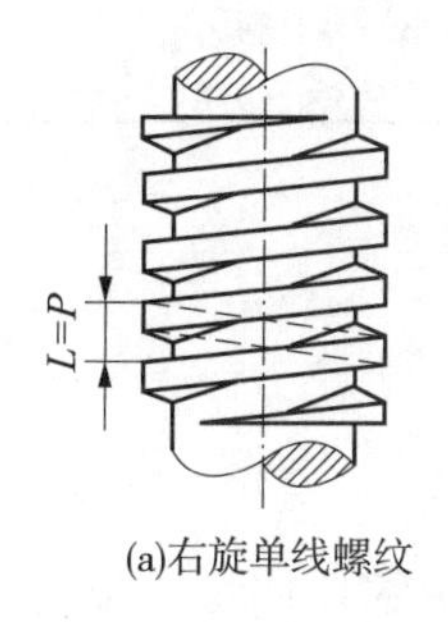

(a)右旋单线螺纹

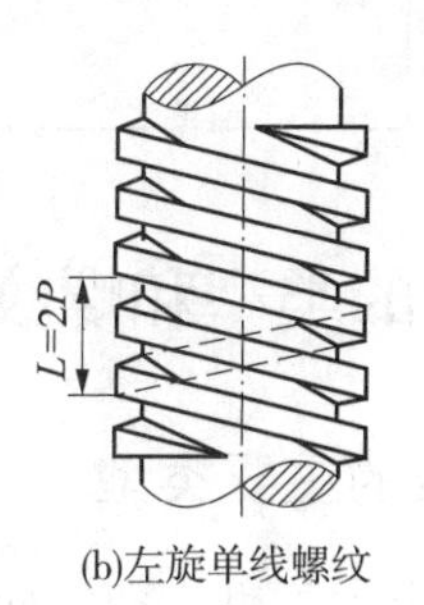

(b)左旋单线螺纹

图 12-2 螺纹旋向与线数

根据采用的标准制度不同，螺纹分为米制螺纹和英制螺纹，牙型角为 60°的三角形圆柱螺纹，称为普通螺纹。凡牙型、大径和螺距等都符合国家标准的螺纹，称为标准螺纹。

表 12-1 螺纹的分类、特点和应用

种类		代号	牙型图	特点	应用
管螺纹	60°圆锥管螺纹 GB/T 12716—2012	NPT	P d φ 60°	与55°圆锥管螺纹相似，但牙型角α=60°	用于汽车、拖拉机、航空机械、机床等燃料、油、水、气输送系统的管连接
矩形螺纹		—	P d	牙型为正方形、牙厚为螺距的一半，传动效率较其他螺纹高，但精确制造困难(为便于加工，可给出10°的牙型角)，螺纹副磨损后的间隙难以补偿或修复，对中精度低，牙根强度弱	一般用于力的传递，如千斤顶小的压力机等
梯形螺纹 GB/T 5796.1～5796.4—2005		T_r	P d 30°	牙型角α=30°，螺纹副的小径和大径处有相等的间隙。与矩形螺纹相比，效率略低，但工艺性好，牙根强度高，螺纹副对中性好，可以调整间隙(用剖分螺纹时)	应用较广，用于传动螺旋，常用于丝杠、刀架丝杆等
锯齿形螺纹 GB/T 13576.1～13576.4—2008		B	P γ d 30°	工作面的牙型斜角为3°，非工作面的牙型斜角为30°，综合了矩形螺纹效率高和梯形螺纹牙强度高的特点	用于单向受力的传力螺旋，如轧钢机的压下螺旋、螺旋压力机、水压机、起重机的吊钩等

12.2 螺纹连接的类型和螺纹紧固件

12.2.1 螺纹连接的主要类型

螺纹连接有四种基本类型，即螺栓连接、双头螺柱连接、螺钉连接和紧定螺钉连接，前两种需拧紧螺母才能实现连接，后两种不需要螺母。现将它们的结构、特点和应用列于表12-2，设计时可按被连接件强度、装拆次数及被连接件厚度、结构尺寸等具体条件选用。

螺纹连接除上述四种基本类型外，还有一些特殊结构的连接。

表 12-2　螺纹连接的基本类型、特点及应用

类型	结构图	尺寸关系	特点与应用
普通螺栓连接	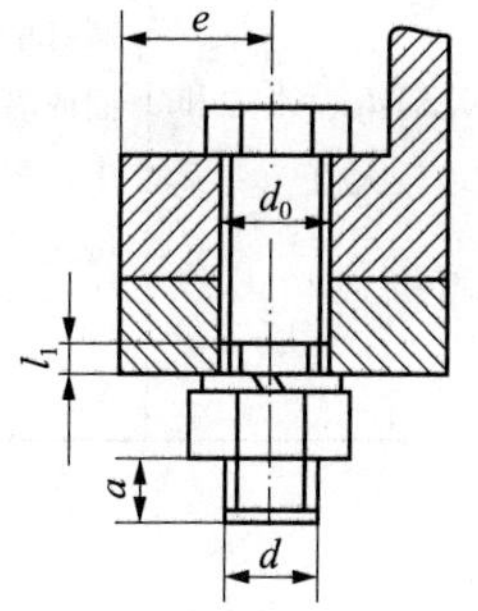	普通螺栓的螺纹余量长度 L_1 为 静载荷 $L_1=(0.3\sim0.5)d$ 变载荷 $L_1=0.75d$ 铰制孔用螺栓的静载荷 L_1 应尽可能小于螺纹伸出长度 a $a=(0.2\sim0.3)d$ 螺纹轴线到边缘的距离 e $e=d+(3\sim6)\mathrm{mm}$ 螺栓孔直径 d_0 普通螺栓：$d_0=1.1d$； 铰制孔用螺栓：d_0 按 d 查有关标准	结构简单，装拆方便，对通孔加工精度要求低，应用最广泛
铰制孔用螺栓连接	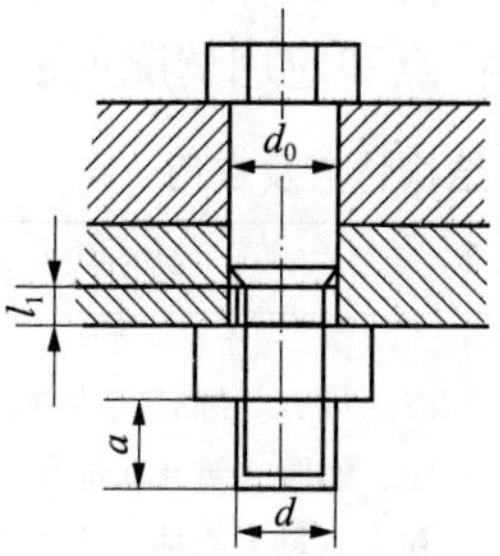		孔与螺栓杆之间没有间隙，采用基孔制过渡配合。用螺栓杆承受横向载荷或者固定被连接件的相对位置
螺钉连接	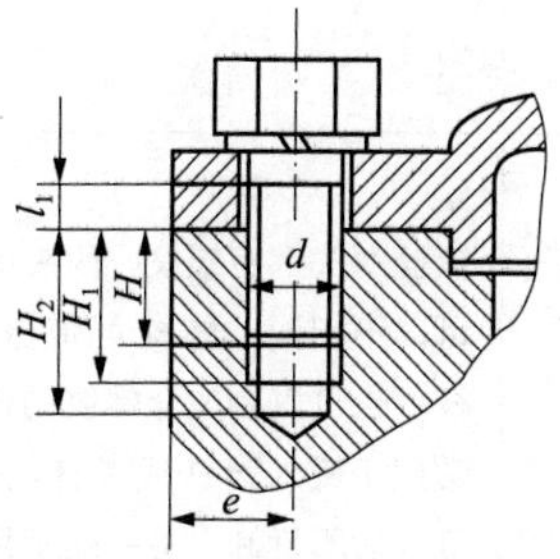	螺纹拧入深度 H 为 钢或青铜：$H=d$ 铸铁：$H=(1.25\sim1.5)d$ 铝合金：$H=(1.5\sim2.5)d$ 螺纹孔深度： $H_1=H+(2\sim2.5)P$ 钻孔深度： $H_2=H_1+(0.5\sim1)d$ l_1、a、e 值与普通螺栓连接相同	不用螺母，直接将螺钉的螺纹部分拧入被连接件之一的螺纹孔中构成连接。其连接结构简单。用于被连接件之一较厚不便加工通孔的场合，但如果经常装拆时，易使螺纹孔产生过度磨损而导致连接失效
双头螺栓连接	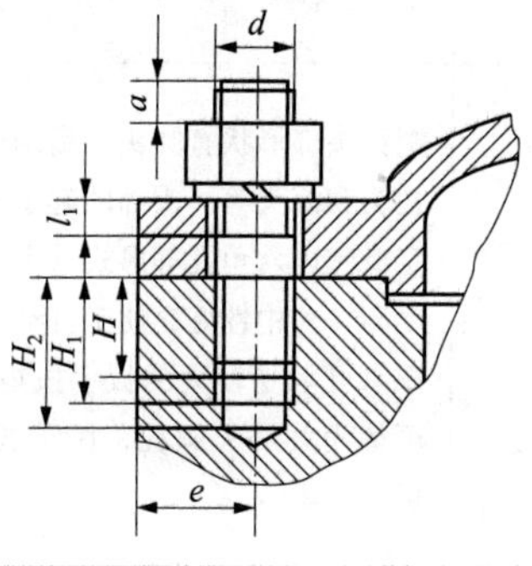		螺栓的一端旋紧在一被连接件的螺纹孔中。另一端则穿过另一被连接件的孔，通常用于被连接件之一太厚不便穿孔、结构要求紧凑或者经常装拆的场合

（续）

类型	结构图	尺寸关系	特点与应用
紧定螺钉连接		$d=(0.2\sim0.3)d_h$，当力和转矩较大时取较大值	螺钉的末端顶住零件的表面或者顶入该零件的凹坑中，将零件固定；它可以传递不大的载荷

12.2.2 螺纹紧固件

螺纹紧固件的品种很多，大都已标准化，它是一种商品性零件，根据使用要求合理选择其规格、型号后即可外购。常用螺纹紧固件的结构特点和应用情况见表 12-3 所列。

表 12-3 常用螺纹连接件的类型、结构特点及应用

类型	图 例	结构特点及应用
六角头螺栓		应用最广。螺杆可制成全螺纹或者部分螺纹，螺距有粗牙和细牙。螺栓头部有六角头和小六角头两种。其中小六角头螺栓材料利用率高、机械性能好，但由于头部尺寸较小，不宜用于装拆频繁、被连接件强度低的场合
双头螺栓		螺栓两头都有螺纹，两头的螺纹可以相同也可以不相同，螺栓可带退刀槽或者制成腰杆，也可以制成全螺纹的螺柱，螺柱的一端常用于旋入铸铁或者有色金属的螺纹孔中，旋入后不拆卸，另一端则用于安装螺母以固定其他零件
螺钉		螺钉头部形状有圆头、扁圆头、六角头、圆柱头和沉头等。头部的起子槽有一字槽、十字槽和内六角孔等形式。十字槽螺钉头部强度高、对中性好，便于自动装配。内六角孔螺钉可承受较大的扳手扭矩，连接强度高，可替代六角头螺栓，用于要求结构紧凑的场合

（续）

类型	图 例	结构特点及应用
紧定螺钉	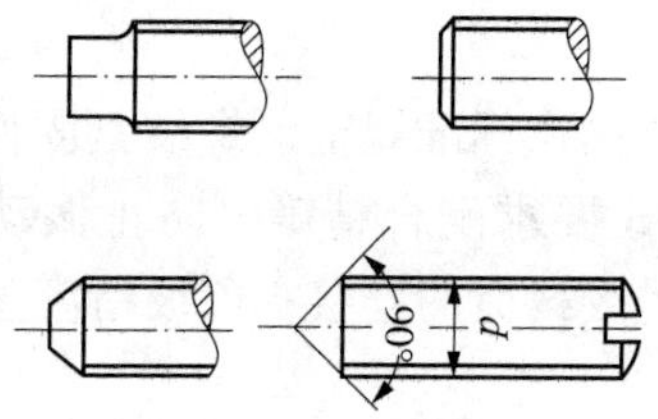 90° d	紧定螺钉常用的末端形式有锥端、平端和圆柱端。锥端适用于被紧定零件的表面硬度较低或者不经常拆卸的场合；平端接触面积大，不会损伤零件表面，常用于顶紧硬度较大的平面或者经常装拆的场合；圆柱端压入轴上的凹槽中，适用于紧定空心轴上的零件位置
自攻螺钉	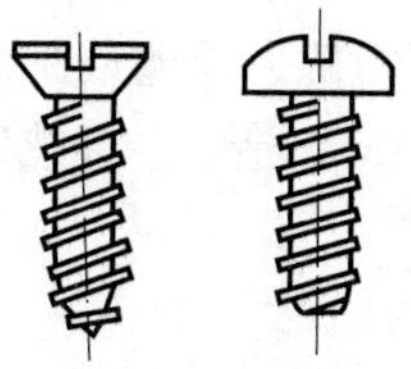	螺钉头部形状有圆头、六角头、圆柱头、沉头等。头部的起子槽有一字槽、十字槽等形式。末端形状有锥端和平端两种。多用于连接金属薄板、轻合金或者塑料零件，螺钉在连接时可以直接攻出螺纹
六角螺母	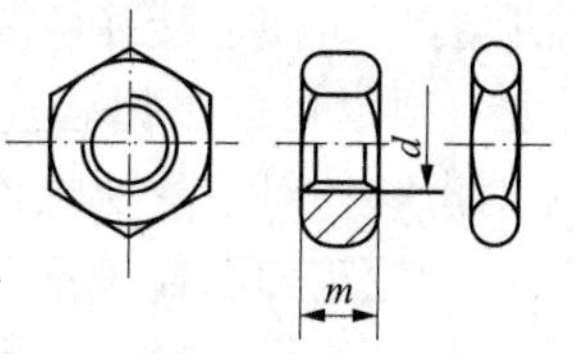 d m	根据螺母厚度不同，可分为标准型和薄型两种。薄螺母常用于受剪力的螺栓上或者空间尺寸受限制的场合
圆螺母	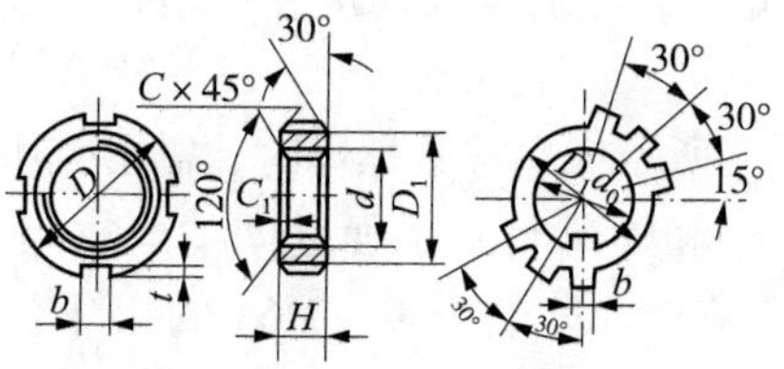 30° $C\times45°$ 120° D C_1 d D_1 b t H 30° 30° 15° d_0 b 30° 30°	圆螺母常与止退垫圈配用，装配时将垫圈内舌插入轴上的槽内，将垫圈的外舌嵌入圆螺母的槽内，即可锁紧螺母，起到防松作用。常用于滚动轴承的轴向固定
垫圈	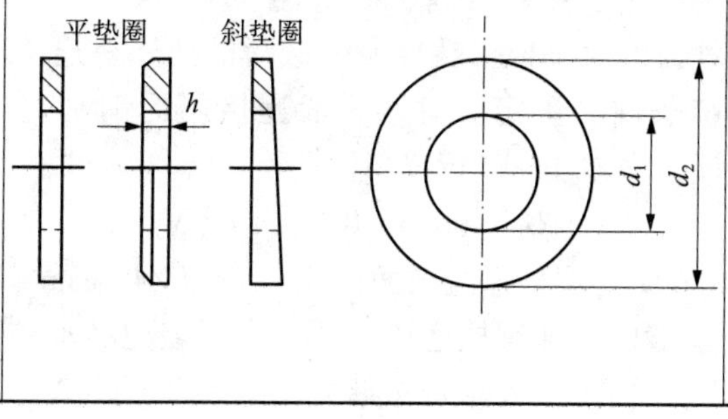 平垫圈 斜垫圈 h d_1 d_2	保护被连接件的表面不被擦伤，增大螺母与被连接件间的接触面积。斜垫圈用于倾斜的支承面

12.2.3 螺纹紧固件的材料及等级

螺纹紧固件有两类等级，一类是产品等级；另一类是机械性能等级。

(1)产品等级

产品等级表示产品的加工精度等级。根据国家标准规定，螺纹紧固件分为三个精度等级，其代号为A、B、C。A级精度最高，用于要求配合精确，防止振动等重要零件的连接；B级精度多用于受载较大且经常装拆或受变载荷的连接；C级精度多用于一般的螺纹连接。

(2)机械性能等级

螺纹紧固件的常用材料为Q215、Q235、10钢、35钢、45钢，对于重要的螺纹紧固件，可采用15Cr、40Cr等。对于特殊用途(如防锈蚀、防磁、导电或耐高温等)的螺纹紧固件，可采用特种钢或铜合金、铝合金等。弹簧垫圈用65Mn制造，并经热处理和表面处理。

12.3 螺纹连接的预紧和防松

12.3.1 预紧

在实用中，绝大多数螺纹连接在装配时都必须拧紧，使连接在承受工作载荷之前，预先受到力的作用，这个预加的作用力称为预紧力。预紧目的是增强连接的可靠性和紧密性，以防止受载后被连接件间出现缝隙或发生相对滑移，对于受拉螺栓连接，还可提高螺栓的疲劳强度，特别是对于像气缸盖、管路凸缘、齿轮箱轴承盖等紧密性要求较高螺纹连接，顶紧更为重要。但过大的预紧力会导致整个连接结构尺寸增大，也会使连接件在装配或偶然过载时被拉断。因此，为了保证连接所需要预紧力，又不使连接件过载，对重要螺纹连接，在装配时要控制预紧力。一般规定，拧紧后螺纹连接件预紧力不超过其材料屈服极限σ_S的80%。

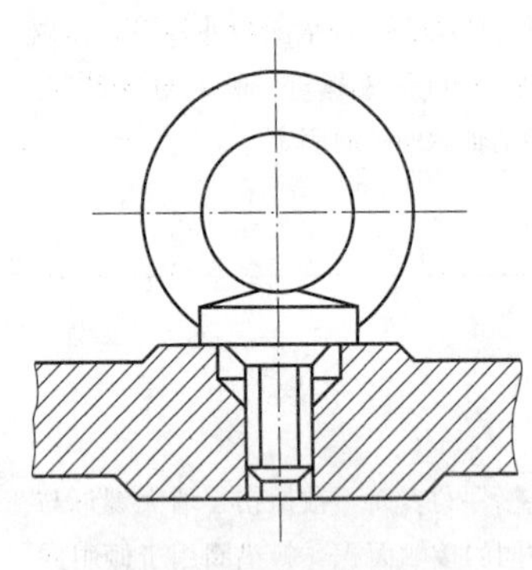

图12-3 吊环螺钉连接

如图12-3所示，在拧紧螺母时，需要克服螺纹副相对扭转的阻力矩T_1和螺母与支承面之间的摩擦阻力矩T_2，即拧紧力矩$T=T_1+T_2$。对于M10~M64的粗牙普通螺栓，若螺纹连接的预紧力为Q_0，螺栓直径为d，则紧拧紧力矩T可以按近似公式(12-1)计算。

$$T=0.2Q_0d \quad (\text{N}\cdot\text{mm}) \tag{12-1}$$

预紧力的大小根据螺栓所受载荷的性质、连接的刚度等具体工作条件而确定。对于一般连接用的钢制普通螺栓连接，其预紧力Q_0按式(12-2)计算。

$$Q_0=(0.5\sim0.7)sA \quad (\text{N}) \tag{12-2}$$

式中，s为螺栓材料屈服极限，N/mm^2；A为螺栓危险截面面积，$A=d^2/4$，mm^2。

预紧力的控制方法有多种。对于一般的普通螺栓连接，预紧力凭装配经验控制；对于较重要的普通螺栓连接，可用测力矩扳手[图12-4(a)]或者定力矩扳手[图12-4(b)]来控制预紧力大小；对于预紧力控制有精确要求的螺栓连接，可采用测量螺栓伸长的变形量来

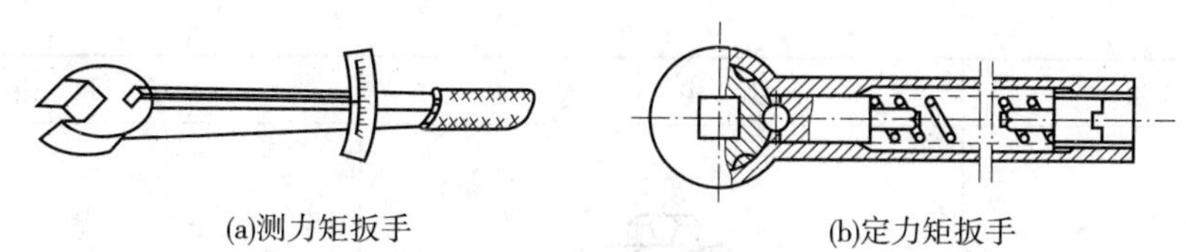

(a)测力矩扳手　　(b)定力矩扳手

图 12-4　测力矩和定力矩扳手

控制预紧力大小；而对于高强度螺栓连接，可以采用测量螺母转角的方法来控制预紧力大小。

12.3.2　防松

螺纹紧固件一般采用单线普通螺纹，其螺纹升角很小，能满足自锁条件。此外，拧紧以后螺母和螺栓头部与支承面间的摩擦力也有防松作用。所以在静载荷和工作温度变化不大时，螺纹连接不会自动松脱。但在冲压、振动或变载荷的作用下，连接仍可能失去自锁作用而松脱，使连接失效，造成事故。因此，为了防止连接松脱，保证连接安全可靠，设计时必须采取有效的防松措施。常用的螺纹防松方法见表 12-4 所列。

防松的根本问题在于防止螺纹副的相对转动。防松的方法很多，按工作原理不同，可分为三类：①摩擦防松；②机械防松(直接锁住)；③破坏螺纹副的运动关系。

表 12-4　常用螺纹防松方法

防松方法		结构形式	特点和应用
直接锁住	开口销和槽形螺母		拧紧槽形螺母后，将开口销插入螺栓尾部小孔和螺母的槽内，再将销口的尾部分开，使螺母锁紧在螺栓上；适用于有较大冲击、振动高速机械中的连接
	止动垫圈		将垫圈套入螺栓，并使其下弯的外舌放入被连接件的小槽中，再拧紧动螺母，最后将垫圈的另一边向上弯，使之和螺母的一边贴紧，此时垫片约束螺母而自身又约束在被连接件上(螺栓应另有约束)；结构简单，使用方便，防松可靠
	串联钢丝	正确 错误	用低碳钢丝穿入各螺钉头部的孔内，将各螺钉串联起来，使其相互约束，使用时必须注意钢丝的穿入方向；适用于螺钉组连接，防松可靠，但装拆不方便

（续）

防松方法		结构形式	特点和应用
破坏螺纹副运动关系	冲点	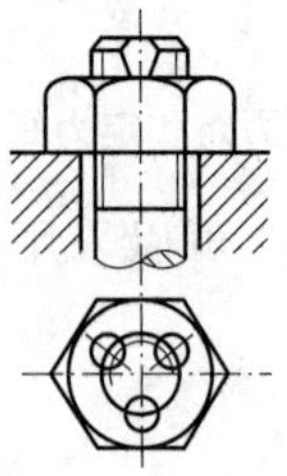	螺母拧紧后，在螺栓末端与螺母的旋合缝处冲点或焊接来防松；防松可靠，但拆卸后连接不能重复使用，适用于不需拆卸的特殊连接
	焊住	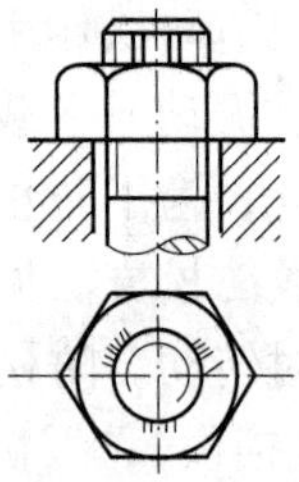	
	粘合	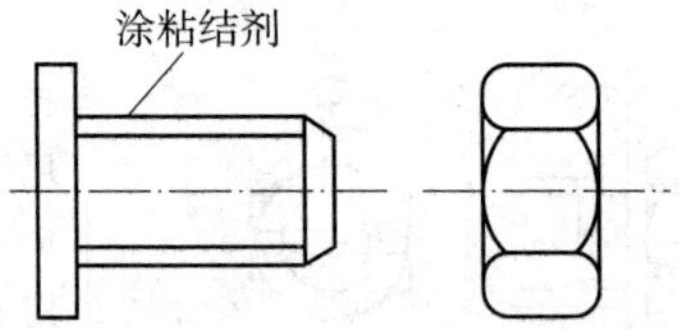 涂粘结剂	在旋合的螺纹间涂以粘接剂，使螺纹副紧密粘合；防松可靠，且有密封作用

12.4　螺栓的强度计算

螺栓连接的强度计算，主要是根据连接的类型、连接的装配情况（是否预紧）和受载状态等条件，确定螺栓的受力；然后按相应的强度条件计算螺栓危险截面的直径（螺纹小径）或校核其强度。

12.4.1　普通螺栓连接的强度计算

1. 松螺栓连接

松螺栓连接在装配时不需要把螺母拧紧，在承受工作载荷之前螺栓并不受力，图12-5所示的螺纹连接就是松连接的一个实例。用螺栓与支架相连接，当滑轮起吊重物时，螺栓所受到的工作拉力就是工作载荷 F，故螺栓危险截面的拉伸强度条件为

$$\sigma = \frac{F}{\frac{\pi d_1^2}{4}} \leqslant [\sigma] \quad (\mathrm{N/mm^2}) \tag{12-3}$$

设计公式为

$$d_1 \geqslant \sqrt{\frac{4F}{\pi[\sigma]}} \quad (\mathrm{mm}) \tag{12-4}$$

式中，d_1 为螺纹小径，mm；F 为螺栓承受的轴向工作载荷，N；$[\sigma]$为松螺栓连接的许用应力，$\mathrm{N/mm^2}$，查表 12-5 可得其计算式。

表 12-5 一般机械用螺栓连接在静载荷下的许用应力与安全系数

<table>
<tr><th>类　型</th><th>许用应力</th><th colspan="3">相关因素</th><th>安全系数</th></tr>
<tr><td rowspan="5">普通螺栓连接(受拉)</td><td rowspan="5">许用切应力
$[\sigma]=\frac{\sigma_s}{[S]}$</td><td colspan="3">松连接</td><td>$[S]=1.2\sim1.7$</td></tr>
<tr><td rowspan="4">紧连接</td><td rowspan="2">控制预紧力</td><td>测力矩或定力矩扳手</td><td>$[S]=1.6\sim2$</td></tr>
<tr><td>测量螺栓伸长量</td><td>$[S]=1.3\sim1.5$</td></tr>
<tr><td rowspan="2">不控制预紧力</td><td>碳素钢</td><td>—</td></tr>
<tr><td>合金钢</td><td>—</td></tr>
<tr><td rowspan="3">铰制孔用螺栓连接
（受剪及受挤）</td><td>许用挤压应力
$[\tau]=\frac{\sigma_s}{[S_S]}$</td><td rowspan="3">铸铁
$\sigma_{\min}=\sigma_b$</td><td>螺栓材料</td><td>钢</td><td>$[S_s]=2.5$</td></tr>
<tr><td rowspan="2">许用拉应力
$[\sigma_\rho]=\frac{\sigma_{\min}}{[S_\rho]}$</td><td rowspan="2">螺栓或孔壁材料</td><td>钢 $\sigma_{\min}=\sigma_S$</td><td>$[S_p]=1\sim2.5$
（孔壁 σ_s 可查手册）</td></tr>
<tr><td>$[S_p]=1.25$
（σ_p 可查手册）</td><td></td></tr>
</table>

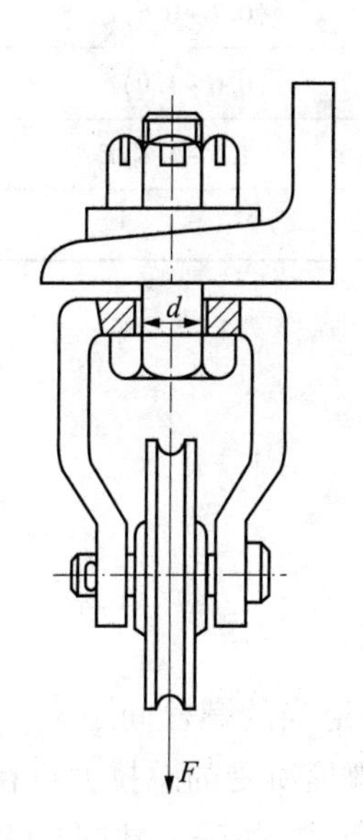

图 12-5 起重滑轮的松螺栓连接

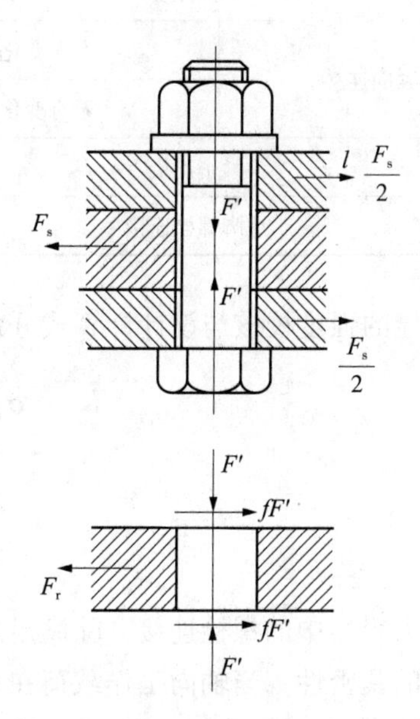

图 12-6 只受预紧力的紧螺栓连接

2. 紧螺栓连接

紧螺栓连接有预紧力 F'，按所受工作载荷的方向分为两种情况：

(1)受横向工作载荷的紧螺栓连接

如图 12-6 所示，在横向工作载荷 F_s 的作用下，被连接件的接合面间有相对滑移趋势，为防止滑移，由预紧力 F' 所产生的摩擦力应大于等于横向工作载荷 F_s，即 $F'fm \geqslant F_s$ 引入可靠性系数 C，按理

得

$$F' = \frac{cF_s}{fm} \quad (\mathrm{N}) \tag{12-5}$$

设计公式

$$d_1 \geqslant \sqrt{\frac{5.2F'}{\pi[\sigma]}} \quad (\mathrm{mm}) \tag{12-6}$$

(2)受轴向工作载荷的紧螺栓连接

这种紧螺栓连接常见于对紧密性要求较高的压力容器中，如气缸、油缸中的连接。

工作载荷作用前，螺栓只受预紧力 F'，接合面受压力 F''；工作时，在轴向工作载荷 F 作用下，接合面有分离趋势，该处压力由 F' 减为 F''，称为残余预紧力，F'' 同时也作用于螺栓，因此，螺栓所受总拉力 F_Q 应为轴向工作载荷 F 与残余预紧力 F'' 之和，即

$$F_Q = F + F'' \tag{12-7}$$

为保证连接的紧固性与紧密性，残余预紧力 F'' 应大于零，表 12-6 列出了 F'' 的推荐值。

表 12-6　残余预紧力 F'' 的推荐值

连接性质		残余预紧力 F'' 的推荐值
紧固连接	F 无变化	$(0.2 \sim 0.6)F$
	F 有变化	$(0.6 \sim 1.0)F$
紧密连接		$(1.5 \sim 1.8)F$
地脚螺栓连接		$\geqslant F$

螺栓的强度校核与设计计算式分别为

$$\sigma_v = 1.3\frac{F_Q}{\frac{\pi d_1^2}{4}} \leqslant [\sigma] \tag{12-8}$$

$$d_1 \geqslant \sqrt{\frac{5.2F_Q}{\pi[\sigma]}} \quad (\mathrm{mm}) \tag{12-9}$$

压力容器中的螺栓连接，除满足式(12-4)外，还要有适当的螺栓间距 T。T 太大会影响连接的紧密性。当轴向工作载荷在 $0 \sim F$ 之间变化时，螺栓所受的总拉力将在 $F' \sim F_Q$ 之间变化。对于受轴向变载荷螺栓的粗略计算可按总拉力 F_Q 进行，其强度条件仍为式(12-8)，所不同的是许用应力应按变载荷项内查取(见有关手册)。

12.4.2 受剪螺栓连接的强度计算

在受横向载荷的铰制孔螺栓连接(图 12-7)中，载荷是靠螺杆的剪切以及螺杆和被连接件间的挤压来传递的。这种连接的失效形式有两种：①螺杆受剪面的塑性变形或剪断；②螺杆与被连接件中较弱者的挤压面被压溃。

装配时只需对连接中的螺栓施加较小的预紧力，因此可以忽略接合面间的摩擦。故螺栓杆的剪切强度条件为

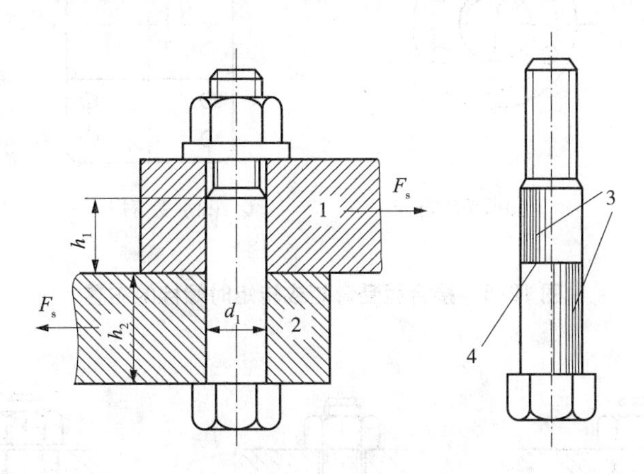

图 12-7 受剪螺栓连接

1、2-被连接件；3-螺杆受压面；4-受剪面

$$\tau=\frac{F_s}{\frac{\pi d_s^2}{4}}\leqslant[\tau] \tag{12-10}$$

螺栓杆与孔壁的挤压强度条件为

$$\sigma_p=\frac{F_s}{d_s h_{min}}\leqslant[\sigma_p] \tag{12-11}$$

式中，F_s为单个铰制孔用螺栓所受的横向载荷，N；d_s为铰制孔用螺栓剪切面直径，mm；h_{min}为螺栓杆与孔壁挤压面的最小高度，mm；$[\tau]$为螺栓许用切应力，MPa，查表 12-5；$[\sigma_p]$为螺栓或被连接件的许用挤压应力，MPa，查表 12-5。

12.5 螺栓连接的结构设计

12.5.1 螺栓组的布置

螺栓组的布置应考虑如下几个问题：

①连接接合面形状应和机器的结构形状相适应。

②螺栓的布置应使螺栓受力合理。当螺栓组承受转矩 T 时，应使螺栓组的对称中心和接合面的形心重合[图 12-8(a)]；当螺栓组承受弯矩 M 时，应使螺栓组的对称轴与接合面中性轴重合[图 12-8(b)]，并要求各螺栓尽可能远离形心和中性轴，以充

分利用各个螺栓的承载能力。如果连接在受到轴向载荷的同时，还受到较大的横向载荷，则可采用套筒、销、键等零件来分担横向载荷(图12-9)，以减小螺栓的预紧力和结构尺寸。

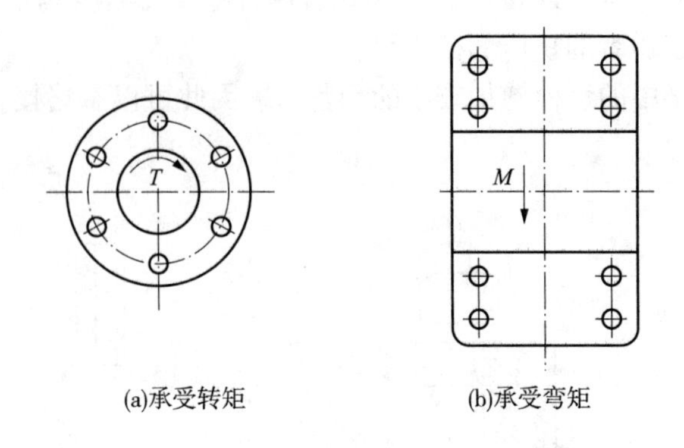

(a)承受转矩　　(b)承受弯矩

图12-8　接合面受弯矩或转矩时螺栓的布置

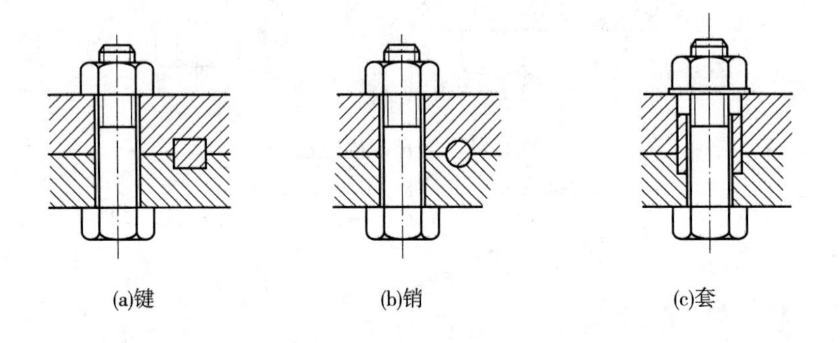

(a)键　　(b)销　　(c)套

图12-9　减载装置

③螺栓排列应有合理的间距。布置螺栓时，各螺栓间以及螺栓和箱体壁间，应留有扳手操作空间。扳手空间的尺寸(图12-10)可查阅相关手册。

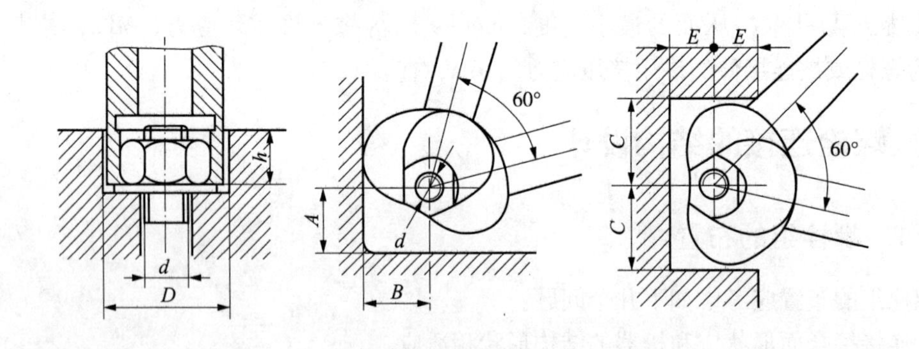

图12-10　扳手空间

④分布在同一圆周上的螺栓数目，应便于在圆周上分度划线。在同一螺栓组中，螺栓的材料、直径和长度均应相同。

12.5.2 提高螺栓强度的措施

螺栓连接的强度主要取决于螺栓的强度。影响螺栓强度的主要因素有载荷分布、应力变化幅度、应力集中和附加应力，以及材料的力学性能等几个方面。

(1)减少应力集中的影响

螺纹的牙根和收尾、螺栓头部与螺栓杆的过渡处以及螺栓横截面积发生变化的部位等，都会产生应力集中，是产生断裂的危险部位。为了减小应力集中，可采用增大过渡处圆角半径和卸载结构(图 12-11)。但应注意，对于一般用途连接，不要随便采用卸载槽一类的结构。

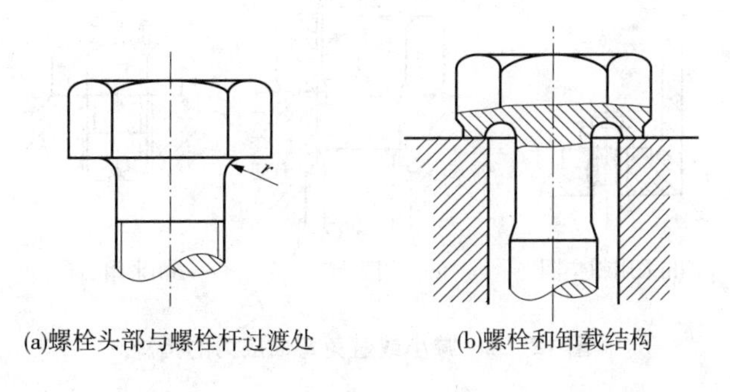

图 12-11 减小应力集中的方法

(2)降低载荷变化量

理论和实践表明，受轴向变载的紧螺栓连接，在最小应力不变的情况下，载荷变化越大，则螺栓越易破坏、连接的可靠性越差。为了提高螺栓强度，可采用减小螺栓光杆部分直径的方法或采用空心结构[图 12-12(a)]，以增大螺栓柔度，达到降低载荷变化量的目的；也可在螺母的下面装弹性元件[图 12-12(b)]，其效果与采用空心杆相似。

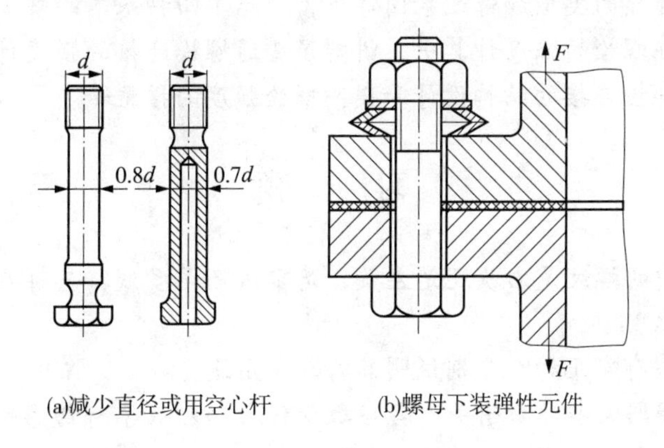

图 12-12 减低载荷变化量的方法

(3)避免附加弯曲应力

除因制造和安装上的误差以及被连接部分的变形等原因可引起附加弯曲应力外，被连接件、螺栓头部和螺母等的支承面倾斜，螺纹孔不正也会引起弯曲应力(图 12-13)。几种减小或避免弯曲应力的措施如图 12-14 所示。

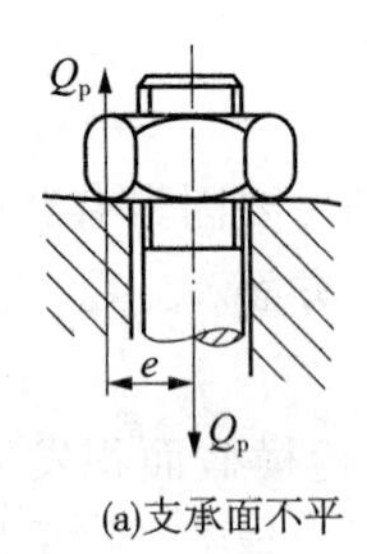

(a)支承面不平

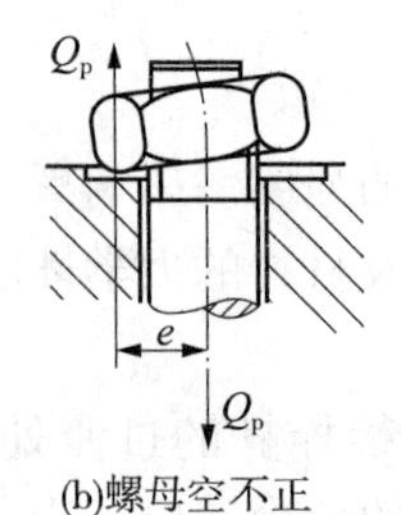

(b)螺母空不正

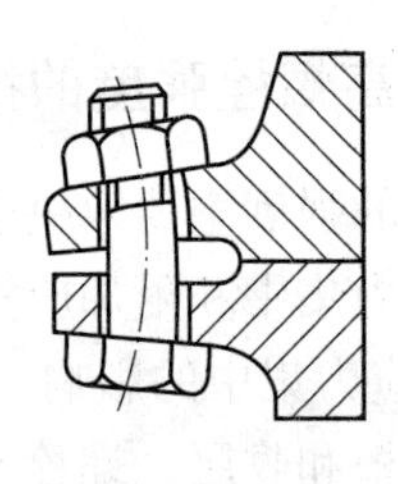

(c)被连接件刚度小

图 12-13　螺栓的附加应力

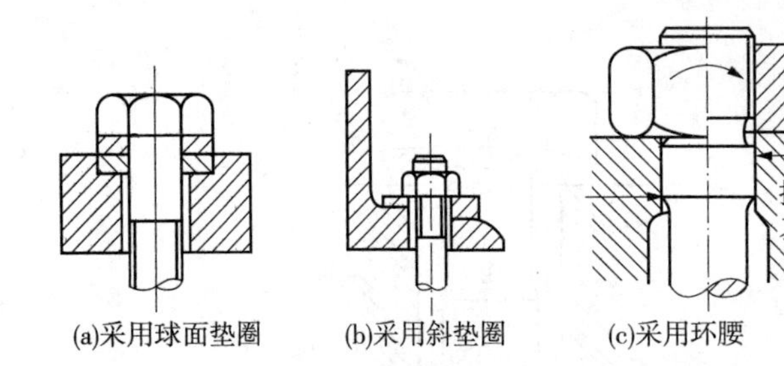

(a)采用球面垫圈　(b)采用斜垫圈　(c)采用环腰

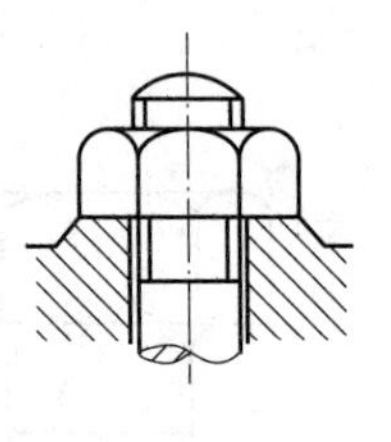

(d)采用凸台

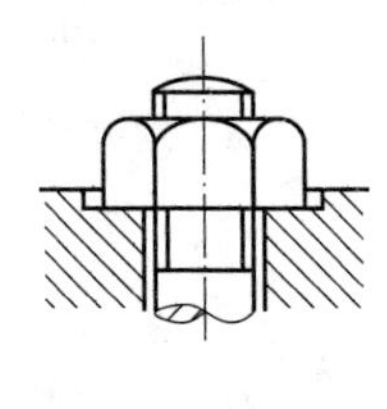

(e)采用沉头座

图 12-14　减小或避免弯曲应力的措施

小　　结

本章介绍了螺纹连接概述、常用螺纹的类型特点和应用、螺纹连接的类型和螺纹紧固件、螺纹连接的预紧和放松、螺栓的强度计算、螺栓连接的结构设计等基本知识。通过螺纹概述、常用螺纹类型、特点和应用，了解了螺纹的主要参数以及常见螺纹的类型、特点、应用。在螺纹连接的类型和螺纹紧固件中，介绍了四种基本的螺纹连接，以及其各自的特点、应用等。在螺栓的强度计算中，讲解了普通螺栓连接的强度计算，受剪螺栓连接的强度计算，以及螺栓连接的结构设计和提高螺栓强度的措施等。

习　　题

12-1　常见的螺栓中的螺纹是右旋还是左旋、是单线还是多线？怎样判别？多线螺纹与单线螺纹的特点是什么？

12-2　螺纹主要类型有哪几种？分别说明其特点及用途。

12-3　螺旋副的效率与哪些参数有关？各参数变化大小对效率有何影响？螺纹牙型角大小对效率有何影响？

12-4　螺旋副自锁条件和意义是什么？常用连接螺纹是否自锁？

12-5　在螺纹连接中，为什么采用防松装置？试举例几种最典型的防松装置，绘出其结构简图，说明其工作原理和结构特点。

12-6　将松螺栓连接和紧螺栓连接(受横向外力和轴向外力)的强度计算公式一起列出，试比较其异同，并做出必要的结论。

12-7 如题 12-7 图所示，已知一起重机上的卷筒是用沿直径 $D_0=500\text{mm}$ 的圆周上安装的 6 个双头螺柱和齿轮连接的。依靠螺栓锁紧所产生的摩擦力传递转矩，如果绕在卷筒上绳索中的作用力 $F_{\Sigma}=10000\text{N}$，卷筒直径 $D_t=400\text{mm}$，双头螺栓的材料为 Q235 钢，齿轮和卷筒间的摩擦因数 $f=0.12$。试求双头螺栓所需的直径。

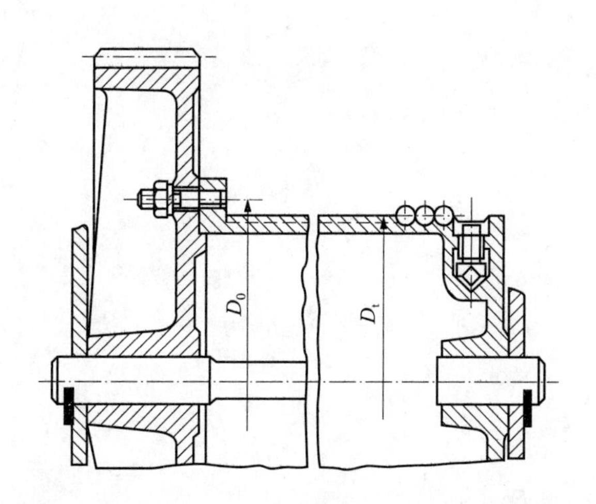

题 12-7 图

12-8 在题 12-8 图所示的螺栓连接中，已知此连接所受横向载荷 $F=2500\text{N}$，螺栓的材料为 Q235 钢，装配时用标准扳手(扳手长度 $L=15d$，d 为螺栓的公称直径)拧紧；螺栓和螺母螺纹间的当量摩擦因数 $f_1=0.16$，两连接件架的摩擦因数 $f_2=0.20$，螺母支承端面和被连接件摩擦因数 $f_3=0.18$。试计算此螺栓连接中所需的预紧力 F_a，并计算在拧紧螺母时，施加于扳手上作用力 F_T，验算螺栓的强度。

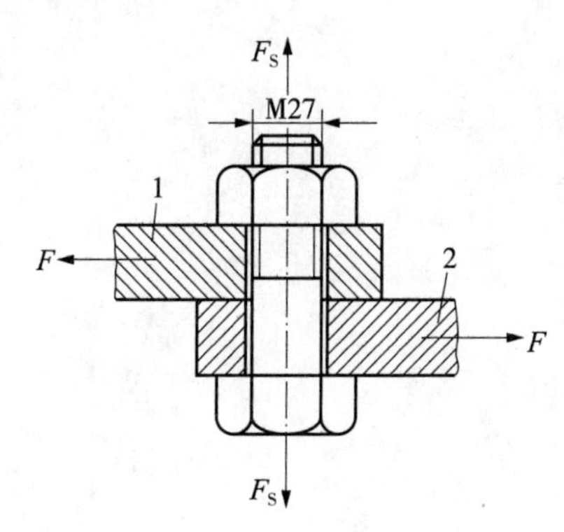

题 12-8 图

第13章　轴及轴毂连接设计

本章提要

本章介绍了轴的功能和分类，轴的材料及分类，疲劳强度的安全系数约束，轴上零件的布置，轴扭转强度，轴的设计与设计方法，轴毂连接，键的连接，其他连接方式，重点介绍了轴的疲劳强度安全系数的计算。

任何机械中，只要有旋转或摆动的零部件，就必然有支承其旋转的轴，而绝大部分有运动零部件的机械中，都有旋转或摆动的零部件，如数控机床的主轴，减速器中的齿轮轴、汽车的前后桥与变速器之间的传动轴和内燃机中的凸轮轴等，所以轴这种零件应用十分广泛。

13.1 轴概述

图 13-1 所示为某减速器中的一根转轴。轴的中间安装有齿轮，轴的左端安装有带轮。

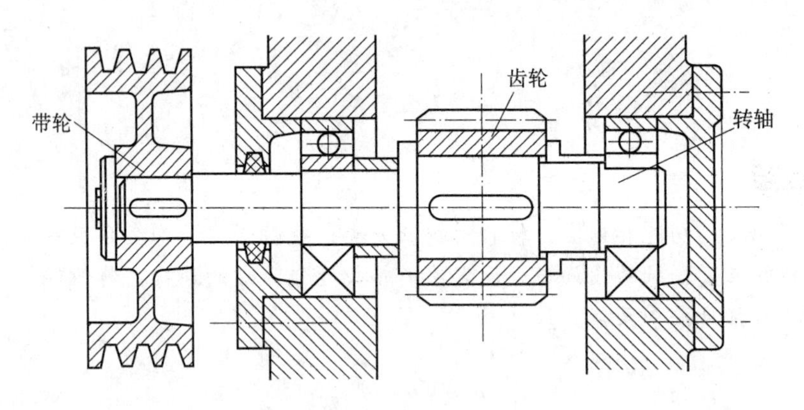

图 13-1 转轴

13.1.1 轴的功能和分类

轴是组成机器的重要零件之一，其主要功能是支持做回转运动的传动零件(如齿轮、蜗轮等)，并传递运动和动力。

(1)按其受载情况分类

根据轴的受载情况的不同轴可分为转轴、传动轴和心轴三类，分述如下：

①只承受弯矩而不承受扭矩的轴称为心轴，心轴又可分为转动心轴和固定心轴。如自行车中的前、后轴，火车车厢的车轮轴等。图 13-2(a)所示为转动心轴，图中的滑轮轴与滑轮同步转动，若载荷不变，则轴上的弯曲应力为变应力。图 13-2(b)所示为固定心轴，图中的滑轮轴固定不动，若载荷不变，则轴上的弯曲应力为定值。

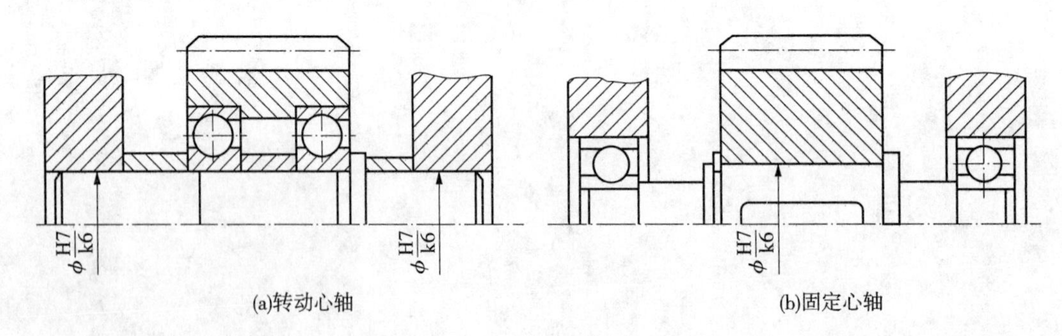

(a)转动心轴　(b)固定心轴

图 13-2 心轴

②只承受扭矩不承受弯矩或承受较小弯矩的轴称为传动轴，如图 13-3 所示的汽车的传动轴。

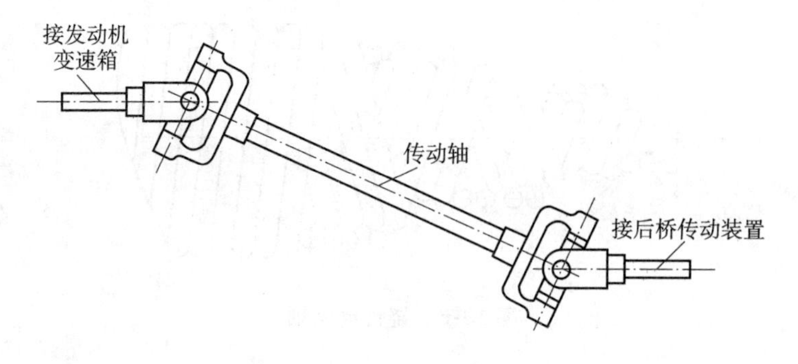

图 13-3　传动轴

③工作中既承受弯矩又承受扭矩的轴称为转轴。图 13-4 所示为普通减速器中的齿轮轴。转轴在各类机械中最为常见。

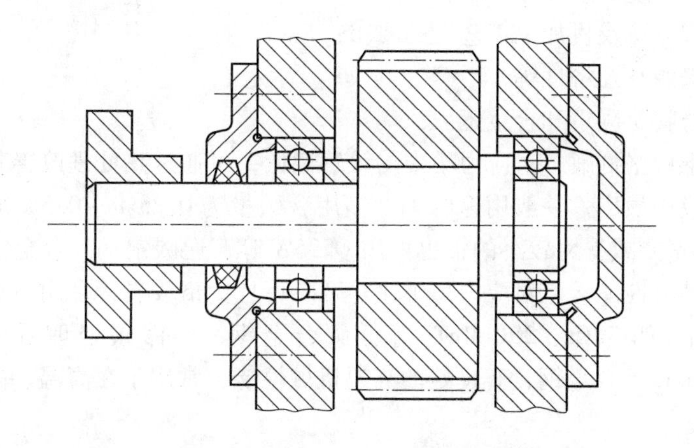

图 13-4　转轴

(2)按其轴线形状分类

①直轴。各轴段轴线为同一直线。直轴按其外形不同分为光轴和阶梯轴两种。光轴：形状简单，应力集中少，易加工，但轴上零件不易装配和定位。常用于心轴和传动轴(图 13-3)。阶梯轴：特点与光轴相反，常用于转轴(图 13-4)。

②曲轴。是往复式机械中的专用零件，图 13-5 所示为多缸内燃机中的曲轴，曲轴上用于起支承作用的轴颈处的轴线仍然是重合的。

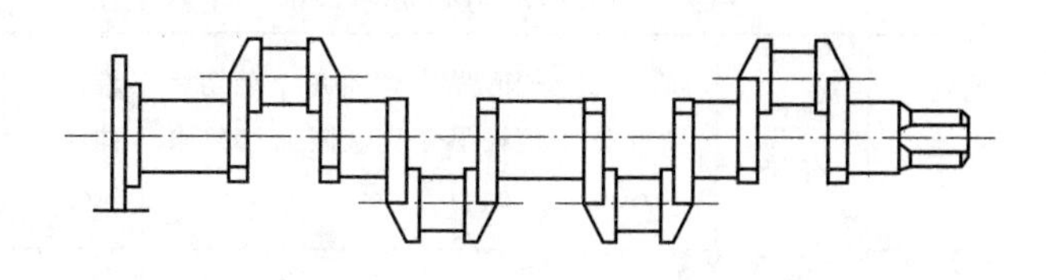

图 13-5　曲轴

③挠性钢丝轴由多组钢丝分层卷绕而成，具有良好挠性，可将回转运动灵活地传到不开敞的空间位置，其结构如图 13-6 所示。

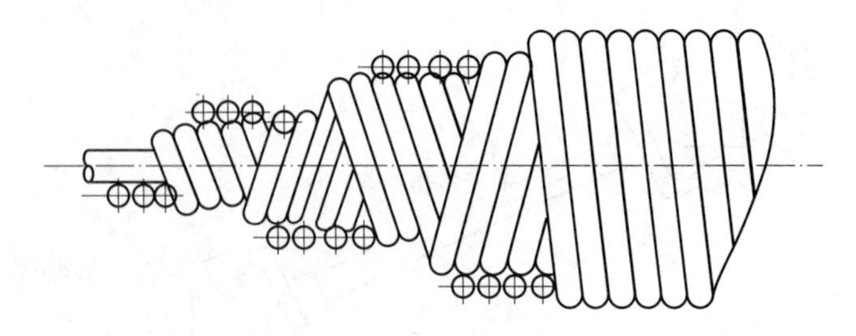

图 13-6 挠性钢丝轴

13.1.2 轴的材料及选择

轴的材料种类很多，选择时应主要考虑如下因素：

①轴的强度、刚度及耐磨性要求；

②轴的热处理方法及机加工工艺性的要求；

③轴的材料来源和经济性等；

④轴的常用材料是碳钢和合金钢。

碳钢比合金钢价格低廉，对应力集中的敏感性低，可通过热处理改善其综合性能，加工工艺性好，故应用最广，一般用途的轴，多用含碳量为 0.25% ~0.5% 的中碳钢。尤其是45 钢，对于不重要或受力较小的轴也可用 Q235A 等普通碳素钢。合金钢具有比碳钢更好的机械性能和淬火性能，但对应力集中比较敏感，且价格较贵，多用于对强度和耐磨性有特殊要求的轴。如 20Cr、20CrMnTi 等低碳合金钢，经渗碳处理后可提高耐磨性；20CrMoV、38CrMoAl 等合金钢，有良好的高温机械性能，常用于在高温、高速和重载条件下工作的轴。

值得注意的是：由于常温下合金钢与碳素钢的弹性模量相差不多，因此当其他条件相同时，如想通过选用合金钢来提高轴的刚度是难以实现的。低碳钢和低碳合金钢经渗碳淬火，可提高其耐磨性，常用于韧性要求较高或转速较高的轴。球墨铸铁和高强度铸铁因其具有良好的工艺性，不需要锻压设备，吸振性好，对应力集中的敏感性低，近年来被广泛应用于制造结构形状复杂的曲轴等。只是铸件质量的优劣难于控制。轴的毛坯多用轧制的圆钢或锻钢。锻钢内部组织均匀，强度较好，因此，重要的大尺寸的轴，常用锻造毛坯。轴的常用材料力学性能见表 13-1 所列。

表 13-1 轴的常用材料机械性能

材料牌号	热处理	毛坯直径/mm	硬度/HBS	抗拉强度极限 σ_b	屈服强度极限 σ_s	弯曲疲劳极限 σ_{-1}	剪切疲劳极限 τ_{-1}	许用弯曲应力 $[\sigma_{-1}]$	备 注
Q235A	热轧或锻后空冷	≤100		400 ~420	225	170	105	40	用于不重要及受载荷不大的轴
		>100 ~250		375 ~390	215				

（续）

材料牌号	热处理	毛坯直径/mm	硬度/HBS	抗拉强度极限 σ_b	屈服强度极限 σ_s	弯曲疲劳极限 σ_{-1}	剪切疲劳极限 τ_{-1}	许用弯曲应力 $[\sigma_{-1}]$	备注
45钢	正火回火	≤10	170~217	590	295	225	140	55	应用最广泛
		>100~300	162~217	570	285	245	135		
	调质	≤200	217~255	640	355	275	155	60	
40Cr	调质	≤100 >100~300	241~286	735 685	540 490	355 355	200 185	70	用于载荷较大，而无很大冲击的重要轴
40CrNi	调质	≤100 >100~300	270~300 240~270	900 785	735 570	430 370	260 210	75	用于很重要的轴
38SiMnMo	调质	≤100 >100~300	229~286 217~269	735 685	590 540	365 345	210 195	70	用于重要的轴，性能近于40CrNi
38CrMoAlA	调质	≤60 >60~100 >100~160	293~321 277~302 241~277	930 835 785	785 685 590	440 410 375	280 270 220	75	用于要求高耐磨性，高强度且热处理(氮化)变形很小的轴
20Cr	渗碳淬火回火	≤60	渗碳56~62HRC	640	390	305	160	60	用于要求强度及韧性均较高的轴
2Cr13	调质	≤100	≥241	835	635	395	230	75	用于腐蚀条件下的轴
1Cr18Ni9Ti	淬火	≤100	≤192	530	195	190	115	45	用于高低温及腐蚀条件下的轴
		100~200		490		180	110		
QT600-3	—	—	190~270	600	370	215	185	—	用于制造复杂外形的轴
QT800-2	—	—	245~335	800	480	290	250		

注：①剪切屈服极限 $\tau_s \approx (0.55 \sim 0.62)\sigma_s$，$\sigma_0 \approx 1.4\sigma_{-1}$，$\tau_0 \approx 1.5\tau_{-1}$；

②等效系数 ψ：碳素钢，$\psi_\sigma = 0.1 \sim 0.2$，$\psi_\tau = 0.05 \sim 0.1$；合金钢，$\psi_\sigma = 0.2 \sim 0.3$，$\psi_\tau = 0.1 \sim 0.15$。

13.2 轴的结构设计

轴的结构设计包括定出轴的合理外形和全部结构尺寸。轴结构设计的目的就是确定合理的轴的形状和结构尺寸。轴的结构主要取决于以下因素：

①轴在机器中的安装位置及形式；

②轴上安装零件的类型、尺寸、数量以及和轴连接的方法；

③载荷的性质、大小、方向及分布情况；

④轴的加工工艺等。

由于影响轴的结构因素较多，且其结构形式又要随着具体情况的不同而异，所以轴没有标准的结构形式。设计时，必须针对不同情况进行具体分析。

轴的结构应满足：

①轴和装在轴上的零件有准确的工作位置；

②轴上的零件便于装拆和调整；

③轴具有良好的制造工艺性。

13.2.1 轴上零件的布置

轴上零件的合理布置可改善轴的受力状况，提高轴的强度和刚度。

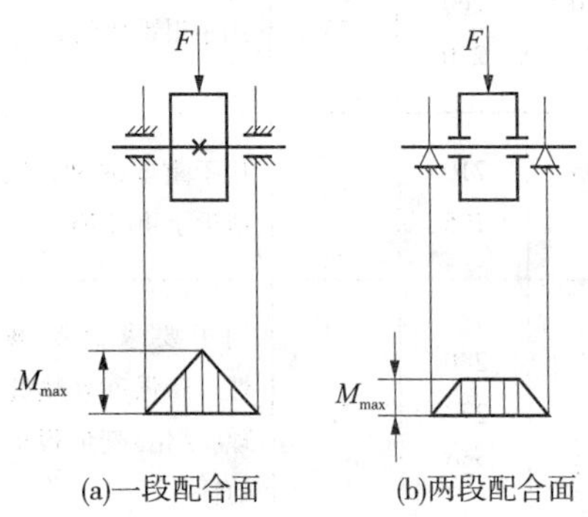

(a)一段配合面　(b)两段配合面

图 13-7 改善轴上弯矩分布

(1)改善轴上的弯矩分布

合理改进轴上零件的结构，可减少轴上载荷和改善其应力特征，提高轴的强度和刚度。图 13-7(a)所示的轮轴，是固定在轴上，只有一段配合面，如把轴毂配合面分为两段[图 13-7(b)]，则可减少轴的弯矩，使载荷分布更趋合理。

(2)改善轴上的转矩分配

图 13-8 中轴上装有三个传动轮，如将输入轮 1 布置在轴的一端[图 13-8(a)]，当只考虑轴受转矩时，输入扭矩为 T_1+T_2，此时轴上受的最大转矩为 T_1+T_2。若将输入轮 1 布置在输出轮 2 和 3 之间时[图 13-8(b)]，则轴上的最大转矩为 T_1。

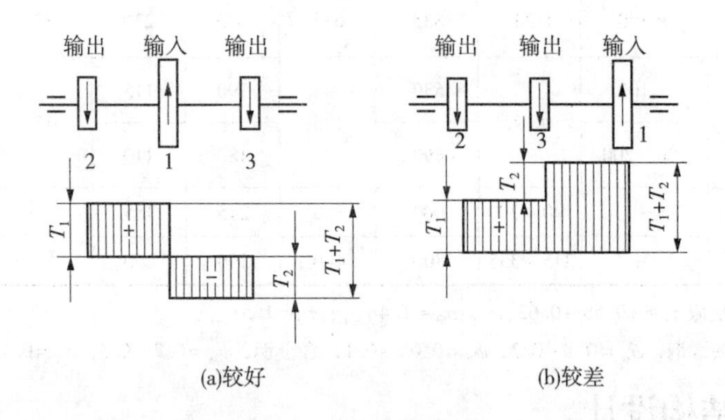

(a)较好　(b)较差

图 13-8 轴上零件的合理布置

(3)改变应力状态

图 13-9(a)中所示卷筒轴工作时，既受弯矩又受转矩作用，当卷筒的安装结构改为图 13-9(b)时，卷筒轴则只受弯矩作用，且轴向结构更紧凑，因此改变了轴的应力状态。

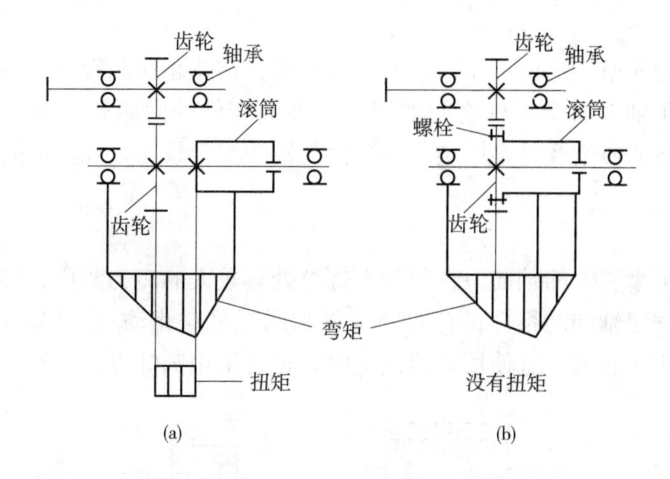

图 13-9 改变轴的应力状态

13.2.2 轴上零件的轴向固定

零件安装在轴上，要有准确的定位。各轴段长度的确定，应尽可能使结构紧凑。对于不允许轴向滑动的零件，零件受力后不要改变其准确的位置，即定位要准确，固定要可靠。与轮毂相配装的轴段长度，一般应略小于轮毂宽 2 ~ 3mm。对轴向滑动的零件，轴上应留出相应的滑移距离。

轴上零件的轴向定位是以轴肩、套筒、圆螺母、轴端挡圈和轴承端盖等来保证的。

(1)轴肩与轴环

轴肩分为定位轴肩和非定位轴肩两类(图 13-10)，利用轴肩定位是最方便可靠的方法，但采用轴肩就必然会使轴的直径加大，而且轴肩处将因截面突变而引起应力集中。另外，轴肩过多时也不利于加工。因此，轴肩定位多用于轴向力较大的场合。定位轴肩的高度 h 一般取为 $h = (0.07 \sim 0.1)d$，d 为与零件相配处的轴径尺寸。为了使零件能靠紧轴肩而得到准确可靠的定位，轴肩处的过渡圆角半径 r 必须小于与之相配的零件毂孔端部的圆角半径 R 或倒角尺寸 C。非定位轴肩是为了加工和装配方便而设置的，其高度没有严格的规定，一般取 1 ~ 2mm。零件孔圆角 R 与倒角 C 的推荐值如表 13-2 所列。

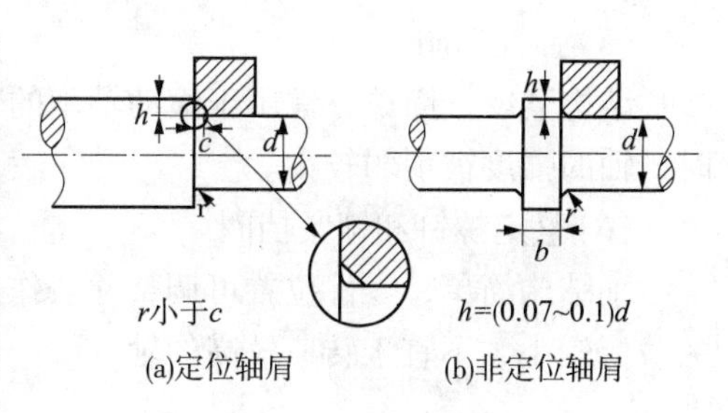

图 13-10 轴肩与轴环

表 13-2 零件孔圆角 R 与倒角 C 的推荐值

<table>
<tr><td>直径 d</td><td colspan="2">>6-10</td><td>>10 ~ 18</td><td>>18 ~ 30</td><td colspan="2">>30 ~ 50</td><td>>50 ~ 80</td><td>>80 ~ 120</td><td>>120 ~ 180</td></tr>
<tr><td>C 或 R</td><td>0.5</td><td>0.6</td><td>0.8</td><td>1.0</td><td>1.2</td><td>1.6</td><td>2.0</td><td>2.5</td><td>3.0</td></tr>
</table>

注：滚动轴承的定位轴肩高度必须低于轴承内圈端面的高度，以便拆卸轴承，其轴肩的高度可查相关手册中轴承的安装尺寸。

(2)套筒

套筒固定结构简单，定位可靠，轴上不需开槽、钻孔和切制螺纹，因而不影响轴的疲劳强度，一般用于轴上两个零件之间的固定。如两零件的间距较大时，不宜采用套筒固定，以免增大套筒的质量及材料用量。因套筒与轴的配合较松，如轴的转速较高时，也不宜采用套筒固定。

(3)圆螺母

圆螺母固定可承受大的轴向力，但轴上螺纹处有较大的应力集中，会降低轴的疲劳强度，故一般用于固定轴端的零件，有双圆螺母和圆螺母与止动垫片(图 13-11)两种形式。当轴上两零件间距离较大不宜使用套筒固定时，也常采用圆螺母固定。

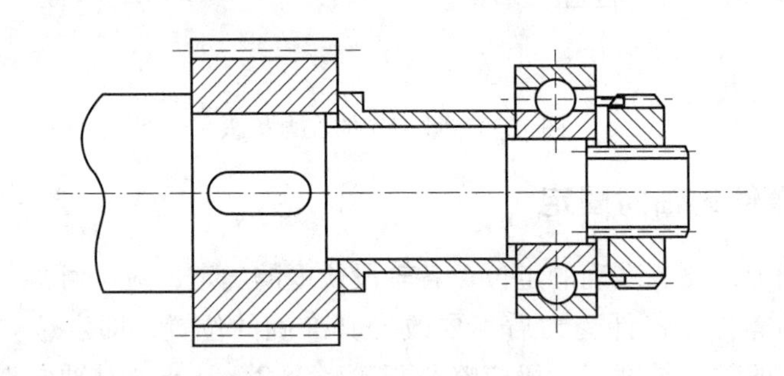

图 13-11　圆螺母和止动垫片

(4)轴端挡圈与锥面

锥面定心精度高，拆卸容易，能承受冲击及振动载荷；常用于轴端零件的固定，可以承受较大的轴向力，与轴端压板或螺母联合使用，使零件获得双向轴向固定。

(5)弹性挡圈

结构紧凑、简单，常用于滚动轴承的轴向固定，但不能承受轴向力。当位于受载轴段时，轴的强度被削弱较大。

(6)紧定螺钉和锁紧挡圈

轴结构简单，零件位置可调整并兼作周向固定，多用于光轴上零件的固定。但能承受的载荷较小，不宜于转速较高的轴。

13.2.3　轴上零件的周向固定

轴上零件与轴的周向固定所形成的连接，通常称为轴毂连接，轴毂连接的形式多种多样，本节介绍常用的几种。

(1)平键连接

平键工作时，靠其两侧面传递扭矩，键的上表面和轮毂槽底之间留有间隙。这种键定心性较好，装拆方便。但这种键不能实现轴上零件的轴向固定。

(2)花键连接

花键连接的齿侧面为工作面，可用于静连接或动连接。它比平键连接有更高的承载能力，较好的定心性和导向性；对轴的削弱也较小，适用于载荷较大或变载及定心要求较高的静连接、动连接。

(3)成形连接

成形连接利用非圆剖面的轴和相应的轮毂构成的轴毂连接，是无键连接的一种形式。轴和毂孔可做成柱形和锥形，前者可传递转矩，并可用于不在载荷作用下的轴向移动的动连接；后者除传递转矩外，还可承受单向轴向力。

成形连接无应力集中源，定心性好，承载能力高。但加工比较复杂，特别是为了保证配合精度，最后一道工序多要在专用机床上进行磨削，故目前应用还不广泛。

(4)过盈连接

过盈连接是利用零件间的过盈量来实现连接的。轴和轮毂孔之间因过盈配合而相互压紧，在配合表面上产生正压力，工作时依靠此正压力产生的摩擦力(又称固持力)来传递载荷。过盈连接既能实现周向固定传递转矩，又能实现轴向固定传递轴向力。其结构简单，定心性能好，承载能力大，受变载和冲击载荷的能力好。常用于某些齿轮、车轮、飞轮等轴毂连接。其缺点是承载能力取决于过盈量的大小，对配合面加工精度要求较高，装拆不方便。

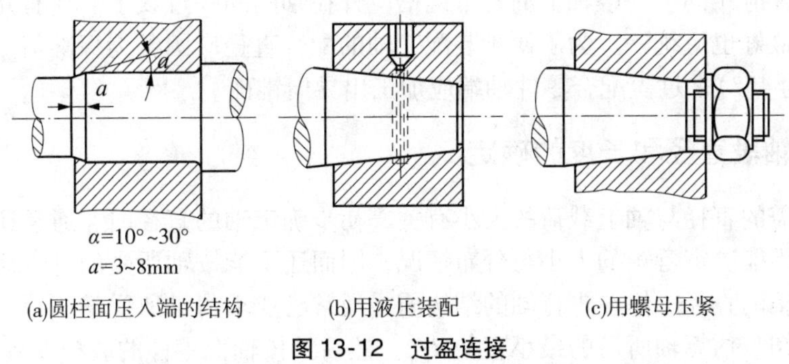

图 13-12　过盈连接

过盈连接的配合表面常为圆柱面和圆锥面，如图 13-12 所示，前者的装配有压入法和温差法，当过盈量或尺寸较小时，一般用压入法装配，当过盈量或尺寸较大时，或对连接量要求较高时，常用温差法装配。后者的装配可通过螺纹连接和液压装拆法实现。螺纹压紧连接使配合面间产生相对的轴向位移和压紧，这种结构常用于轴端；液压装拆是用高压油泵将高压油通过油孔和油沟压入连接的配合面，使轮毂孔径胀大而轴径缩小，同时施加一定的轴向力使之相互压紧，当压至预定的位置时，排除高压油即可，这种装配对配合面的接触精度要求较高，需要高压油泵等专用设备。

另一种是由弹性连接所构成的过盈连接。它利用一对或多对内、外锥面贴合的弹性环，当螺母(或螺栓)锁紧时，内环和外环相互压紧，因而形成过盈连接。

13. 2. 4　减小轴的应力集中

轴的结构应尽量避免形状的突然变化，以免产生应力集中。如直径过渡处应尽可能用轴肩圆角来代替环形槽，并尽可能采用较大的圆角半径。图 13-13 所示为几种减轻圆角应力集中例子。

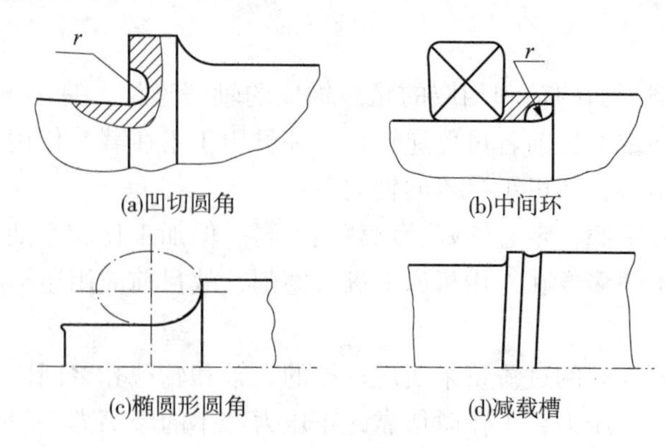

图 13-13 减小应力集中的结构

13.2.5 保证轴的结构工艺性

设计轴时，要使轴的结构便于加工、测量、装拆和维修，力求减少劳动量，提高劳动生产率。为了便于加工，减小加工工具的种类，应使轴上的圆角半径、键槽、越程槽、退刀槽的尺寸各自应相同。一根轴上的各个键槽应开在轴的同一母线上。当有几个花键轴段时，花键尺寸最好也应统一。为了便于装配，轴的配合直径应圆整为标准值，轴端应加工出倒角(一般为45°)；过盈配合零件轴端应加工出导向锥面。

13.2.6 各轴段直径和长度的确定

各轴段所需的直径与轴上载荷的大小有关。初步确定轴的直径时，通常还不知道支反力的作用点，不能决定弯矩的大小与分布情况，因而还不能按轴所受的具体载荷及其引起的应力来确定轴的直径。但在进行轴的结构前，通常已能求得轴所受的扭矩。因此，可按轴所受的扭矩初步估算轴所需的最小直径 d_{min}，然后再按轴上零件的装配方案和定位要求，从 d_{min} 处起逐一确定各段轴的直径。在实际设计中，轴的直径亦可凭设计者的经验取定，或参考同类机械用类比的方法确定。

有配合要求的轴段，应尽量采用标准直径。安装标准件(如滚动轴承、联轴器、密封圈等)部位的轴径，应取为相应的标准值及所选配合的公差。为了使齿轮、轴承等有配合要求的零件装拆方便，并减少配合表面的擦伤，在配合轴段前应采用较小的直径。为了使与轴作过盈配合的零件易于装配，相配轴段的压入端应制出锥度；或在同一轴段的两个部位上采用不同的尺寸公差。

确定各轴段长度时，应尽可能使结构紧凑，同时还要保证零件所需的装配或调整空间。轴的各段长度主要是根据各零件与轴配合部分的轴向尺寸和相邻零件间必要的空隙来确定的。为了保证轴向定位可靠，与齿轮和联轴器等零件配合的轴段长度一般应比轮毂长度短 2 ~ 3mm。

13.3 轴的强度计算

13.3.1 扭转强度

对只受转矩或以承受转矩为主的传动轴，应按扭转强度条件计算轴的直径。若有弯矩作用，可用降低许用应力的方法来考虑其影响。

扭转强度约束条件为

$$\tau_{\mathrm{T}}=\frac{T}{W_{\mathrm{T}}}=\frac{9550\times 10^{3}P/n}{W_{\mathrm{T}}}\leqslant[\tau_{T}] \tag{13-1}$$

式中，τ_{T} 为轴危险截面的最大扭剪应力，MPa；T 为轴所传递的扭矩，N · mm；W_{T} 为轴危险截面的抗扭截面模量，mm^3；P 为轴所传递的功率，kW；n 为轴的转速，r/min；$[\tau_{\mathrm{T}}]$为轴的许用扭剪应力，MPa，取值见表 13-3。

表 13-3 常用材料的[τ]值和 C 值

轴的材料	Q235，20	35	45	40Cr，35SiMn
[τ]/MPa	12 ~ 20	20 ~ 30	30 ~ 40	40 ~ 52
C	160 ~ 135	134 ~ 118	118 ~ 107	107 ~ 98

对实心圆轴，$W_{\mathrm{T}}=\pi d^{3}/16\approx d^{3}/5$，以此代入式(13-1)，可得扭转强度条件的设计式：

$$d\geqslant\sqrt[3]{\frac{5}{\tau_{\mathrm{T}}}(9550\times 10^{3})\frac{P}{n}}=C\sqrt[3]{\frac{P}{n}} \tag{13-2}$$

式中，C 为由轴的材料和受载情况决定的系数，其值可查表 13-3。当弯矩相对转矩很小时，C 值取较小值，$[\tau_{\mathrm{T}}]$取较大值；反之，C 取较大值，$[\tau_{\mathrm{T}}]$取较小值。

应用式(13-2)求出的 d 值，一般作为轴受转矩作用段最细处的直径，一般是轴端直径。若计算的轴段有键槽，则会削弱轴的强度，作为补偿，此时应将计算所得的直径适当增大：若该轴段同一剖面上有一个键槽，d 增大 5%，若有两个键槽，d 增大 10%。

此外，也可采用经验公式来估算轴的直径。如在一般减速器中，高速输入轴的直径可按与之相连的电动机轴的直径 d 估算：$d=(0.3\sim 0.4)a$；各级低速轴的直径可按同级齿轮中心距 a 估算，$d=(0.3\sim 0.4)a$。

13.3.2 弯扭合成强度条件

对于同时承受弯矩和转矩的轴，可根据转矩和弯矩的合成强度进行计算。计算时，先根据结构设计所确定的轴几何结构和轴上零件的位置，画出轴的受力简图，然后，绘制弯矩图、扭矩图，按第三强度理论条件建立轴的弯扭合成强度约束条件：

$$\sigma_{\mathrm{ca}}=\sqrt{M^{2}+T^{2}}/W=\frac{M_{\mathrm{ca}}}{W}\leqslant[\sigma] \tag{13-3}$$

考虑到弯矩 M 所产生的弯曲应力和转矩 T 所产生的扭剪应力的性质不同，对上式中的转矩 T 乘以折合系数 α，则强度约束条件一般公式为

$$\sigma_{\mathrm{ca}}=\frac{\sqrt{M^{2}+(\alpha T)^{2}}}{W}=\frac{M_{\mathrm{ca}}}{W}\leqslant[\sigma_{-1}]_{\mathrm{b}} \tag{13-4}$$

式中，$M_{\mathrm{ca}}=\sqrt{M^{2}+(\alpha T)^{2}}$称为当量弯矩。$\alpha$ 为根据转矩性质而定的折合系数，转矩不变时，$\alpha=[\sigma_{-1}]_{\mathrm{b}}/[\sigma_{+1}]_{\mathrm{b}}\approx 0.3$；转矩按脉动循环变化时，$\alpha=[\sigma_{-1}]_{\mathrm{b}}/[\sigma_{+1}]_{\mathrm{b}}\approx 0.6$；转矩按对称循环变化时，$\alpha=[\sigma_{-1}]_{\mathrm{b}}/[\sigma_{+1}]_{\mathrm{b}}=1$；若扭矩的变化规律不清楚，一般也按脉动循

环处理。$[\sigma_{-1}]_b$、$[\sigma_0]_b$、$[\sigma_{+1}]_b$ 分别为对称循环、脉动循环及静应力状态下的许用应力，取值见表 13-4。W 为轴的抗弯截面模量，单位为 mm^3。

对实心轴，式(13-4)也可写为设计式：

$$d \geqslant \sqrt[3]{\frac{M_{ca}}{0.1[\sigma_{-1}]_b}} \tag{13-5}$$

若计算的剖面有键槽，则应将计算所得的轴径 d 增大，方法同扭转强度计算。

表 13-4　轴的许用应力　　单位：MPa

材料	σ_b	$[\sigma_{+1}]_b$	$[\sigma_0]_b$	$[\sigma_{-1}]_b$
碳钢	400	130	70	40
	500	170	75	45
	600	200	95	55
	700	230	110	65
合金钢	800	270	130	75
	900	300	140	80
	1000	330	150	90
	1200	400	180	110
铸钢	400	100	50	30
	500	120	70	40

13.3.3 基于疲劳强度的安全系数约束

按当量弯矩计算轴的强度中没有考虑轴的应力集中、轴径尺寸和表面粗糙度等因素对轴的疲劳强度的影响，因此，对于重要的轴，还需要进行轴危险截面处的疲劳安全系数的精确计算，评定轴的安全裕度。即建立轴在危险截面的安全系数的约束条件。

安全系数的约束条件为

$$S_{ca} = \frac{S_\alpha S_\tau}{\sqrt{S_\alpha^2 + S_\tau^2}} \geqslant [S] \tag{13-6}$$

$$S_\sigma = \frac{\sigma_{-1}}{\dfrac{k_\sigma}{\beta\varepsilon_\sigma} + \psi_\sigma \sigma_m} \tag{13-7}$$

$$S_\tau = \frac{\tau_{-1}}{\dfrac{k_\tau}{\beta\varepsilon_\tau}\tau_\alpha + \psi_\tau \tau_m} \tag{13-8}$$

式中，S_{ca}为计算安全系数；$[S]$为最小许用安全系数，见表 13-5；S_α，S_τ 分别为受弯矩和扭矩作用时的安全系数；σ_{-1}，τ_{-1}分别为对称循环应力时材料试件的弯曲和扭转疲劳极限，见表 13-1；k_σ，k_τ 为弯曲和扭转时的有效应力集中系数，见表 13-6；β 为弯曲和扭转时的表面品质系数，见表 13-7 ~ 表 13-9；ε_σ，ε_τ 为弯曲和扭转时的绝对尺寸系数，见表

13-10；ψ_σ，ψ_τ 为弯曲和扭转时平均应力折合应力幅的等效系数，见表 13-1；σ_a，τ_a 为弯曲和扭转的应力幅；σ_m，τ_m 为弯曲和扭转平均应力。

表 13-5 疲劳强度的最小许用安全系数

条 件	[S]
载荷可精确计算，材质均匀，材料性能精确可靠	1.3～1.5
计算精度较低，材质不够均匀	1.5～1.8
计算精度很低，材质很不均匀，或尺寸很大的轴（$d>200$mm）	1.8～2.5

注：①对于转轴或转动心轴，弯曲应力按对称循环变化，故 $\sigma_a=M/W$，$\sigma_m=0$；②对于固定心轴或载荷随轴一起转动的转动心轴，考虑到载荷波动的实际情况，弯曲应力可作为脉动循环变化考虑，即 $\sigma_a=\sigma_m=M/(2W)$；③若转矩变化的规律难以确定，一般而言，对单方向转动的转轴，常视扭剪应力按脉动循环变化，即 $\tau_a=\tau_m=T/(2W_T)$；④若轴经常正反转，则应按对称循环处理，即 $\tau_a=T/W_T$，$\tau_m=0$。

表 13-6 圆角处的有效应力集中系数

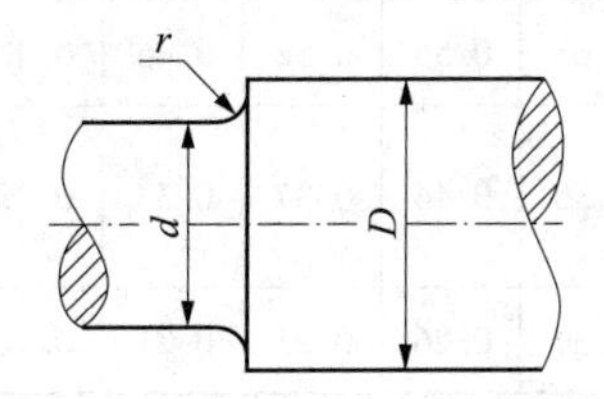

$\frac{D-d}{r}$	$\frac{r}{d}$	k_σ								k_τ							
		σ_b/MPa															
		400	500	600	700	800	900	1000	1200	400	500	600	700	800	900	1000	1200
2	0.01	1.34	1.36	1.38	1.40	1.41	1.43	1.45	1.49	1.26	1.28	1.29	1.29	1.30	1.30	1.31	1.32
	0.02	1.41	1.44	1.47	1.49	1.52	1.54	1.57	1.62	1.33	1.35	1.36	1.7	1.37	1.38	1.39	1.42
	0.03	1.59	1.63	1.67	1.71	1.76	1.80	1.84	1.92	1.39	1.40	1.42	1.44	1.45	1.47	1.48	1.52
	0.05	1.54	1.59	1.64	1.69	1.73	1.78	1.83	1.93	1.42	1.43	1.44	1.46	1.47	1.50	1.51	1.54
	0.10	1.38	1.44	1.50	1.55	1.61	1.66	1.72	1.83	1.37	1.38	1.39	1.42	1.43	1.45	1.46	1.50
4	0.01	1.51	1.54	1.57	1.59	1.62	1.64	1.67	1.72	1.37	1.39	1.40	1.42	1.43	1.44	1.46	1.47
	0.02	1.76	1.81	1.86	1.91	1.96	2.01	2.06	2.16	1.53	1.55	1.58	1.59	161	1.62	1.65	1.68
	0.03	1.76	1.82	1.88	1.94	1.99	2.05	2.11	2.23	1.52	1.54	1.57	1.59	16.1	1.64	1.66	1.71
	0.05	1.70	1.76	1.82	1.88	1.95	2.01	2.07	2.19	1.50	1.53	1.57	1.59	1.62	1.65	1.68	1.74
6	0.01	1.86	1.90	1.94	1.99	2.03	2.08	2.12	2.21	1.54	1.57	1.59	1.61	1.64	1.66	1.68	1.73
	0.02	1.90	1.96	2.02	2.03	2.13	2.19	2.25	2.37	1.59	1.62	1.66	1.69	1.72	1.75	1.79	1.86
	0.03	1.89	1.96	2.03	2.10	2.16	2.23	2.30	2.44	1.61	1.65	1.68	1.72	1.74	1.77	1.81	1.88
10	0.01	2.07	2.12	2.17	2.23	2.28	2.34	2.39	2.50	2.12	2.18	2.24	2.30	2.37	2.42	2.48	2.60
	0.02	2.09	2.16	2.23	2.30	2.38	2.45	2.52	2.66	2.03	2.08	2.12	2.17	2.22	2.26	2.31	2.40

表 13-7　不同表面粗糙度的表面质量系数

加工方法	轴表面粗糙度 Ra/mm	b/MPa		
		400	800	1200
磨削	Ra = 0.004 ~ 0.002(▽9 ~ ▽10)	1	1	1
车削	Ra = 0.0032 ~ 0.0008(▽6 ~ ▽8)	0.95	0.90	0.80
粗车	Ra = 0.025 ~ 0.0063(▽3 ~ ▽5)	0.85	0.80	0.65
未加工表面	—	0.75	0.65	0.45

注：表中的▽符号为旧的光洁度符号。

表 13-8　各种腐蚀情况的表面质量系数

工作条件	b/MPa										
	400	500	600	700	800	900	1000	1100	1200	1300	1400
淡水中，有应力集中	0.7	0.63	0.56	0.52	0.46	0.43	0.40	0.38	0.36	0.35	0.33
淡水中，无应力集中 海水中，有应力集中	0.58	0.50	0.44	0.37	0.33	0.28	0.25	0.23	0.21	0.20	0.19
海水中，无应力集中	0.37	0.30	0.26	0.23	0.21	0.18	0.16	0.14	0.13	0.12	0.12

表 13-9　各种强化方法的表面品质系数

强化方法	心部强度 b/MPa			
		光轴	低应力集中的轴 $k \leqslant 1.5$	高应力集中的轴 $k \geqslant 1.8 \sim 2$
高频淬火	600 ~ 800 800 ~ 1000	1.5 ~ 1.7 1.3 ~ 1.5	1.6 ~ 1.7 —	2.4 ~ 2.8 —
氮化	900 ~ 1200	1.1 ~ 1.25	1.5 ~ 1.7	1.7 ~ 2.1
渗碳	400 ~ 600 700 ~ 800 1000 ~ 1200	1.8 ~ 2.0 1.4 ~ 1.5 1.2 ~ 1.3	3 — 2	— — —
喷丸硬化	600 ~ 1500	1.1 ~ 1.25	1.5 ~ 1.6	1.7 ~ 2.1
滚子滚压	600 ~ 1500	1.1 ~ 1.3	1.3 ~ 1.5	1.6 ~ 2.0

注：①高频淬火是根据直径为 10 ~ 20mm，淬硬层厚度为(0.05 ~ 0.20)d 的试件，实验求得的数据，对大尺寸试件，强化系数的值会有某些降低；②氮化层厚度为 0.01d 时用小值，在(0.03 ~ 0.04)d 时用大值；③喷丸硬化是根据 8 ~ 40mm的试件求得的数据。喷丸速度低时用小值；速度高时用大值；④滚子滚压是根据 17 ~ 130mm 的试件求得的数据。

表 13-10　绝对尺寸影响系数

直径 d/mm		>20~30	>30~40	>40~50	>50~60	>60~70	>70~80	>80~100	>100~120	>120~150	>150~500
ε_σ	碳钢	0.91	0.88	0.84	0.81	0.78	0.75	0.73	0.70	0.68	0.60
	合金钢	0.83	0.77	0.73	0.70	0.68	0.66	0.64	0.62	0.60	0.54
ε_τ	各种钢	0.89	0.81	0.78	0.76	0.74	0.74	0.72	0.70	0.68	0.60

当式(13-6)不能满足时，则说明轴的疲劳强度不足，需采取相应措施予以改进。如改进轴的结构以降低应力集中；采用热处理、表面强化处理等工艺措施提高强度；加大轴的直径；改用较好材料等。

13.3.4　基于静强度的安全系数约束

对于应力循环严重不对称或短时过载严重的轴，在尖峰载荷作用下，可能产生塑性变形，为了防止在疲劳破坏前发生大的塑性变形，还应按尖峰载荷校核轴的静强度安全系数。其约束条件为

$$S_0 = \frac{S_{0\sigma} + S_{0\tau}}{\sqrt{S_{0\sigma}^2 + S_{0\tau}^2}} \geqslant [S_0] \tag{13-9}$$

$$S_{0\sigma} = \frac{\sigma_S}{\sigma_{\max}} \tag{13-10}$$

$$S_{0\mathrm{r}} = \frac{\tau_S}{\tau_{\max}} \tag{13-11}$$

式中，S_0 为静强度计算安全系数，见表 13-11 所列；$S_{0\sigma}$，S_{0r} 分别为受弯矩和扭矩作用时的静强度安全系数；$[S_0]$ 为静强度最小许用安全系数，见表 13-11；S_S，τ_S 为材料抗弯、抗扭屈服极限，见表 13-1 所列；$\sigma_{\max}$，$\tau_{\max}$ 为尖峰载荷所产生的最大弯曲、扭剪应力。

表 13-11　静强度的最小许用安全系数

σ_S/σ_S	0.45~0.55	0.55~0.70	0.70~0.90	铸造轴
$[S_o]$	1.2~1.5	1.4~1.8	1.7~2.2	1.6~2.5

13.4 轴的设计

13.4.1 设计方法

轴的设计是根据给定轴的功能要求(传递功率或转矩，所支持零件的要求等)和满足物理、几何约束的前提下，确定轴的最佳形状和尺寸。尽管轴设计中所受的物理约束很多，但设计时，其物理约束的选择仍是有区别的，对一般用途的轴，满足强度约束条件，具有合理的结构和良好的工艺性即可。对于静刚度要求高的轴，如机床主轴，工作时不允许有过大的变形，则应按刚度约束条件来设计轴的尺寸。对于高速或载荷做周期变化的轴，为避免发生共振，则应需按临界转速约束条件进行轴的稳定性计算。

轴的设计并无固定不变的步骤，要根据具体情况来定，一般方法是：

①按扭转强度约束条件[式(13-2)]或与同类机器类比，初步确定轴的最小直径。

②考虑轴上零件的定位和装配及轴的加工等几何约束，进行轴的结构设计，确定轴的几何尺寸；轴结构设计的结果具有多样性，不同的工作要求、不同的轴上零件的装配方案以及轴的不同加工工艺等，都将得出不同的轴的结构形式。因此，设计时，必须对其结果进行综合评价，确定较优的方案。

③根据轴的结构尺寸和工作要求，选择相应的物理约束，检验是否满足相应的物理约束。若不满足，则需对轴的结构尺寸作必要修改，实施再设计，直至满足要求。

13.4.2 设计实例

【例 13-1】 试设计图 13-14 所示单级斜齿圆柱齿轮减速器的从动轴。已知传递的功率 $P=10\text{kW}$，从动齿轮的转速 $n_2=202\text{r/min}$，分度圆直径 $d_2=356\text{mm}$，齿轮上所受的力 $F_{t2}=2656\text{N}$，$F_{r2}=985\text{N}$，$F_{a2}=522\text{N}$，齿轮轮毂的长度 $L=80\text{mm}$，齿轮单向转动，采用轻窄系列深沟球轴承。

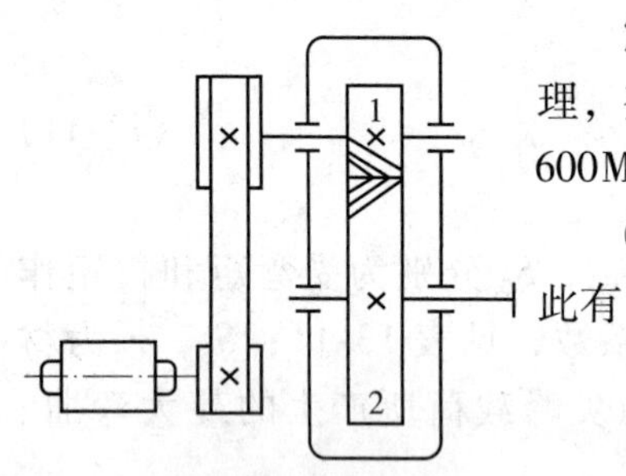

图 13-14 减速器

解 ①选择轴的材料，确定许用应力。选 45 钢，正火处理，查表 13-1 得到其硬度为 170 ~ 217HBS，抗拉强度 $\sigma_b=600\text{MPa}$，查表 13-3 得到许用弯曲应力为 $[\sigma_{-1}]=55\text{MPa}$。

②估算该轴最细段的直径。查表 13-2 得到 $C=115$，因此有

$$d \geqslant C\sqrt[3]{\frac{P}{n}}=115\times\sqrt[3]{\frac{10}{202}}=42.2 \quad (\text{mm})$$

圆整取 $d=45\text{mm}$。

③对轴进行结构设计。考虑轴上零件的位置和固定方式，以及结构工艺性，按比例绘制出轴及轴系零件的结构草图(图 13-15)。轴的具体结构设计过程及结果如下：

①确定轴上零件的位置和定位、固定方式。由于是单级齿轮减速器，应把齿轮布置在箱体内壁的中间，轴承对称布置在齿轮的两边，轴的外伸端安装联轴器。

齿轮靠轴环和套筒实现轴向定位和固定，靠平键和过盈配合实现周向固定。两端轴承分别靠轴肩、套筒实现轴向定位和固定，靠过盈配合实现周向固定。轴通过两端轴承盖实现轴向定位。联轴器靠轴肩、平键和过盈配合，分别实现轴向定位和周向固定。

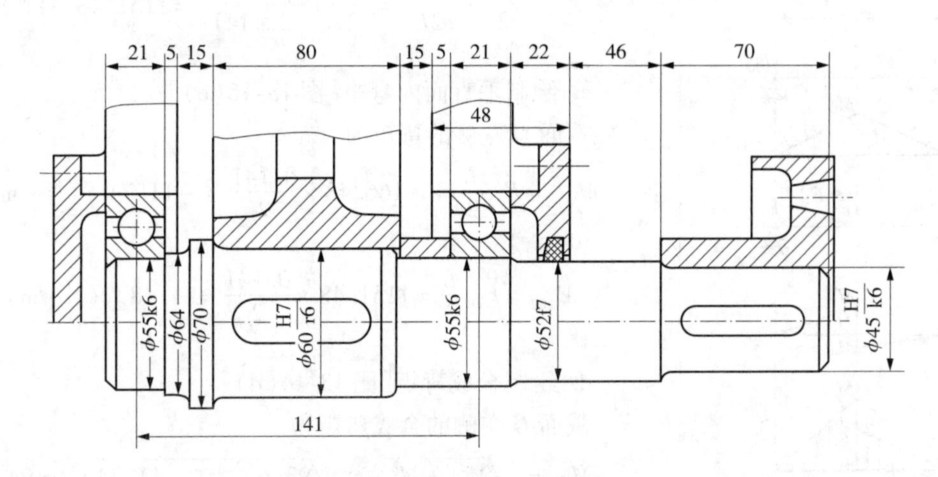

图 13-15　轴的结构草图

②确定各轴段的直径。外伸端直径为 45mm。为了使联轴器能轴向定位，在轴的外伸端应设计出一个轴肩。因轴承也要安装在这一轴段上，所以，通过右端轴承盖的这一轴段应取直径 55mm。考虑到便于轴承装拆，与透盖毡圈接触的轴段（公差带取 f7）比安装轴承的轴段直径（该处直径的公差带是按轴承的标准选取的，为 k6）略小，取为 52mm。按要求，查轴承的标准手册选用两个 6211 型的深沟球轴承，故安装左端轴承的轴段直径也是 55mm。为了便于齿轮的装配，齿轮处的轴头直径为 60mm。用于齿轮定位的轴环直径为 70mm。查轴承标准得，左端轴承处的轴肩所在轴段的直径为 64mm，轴肩圆角半径取 1mm，齿轮与联轴器处的轴环、轴肩的圆角半径取 1. 5mm。

③确定轴的各段长度。齿轮轮毂的宽度为 80mm，故取齿轮处轴头的长度为 78mm。由轴承的标准手册查得 6211 型轴承的宽度为 21mm，因此左端轴颈的长度为 21mm。齿轮两端面、轴承端面应与箱体内壁保持一定的距离，分别取为 15mm 和 5mm，右侧穿过透盖的轴段的长度取为 68mm。联轴器处的轴头长度按联轴器的标准长度取 70mm。由图13-15可知，轴的支承跨距为 $L=141$mm 分步骤如下：

④校核的强度。

a. 绘制轴的计算简图［图13-16(a)］；

b. 绘制水平面内弯矩图［图 13-16(b)］。

两支承端的约束力为

$$F_{\mathrm{hA}}=F_{\mathrm{hB}}=\frac{F_{\mathrm{t2}}}{2}=\frac{2656}{2}=1328 \quad (\mathrm{N})$$

截面 C 处的弯矩为

$$M_{\mathrm{hC}}=F_{\mathrm{hA}}\frac{L}{2}=1328\times\frac{0.141}{2}=93.62 \quad (\mathrm{N\cdot m})$$

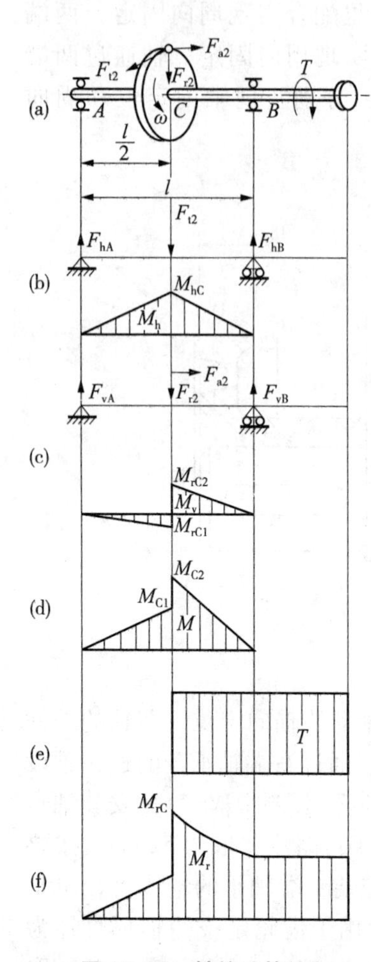

图 13-16 轴的计算简图

两支承端的约束反力为

$$F_{vA}=\frac{F_{r2}}{2}-\frac{F_{a2}d_2}{2L}=\frac{985}{2}-\frac{522\times356}{2\times141}=-166.48\quad(\text{N})$$

$$F_{vB}=\frac{F_{r2}}{2}+\frac{F_{a2}d_2}{2L}=\frac{985}{2}+\frac{522\times356}{2\times141}=1151.48\quad(\text{N})$$

c. 绘制垂直面内弯矩[图 13-16(c)]

截面 C 左侧的弯矩为

$$M_{vC_1}=F_{vA}\frac{L}{2}=-166.48\times\frac{0.141}{2}=-11.74\quad(\text{N}\cdot\text{m})$$

$$M_{vC2}=F_{vB}\frac{L}{2}=1151.48\times\frac{0.141}{2}=81.18\quad(\text{N}\cdot\text{m})$$

d. 绘制合成弯矩[图 13-16(d)]

截面 C 左侧的合成弯矩为

$$M_{C1}=\sqrt{M_{hC}^2+M_{vC1}^2}=\sqrt{93.62^2+(-11.74)^2}=94.35\quad(\text{N}\cdot\text{m})$$

截面 C 右侧的合成弯矩为

$$M_{C2}=\sqrt{M_{hc}^2+M_{vC2}^2}=\sqrt{93.62^2+81.18^2}=123.92\quad(\text{N}\cdot\text{m})$$

e. 绘制扭矩图[图 13-16(e)]

齿轮与联轴器之间的扭矩为

$$T=9550\frac{P}{n_2}=9550\times\frac{10}{202}=472.73\quad(\text{N}\cdot\text{m})$$

f. 绘制当量弯矩图[图 13-16(f)]

因为轴为单向转动，所以扭矩为脉动循环，折合系数为 $a\approx0.6$，危险截面 C 处的弯矩为

$$M_{rC}=\sqrt{M_{C2}^2+(aT)^2}=\sqrt{123.92^2+(0.6\times472.73)^2}=309.53\quad(\text{N}\cdot\text{m})$$

g. 计算危险截面 C 处满足强度要求的轴径

由式(13-5)得

$$d\geqslant\sqrt[3]{\frac{M_{ca}}{0.1[\sigma_{-1}]}}=\sqrt[3]{\frac{309.53\times10^3}{0.1\times55}}=38.32\quad(\text{mm})$$

由于 C 处有键槽，故将轴径加大 5%，即 38.32 × 1.05 = 40.24mm。而结构设计草图中，该处的轴径为 60mm，故强度足够。

绘制轴的工作图(如图 13-17)所示。

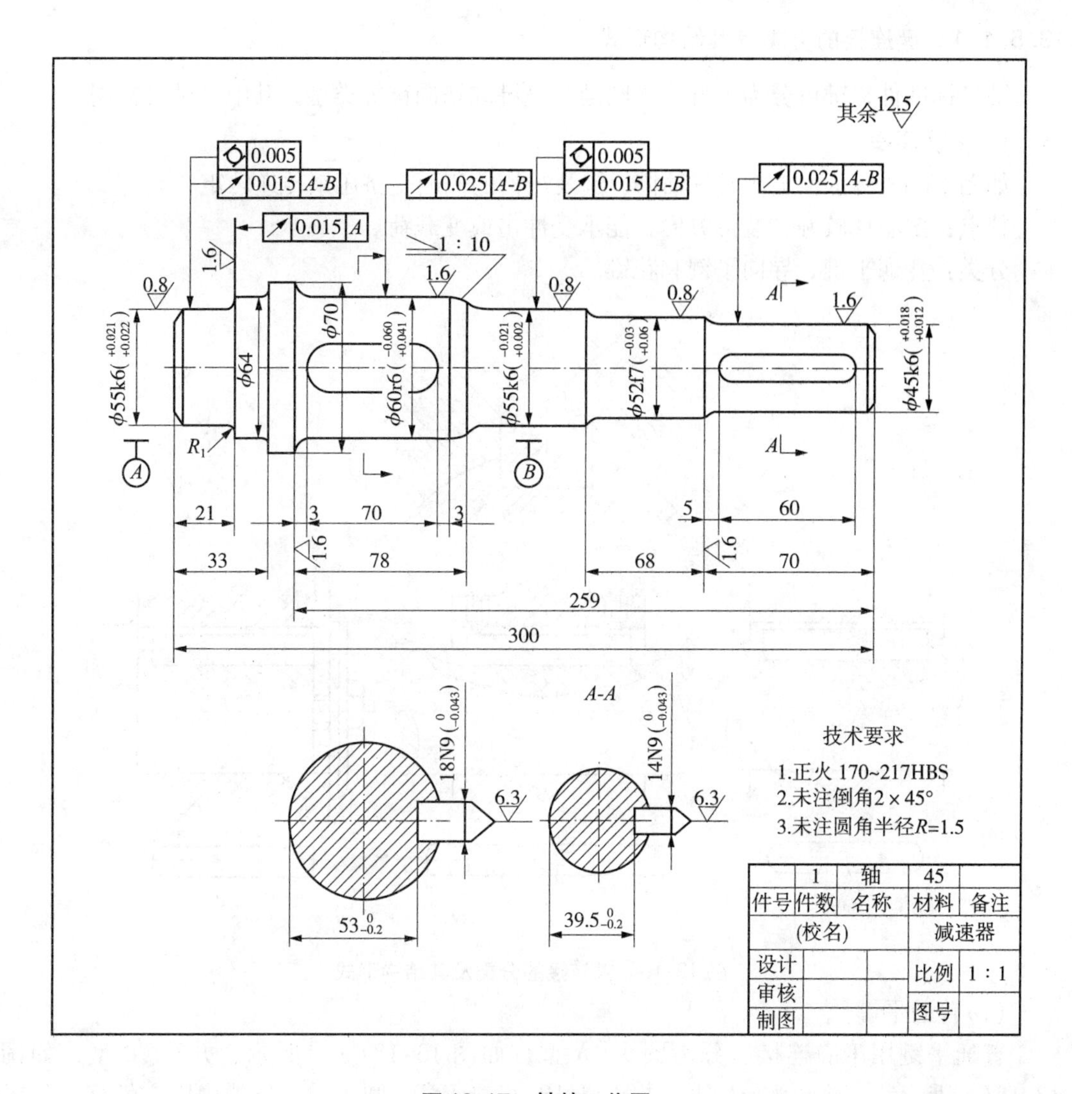

	1	轴	45	
件号	件数	名称	材料	备注
(校名)			减速器	
设计			比例	1:1
审核			图号	
制图				

图 13-17 轴的工作图

13.5 轴毂连接

常见的轴毂连接有键连接、花键连接等。轴毂连接主要是用来实现轴和轮毂(如齿轮、带轮等)之间的周向固定并用来传递运动和转矩，有些还可以实现轴上零件的轴向固定或轴向移动(导向)。固定方式的选择主要是根据零件所传递转矩的大小和性质、轮毂与轴的对中精度要求、加工的难易程度等因素来进行。

13.5.1 键连接

键可分为平键、半圆键、楔键和切向键等类型，其中以平键最为常用。键已标准化。设计时首先根据工作条件和各类键的应用特点选择键的类型，再根据轴径和轮毂的长度确定键的尺寸，必要时还应对键连接进行强度校核。

13.5.1.1 键连接的分类及其结构形式

键是标准件，键可分为平键、半圆键、楔键和切向键等类型，其中平键最常用。

1. 平键连接

如图 13-18 所示，工作时靠轴槽、键及毂槽的侧面受挤压来传递转矩。

特点：定心性较好、装拆方便，能承受冲击或变载荷。

分类：普通平键、导向平键和花键。

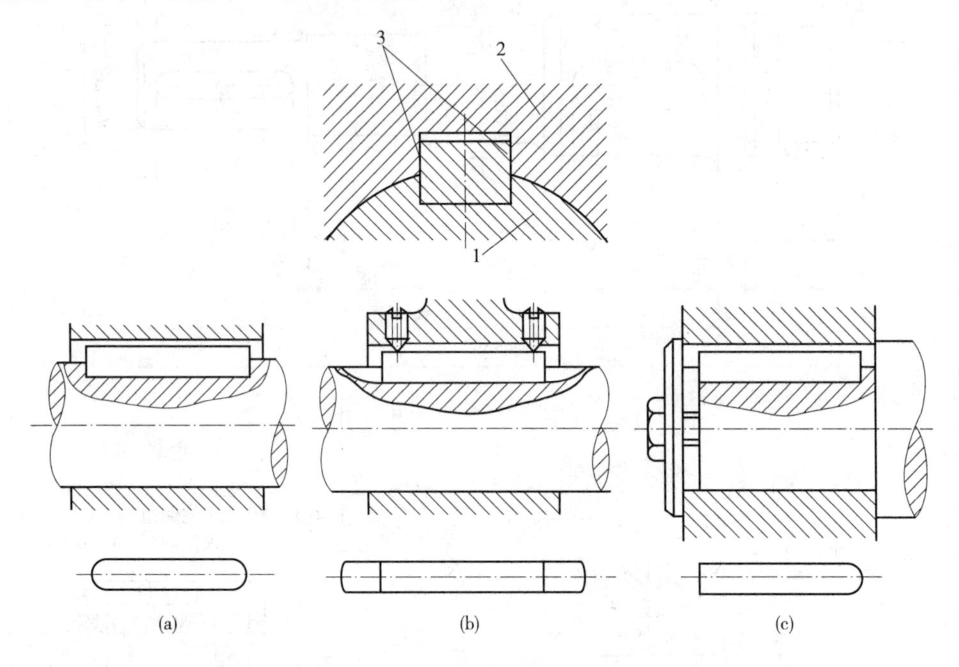

图 13-18 键连接的分类及其结构形式

(1)普通平键

普通平键用于静连接。分为圆头[A 型，如图 13-18(a)]所示、方头[B 型，如图 13-18(b)所示]、单圆头[C 型，如图 13-18(c)所示]，圆头键在轴槽中固定性好，但轴上键槽端部的应力集中较大。方头键的应力集中较小，单圆头键常用于轴端。普通平键应用最广。

(2)导向平键和滑键(图 13-19)

导向平键连接能实现轴上零件的轴向移动，构成动连接。

2. 半圆键连接

半圆键(图 13-20)也是以两侧面作为工作面，半圆键连接具有良好的定心性能。半圆键能在轴槽中摆动以适应毂槽底面，装配方便。但键槽较深，对轴的强度削弱较大，适用于轻载连接。锥形轴端采用半圆键连接在工艺上较为方便。

3. 楔键连接

如图 13-21 所示，楔键的上、下面是工作面，键的上表面和轮毂键槽的底面均有 1:100的斜度。装配时需将键打入轴和轮毂的键槽内，工作时依靠键与轴及轮毂的槽底之

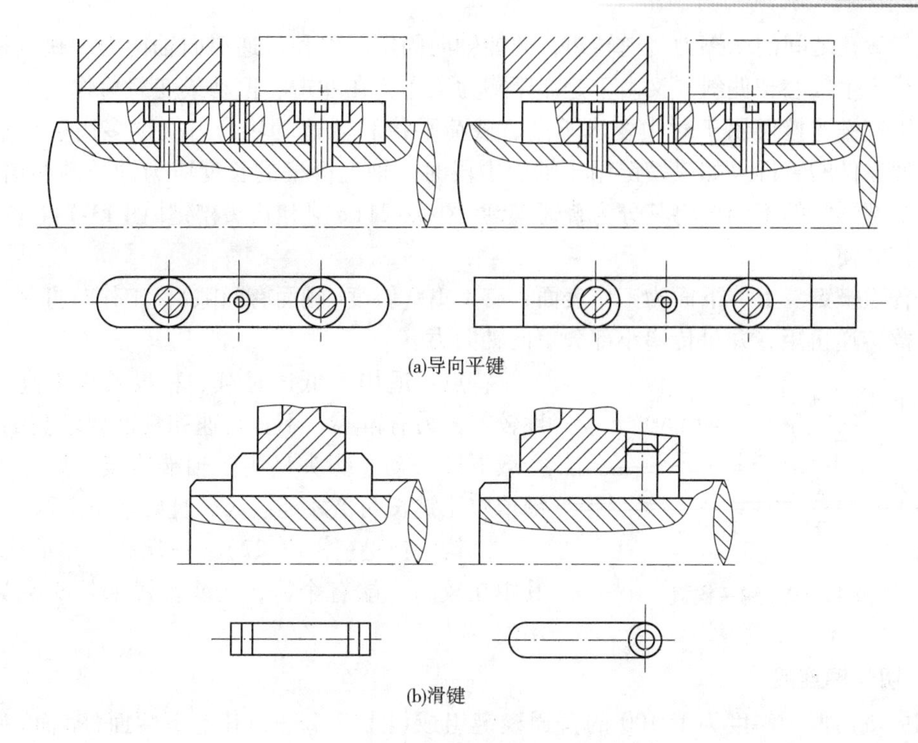

(a)导向平键

(b)滑键

图 13-19 导向平键和滑键

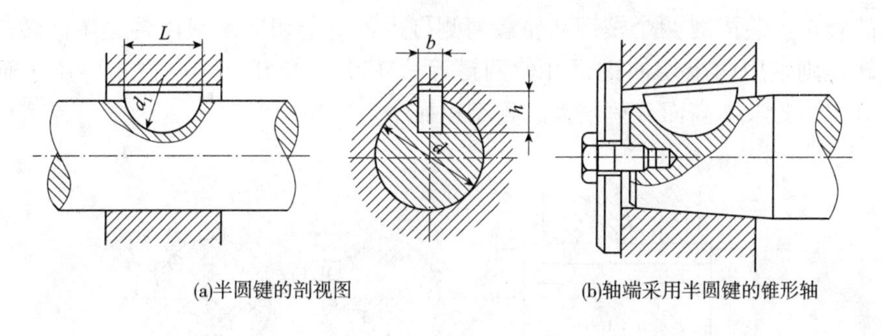

(a)半圆键的剖视图

(b)轴端采用半圆键的锥形轴

图 13-20 半圆键连接

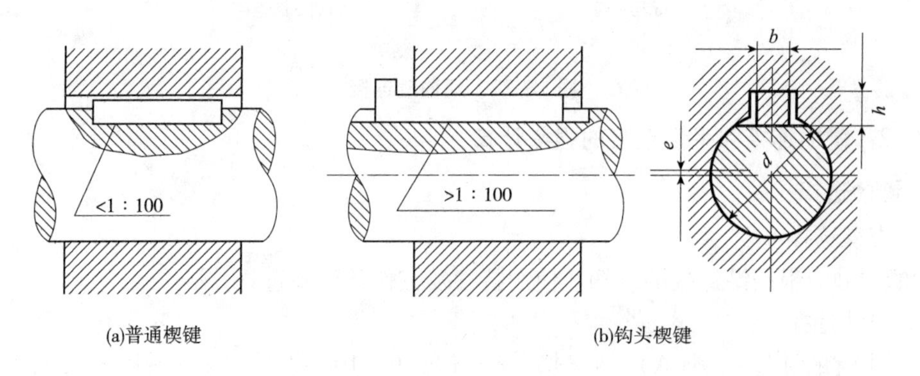

(a)普通楔键

(b)钩头楔键

图 13-21 楔键连接

间、轴与毂孔之间的摩擦力传递转矩，并能轴向固定零件和传递单向轴向力。缺点是轴与毂孔容易产生偏心和偏斜，又由于是靠摩擦力工作，在冲击、振动或变载荷作用下键易松动，所以楔键连接仅用于对中要求不高、载荷平稳和低速的场合。楔键多用于轴端的连接，以便零件的装拆。如果楔键用于轴的中段时，轴上键槽的长度应为键长的两倍以上。按楔键端部形状的不同可将其分为普通楔键[图 13-21(a)]和钩头楔键[图 13-21(b)]，后者拆卸较方便。

①普通楔键。上、下面为工作表面，有 1∶100 斜度(侧面有间隙)，工作时打紧，靠上下面摩擦传递扭矩，并可传递小部分单向轴向力。

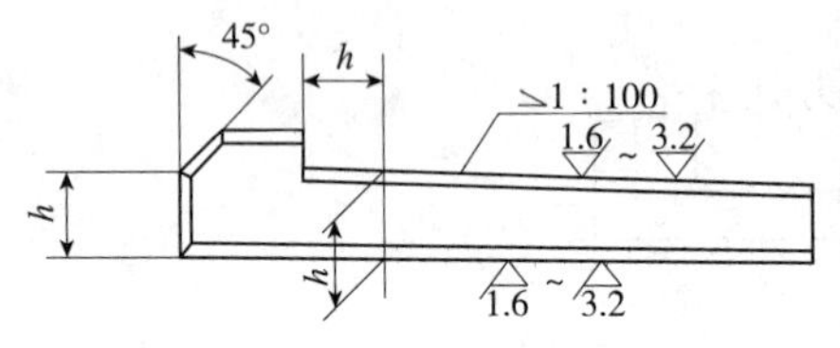

图 13-22　钩头锲键

特点：适用于低速轻载、精度要求不高。对中性较差，力有偏心。不宜高速和精度要求高的连接，变载下易松动。钩头只用于轴端连接，如在中间用键槽应比键长两倍才能装入，且要罩安全罩。

②钩头锲键(图 13-22)。一端高一端低成梯形，其中在较高一端有个钩，钩头锲键的钩头是为拆键用的。

4. 切向键连接

切向键由两个斜度为 1∶100 的普通楔键组成(图 13-23)，其上下两面(窄面)为工作面，其中一个工作面在通过轴心线的平面内，使工作面上的压力沿轴的切向作用，因而能传递很大的转矩。装配时两个楔键从轮毂两侧打入。一个切向键只能传递单向转矩，若要传递双向转矩则须用两个切向键，并使两键互成 120° ~ 135°。切向键主要用于轴径大于 100mm、对中性要求不高而载荷很大的重型机械中。

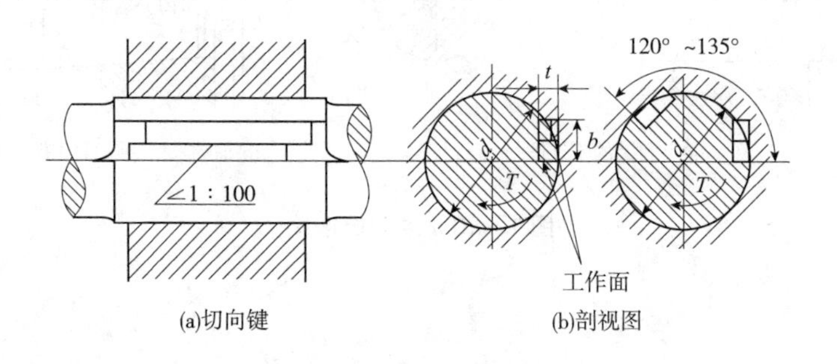

图 13-23　切向键连接

13. 5. 1. 2　键的连接和平键连接的强度计算

1. 键的选择

(1)类型选择

键的类型应根据键连接的结构、使用特性及工作条件来选择。

(2)尺寸选择

普通平键的标注示例(A)：$b = 16$，$h = 10$，$L = 100$ 键 16 × 100，见国家标准 GB/T 1096—2003。

平键是标准件，键的主要尺寸为其剖面尺寸与长度尺寸。其断面尺寸(键宽 $b\times$键高 h)按轴径 d 从有关标准中选定，键长 L 应略小于轮毂长度并符合标准系列。键的主要尺寸如表 13-12 所列。

表 13-12　键的主要尺寸　　单位：mm

轴径 d	>10~12	>12~17	>17~22	>22~30	>30~38	>38~44	>44~50
键宽 b	4	5	6	8	10	12	14
键高 h	4	5	6	7	8	8	9
键长 L	8~45	10~56	14~70	18~90	22~110	28~140	36~160
轴径 d	>50~58	>58~65	>65~75	>75~85	>85~95	>95~110	>110~130
键宽 b	16	18	20	22	25	28	32
键高 h	10	11	12	14	14	16	18
键长 L	45~180	50~200	56~220	63~250	70~280	80~320	90~360

注：键的长度系列：8，10，12，14，16，18，20，22，25，28，32，36，40，45，50，63，70，80，90，100，110，125，140，160，180，200，220，250，280，320，360。

2. 半圆键连接强度计算

半圆键连接工作时的主要失效形式为组成连接的键、轴和轮毂中强度较弱材料表面的压溃，极个别情况下也会出现键被剪断的现象。通常只需按工作面上的挤压强度进行计算。

平键连接的受力和失效形式分析：

失效形式：

①静连接常为较弱零件工作面的压溃。

②动连接常为较弱零件工作面的磨损。

平键连接的受力情况如图 13-24 所示。假设载荷沿键的长度方向是均布的，平键连接的挤压强度条件为：

$$\sigma_{jy}=\frac{4T}{dhl}\leqslant[\sigma_{jy}]$$

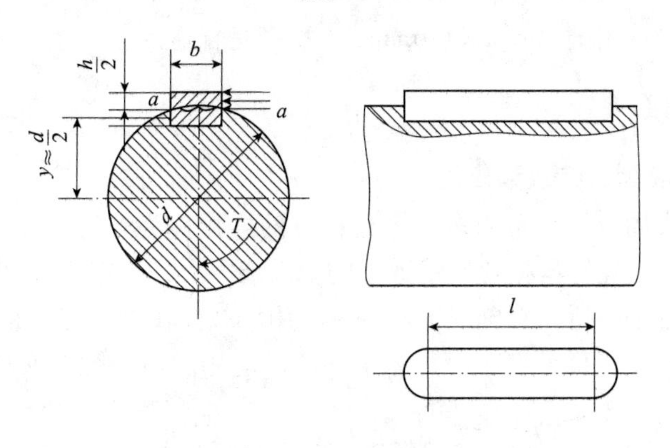

图 13-24　半圆键连接

导向平键连接的主要失效形式为组成键连接的轴或轮毂工作面部分的磨损，须按工作面上的压强进行强度计算，强度条件为

$$p=\frac{4T}{dhl}\leqslant[p]$$

以上两式中 T 为被固定零件传递的转矩，单位为 N·mm；d 为轴径，单位为 mm；h 为键的高度，单位为 mm；l 为键的工作长度，单位为 mm，A 型键 $l=L-b$，B 型键 $l=L$，C 型键 $l=L-0.5\times b$，并且 $L\leqslant(1.6\sim1.8)d$，以免因键过长而增大压力沿键长分布的不均匀性，而对于导向平键，l 则为键与轮毂的接触长度；$[\sigma_{jy}]$、$[p]$ 分别为键连接中最弱材料的许用挤压应力、许用压强，单位为 MPa，按表 13-13 选取。

表 13-13　键连接的许用应力　　单位：MPa

应力种类	连接方式	零件材料	载荷性质		
			静载	轻微	冲击
许用挤压应力 $[\sigma_{jy}]$	静连接	钢	125 ~ 150	100 ~ 120	60 ~ 90
		铸铁	70 ~ 80	59 ~ 60	30 ~ 45
许用压强 $[p]$	动连接	钢	50	40	30

若设计的键强度不够时可以增加键的长度，但不能使键长超过 $2.5d$。若加大键长后强度仍不够或设计条件不允许加大键长时，可采用双键，并使双键相隔 180°布置。考虑到双键受载荷不均匀，故在强度计算时只能按 1.5 个键计算。

【例 13-2】　已知一铸铁带轮与钢轴用键组成静连接。装带轮处的轴径 $d=70$mm，轮毂宽 $B=130$mm，连接传递的转矩 $T=1000$N·m，有轻微冲击，试设计此键连接。

解　由轴径 $d=70$mm 在标准中选 $b\times h=20\times12$，A 型。由轮毂宽 $B=130$mm 并参考键的长度系列，取键长 $L=110$mm。

因属静连接，最弱材料为铸铁，由表 13-13 查得 $[\sigma_p]=55\text{N/mm}^2$，则：

$$\sigma_p=\frac{4T\times10^3}{dhl}=\frac{4\times1000\times10^3}{70\times12\times(110-20)}=52.9\text{N/mm}^2<[\sigma_p]$$

满足要求。所以选用键 20mm×110mm，A 型键是合适的。

13.5.2　花键连接

1. 花键连接的类型、特点和应用

轴和轮毂孔沿圆周方向均布的多个键齿构成的连接称为花键连接，如图 13-25 所示。由于是多齿传递载荷，花键连接比平键连接的承载能力大，且定心性和导向性较好。又因为键齿浅、应力集中小，所以对轴的削弱少，适用于载荷较大、定心精度要求较高的静连接和动连接中，例如在飞机、汽车、机床中的广泛应用。但花键连接的加工需专用设备，因而成本较高。

花键已标准化。按齿形的不同，花键可分为矩形花键[GB/T 1144—2001，图 13-25(a)]和渐开线花键[GB/T 3478.1—1995，图 13-25(b)]。

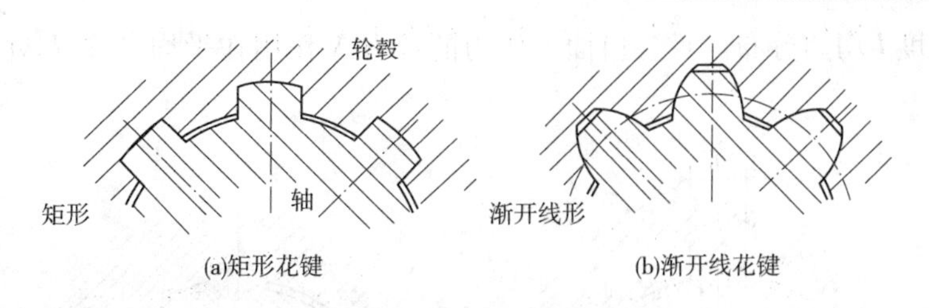

图 13-25 花键连接

花键的标记为：N(键数) × d(小径) × D(大径) × B(键槽宽)，如图 13-26 所示。

矩形花键加工方便，因而应用最为广泛。矩形花键采用小径定心，渐开线花键常用齿侧定心。花键的选用方法和强度验算方法与平键连接相类似，可参见有关的机械设计手册。

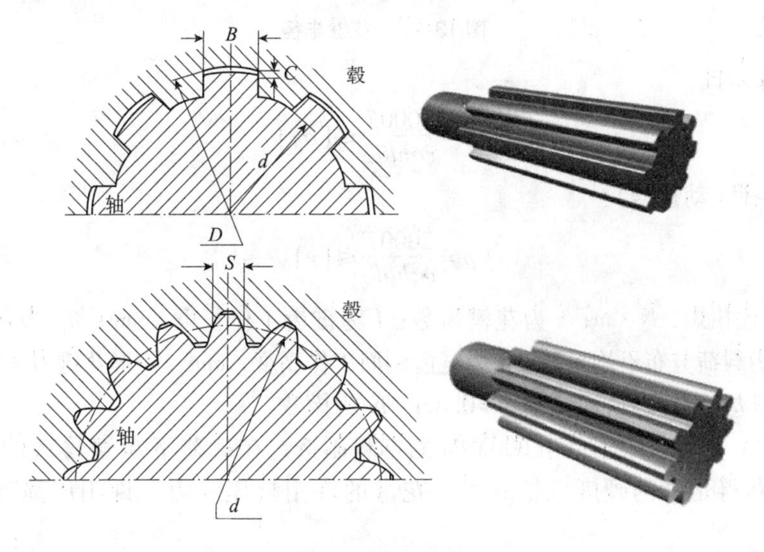

图 13-26 花键

(1)矩形花键

连接按新标准为内径定心，定心精度高，定心稳定性好，配合面均要研磨，磨削消除热处理后变形，应用广泛。

(2)渐开线花键

定心方式为齿形定心，当齿受载时，齿上的径向力能自动定心，有利于各齿均载，应用广泛，优先采用。

(3)三角形花键

齿数较多，齿较小，对轴强度削弱小。适于轻载、直径较小时及轴与薄壁零件的连接应用较少。

花键的齿较多、工作面积大、承载能力较高，键均匀分布，各键齿受力较均匀，齿槽线、齿根应力集中小，对轴的强度削弱减少，轴上零件对中性好，导向性较好，加工需专用设备、制造成本高。

2. 花键连接的强度计算

对于静连接来说，其主要失效形式为齿面被压溃，个别情况也会出现齿根被压断或弯曲折断的情况，对于动连接来说，其主要失效形式为工作面的过度磨损。假设：工作载荷

沿键的工作长度 l 均匀分布。且各齿面上压力的合力 N 作用在平均半径 d_m 处，如图 13-27 所示。

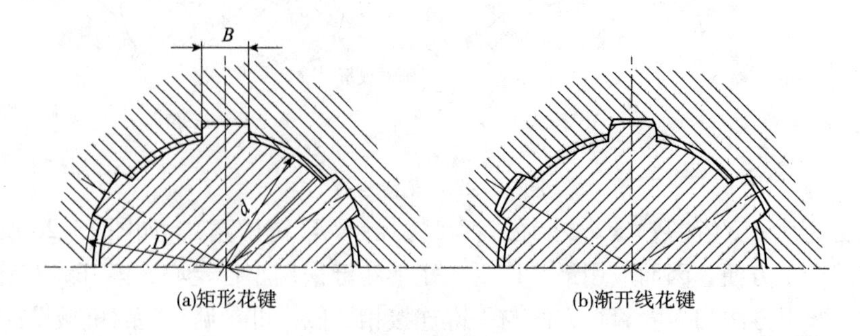

图 13-27　花键半径

挤压强度条件

$$\sigma_P = \frac{2000T}{\psi zhld_m} \leqslant [\sigma_P]$$

耐磨性条件(动连接)：

$$p = \frac{2000T}{\psi zhld_m} \leqslant [p]$$

式中，T 为传递扭矩，N·m；z 为花键齿数；l 为键齿工作长度，mm；d_m 为花键的平均直径，mm；ψ 为载荷分布不均系数；h 为键齿侧面工作高度，mm，矩形花键 $H = D + d/2 - 2c$，渐开线性花键 $h = m$，三角形花键 $h = 0.8m$，m 为模数。

花键材料：强度极限不低于600MPa 的钢料制造，在载荷下频繁移动的花键齿，应通过热处理获得足够的硬度以抗磨损。花键的许用挤压应力、许用压强可查表 13-14 查取。

表 13-14　花键连接的许用挤压应力[σ_p]和许用压强[p]

连接工作方式	工作条件①	[σ_p]或[p]/MPa	
		齿面未经热处理	齿面经热处理
静连接[σ_p]	Ⅰ	35 ~ 50	40 ~ 70
	Ⅱ	60 ~ 100	100 ~ 140
	Ⅲ	80 ~ 120	120 ~ 200
动连接[p](不在载荷下移动)	Ⅰ	15 ~ 20	20 ~ 35
	Ⅱ	20 ~ 30	30 ~ 60
	Ⅲ	25 ~ 40	40 ~ 70
动连接[p](在载荷下移动)	Ⅰ	—	3 ~ 10
	Ⅱ	—	5 ~ 15
	Ⅲ	—	10 ~ 20

注：①Ⅰ-很差，Ⅱ-中等，Ⅲ-良好。工作情况不良系指受变载、有双向冲击、振动频率高和振幅大、润滑不良(对动荷载)、材料硬度不高或精度不高等。

13.5.3 销连接

销可用于定位、锁紧或连接。销的主要用途是固定零件之间的相互位置，并可传递不大的载荷。也可用作过载保护元件，如减速器中的定位销、套筒联轴器里的连接销和安全联轴器中的安全销。

销的基本形式为圆柱销和圆锥销[图13-28(a)(b)]。圆柱销利用微量的过盈固定在铰光的销孔中，多次装拆将有损于连接的紧固，其定位精度也会降低。圆锥销有1∶50的锥度，安装比圆柱销方便，多次装拆对定位精度的影响也较小。

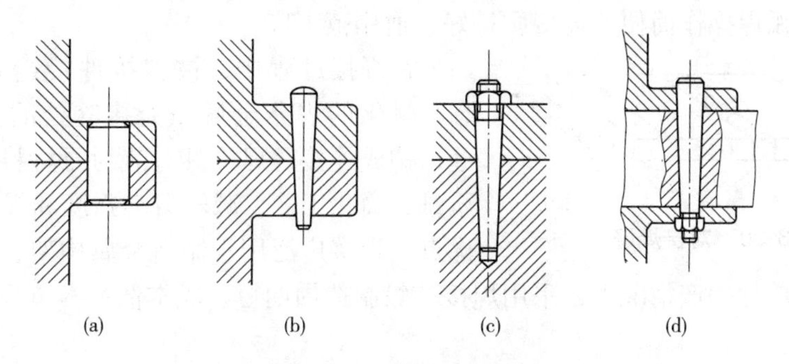

图13-28 圆柱销和圆锥销

销的主要用途：固定零件之间的相对位置，并可传递一定的载荷。常用材料：35钢、45钢。销按形状可分为圆柱销、圆锥销、槽销、开口销及特殊形式的销等，其中圆柱销、圆锥销及开口销已经标准化。

圆柱销靠过盈配合国定在孔中，经过多次拆装，定位精度会降低；圆锥销有1∶50的锥度，安装较方便，多次装拆对定位精度的影响较小。

槽销是沿圆柱面的母线方向开有长度不同的凹槽的销，可多次拆卸。

销还有许多特殊形式。图13-28(c)所示是大端具有外螺纹的圆锥销，便于拆卸，可用于盲孔；图13-28(d)是小端带外螺纹的圆锥销，可用螺母锁紧，适用于有冲击的场合。图13-29(a)是带槽的圆柱销，销上有三条压制的纵向沟槽；图13-29(b)是放大的俯视图，其细线表示打入销孔前的形状，实线表示打入后变形的结果，这使销与孔壁压紧，不易松脱，能承受振动和变载荷。使用这种销连接时，销孔不需要铰制，且可多次装拆。

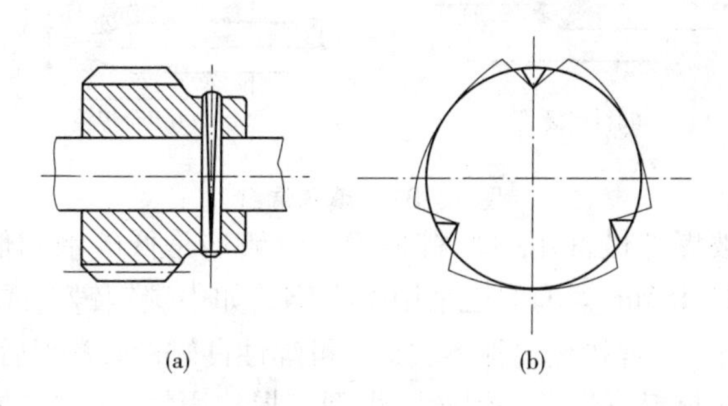

图13-29 带槽圆柱销

13.6 其他连接方式

13.6.1 焊接

把两个或两个以上金属零件局部加热，通过材料之间原子或分子的结合和扩散，使熔融后而连接成为一个整体，这种连接方法称为焊接，属于不可拆连接。焊接广泛用于机械制造中。不论同种金属、异种金属或某些非金属材料均可以进行焊接。焊接方法有多种，机械制造业中常用电焊、气焊和电渣焊，其中尤以电焊应用最广；电焊分电弧焊和接触焊两种，其中电弧焊操作简便，连接质量好，适用范围广。

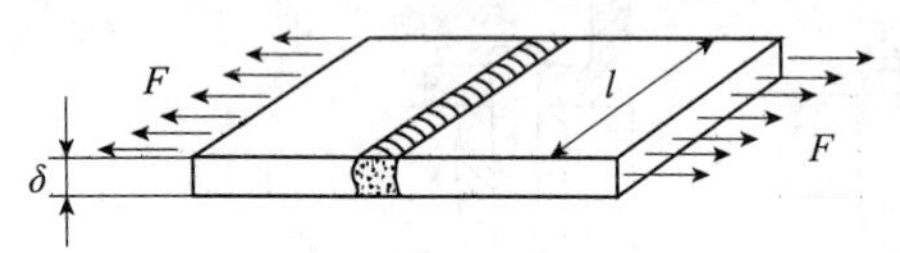

图 13-30　对接焊缝

在焊接过程中，被连接件接缝处达到熔融状态，融化的焊条金属填充接缝处的空隙而形成焊缝，构成连接。焊接具有节约原材料，减小零部件质量、简化工艺、减轻劳动强度和提高产品质量等优点。焊接广泛用于制造金属构架、容器壳体、机架等结构。在单件生产情况下，采用焊接一般制造周期短、成本低。本节只介绍采用电弧焊的基本知识。

焊接时形成的接缝称为焊缝。焊缝大致可以分为对接焊缝(图 13-30)和填角焊缝(图 13-31)，其中 l 为焊缝的长度。对接焊缝用来连接在同一平面内的构件。填角焊缝用来连接不在同一平面内的构件。按焊缝与载荷方向的不同可分为：与载荷方向垂直的称为端焊缝；平行于载荷方向的焊缝称为侧焊缝，与载荷方向既不平行又不垂直的焊缝称为斜焊缝，一个接头采用两种以上形式的焊缝称为组合焊缝。

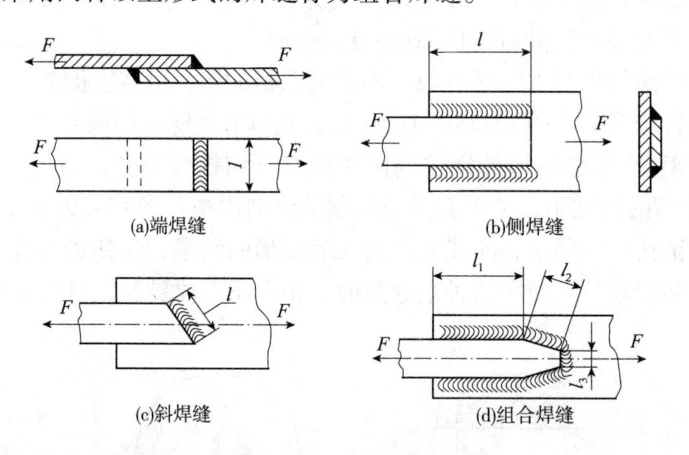

图 13-31　填角焊缝

在机械设计中，被焊件最常用的材料是钢，一般均是低碳钢和低碳合金钢(如 Q215、Q235、15、20、09Mn2、16Mn)。有时也采用中碳钢，如中碳钢铸造或锻造零件的焊接。低碳钢一般没有淬硬倾向，对焊接热过程不敏感，可焊性良好，通常焊后也不需要热处理。

用于电弧焊的焊接材料有焊条、焊丝、焊剂、焊接用气体(如二氧化碳、氩气)等。用于钢零件的焊条有碳钢焊条、低合金焊条和不锈钢焊条。焊条材料应与被焊件材料相同或接近，所选焊条的抗拉强度应等于或稍高于被焊接材料的抗拉强度。

13.6.2 胶接

胶接是将两种或两种以上的零件，用胶粘剂涂于被连接件之间并经固化所形成的一种连接工艺方法。胶接应用于木材由来已久，随着高分子材料的发展而出现了许多新型的胶接剂，故在现代工业中应用胶接的金属构件越来越多。现今，胶接已广泛应用于工业、交通、国防等各个部门。

胶接与焊接相比，胶接能用于异性、复杂、微小或薄壁构件的连接以及金属与非金属构件相互连接，结构复杂的部件采用胶接可一次完成，机械加工量少，可以大幅度地降低生产费用，经济效益明显；胶接具有密封、绝缘和防腐作用；胶接质量轻；外表光洁完整。但胶接剂易老化变脆，从而降低接头的承载能力；胶接接头的剥离强度很低，胶接强度将随温度的增高而显著下降；抗剥落、抗弯曲、抗冲击振动的性能差；胶接质量检查困难等。图 13-32 给出一些金属机械零件的胶接实例。

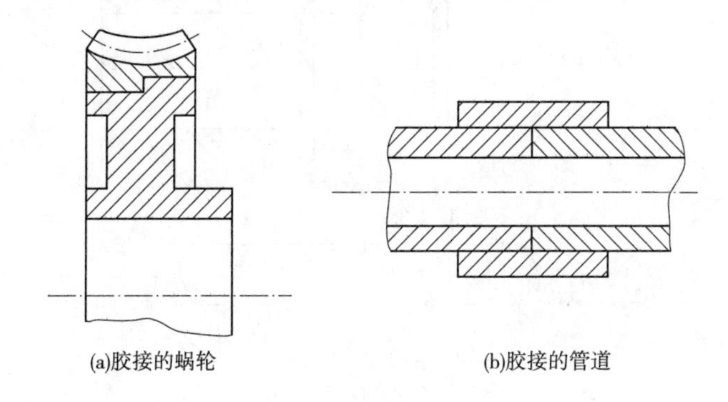

图 13-32 胶接应用实例

胶接接头的基本形式是对接、搭接、管接和角接。如图 13-33 所示，为了提高胶接强度，应避免接头受剥离或扯离。

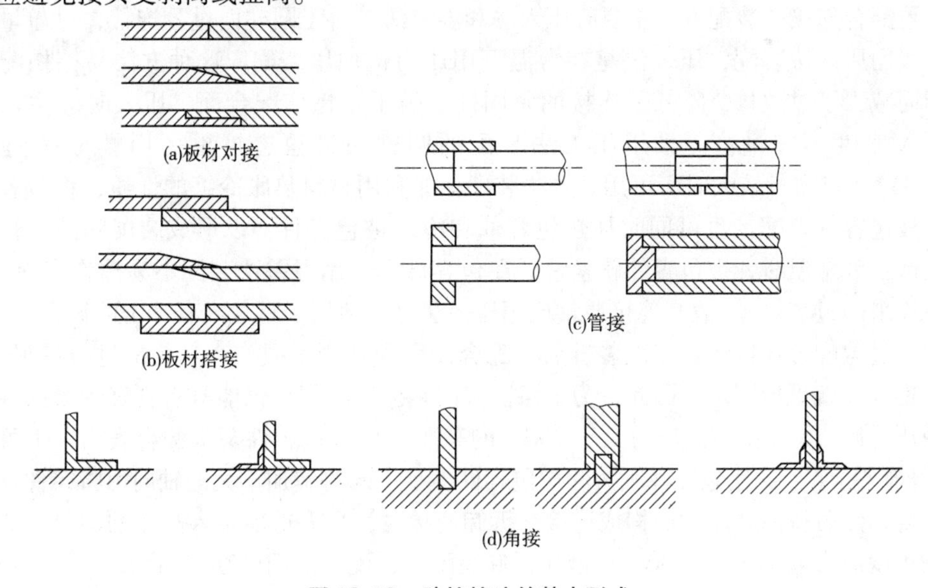

图 13-33 胶接接头的基本形式

13.6.3 过盈配合连接

过盈配合连接常用于轴与轮毂的连接，由于包容件(一般是轮毂)与包容件(一般是轴)间存在着过盈量，所以装配后在两者的配合表面间产生压力，工作时靠与此压力诱发的摩擦力传递转矩或轴向力(图13-34)。过盈量δ使包容件和被包容件的结合表面之间产生一定的径向正压力P，当过盈连接承受轴向力F_a或转矩T时，结合面上产生足够的摩擦力或摩擦力矩与外载荷抗衡。在过盈连接中，结合面可以是圆柱面，也可以是圆锥面。这种连接结构简单，同轴性好，对轴的强度削弱少，耐冲击的性能好，但由于其承载能力主要取决于过盈量的大小，故对配合表面加工精度要求较高。过盈量不大时，允许拆卸，但多次拆卸将影响连接的工作能力；过盈量过大时，一般是不允许拆卸的。

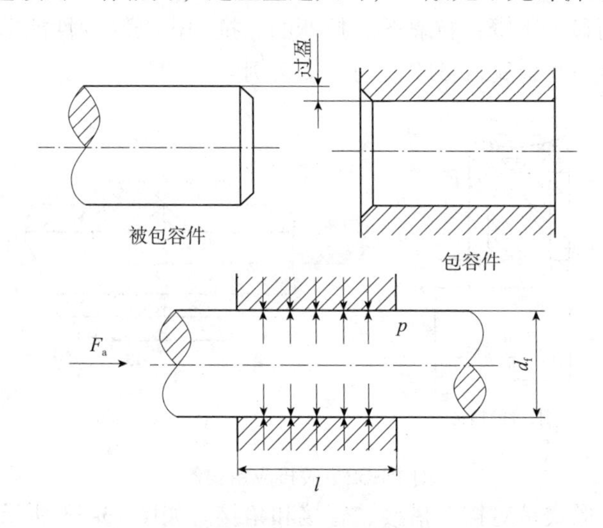

图13-34 过盈连接

过盈配合连接的装配方法主要有压入法和温差法。对于圆柱面过盈连接，过盈量不大时，一般用压入法装配，压入法是在常温下用压力机加压装配，这种方法易擦伤配合表面，因而减少了过盈量，降低了连接的紧固性。为了不擦伤配合面，压入时应注入润滑油，压入速度不宜过高。采用压入法装配的圆锥面过盈连接也可用螺母纵向压紧(图13-35)。过盈量较大时，可用温差法装配，即利用材料热胀冷缩的性质，将包容件加热后与被包容件装配，也可同时加热包容件和冷却被包容件，以形成装配间隙，然后装配。当恢复到常温时，被包容件就紧紧套在包容件上，用温差法装配不易擦伤表面(即不会减少原来的过盈量)，故其连接质量比用压入法好，适用于重载或有冲击的场合。

由于过盈配合连接经过多次装拆后，配合面会受到严重损伤，当装配过盈量很大时，装好后再拆开就更加困难。因此，为了保证多次装拆后的配合仍能具有良好的紧固性，可采用液压拆卸(图13-36)。压力大于2MPa的高压油可从包容件泵入配合表面，也可从被包容件(轴端)泵入，使包容件胀大和被包容件缩小，同时施加不大的轴向力将零件推至预定的位置，然后排出高压油而构成连接。拆卸连接时，只需重新泵入高压油即可分离。圆锥面的锥度通常取1∶50～1∶30。用液压拆卸装配时，配合面间因存在油膜，不易擦伤，连接质量较高，可多次装拆而不破坏零件，但对配合面的接触精度要求高，而且要求有高压油泵等专用设备。适用于重载、大型零件。一些同轴度要求较高，受载较大，或者有冲击的轴毂连接，往往同时应用键(销)连接和过盈连接来保证其连接可靠和同轴度要求。例如重载齿轮或涡轮与轴的连接。

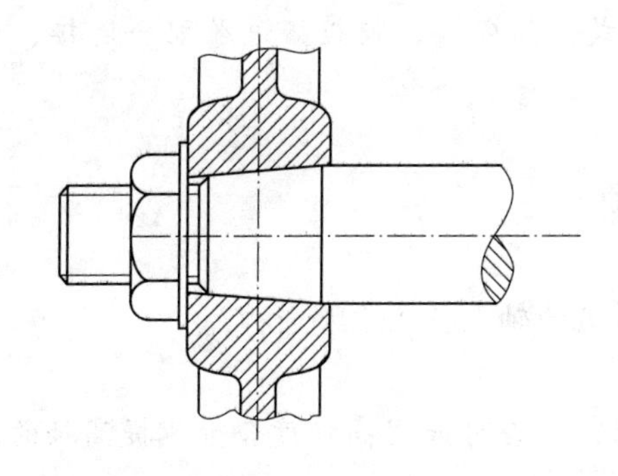

图 13-35　用螺母纵向压紧的圆锥面过盈连接

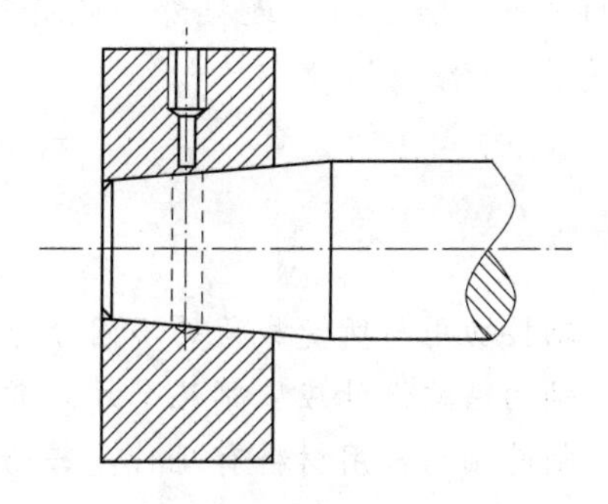

图 13-36　用高压油装拆的圆锥面过盈连接

13.6.4　型面连接

型面连接是利用非圆形断面的轴和形状、尺寸与轴相同的毂孔所构成的轴毂连接。它不用键，又称无键连接。轴头和毂孔分柱形[图 13-37(a)]和锥形[图 13-37(b)]两种。柱形只能传递转矩，但可构成可动连接(不在载荷作用下)；锥形可传递转矩和轴向力，装拆比柱形方便，但不能形成可动连接，制造比较困难。

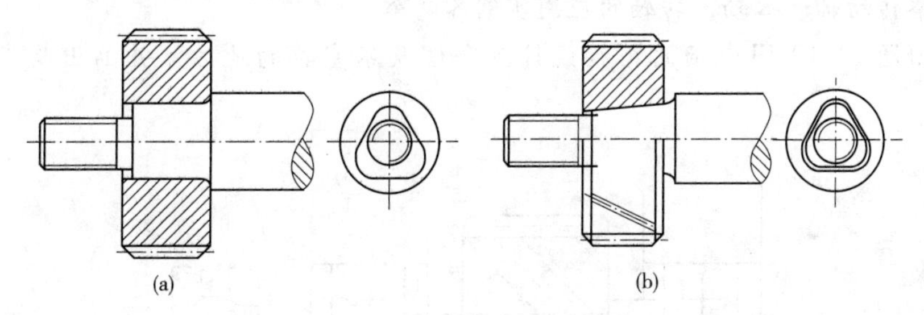

图 13-37　柱形和锥形型面连接

用作型面连接的剖面廓形有等距曲线、摆线、方形等。曲线型面连接与键连接相比，有对中性好、应力集中小、承载能力高、装拆方便等优点，但加工复杂。为了保证精度，需在专用机床上磨削。其他如方形、六角形、切边圆形等型面连接，多用于手柄、手轮与轴头的连接，优点是轴头制造容易，缺点是毂孔制造困难，且有应力集中。

小　　结

本章介绍了轴概述、轴的结构设计、轴的强度计算、轴的设计、轴毂连接、其他连接方式等基本知识。通过对轴的概述，得到轴的功能和分类、轴的材料及选择。在轴的结构设计中，对轴上零件的布置，轴上零件的轴向固定，轴上零件的周向固定，减小轴的应力集中，保证轴的结构工艺性，对各轴段直径和长度的确定进行阐述。在轴的强度计算中，对扭转强度进行计算，阐述出弯扭合成强度条件，计算出基于疲劳强度的安全系数约束和基于静强度的安全系数约束。通过轴的设计，得到了轴的设计方法，并进行实例设计。常见的轴毂连接有键连接、花键连接等，阐述了键的连接的分类和结形式，计算键连接的强度。除了键的连接外，还有其他连接方式，如焊接、胶接、过盈配合连接、型面连接等。

习 题

13-1 轴按功用与所受载荷的不同分为哪三种？常见的轴大多属于哪一种？

13-2 轴的结构设计应从哪几个方面考虑？

13-3 制造轴的常用材料有几种？若轴的刚度不够，是否可采用高强度合金钢提高轴的刚度？为什么？

13-4 轴上零件的周向固定有哪些方法？采用键固定时应注意什么？

13-5 轴上零件的轴向固定有哪些方法？各有何特点？

13-6 在齿轮减速器中，为什么低速轴的直径要比高速轴的直径大得多？

13-7 平键与锲键的工作原理有何差异？

13-8 如何选择普通平键的尺寸 $b\times h\times L$？

13-9 花键连接与平键连接相比有哪些优缺点？

13-10 试比较焊接、胶接、过盈连接和型面连接的特点和应用场合。

13-11 列举传动轴、心轴、转轴的应用实例各两个。

13-12 指出题 13-12 图中轴的结构设计不合理及不完善的地方，并画出改正后轴的结构图。

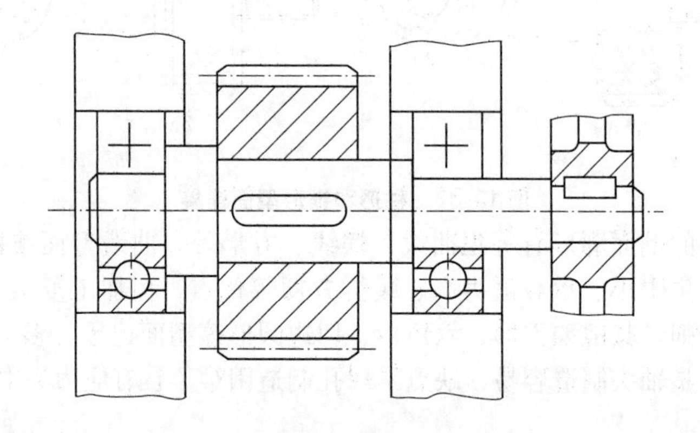

题 13-12 图

13-13 分析题 13-13 图所示轴的结构图，指出其中不合理及错误的结构，并画出改正后的结构图。

13-14 在轴的弯扭合成强度校核中，a 表示什么？为什么要引入 a？

13-15 常用提高轴的强度和刚度的措施有哪些？

13-16 试述平键连接和楔键连接的工作特点和应用场合。

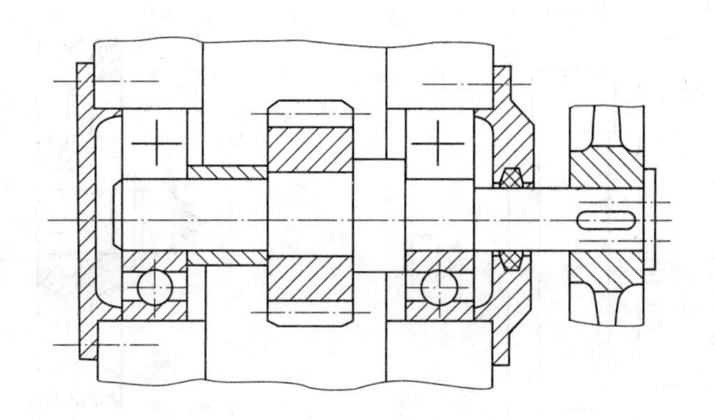

题 13-13 图

13-17 题 13-17 图示为二级圆柱齿轮减速器。已知：$z_1 = z_3 = 20$，$z_2 = z_4 = 40$，$m = 4$mm，高速级齿宽 $b_{12} = 45$ mm，低速级齿宽 $b_{34} = 60$mm，轴Ⅰ传递的功率 $P = 4$kW，转速 $n_1 = 960$r/min，不计摩擦损失。图中 a、c 取为 5 ~ 20mm，轴承端面到减速箱内壁距离取为 5 ~ 10mm。试设计轴Ⅱ，初步估算轴的直径，画出轴的结构图、弯矩图及扭矩图，并按弯扭合成强度校核此轴。

13-18 题图 13-18 所示的转轴，直径 $d = 60$mm，传递不变的转矩 $T = 2300$N · m，$F = 9000$N，$a = 300$mm。若轴的许用弯曲应力 $[\sigma_{-1b}] = 80$MPa。求 x。

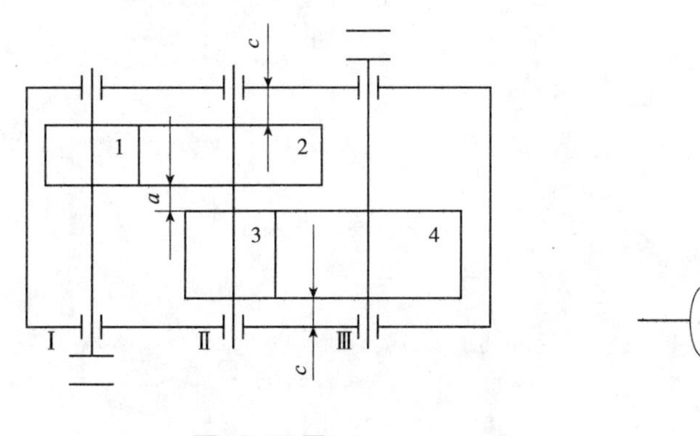

题 13-17 图

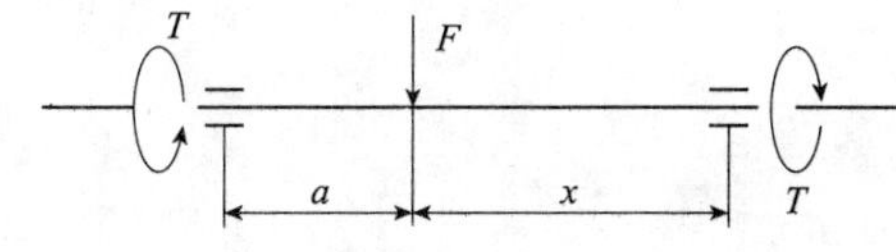

题 13-18 图

13-19 题 13-19 图所示单级直齿圆柱齿轮减速器，用电动机直接拖动，电动机功率 $P = 22$kW，转速 $n_1 = 1470$r/min，齿轮的模数 $m = 4$mm，齿数 $z_1 = 18$，$z_2 = 82$，若支承间跨距 $l = 180$mm(齿轮位于跨距中央)，轴的材料用 45 钢调质，试计算输出轴危险截面处的直径 d。

13-20 设计一齿轮与轴的键连接。已知轴的直径 $d = 90$mm，轮毂宽 $B = 110$mm，轴传递的扭矩 $T = 1800$N · m，载荷平稳，轴、键的材料均为钢，齿轮材料为锻钢。

13-21 题 13-21 图所示。一直径 $d = 80$mm 的轴端，安装一钢制带轮，轮毂宽度 $L = 1000$mm，工作时载荷有中等冲击。试设计此平键连接并计算其所能传递的最大转矩。

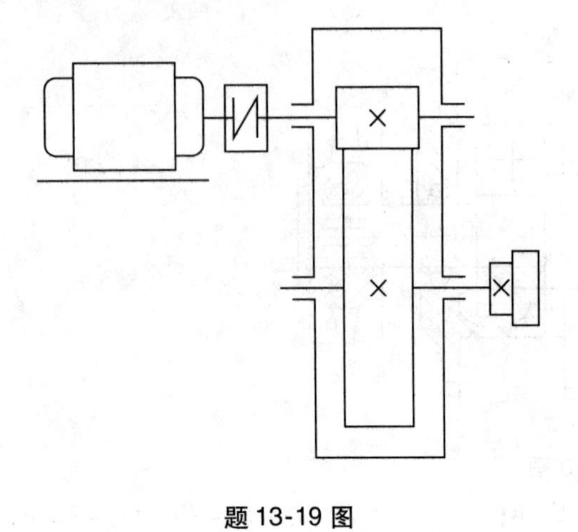

题 13-19 图

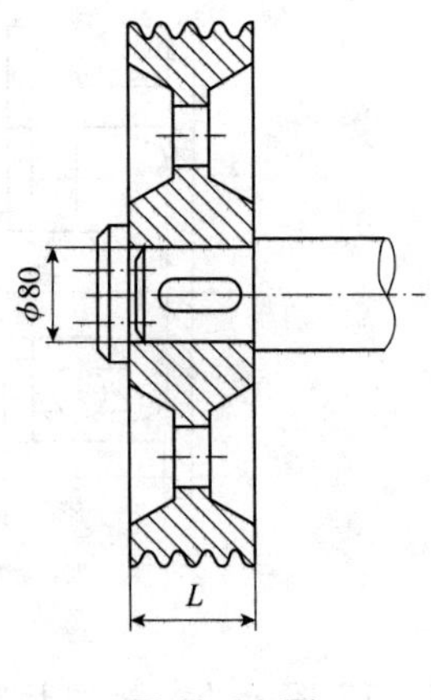

题 13-21 图

第14章　滑动轴承

本章提要

本章介绍了滑动轴承的特点、典型结构、轴瓦的材料和选用原则；着重讨论了不完全液体润滑和液体动力润滑径向滑动轴承的设计准则和设计方法；较详细地分析了流体动力润滑的基本方程及其在液体动力润滑径向轴承设计计算中的应用；对液体静压轴承、无润滑轴承、多油楔轴承等做了简要介绍。

14.1 滑动轴承概述

轴承是用来支承轴及轴上零件、保持轴的旋转精度和减少转轴与支承之间摩擦和磨损的部件。轴承一般分为两大类：滚动轴承和滑动轴承。滚动轴承有着一系列优点，在一般机器中获得了广泛应用，但是在高速、高精度、重载、结构上要求剖分等场合下，滑动轴承就体现出它的优异性能。因而在汽轮机、离心式压缩机、内燃机、大型电机中多采用滑动轴承。此外，在低速而带有冲击的机器中，如水泥搅拌机、滚筒清砂机、破碎机等也采用滑动轴承。本章主要介绍滑动轴承的设计。

根据承受载荷方向的不同，滑动轴承分为向心(径向)滑动轴承(用来承受径向力)和推力(止推)滑动轴承(用来承受轴向力)。

滑动轴承具有以下优点：

①承载能力大，耐冲击，油膜具有吸振能力；

②运转平稳，无噪声；

③流体润滑，摩擦因数小，磨损小；

④可以做成剖分式，便于轴的装拆。

但普通滑动轴承的起动摩擦阻力比滚动轴承大得多。

14.2 滑动摩擦的状态

轴承是支承轴颈的部件，有时也用来支承轴上的回转零件，根据轴承中摩擦性质的不同，轴承可分为滑动摩擦轴承(简称滑动轴承)和滚动摩擦轴承(简称滚动轴承)两大类。

滑动轴承的类型很多，根据轴承所承受载荷的方向，滑动轴承可分为向心滑动轴承和推力滑动轴承。其中向心滑动轴承用于承受与轴线垂直的径向力；推力滑动轴承则用于承受与轴线平行的轴向力。根据其滑动表面间润滑状态的不同，可分为液体润滑轴承、不完全液体润滑轴承(指滑动表面间处于边界润滑或混合润滑状态)和无润滑轴承(指工作前和工作时加润滑剂)。根据液体润滑承载机理的不同，又可分为液体动压润滑轴承(简称液体动压轴承)和液体静压润滑轴承(简称液体静压轴承)。

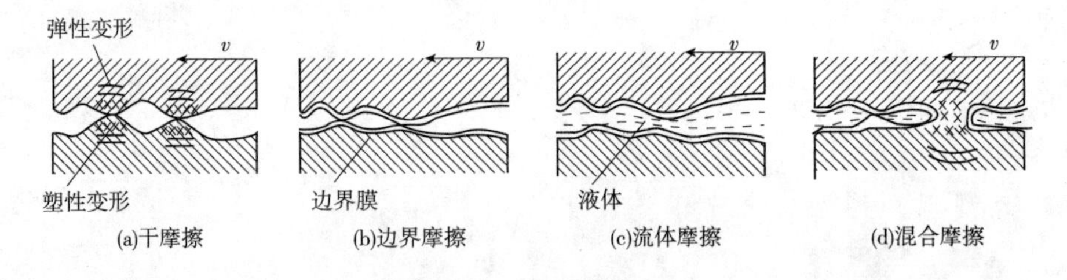

图 14-1　滑动摩擦状态

(1)干摩擦状态

当两摩擦表面间没有任何润滑剂存在时，将出现图 14-1(a)所示的两金属表面直接接触，称为干摩擦状态。此时，必有大量的摩擦功损耗和严重的磨损。在滑动轴承中则表现为强烈的升温，甚至把轴瓦烧毁。所以，在滑动轴承中不允许出现干摩擦状态。

(2)边界摩擦状态

两摩擦表面间有润滑油存在，由于润滑油与金属表面的吸附作用，将在金属表面上形成极薄的边界油膜[图 14-1(b)]。边界油膜的厚度比 1μm 还小，不足以将两金属表面分隔开，所以相互运动时，金属表面微观的高峰部分仍将互相搓削，这种状态称为边界摩擦状态。一般而言，金属表层覆盖一层边界油膜后，虽不能绝对消除表面的磨损，却可以起着减轻磨损的作用。这种状态的摩擦因数 $f\approx0.008\sim0.1$。

(3)液体摩擦状态

若两摩擦表面间有充足的润滑油，而且能满足一定的条件，则在两摩擦面间能形成厚几十微米的压力油膜。它能将相对运动着的两金属表面分隔开，如图 14-1(c)所示。此时，只有液体之间的摩擦，称为液体摩擦状态。换言之，形成的压力油膜可以将重物托起，使其浮在油膜之上。由于两摩擦表面被油隔开而不直接接触，摩擦因数很小($f\approx0.008\sim0.1$)，所以显著地减少了摩擦和磨损。

(4)混合摩擦

在两摩擦表面间处于边界摩擦与液体摩擦的混合状态时，称之为混合摩擦[图14-1(d)]，此时，液体润滑油膜的厚度增大，表面轮廓峰直接接触的数量就要减小，润滑油膜的承载比例也随之增加，因而能有效地降低摩擦阻力，其摩擦因数远比边界摩擦小。但表面轮廓峰直接接触存在，磨损亦存在。

综上所述，在滑动轴承中应尽量杜绝干摩擦的出现。液体摩擦是最理想的情况，在一般机械中滑动轴承多处于混合摩擦情况。

14.3 滑动轴承的类型和轴瓦的结构

工作时轴承和轴颈的支承面间形成直接或间接接触摩擦的轴承，称为滑动轴承。滑动轴承按照承受载荷的方向主要分为：①径向滑动轴承，又称向心滑动轴承，主要承受径向载荷；②止推滑动轴承，只能承受轴向载荷。

14.3.1 滑动轴承的类型

(1)径向滑动轴承

①整体式滑动轴承。整体式滑动轴承是在机体上、箱体上或整体的轴承座上直接镗出轴承孔，并在孔内镶入轴套，如图 14-2(a)所示，安装时用螺栓连接在机架上。图 14-2(b)所示是整体式径向滑动轴承。这种轴承结构形式较多，大都已标准化。

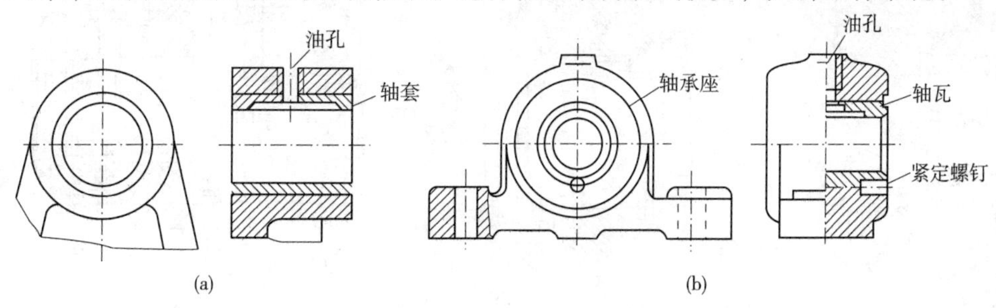

图 14-2 整体式滑动轴承

优点：结构简单、成本低；

缺点：轴颈只能从端部装入，安装和维修不便，而且轴承磨损后不能调整间隙，只能更换轴套，所以只能用在轻载、低速及间歇性工作的机器上。

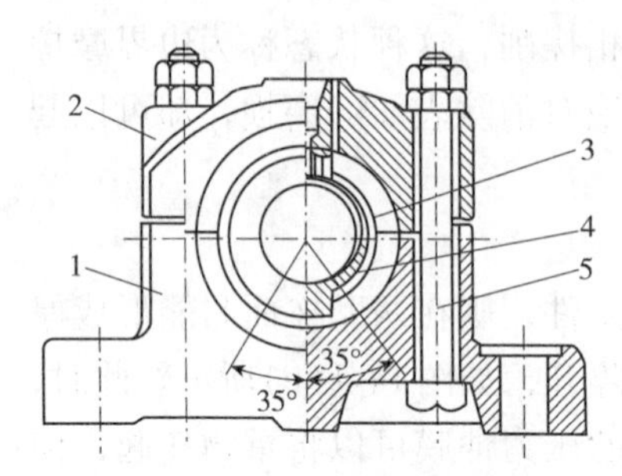

图 14-3 剖分式径向滑动轴承

1-轴承座；2-轴承盖；3-上轴瓦；4-下轴瓦；5-连接螺栓

剖分式滑动轴承(对开式滑动轴承) 如图 14-3 所示，它由轴承座、轴承盖、剖分式轴瓦等组成。在轴承座和轴承盖的剖分面上制有阶梯形的定位止口，便于安装时对心。还可在剖分面间放置调整垫片，以便安装或磨损时调整轴承间隙。轴承盖应当适度压紧轴瓦，使轴瓦不能在轴承孔中转动。轴承盖上制有螺纹孔，以便安装油杯或油管。

轴承剖分面最好与载荷方向近于垂直。一般剖分面是水平的或倾斜 45°角，以适应不同径向载荷方向的要求(图 14-4)。这种轴承装拆方便，又能调整间隙，克服了整体式轴承的缺点，得到了广泛的应用。

②调心式滑动轴承。当轴颈较宽(宽径比 $B/d>1.5$)、变形较大或不能保证两轴孔轴线重合时，将引起两端轴套严重磨损，这时就应采用调心式滑动轴承。如图 14-5 所示，就是利用球面支承，自动调整轴套的位置，以适应轴的偏斜。

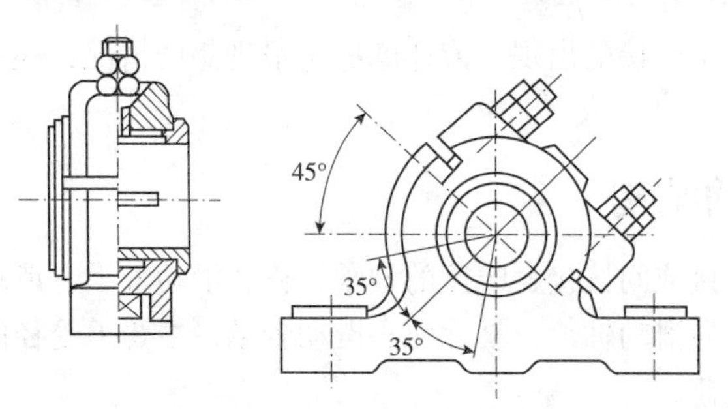

图 14-4 斜开径向轴承

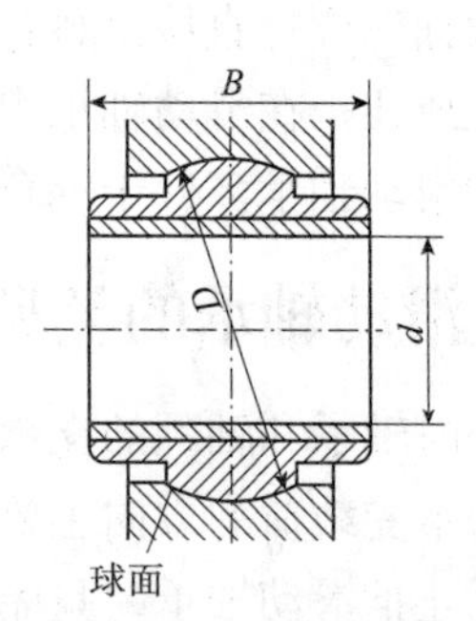

图 14-5 调心式滑动轴承

径向滑动轴承的类型很多，调节轴承间隙是保持轴承回转精度的重要手段。在机床上常采用圆锥面的轴套来调整间隙。如图 14-6 所示，转动轴套上两端的圆螺母使轴套做轴向移动，即可调整轴承的间隙。轴瓦外表面为球面的自位轴承(图 14-7)等。

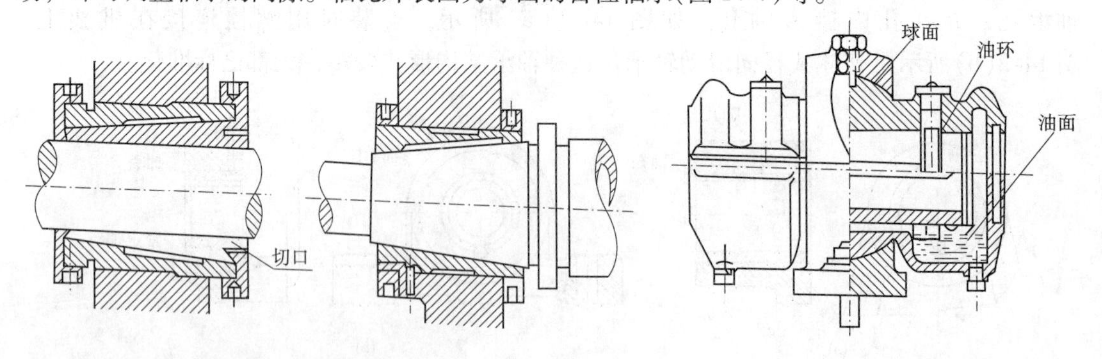

图 14-6 间隙可调滑动轴承

图 14-7 自位轴承

（2）止推滑动轴承

轴上的轴向力应采用止推轴承来承受。止推面可以利用轴的端面，或在轴的中段做出凸肩或装上止推圆盘，常见的推力轴颈形状如图 14-8 所示。实心端面止推轴颈由于工作时轴心与边缘磨损不均匀，以致轴心部分压强极高，所以很少采用。空心端面止推轴颈和环状轴颈工作情况较好。载荷较大时，可采用多环轴颈。

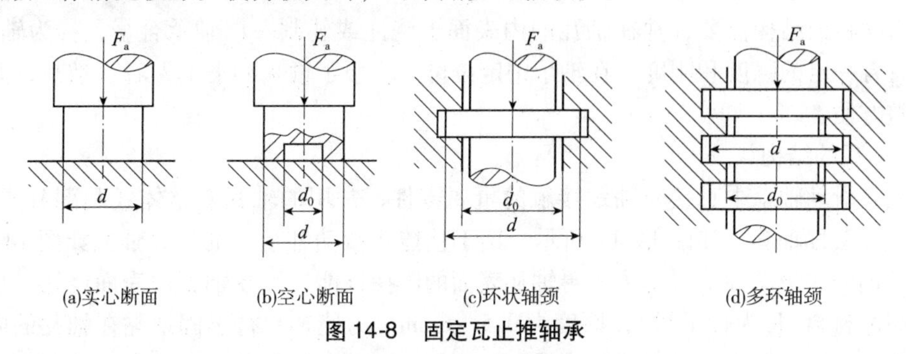

图 14-8　固定瓦止推轴承

也可以沿轴承止推面按一块块扇形面积开出楔形，如图 14-9 所示的固定瓦动压止推轴承。其楔形的倾斜角固定不变，在楔形顶部留出平台，用来承受停车后的轴向载荷。图 14-9（a）只能承受单向载荷；图 14-9（b）可承受双向载荷。

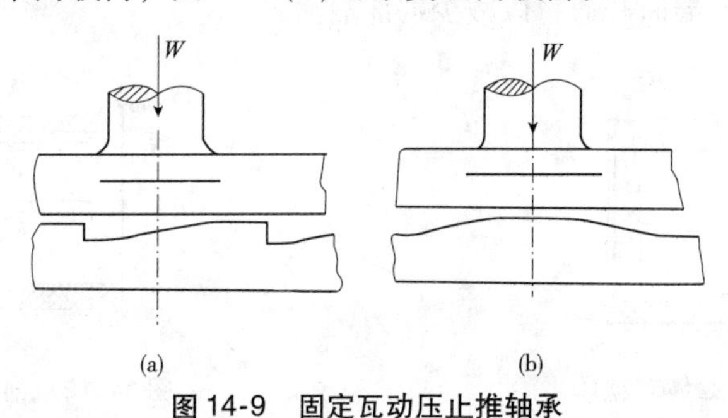

图 14-9　固定瓦动压止推轴承

图 14-10 所示为可倾瓦止推轴承。其扇形瓦块的倾斜角能随载荷的改变而自行调整，

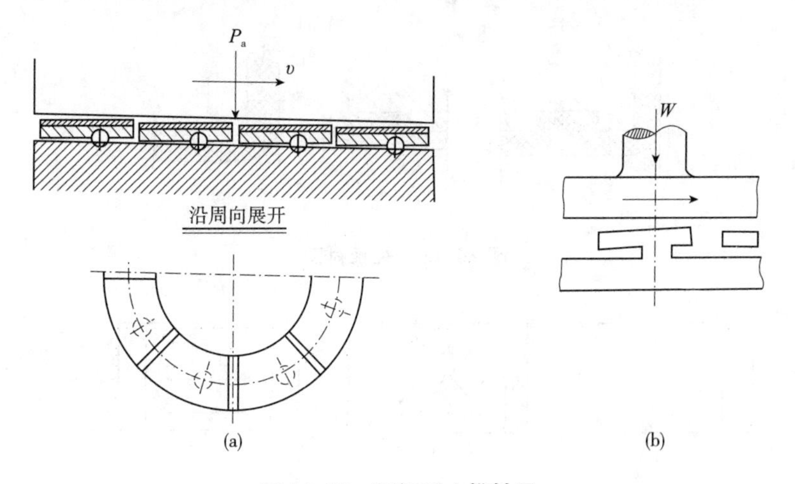

图 14-10　可倾瓦止推轴承

因此性能较为优越。图 14-10(a)由铰支调节瓦块倾角，图 14-10(b)则靠瓦块的弹性变形来调节。可倾瓦的块数一般为 6～12。

14.3.2 轴瓦的结构

轴瓦是滑动轴承中的重要零件，其结构设计是否合理对轴承性能影响很大。有时为了节省贵重材料或结构需要，常在轴瓦的内表面上浇注或轧制一层轴承合金，称为轴承衬。轴瓦应具有一定的强度和刚度，在轴承中定位可靠，便于输入润滑剂，容易散热，并且装拆、调整方便。

(1)轴瓦的结构

轴瓦是滑动轴承中直接与轴颈接触的重要零件，常用的轴瓦有整体式和剖分式两种。整体式轴瓦又称轴套，如图 14-11 所示，用于整体式滑动轴承；剖分式轴瓦如图 14-12 所示，用于剖分式滑动轴承。为了改善轴瓦表面的摩擦性能，可在轴瓦内表面浇铸一层轴承合金等减摩材料(称为轴承衬)，厚度为 0.5～6mm。为使轴承衬牢固地黏在轴瓦的内表面上，常在轴瓦上预制出各种形式的沟槽，如图 14-13 所示，图 14-13(a)(b)用于钢制轴瓦，图 14-14(c)用于青铜轴瓦。为使润滑油均布于轴瓦工作表面；在轴瓦的非承载区开设油孔和油槽，如图 14-14 所示。油槽不宜过短，以保证润滑油流到整个轴瓦与轴颈的接触表面；但是，不得与轴瓦端面开通，以减少端部漏油。

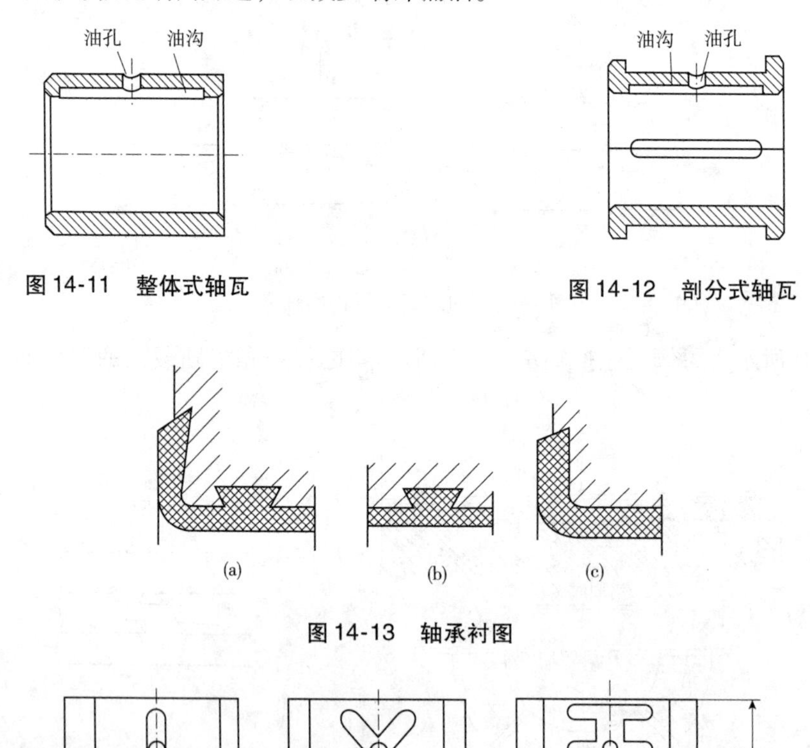

图 14-11 整体式轴瓦

图 14-12 剖分式轴瓦

图 14-13 轴承衬图

图 14-14 油槽

(2) 轴瓦的定位

轴瓦和轴承座不允许有相对移动。为了防止轴瓦移动，可将其两端做出凸缘来作轴向定位[图 14-15(a)]，也可以用紧定螺钉[图 14-15(b)]或销钉[图 14-15(c)]将其固定在轴承座上，或在轴瓦剖分面上冲出定位唇[图 14-15(d)]以供定位用。

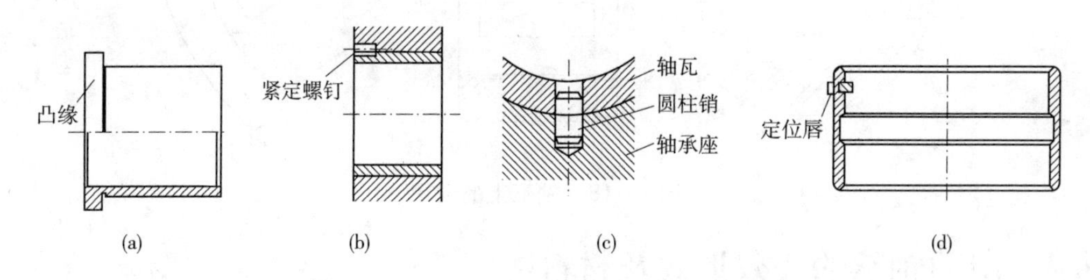

图 14-15 轴瓦定位

(3)轴瓦的油孔和油槽

为了将润滑油导入整个摩擦面，在轴瓦须开设油孔、油槽。常见油槽形式如图 14-16 所示。油孔、油槽开设时应遵循的原则：①要开在非载荷区，以保证承载区油膜的连续性；②油槽要足够长，以保证润滑和散热效果，但不能开通到端部，以免漏油。

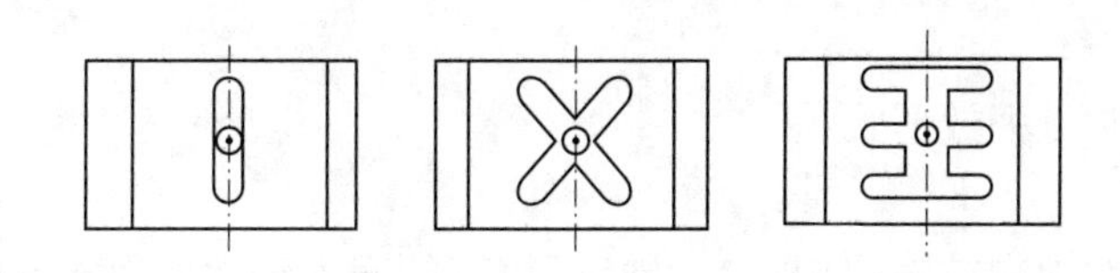

图 14-16 轴瓦上的油槽

图 14-17 所示为润滑油从两侧导入的结构，常用于大型的液体润滑滑动轴承中。一侧油进入后被旋转着的轴颈带入楔形间隙中形成动压油膜，另一侧油进入后覆盖在轴颈上半部，起着冷却作用，最后油从轴承的两端泄出。图 14-18 所示的轴瓦两侧面镗有油室，这种结构可以使润滑油顺利地进入轴瓦轴颈的间隙。

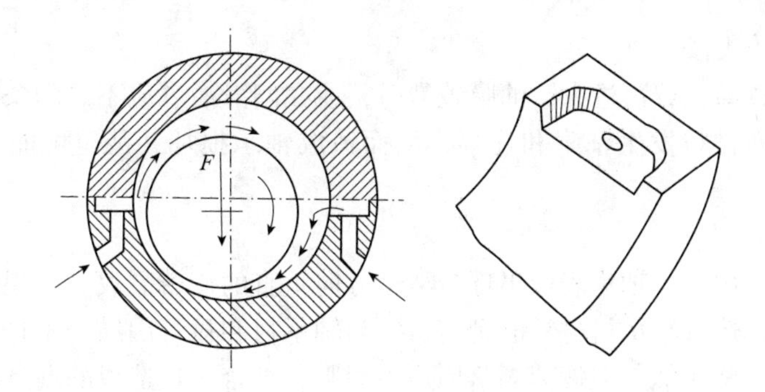

图 14-17 轴瓦上的润滑油导入结构

轴瓦宽度与轴颈直径之比 B/d 称为宽径比，它是径向滑动轴承中的重要参数之一。对于液体摩擦的滑动轴承，常取 $B/d=0.5\sim1$，对于非液体摩擦的滑动轴承，常取 $B/d=0.8\sim1.5$，有时可以更大些。

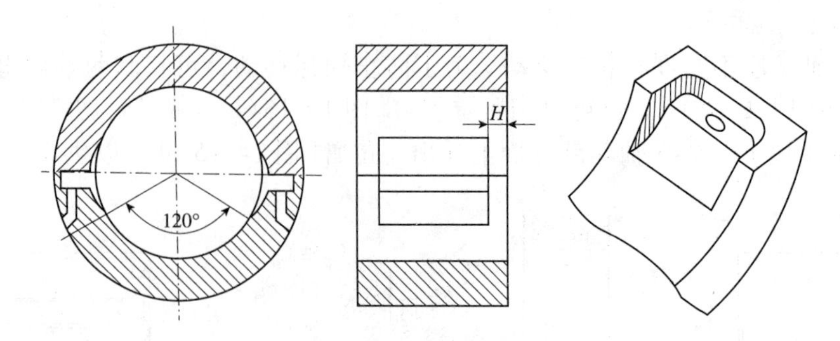

图 14-18　轴瓦上的油槽

14.4　滑动轴承的失效形式及材料

14.4.1　滑动轴承的失效形式

滑动轴承是在滑动摩擦下工作的轴承，而在使用当中，滑动轴承有时会出现失效。动轴承的失效形式通常由多种原因引起，滑动轴承的失效形式：轴承表面的磨粒磨损、刮伤、咬粘(胶合)、疲劳剥落和腐蚀。滑动轴承还可能出现气蚀、电侵蚀、流体侵蚀和微动磨损等失效形式。

滑动轴承五种常见失效形式：

(1)粒磨损

进入轴承间隙的硬颗粒物(如灰尘、砂砾等)有的嵌入轴承表面，有的游离于间隙中并随轴一起转动，它们都将对轴颈和轴承表面起研磨作用。在机器启动、停车或轴颈与轴承发生边缘接触时，他们都将加剧轴承磨损，导致几何形状改变、精度丧失，轴承间隙加大，使轴承性能在预期寿命前急剧恶化。

(2)刮伤

进入轴承间隙的硬颗粒或轴颈表面粗糙的轮廓峰顶，在轴承伤划出线状伤痕，导致轴承因刮伤而失效。

(3)胶合(又称烧瓦)

当轴承温升过高，载荷过大，油膜破裂时，或在润滑油供应不足的条件下，轴颈和轴承的相对运动表面材料发生粘附和迁移，从而造成轴承损坏，甚至可能导致相对运动的中止。

(4)疲劳剥落

在载荷反复作用下，轴承表面出现与滑动方向垂直的疲劳裂纹，当裂纹向轴承衬与衬背结合面扩展后，造成轴承衬材料的剥落。它与轴承衬和衬背因结合不良或结合力不足造成轴承衬的剥离有些相似，但疲劳剥落周边不规则，结合不良造成的剥离周边比较光滑。

(5)腐蚀

润滑剂在使用中不断氧化，所生成的酸性物质对轴承材料有腐蚀性，特别对制造铜铝合金中的铅，易受腐蚀而形成点状剥落。氧对锡基巴氏合金的腐蚀，会使轴承表面形成一层由 SnO_2 和 SnO 混合组成的黑色硬质覆盖层，它能擦伤轴颈表面，并使轴承间隙变小。

此外，硫对含银或铜的轴承材料的腐蚀，润滑油中水分对铜铅合金的腐蚀，都应予以注意。

对于中速运转的轴承，其主要失效形式是疲劳点蚀，应按疲劳寿命进行校核计算。对于高速轴承，由于发热大，常产生过度磨损和烧伤，为避免轴承产生失效，除保证轴承具有足够的疲劳寿命之外，还应限制其转速不超过极限值。对于不转动或转速极低的轴承，其主要的失效形式是产生过大的塑性变形，应进行静强度的校核计算。

14.4.2 滑动轴承的材料

轴承材料是指与轴颈直接接触的轴瓦或轴承衬的材料。对其材料的主要要求是：

①具有足够的抗压、抗疲劳和抗冲击能力；

②具有良好的减摩性、耐磨性和磨合性，抗粘着磨损和磨粒磨损性能较好；

③具有良好顺应性和嵌藏性，具有补偿对中误差和其他几何误差及容纳硬屑粒的能力；

④具有良好的工艺性、导热性及抗腐蚀性能等。

但是，任何一种材料不可能同时具备上述性能，因而设计时应根据具体工作条件，按主要性能来选择轴承材料。常用的轴瓦或轴承衬的材料及其性能见表14-1所列。能同时满足上述要求的材料是难找的，但应根据具体情况满足主要实用要求。较常见的是做成双层金属的轴瓦，以便性能上取长补短。在工艺上可以用浇铸或压合方法，将薄层材料粘附在轴瓦基体上。粘附上去的薄层材料通常称为轴承衬。常用的轴瓦和轴承衬材料有下列几种：

(1)轴承合金(又称白合金、巴氏合金)

轴承合金有锡锑轴承合金和铅锑轴承合金两大类。锡锑轴承合金的摩擦因数小，抗胶合性能良好，对油的吸附性强，耐蚀性好，易跑合，是优良的轴承材料，常用于高速、重载的轴承。但价格贵且机械强度较差，因此只能作为轴承衬材料而浇铸在钢、铸铁[图14-19(a)(b)]或青铜轴瓦上[图14-19(c)]。用青铜作为轴瓦基体是取其导热性良好。这种轴承合金在110 ℃开始软化，为了安全，在设计运行时常将温度控制得比110 ℃低30~40 ℃。

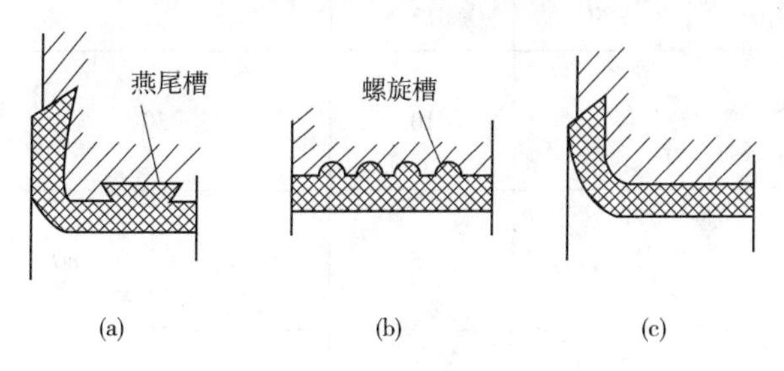

图14-19 轴承合金的浇铸方法

铅锑轴承合金的各方面性能与锡锑轴承合金相近，但这种材料较脆，不宜承受较大的冲击载荷。一般用于中速、中载的轴承。

(2)青铜

青铜的强度高，承载能力大，耐磨性与导热性都优于轴承合金。它可以在较高的温度

(250 ℃)下工作。但它可塑性差，不易跑合，与之相配的轴颈必须淬硬。青铜可以单独做成轴瓦。为了节省有色金属，也可将青铜浇铸在钢或铸铁轴瓦内壁上。用作轴瓦材料的青铜，主要有锡磷青铜、锡锌铅青铜和铝铁青铜。在一般情况下，它们分别用于中速重载、中速中载和低速重载的轴承上。

(3)具有特殊性能的轴承材料

用粉末冶金法(经制粉、成形、烧结等工艺)做成的轴承，具有多孔性组织，孔隙内可以储存润滑油，常称为含油轴承。运转时，轴瓦温度升高，由于油的膨胀系数比金属大，因而自动进入滑动表面以润滑轴承。含油轴承加一次油可以使用较长时间，常用于加油不方便的场合。在不重要的或低速轻载的轴承中，也常采用灰铸铁或耐磨铸铁作为轴瓦材料。

橡胶轴承具有较大的弹性，能减轻振动使运转平稳，可以用水润滑，常用于潜水泵、砂石清洗机、钻机等有泥沙的场合。塑料轴承具有摩擦因数低，可塑性、跑合性良好，耐磨、耐蚀，可以用水、油及化学溶液润滑等优点。但它的导热性差，膨胀系数较大，容易变形。为改善此缺陷，可将薄层塑料作为轴承衬材料粘附在金属轴瓦上使用。

木材具有多孔质结构，可用填充剂来改善其性能。填充聚合物能提高木材的尺寸稳定性和减少吸湿量，并提高强度。采用木材制成的轴承，可在灰尘极多的条件下工作。

表 14-1 中给出常用轴瓦及轴承衬材料的[p]、[pv]等数据；表 14-2 中给出常用金属轴承材料性能；表 14-3 中给出常用非金属和多孔质金属轴承材料性能。

表 14-1　常用轴瓦及轴承衬材料的性能

材料及其代号	[p]/MPa		[pv] /(MPa · m/s)	HBS		最高工作温度/℃	轴颈硬度
				金属型	砂型		
铸锡锑轴承合金 ZSnSb11Cu6	平稳	25	20	27		150	150 HBS
	冲击	20	15				
铸铅锑轴承合金 ZPbSb16Sn16Cu2	15		10	30		150	150 HBS
铸锡磷青铜 ZCuSn10P1	15		15	90	80	280	45 HRC
铸锡锌铅青铜 ZCuSn5Pb5Zn5	8		10	65	60	280	45 HRC
铸铝青铜 ZCuAl10Fe3	15		16	110	100	280	45 HRC

注：[pv]值为非液体摩擦下的许用值。

表 14-2 常用金属轴承材料性能

轴承材料		最大许用值 [p]/MPa	最大许用值 [v]/m/s	最大许用值 [pv]/(MPa·m/s)	最高工作温度/℃	轴颈硬度/HBS	性能比较 抗咬黏性	性能比较 顺应性(嵌入型)	性能比较 耐蚀性	性能比较 疲劳强度	备注
锡锑轴承合金	ZSnSb1Cu6 ZSnSb8Cu4	平稳载荷			150	1	1	1	1	5	用于高速、重载下工作的重要轴承,变载荷下易于疲劳,价贵
		25	80	20							
		冲击载荷									
		20	60	15							
铅锑轴承合金	ZPbSb16 Sn16Cu2	15	16	10	150	150	1	1	3	5	中速、中等载荷的轴承,不易受显著冲击。可作为锡锑轴承合金代替品
	ZPbSb15Sn5 Cu3Cd2	5	8	5							
锡青铜	ZCuSn1Pb10P1 (10-1 锡青铜)	15	10	15	280	300~400	3	5	1	1	用于中速、重载及受变载荷的轴承
	ZCuSn5Pb5Zn5 (5-5-5 锡青铜)	8	3	15							用于中速、中载的轴承
铅青铜	ZCuPb30 (30 铅青铜)	25	16	30	280	300	3	4	4	2	用于高速、重载轴承,能承受变载荷冲击
铝青铜	ZCuAl10Fe3 (10-3 铝青铜)	15	4	16	280	300	5	5	5	2	最宜用于润滑充分的低速重载轴承
黄铜	ZCuZn16Si4 (16-4 硅黄铜)	16	2	10	200	200	5	5	1	1	用于低速、中载轴承
	ZCuZn40Mn2 (40-2 锰黄铜)	10	1	10	200	200	5	5	1	1	用于高速、中载轴承,是较新的轴承材料,强度高、耐腐蚀、表面性能好。可用于增压强化柴油机轴承
铝基轴承合金	2% 铝锡合金	28~35	14	—	140	300	4	3	1	2	
三元电镀合金	铝-硅-镉镀层	14~35	—	—	170	200~300	1	2	2	2	镀铅锡青铜作中间层,再镀 10~30μm 三元减磨层,疲劳强度高,嵌入性好
银	镀层	28~35	—	—	180	300~400	2	3	1	1	镀银,上附薄层铅,再镀铟。常用于飞机发动机、柴油机轴承

（续）

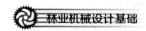

轴承材料		最大许用值 [p] /MPa	最大许用值 [v] /m/s	最大许用值 [pv] /(MPa·m/s)	最高工作温度 /℃	轴颈硬度 /HBS	性能比较 抗咬黏性	性能比较 顺应性（嵌入型）	性能比较 耐蚀性	性能比较 疲劳强度	备注
耐磨铸铁	HT300	0.1～6	3～0.75	0.3～4.5	150	<150	4	5	1	1	宜用于低速、轻载的不重要轴承，价廉
灰铸铁	HT150～HT250	1～4	2～0.5	—	—	—	4	5	1	1	

注：① [pv]为不完全液体润滑下的许用值。②性能比较：1～5 依次由佳到差。

表 14-3　常用非金属和多孔质金属轴承材料性能

轴承材料		最大许用值 [p] /MPa	最大许用值 [v] /m/s	最大许用值 [pv] /(MPa·m/s)	最高工作温度 t/℃	备　注
非金属材料	酚醛树脂	41	13	0.18	160	由棉织物、石棉等填料经酚醛树脂粘结而成。抗咬合性好，强度、抗振性也极好，能耐酸碱，导热性差，重载时需用水或油充分润滑，易膨胀，轴承间隙宜取大些
	尼龙	14	3	0.11(0.05m/s) 0.09(0.5m/s) <0.09(5m/s)	90	摩擦因数低，耐磨性好，无噪声。金属瓦上覆以尼龙薄层，能受中等载荷。加入石墨、二硫化钼等填料可提高其力学性能、刚性和耐磨性。加入耐热成分的尼龙可提高工作温度
	聚碳酸酯	7	5	0.03(0.05m/s) 0.01(0.5m/s) <0.01(5m/s)	105	聚碳酸酯、醛缩醇、聚酰亚胺等都是较新的塑料。物理性能好。易于喷射成型，比较经济。醛缩醇和聚碳酸酯稳定性好，填充石墨的聚酰亚胺温度可达 280℃
	醛缩醇	14	3	0.1	100	
	聚酰亚胺	—	—	4(0.05m/s)	260	
	聚四氟乙烯	3	1.3	0.04(0.05m/s) 0.06(0.5m/s) <0.09(5m/s)	250	摩擦因数很低，自润滑性能好，能耐任何化学药品的侵蚀，适用温度范围宽（>280℃时，有少量有害气体放出），但成本高，承载能力低。用玻璃丝、石墨为填料，则承载能力和[pv]值可大为提高
	PTFE 织物	400	0.8	0.9	250	
	填充 PTFE	17	5	0.5	250	

（续）

轴承材料		最大许用值			最高工作温度 t/℃	备　注
		[p] /MPa	[v] /m/s	[pv] /(MPa · m/s)		
非金属材料	碳-石墨	4	13	0.5(干) 5.25(润滑)	400	有自润滑性及高的导磁性和导电性，耐蚀能力强，常用于水泵和风动设备中的轴套
非金属材料	橡胶	0.34	5	0.53	65	橡胶能隔振、降低噪声、减小动载、补偿误差。导热性差，需加强冷却，温度高易老化。常用于有水、泥浆等的工业设备中
多孔质金属材料	多孔铁 (Fe 95%，Cu 2%，石墨和其他 3%)	55(低速，间歇) 21(0.013m/s) 4.8(0.51 ~ 0.76m/s) 2.1(0.76 ~ 1m/s)	7.6	1.8	165	具有成本低、含油量多、耐磨性好、强度高等特点，应用很广
多孔质金属材料	多孔青铜	27(低速，间歇) 14(0.013m/s 3.4(0.51 ~ 0.76m/s) 1.8(0.76 ~ 1m/s)	4	1.6	165	孔隙度大的多用于高速轻载轴承，孔隙度小的多用于摆动或往复运动的轴承。长期运转而不补充润滑剂的应降低[pv]值。高温或连续工作应定期补充润滑剂

14.5　滑动轴承的润滑剂及润滑方式

14.5.1　润滑剂

轴承润滑的目的在于降低摩擦功损耗，减少磨损，同时还起到冷却、吸振、防锈的作用。轴承能否正常工作，与正确选用润滑剂有很大关系。

润滑剂分为：①液体润滑剂（润滑油）；②半固体润滑剂（润滑脂）；③固体润滑剂等。

在润滑性能上润滑油比润滑脂好，但使用润滑脂在经济性上有利。固体润滑剂除在特殊场合下使用外，目前正在逐步扩大使用范围。

（1）润滑油

目前使用的润滑油大部分为石油系润滑油（矿物油）。层与层间存在着液体内部的摩擦剪应力 τ，根据实验结果得到以下关系式：

$$\tau = \eta \frac{\mathrm{d}u}{\mathrm{d}y} \tag{14-1}$$

此式称为牛顿液体流动定律。式中 u 为油层中任一点的速度，$\frac{\mathrm{d}u}{\mathrm{d}y}$ 为该点的速度梯度，比例系数 η 即为液体的动力黏度，简称为黏度。

根据上式可知动力黏度的量纲是力·时间/长度^2,它的单位在国际制(SI)中是N·s/m^2。它的物理单位是dy(N·s/cm^2)称为泊;它的SI单位是Pa·s,1泊(P_o) = 10^{-1}Pa·s。

此外,还有运动黏度v,它等于动力黏度与液体密度ρ的比值,即

$$v = \frac{\eta}{\rho} \tag{14-2}$$

v的单位在国际制中是m^2/s。实用上这个单位较大,故常采用它的物理单位St(cm^2),或St的百分之一 cSt(mm^2/s) 作为单位。我国石油产品是用运动黏度(单位:cSt)标定。的St和cSt均为我国的非法定计量单位,不宜使用;可直接使用cm^2/s和mm^2/s,后者是我国的法定计量单位。

润滑油的黏度还随着压力的升高而增大,但压力不太高时(如小于100个大气压),变化极微,可略而不计。选用润滑油时,要考虑速度、载荷和工作情况。对于载荷大、温度高的轴承宜选黏度大的油,载荷小、速度高的轴承宜选黏度较小的油。

(2)润滑脂

润滑脂是由润滑油和各种稠化剂(如钙、钠、铝、锂等金属皂)混合稠化而成。润滑脂密封简单,不须经常加添,不易流失,所以在垂直的摩擦表面上也可以应用。润滑脂对载荷和速度的变化有较大的适应,受温度的影响不大,但摩擦损耗较大,机械效率低,故不宜用于高速。且润滑脂易变质,不如油稳定。总的来说,一般参数的机器,特别是低速而带有冲击的机器,都可以使用润滑脂润滑。目前使用最多的是钙基润滑脂,它有耐水性,常用于60℃ 以下的各种机械设备中的轴承润滑。钠基润滑脂可用于115 ~ 145℃以下,但不耐水。锂基润滑脂性能优良,耐水,在 -20 ~ 150℃范围内广泛使用,可以代替钙基、钠基润滑脂。

(3)固体润滑剂

固体润滑剂有石墨、二硫化钼(MoS_2)、聚氟乙烯树脂等多种品种。一般在超出润滑油使用范围之外才考虑使用,例如在高温介质中,或在低速重载条件下。目前其应用已逐渐广泛,例如可将固体润滑剂调和在润滑油中使用,也可以涂覆、烧结在摩擦表面形成覆盖膜,或者用固结成型的固体润滑剂嵌装在轴承中使用,或者混入金属或塑料粉末中然后一并烧结成形。石墨性能稳定,在35℃以上才开始氧化,可在水中工作。聚氟乙烯树脂摩擦因数低,只有石墨的一半。二硫化钼与金属表面吸附性强,摩擦因数低,使用温度范围也广(-60 ~ 300℃),但遇水则性能下降。

14.5.2 润滑装置

为了获得良好的润滑效果,需要正确选择润滑方法和相应的润滑装置。利用油泵供应压力油进行强制润滑是重要机械的主要润滑方式。此外,还有不少装置实现简易润滑。图14-20所示是用手工向轴承加油的油孔图(a)和注油杯图(b),是小型、低速或间歇润滑机器部件的一种常见的润滑方式。注油杯中的弹簧和钢球可防止灰尘等进入轴承。

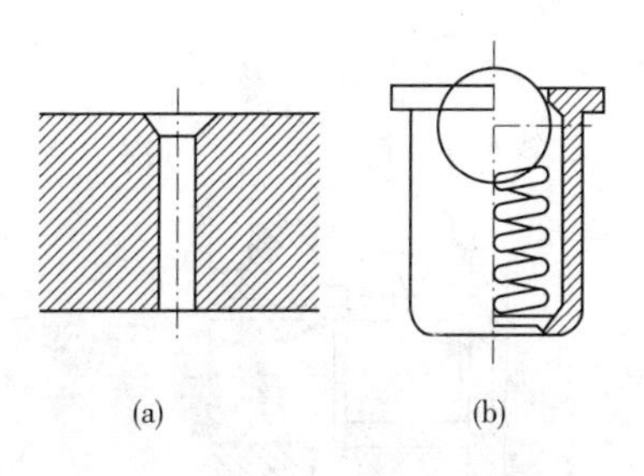

图 14-20 油孔及注油杯

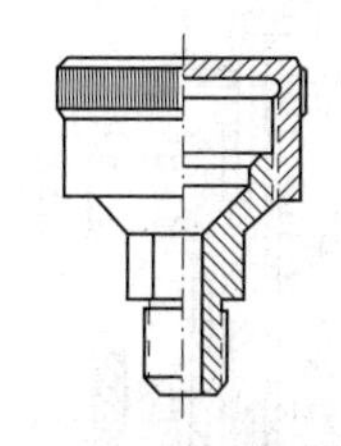

图 14-21 润滑脂用的油杯

图 14-21 所示是润滑脂用的油杯,定期旋转杯盖,使空腔体积减小而将润滑脂注入轴承内,它只能间歇润滑。图 14-22 是针阀式油杯。油杯接头与轴承进油孔相连。手柄平放时,阻塞针杆因弹簧的推压而堵住底部油孔。直立手柄时,针杆被提起,油孔敞开,于是润滑油自动滴到轴颈上。在针阀油杯的上端面开有小孔,供补充润滑油用,平时由片弹簧遮盖。观察孔可以查看供油状况。调节螺母用来调节针杆下端油口大小以控制供油量。

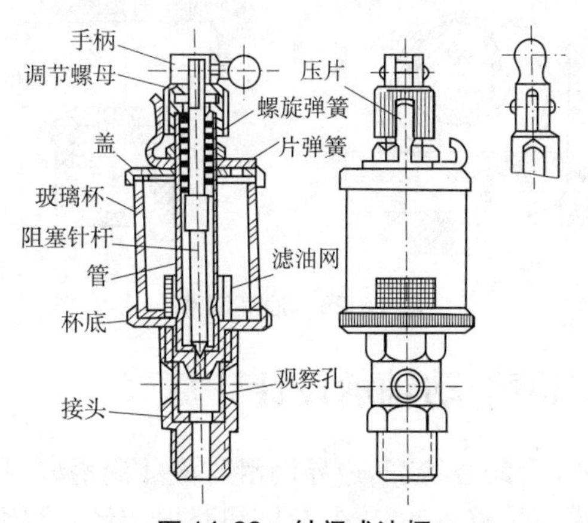

图 14-22 针阀式油杯

图 14-23 所示为油芯式油杯。它依靠毛线或棉纱的毛细管作用,将油杯中的润滑油滴入轴承。供油是自动且连续的,但不能调节给油量,油杯中油面高时给油多,油面低时供油少,停车时仍在继续给油,直到流完为止。

图 14-24 对轴承采用了飞溅润滑方式。它是利用齿轮、曲轴等转动零件,将润滑油由油池拨溅到轴承中进行润滑。采用飞溅润滑时,转动零件的圆周速度应在 5 ~ 13m/s 范围内。它常用于减速器和内燃机曲轴箱中的轴承润滑。

图 14-25 的轴承采用是油环润滑。在轴颈上套一油环,油环下部浸入油池中,当轴颈旋转时,摩擦力带动油环旋转,把油引入轴承。当油环浸在油池内的深度约为直径的四分之一时,供油量已足以维持液体润滑状态的需要。此法常用于大型电机的滑动轴承中。

最完善的供油方法是利用油泵循环给油,给油量充足,供油压力只需 0.05MPa,在油的循环系统中常配置过滤器、冷却器。还可以设置油压控制开关,当管路内油压下降时可以报警,或启动辅助油泵,或指令主机停车。所以这种供油方法安全可靠,但设备费用较高,常用于高速且精密的重要机器中。

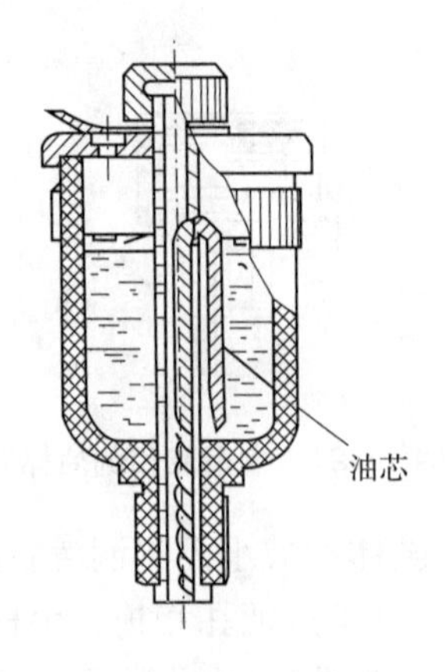

图 14-23　油芯式油杯

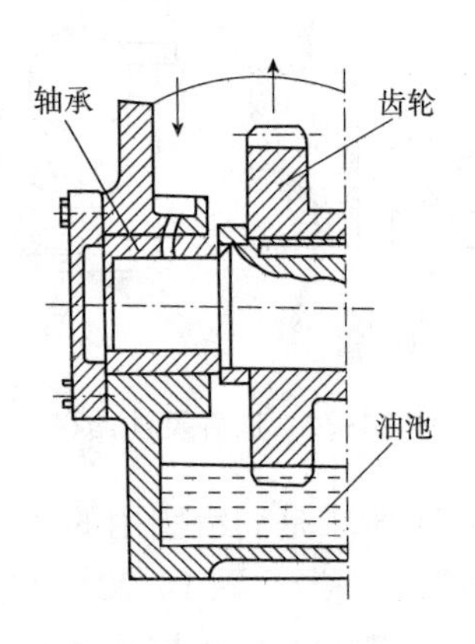

图 14-24　飞溅润滑

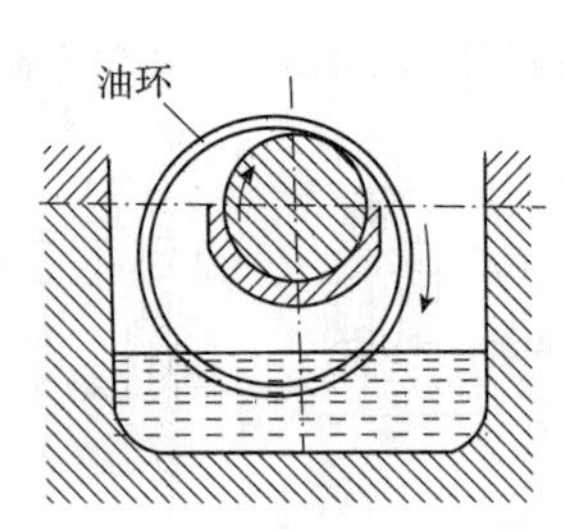

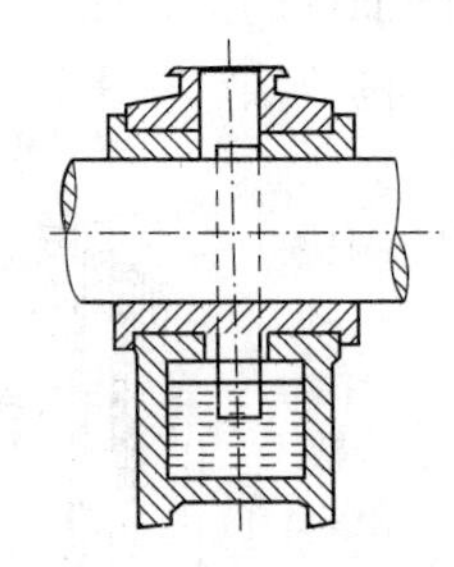

图 14-25　油环润滑

14.6　不完全液体润滑滑动轴承设计计算

大多数轴承实际处在混合润滑状态（边界润滑与液体润滑同时存在的状态），其可靠工作的条件是：维持边界油膜不受破坏，以减少发热和磨损（计算准则），并根据边界膜的机械强度和破裂温度来决定轴承的工作能力。但影响边界膜的因素很复杂，采用简化的条件性计算。

14.6.1　径向滑动轴承的设计计算

非液体润滑轴承可用润滑油，也可用润滑脂润滑。在润滑油、润滑脂中加入少量鳞片状石墨或二硫化钼粉末，有助于形成坚韧的边界油膜，且可填平粗糙表面而减少磨损。但这类轴承不能完全排除磨损。如何维持边界油膜不造破裂，这是非液体润滑滑动轴承的设计依据。由于边界油膜的强度和破裂温度受多种因素影响而十分复杂，尚未完全被人们掌握。因此目前采用的计算方法是间接的、条件性的。实践证明，若能限制压强 $p \leqslant [p]$，压强与轴颈线速度的乘积 $pv \leqslant [p]$，那么轴承是能够很好地工作的。

（1）轴承的压强 p

限制轴承压强 p，以保证润滑油不被过大的压力所挤出，因而轴瓦不致产生过度的磨损。即

$$p = \frac{F}{Bd} \leqslant [p] \tag{14-3}$$

式中，F 为轴承所受的径向载荷，N；B 为轴承宽度，mm；d 为轴颈直径，mm；$[p]$为许用压力，MPa，见表 14-1。

（2）验算$[pv]$值

$$pv=\frac{F}{Bd}\cdot\frac{\pi dn}{60\times1000}=\frac{Fn}{19100B}\leqslant[pv] \tag{14-4}$$

式中，n 为轴的转速，r/min；$[pv]$为轴瓦材料的许用值，N·m·m/s。

（3）验算滑动速度

当 p 较小时，避免由于 v 过高而引起轴瓦加速磨损。

$$v=\frac{\pi dn}{60\times1000}\leqslant[pv]\quad(\mathrm{m/s}) \tag{14-5}$$

式中，$[v]$为轴承材料的许用 v 值，见表 14-2 或者表 14-3。

计算不满足的措施：①选用较好的轴瓦或轴承衬材料；②增大 d 或 L。

（4）滑动轴承的配合：H9/d9，H8/f7，H7/f6

旋转精度要求高的轴承，选择较高的精度，较紧的配合，反之，选择较低的精度，较松的配合。

14.6.2 推力轴承

止推轴承由止推轴承座和止推轴颈组成。常用的结构形式有空心式、单环式和多环式，其结构及尺寸如图 14-26 所示。通常不用实心式轴径，因其端面上的压力分布极不均匀，靠近中心处的压力很高，对润滑极为不利。

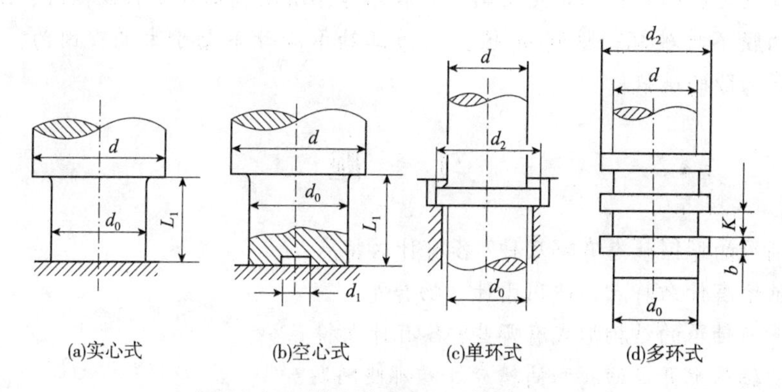

图 14-26 推力轴承座和止推轴颈形状

空心式轴径接触面上压力分布较均匀，润滑条件较实心式有所改善。单环式是利用轴颈的环形端面止推，而且可以利用纵向油槽输入润滑油，结构简单，润滑方便，广泛用于低速，轻载的场合。多环式止推轴承能够承受较大的轴向载荷，但载荷在各环间分布不均，许用压力$[p]$及$[pv]$值均应比单环式的降低 50%。

（1）验算轴承的平均压力

$$p=\frac{F_a}{A}=\frac{F_a}{z\,\frac{\pi}{4}(d_2^2-d_1^2)}\leqslant[p] \tag{14-6}$$

式中，F_a 为轴向荷载，N；z 为环的数目；[p]为许用压力，MPa，见表 14-2 或表 14-3。

（2）验算轴承的 pv 值

$$v = \frac{\pi dn}{60 \times 1000} \tag{14-7}$$

$$p = \frac{F_a}{\pi dbz} \tag{14-8}$$

$$pv = \frac{F_a n}{6000bz} \tag{14-9}$$

式中，b 为轴颈环工作宽度，mm；n 为轴颈的转速，r/min；[pv]为 pv 的许用值，MPa·m/s，其值见表 14-2 或表 14-3。

小　结

本章介绍了滑动轴承概述、滑动摩擦的状态、滑动轴承的类型和轴瓦的结构、滑动轴承的失效形式及材料、滑动轴承的润滑剂及润滑方式、不完全液体润滑滑动轴承设计计算、液体动力润滑滑动轴承设计计算、其他形式滑动轴承简介等基本知识。滑动轴承根据摩擦状态不同可分为非液体润滑轴承和完全液体润滑轴承。完全液体润滑轴承又分为动压润滑轴承与静压润滑轴承。工程上大多用非液体润滑轴承。滑动轴承有多种结构形式：整体式、剖分式、自动调心式等。由于滑动轴承本身有一些独特的优势，适用于一些特殊的场合，如高速、重载、高精。轴承材料和轴瓦结构对滑动轴承的性能影响较大，应综合考虑多方面因素选定轴承材料和轴瓦结构。非液体摩擦滑动轴承计算和校核时，限制压强 p，以保证润滑油膜不被破坏；限制 pv 值，以保证轴承温升不至于太高，因为，温度太高，容易引起边界油膜的破裂。

习　题

14-1　滑动轴承的摩擦状态有哪几种？各有什么特点？

14-2　滑动轴承有什么特点，适用于什么场合？

14-3　径向滑动轴承的结构形式有哪些？各有什么特点？

14-4　在滑动轴承上开设油孔和油槽应注意哪些问题？

14-5　某离心泵径向滑动轴承，轴颈表面圆周速度 $v = 2.5$m/s，工作压力 $p = 3 \sim 4$MPa 设计中拟采用整体式轴瓦（不加轴承衬）。试选择一种合适的轴承材料。

14-6　一般轴承的宽径比在什么范围内？为什么宽径比不宜过大或过小？

14-7　有一混合摩擦润滑向心滑动轴承，轴颈直径 $d = 100$mm，轴承宽度 $B = 100$mm。轴的转速 $n = 1200$r/min，轴承材料为 ZCuSn10P1。试问，该轴承最大能承受多大的径向载荷？

14-8　某离心泵径向滑动轴承，已知轴的直径 $d = 100$mm，轴的转速 $n = 1500$r/min。轴承径向载荷 $F = 2600$N，轴承材料为 ZQSn-6-3，试根据非液体摩擦滑动轴承计算方法校核该轴承是否可用？如不可用？应如何改进（按轴的强度计算，轴颈直径不得小于 48mm）？

第15章 滚动轴承

本章提要

本章介绍了滚动轴承的类型、特点和代号、滚动轴承的失效形式和选择计算、滚动轴承的润滑、密封以及组合设计。着重分析了滚动轴承的主要类型、特点和代号；合理选择滚动轴承的类型；滚动轴承的寿命计算；根据外载荷、结构等要求，进行滚动轴承组合设计；从轴向位置固定、间隙调整、装拆、润滑和密封等方面，分析已有的轴承组合结构等。

滚动轴承是将运转的轴与轴座之间的滑动摩擦变为滚动摩擦，从而减少摩擦损失的一种精密的机械元件。滚动轴承一般由内圈、外圈、滚动体和保持架四部分组成，内圈的作用是与轴相配合并与轴一起旋转；外圈作用是与轴承座相配合，起支承作用；滚动体是借助于保持架均匀的将滚动体分布在内圈和外圈之间，其形状大小和数量直接影响着滚动轴承的使用性能和寿命；保持架能使滚动体均匀分布，防止滚动体脱落，引导滚动体旋转起润滑作用。

15.1　滚动轴承的结构、基本类型和特点

15.1.1　滚动轴承的结构

滚动轴承一般是由 1 内圈、2 外圈、3 滚动体、4 保持架组成，如图 15-1 所示。通常内圈随轴颈转动，外圈装在机座或零件的轴承孔内固定不动。内外圈都制有滚道，当内外圈相对旋转时，滚动体将沿滚道滚动。保持架的作用是把滚动体沿滚道均匀地隔开。

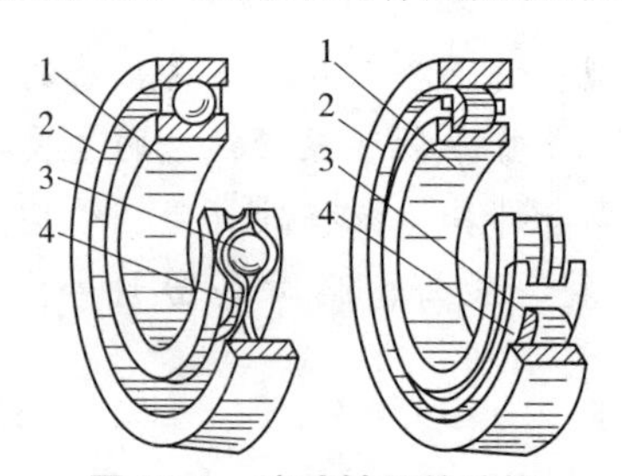

图 15-1　滚动轴承的结构

1-内圈；2-外圈；3-滚动体；4-保持架

滚动体与内外圈的材料应具有高的硬度和接触疲劳强度、良好的耐磨性和冲击韧性。一般用含铬合金钢制造，经热处理后硬度可达 HRC61 ~ 65，工作表面须经磨削和抛光。保持架一般用低碳钢板冲压制成，高速轴承多采用有色金属或塑料保持架。

与滑动轴承相比，滚动轴承具有摩擦阻力小，启动灵敏、效率高、润滑简便和易于互换等优点，所以获得广泛应用。它的缺点是抗冲击能力较差，高速时出现噪声，工作寿命也不及液体摩擦的滑动轴承。由于滚动轴承已经标准化，并由轴承厂大批生产，所以，使用者的任务主要是熟悉标准、正确选用。

图 15-2 给出了不同形状的滚动体。按滚动体形状滚动轴承可分为球轴承和滚子轴承。滚子又分为长圆柱滚子、短圆柱滚子、螺旋滚子、圆锥滚子、球面滚子和滚针等。

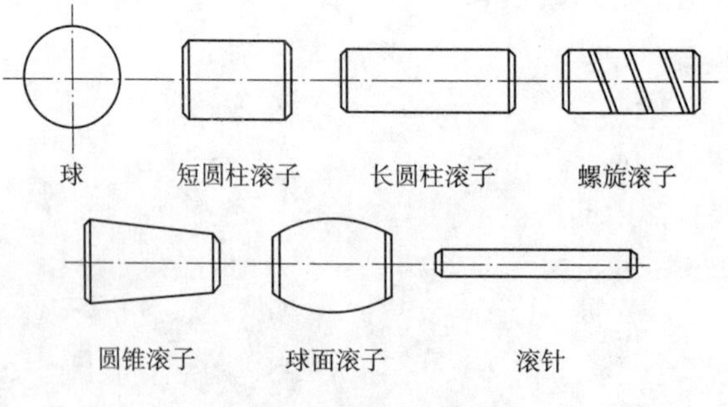

图 15-2　滚动体的形状

15.1.2 滚动轴承的类型

滚动轴承常用的类型和特性，见表15-1所列。

表15-1 滚动轴承的主要类型和特性

轴承名称、类型及代号	结构简图承载方向	尺寸系列代号	组合代号	极限转速	允许角偏差	特性与应用
双列角接触球轴承(0)	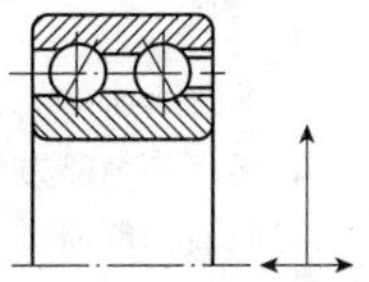	32 33	32 33	中	不允许	同时能承受径向负荷和双向的轴向负荷，比角接触球轴承具有较大的承载能力，与双联角接触球轴承比较，在同样负荷作用下能使轴在轴向更紧密地固定
调心球轴承1或(1)	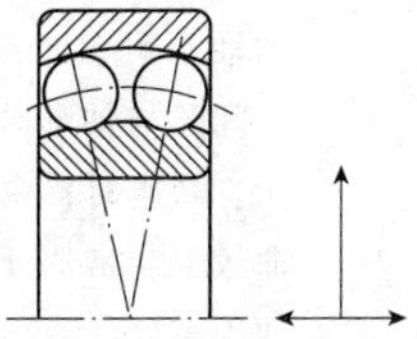	(0)2 22 (0)3 23	12 22 17 23	中	2°～3°	主要承受径向负荷，可承受少量的双向轴向负荷。外圈滚道为球面，具有自动调心性能。适用于多支点轴、弯曲刚度小的轴以及难以精确对中的支承
调心滚子轴承2	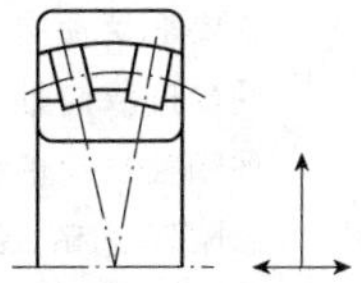	17 22 23 30 31 32 40 41	217 222 223 230 231 232 240 241	中	0.5°～2°	主要承受径向负荷，其承载能力比调心球轴承约大一倍，也能承受少量的双向轴向负荷。外圈滚道为球面，具有调心性能，适用于多支点轴、弯曲刚度小的轴及难以精确对中的支承
推力调心滚子轴承2	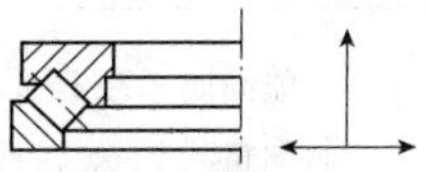	92 93 94	292 293 294		2°～3°	可承受很大的轴向负荷和一定的径向负荷，滚子为鼓形，外圈滚道为球面，能自动调心。转速可比推力球轴承高。常用于水轮机轴和起重机转盘等
圆锥滚子轴承3	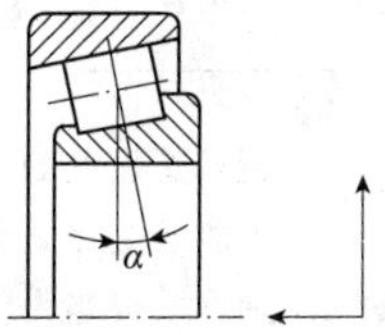 α	02 03 17 20 22 23 29 30 31 32	302 303 317 320 322 323 329 330 331 332	中	2′	能承受较大的径向负荷和单向的轴向负荷，极限转速较低。内外圈可分离，轴承游隙可在安装时调整。通常成对使用，对称安装。适用于转速不太高，轴的刚性较好的场合

（续）

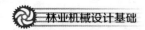

轴承名称、类型及代号	结构简图承载方向	尺寸系列代号	组合代号	极限转速	允许角偏差	特性与应用
双列深沟球轴承4		(2)2 (2)3	42 43	中		主要承受径向负荷，也能承受一定的双向轴向负荷。它比深沟球轴承具有较大的承载能力
推力球轴承5		11 12 17 14	511 512 513 514	低	不允许	推力球轴承的套圈与滚动体可分离，单向推力球轴承只能承受单向轴向负荷，两个圈的内孔不一样大，内孔较小的与轴配合，内孔较大的与机座固定。双向推力球轴承可以承受双向轴向负荷，中间圈与轴配合，另两个圈为松圈。高速时，由于离心力大，寿命较低。常用于轴向负荷大、转速不高场合
		22 23 24	522 523 524	低	不允许	
深沟球轴承6或(16)		17 37 18 19 (0)0 (1)0 (0)2 (0)3 (0)4	617 637 618 619 160 60 62 63 64	高	8′~16′	主要承受径向负荷，也可同时承受少量双向轴向负荷，工作时内外圈轴线允许偏斜。摩擦阻力小，极限转速高，结构简单，价格便宜，应用最广泛。但承受冲击载荷能力较差，适用于高速场合。在高速时可代替推力球轴承
角接触球轴承7		19 (1)0 (0)2 (0)3 (0)4	719 70 72 73 74	较高	2′~3′	能同时承受径向负荷与单向的轴向负荷，公称接触角 α 有15°、25°、40°三种，α 越大，轴向承载能力也越大。成对使用，对称安装，极限转速较高。适用于转速较高，同时承受径向和轴向负荷场合
推力圆柱滚子轴承8		11 12	811 812	低	不允许	能承受很大的单向轴向负荷，但不能承受径向负荷。它比推力球轴承承载能力要大，套圈也分紧圈与松圈。极限转速很低，适用于低速重载场合

（续）

轴承名称、类型及代号	结构简图承载方向	尺寸系列代号	组合代号	极限转速	允许角偏差	特性与应用
圆柱滚子轴承 N		10 (0)2 22 (0)3 23 (0)4	N10 N2 N22 N3 N23 N4	较高	2′~4′	只能承受径向负荷。承载能力比同尺寸的球轴承大，承受冲击载荷能力大，极限转速高。 对轴的偏斜敏感，允许偏斜较小，用于刚性较大的轴上，并要求支承座孔很好地对中
滚针轴承 NA		48 49 69	NA48 NA49 NA69	低	不允许	滚动体数量较多，一般没有保持架。径向尺寸紧凑且承载能力很大，价格低廉。 不能承受轴向负荷，摩擦因数较大，不允许有偏斜。常用于径向尺寸受限制而径向负荷又较大的装置中

由于结构的不同，各类轴承的使用性能如下：

(1)承载能力

在同样外形尺寸下。滚子轴承的承载能力约为球轴承的1.5~3倍。所以，在载荷较大或有冲击载荷时宜采用滚子轴承。但当轴承内径 $d \leqslant 20\text{mm}$ 时，滚子轴承和球轴承的承载能力已相差不多，而球轴承的价格一般低于滚子轴承，故可优先选用球轴承。

(2)接触角 α

接触角是滚动轴承一个主要参数，轴承受力分析和承载能力等与接触角有关。

表15-2列出各类轴承的公称接触角。

滚动体套圈接触处的法线与轴承径向平面(垂直于轴承轴心线的平面)之间的夹角称为公称接触角。公称接触角越大，轴承承受轴向载荷的能力也越大。滚动轴承按其承受载荷的方向或公称接触角的不同，可分为：

①径向轴承。主要用于承受径向载荷，其公称接触角从0°到45°；

②推力轴承。主要用于承受轴向载荷，其公称接触角从大于45°到90°，见表15-2。

由于接触角的存在，角接触轴承可同时承受径向载荷和轴向载荷。公称接触角小的，如角接触向心轴承，主要用于承受径向载荷；公称接触角大的，如角接触推力轴承，主要用于承受轴向载荷。径向接触向心球轴承的公称接触角为零，见表15-2，但由于滚动体与滚道间留有微量间隙，受轴向载荷时轴承内外圈间将产生轴向相对位移，实际上形成一个不大的接触角，所以它也能承受一定的轴向载荷。

表 15-2　各类球轴承的公称接触角 α

<table>
<tr><td rowspan="2">轴承类型</td><td colspan="2">径向轴承</td><td colspan="2">推力轴承</td></tr>
<tr><td>径向接触</td><td>向心角接触</td><td>推力角接触</td><td>轴向接触</td></tr>
<tr><td>公称接触角 α</td><td>0°</td><td>0°＜α≤45°</td><td>45°＜α＜90°</td><td>90°</td></tr>
<tr><td>图例</td><td></td><td>α</td><td>α</td><td>α</td></tr>
</table>

(3)极限转速 n_c

滚动轴承转速过高会使摩擦面间产生高温，润滑失效，从而导致滚动体回火或胶合破坏。轴承在一定载荷和润滑条件下，允许的最高转速称为极限转速，其具体数值见有关手册。如果轴承极限转速不能满足要求，可采取提高轴承精度、适当加大间隙、改善润滑和冷却条件、选用青铜保持架等措施。

15.2　滚动轴承的代号

滚动轴承的类型很多，而各类轴承又有不同的结构、尺寸、精度和技术要求，为便于组织生产和选用，应规定滚动轴承的代号。按照 GB/T 272—1993 规定，滚动轴承代号由前置代号、基本代号和后置代号组成。其含义见表 15-3 所列。

表 15-3　滚动轴承代号的构成表

<table>
<tr><td>前置代号</td><td colspan="5">基 本 代 号</td><td colspan="7">后 置 代 号</td></tr>
<tr><td rowspan="3">轴承分部件代号</td><td>一</td><td>二</td><td>三</td><td>四</td><td>五</td><td rowspan="3">内部结构代号</td><td rowspan="3">密封与防尘结构代号</td><td rowspan="3">保持架及其材料代号</td><td rowspan="3">特殊轴承材料代号</td><td rowspan="3">公差等级代号</td><td rowspan="3">游隙代号</td><td rowspan="3">其他代号</td></tr>
<tr><td rowspan="2">类型代号</td><td colspan="2">尺寸系列代号</td><td colspan="2" rowspan="2">内径代号</td></tr>
<tr><td>宽度系列代号</td><td>直径系列代号</td></tr>
</table>

①内径尺寸代号。右起第一、二位数字表示内径尺寸，表示方法见表 15-3 所列。

②尺寸系列代号。右起第三、四位表示尺寸系列(第四位为 0 时可不写出)。为了适应不同承载能力的需要，同一内径尺寸的轴承，可使用不同大小的滚动体，因而使轴承的外径和宽度也随着改变。这种内径相同而外径或宽度不同的变化称为尺寸系列，如表 15-4 所列。

③类型代号。右起第五位表示轴承类型，其代号见表 15-5。代号为 0 时不写出。

④前置代号。成套轴承分部件，见表 15-6。

⑤后置代号。内部结构、尺寸、公差等，其顺序见表，常见的轴承内部结构代号和公差等级见表 15-7 和表 15-8。

表 15-4 轴承内径尺寸系列代号

内径尺寸	代号表示	举例	
		代号	内径
10 12 15 17	00 01 02 03	6200	10
20～480（5 的倍数）	内径/5 的商	23208	40
22、28、32 及 500 以上	00000/内径	230/500 62/22	500 22

表 15-5 向心轴承、推力轴承尺寸系列代号表示法

直径系列代号	向心轴承							推力轴承			
	宽度系列代号							高度系列代号			
	窄 0	正常 1	宽 2	特宽 3	特宽 4	特宽 5	特宽 6	特低 7	低 9	正常 1	正常 2
	尺寸系列代号										
超特轻 7	—	17	—	37	—	—	—	—	—	—	—
超轻 8	08	18	28	38	48	58	68	—	—	—	—
超轻 9	09	19	29	39	49	59	69	—	—	—	—
特轻 0	00	10	20	30	40	50	60	70	90	10	—
特轻 1	01	11	21	31	41	51	61	71	91	11	—
轻 2	02	12	22	32	42	52	62	72	92	12	22
中 3	03	17	23	33	—	—	63	73	93	17	23
重 4	04	—	24	—	—	—	—	74	94	14	24

表 15-6 轴承代号排列

轴承代号									
前置代号	基本代号	后置代号							
		1	2	3	4	5	6	7	8
成套轴承分部件		内部结构	密封与防尘套圈变型	保持架及其材料	轴承材料	公差等级	游隙	配置	其他

表 15-7 轴承内部结构代号

代号	含义	示例
C	角接触球轴承公称接触角 $\alpha=15°$ 调心滚子轴承 C 型	7005C 23122C

（续）

代号	含　　义	示例
AC	角接触球轴承公称接触角 $\alpha=25°$	7210AC
B	角接触球轴承公称接触角 $\alpha=40°$ 圆锥滚子轴承接触角加大	7210B 32310B
E	加强型	N207E

表 15-8　轴承公差等级代号

代号	含　　义	示例
/P0	公差等级符合标准规定的 0 级(可省略不标注)	6205
/P6	公差等级符合标准规定的 6 级	6205/P6
/P6X	公差等级符合标准规定的 6X 级	6205/P6X
/P5	公差等级符合标准规定的 5 级	6205/P5
/P4	公差等级符合标准规定的 4 级	6205/P4
/P2	公差等级符合标准规定的 2 级	6205/P2

例如，滚动轴承代号 N2210/P5。在基本代号中：N—类型代号；22—尺寸系列代号；10—内径代号。后置代号：/P5—精度等级代号。

15.3　滚动轴承的选择计算

15.3.1　滚动轴承类型的选择

滚动轴承是标准件，类型很多，选择时应考虑以下几个方面：

1. 载荷的大小、方向和性质

(1)按载荷的大小、性质选择

在外廓尺寸相同的条件下，滚子轴承的承载能力比球轴承的大，适用于载荷较大或有冲积扇的场合。球轴承适用于载荷较小、振动和冲击较小的场合。

(2)按载荷方向选择

当承受纯径向载荷时，通常选用径向接触轴承，如深沟球轴承；承受纯轴向载荷时，通常选用推力轴承，如推力球轴承；对于同时承受径向载荷 F_R 和轴向载荷 F_A 作用的轴承，应根据两者的比值(F_R/F_A)来确定：若 F_R/F_A 较小，可选用深沟球轴承，或接触角不大的角接触球轴承，或圆锥滚子轴承；反之，可选用接触角较大的角接触球轴承；当 F_A 比 F_R 大很多时，则应考虑采用径向轴承和推力轴承相组合的结构类型，如深沟轴承与推力球轴承的组合等，以分别承受径向和轴向载荷。

2. 轴承的转速

一般情况下工作转速的高低并不影响轴承的类型选择，只有在转速较高时，才会有比较显著的影响。根据工作转速选择轴承类型时，可参考以下几点：

(1)极限转速和旋转精度

球轴承与滚子轴承相比，球轴承具有较高的基线转速和旋转精度，高速时应优先选用球轴承。当要求支承具有较大刚度时，应选用滚子轴承。

(2)离心惯性力

为减小离心惯性力，高速时宜选用同一直径系列中外径较小的轴承。当用一个外径较小的轴承承载能力不能满足要求时，可再装一个相同的轴承，或者考虑采用宽系列的轴承。外径较大的轴承宜用于低速重载场合。

(3)轴向载荷

推力轴承的基线转速都很低，当工作转速高、轴向载荷不十分大时，可采用角接触球轴承或深沟球轴承替代推力轴承。当载荷较大或有冲击载荷时宜选用滚子轴承，当载荷较小时宜选用球轴承。

(4)轴承保持架

保持架的材料和结构对轴承转速影响很大，与冲压保持架相比，实体保持架允许更高的转速。

3. 调心性能要求

当轴的中心线与轴承座中心线不重合而有角度误差时，或因轴受到力的作用而弯曲或倾斜时，轴承的内、外圈轴线发生偏斜，这时应采用有调心性能的调心轴承，但必须两端同时使用；否则，将失去调心作用。圆柱滚子轴承和滚针轴承对轴承的偏斜最为敏感，这类轴承在偏斜状态下的承载能力低于球轴承，因此，在轴的刚度和轴承座孔的支承刚度较低时，应尽量避免使用这类轴承。

4. 经济性

一般而言，同型号轴承，公差等级越高，价格越高；公差等级相同时，球轴承比滚子轴承便宜。故在满足使用功能的前提下，应尽量选用低精度、价格便宜的球轴承。

15.3.2 滚动轴承的失效形式和设计准则

1. 滚动轴承的主要失效形式

滚子轴承在通过轴心线的轴向载荷(中心轴向载荷)F_A作用下，可认为各滚动体所承受的载荷是相等的。当轴承受纯径向载荷F_R作用时(图15-3)，情况就不同了。假设在F_R作用下，内、外圈不变形，那么，内圈沿F_R方向下降距离δ，上半圈滚动体不承载，而下半圈各滚体承受不同的载荷(由于各接触点上的弹性变形量不同)。处于F_R作用线最下位置的滚动体承载最大，而远离作用线的各滚动体，其承载就逐渐减小。对于$\alpha=0°$的向心轴承，可以导出

$$F_{\max}=F_0\approx\frac{5F_R}{z}$$

式中，z为轴承的滚动体的总数。

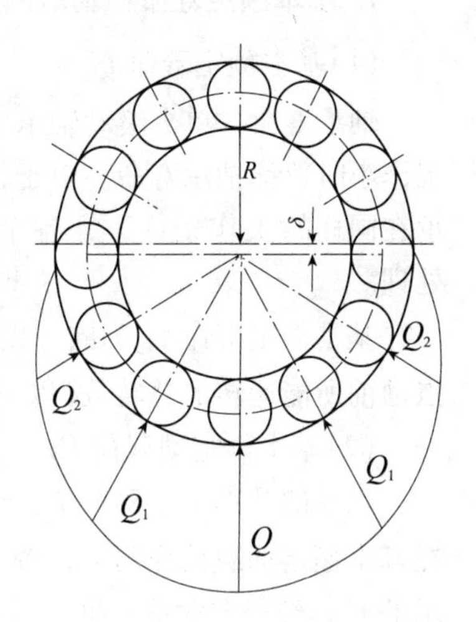

图15-3 径向载荷的分布

(1)疲劳点蚀

轴承在安装、润滑、维护良好的条件下工作时，由于各承载元件承受周期性变应力的作用，产生疲劳点蚀，它是滚动轴承主要的失效形式。轴承发生疲劳点蚀破坏后，会出现强烈的振动、噪声和发热现象，轴承的旋转精度将逐渐下降，直至丧失正常的工作能力。一般转速($n>10$r/min)轴承的主要失效形式为疲劳点蚀。

(2)塑性变形

在过大的静载荷或冲击载荷作用下，轴承承载元件间的接触应力超过了元件材料的屈服点，接触部位发生塑性变形，形成凹坑，使轴承性能下降、摩擦阻力矩增大。这种失效多发生在低速重载或做往复摆动的轴承中。

(3)磨损

由于润滑不充分、密封不好或润滑油不清洁，以及工作环境多尘，一些金属屑或磨粒性灰尘进入了轴承的工作部位，轴承将会发生严重的磨损，导致轴承内、外圈与滚动体间隙增大、振动加剧及旋转精度降低而报废。

(4)胶合

在高速重载条件下工作的轴承，因摩擦面发热而使温度急剧升高，导致轴承元件的回火，严重时将产生胶合失效。

2. 滚动轴承的计算准则

一般转速($n>10$r/min)的轴承，疲劳点蚀是主要失效形式，应进行疲劳寿命计算；极慢转速($n\leqslant10$r/min)或低速摆动的轴承，塑性变形是主要的失效形式，应按静强度计算；高速轴承的主要失效形式为由发热引起的磨损、烧伤，故不仅要进行疲劳寿命计算，还要校验其极限转速。

15.3.3 滚动轴承的寿命计算

1. 基本额定寿命和基本额定动载荷

(1)基本额定寿命 L_{10}

轴承寿命：单个滚动轴承中任一元件出现疲劳点蚀前运转的总转数或在一定转速下的工作小时数称轴承寿命。由于材料、加工精度、热处理与装配质量不可能相同，同一批轴承在同样的工作条件下，各个轴承的寿命有很大的离散性，所以用数理统计的办法来处理。

基本额定寿命 L_{10} 为同一批轴承在相同工作条件下工作，其中90%的轴承在产生疲劳点蚀前所能运转的总转数(以 10^6 为单位)或一定转速下的工作时数(失效概率10%)。

(2)基本额定动载荷 C

轴承的基本额定寿命 $L_{10}=1$(10^6转)时，轴承所能承受的载荷称基本额定动载荷 C。在基本额定动载荷作用下，轴承可以转 10^6 转而不发生点蚀失效的可靠度为90%。向心轴承的 C 是纯径向载荷；推力轴承的 C 是纯轴向载荷；角接触球轴承和圆锥滚子轴承的 C 是指引起套圈间产生相对径向位移时载荷的径向分量。

2. 滚动轴承的当量动载荷 P

将实际载荷转换为作用效果相当并与确定基本额定动载荷的载荷条件相一致的假想载荷，该假想载荷称为当量动载荷 P，在当量动载荷 P 作用下的轴承寿命与实际联合载荷作用下的轴承寿命相同。滚动轴承的当量动载荷 P 计算：

①对只能承受径向载荷 R 的轴承(N，滚针轴承) $P=F_r$；

②对只能承受轴向载荷 A 的轴承(推力球和推力滚子)$P=F_a$；

③同时受径向载荷 R 和轴向载荷 A 的轴承 $P=XF_r+YF_a$，式中，X 为径向载荷系数，Y 为轴向载荷系数，X、Y 见表 15-9。

表 15-9 径向动载荷系数 X 和轴向动载荷系数 Y

轴承类型		相对轴向载荷		$F_a/F_r \leq e$		$F_a/F_r > e$		判断系数 e
名称	代号	F_a/C_{0r}	F_a/C_0	X	Y	X	Y	
双列角接触球轴承	00000	—	—	1	0.78	0.63	1.24	0.8
调心球轴承	10000	—	—	1	(Y_1)	0.65	(Y_2)	(e)
调心滚子轴承	20000	—	—	1	(Y_1)	0.67	(Y_2)	(e)
推力调心滚子轴承	29000	—	—	1	1.2	1	1.2	—
圆锥滚子轴承	30000	—	—	1	0	0.4	(Y)	(e)
双列圆锥滚子轴承	350000	—	—	1	(Y_1)	0.67	(Y_2)	(e)
双列角接触球轴承	00000	—	—	1	0.78	0.63	1.24	0.8
调心球轴承	10000	—	—	1	(Y_1)	0.65	(Y_2)	(e)
调心滚子轴承	20000	—	—	1	(Y_1)	0.67	(Y_2)	(e)
推力调心滚子轴承	29000	—	—	1	1.2	1	1.2	—
圆锥滚子轴承	30000	—	—	1	0	0.4	(Y)	(e)
双列圆锥滚子轴承	350000	—	—	1	(Y_1)	0.67	(Y_2)	(e)
深沟球轴承	60000	0.172 0.345 0.689 1.030 1.380 2.070 3.450 5.170 6.890	—	1	0	0.56	2.30 1.99 1.71 1.55 1.45 1.31 1.15 1.04 1.00	0.19 0.22 0.26 0.28 0.30 0.34 0.38 0.42 0.44

（续）

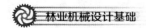

轴承类型		相对轴向载荷		$F_a/F_r \leqslant e$		$F_a/F_r > e$		判断系数 e
名称	代号	F_a/C_{0r}	F_a/C_0	X	Y	X	Y	
角接触球轴承	70000C $\alpha=15°$	—	0.015	1	0	0.44	1.47	0.38
			0.029				1.40	0.40
			0.058				1.30	0.43
			0.087				1.23	0.46
			0.120				1.19	0.47
			0.170				1.12	0.50
			0.290				1.02	0.55
			0.440				1.00	0.56
			0.580				1.00	0.56
	70000AC $\alpha=25°$	—	—	1	0	0.41	0.87	0.68
	70000b $\alpha=40°$	—	—	1	0	0.35	0.57	1.14

注：①f_0为与轴承零件的几何尺寸、制造精度及材料性质相关系数。

②C_0是轴承基本额定静载荷；α是接触角。

③表中括号内的系数 Y、Y_1、Y_2和 e 的详值应查轴承手册，对不同型号的轴承，有不同的值。

④深沟球轴承的 X、Y 值仅适用于 0 组游隙的轴承，对应其他轴承组的 X、Y 值可查轴承手册。

⑤对于深沟球轴承，先根据算得的相对轴向载荷的值查出对应的 e 值，然后再得出相应的 X、Y 值。对于表中为列出的 F_a/C_0 值，可按线性插值法求出相应的 e、X、Y 值。

⑥两套相同的角接触球轴承可在同一支点上"背对背""面对面"或"串联"安装作为一个整体使用，这种轴承可由生产厂选配组合成套提供，其基本额定动载荷及 X、Y 系数可查轴承手册。

考虑冲击、振动等动载荷的影响，使轴承寿命降低，引入载荷系数 f_p见表 15-10 所列。

表 15-10　载荷系数 f_p

载荷性质	载荷系数f_p	举　例
无冲击或轻微冲击	1.0～1.2	电机、汽轮机、通风机、水泵等
中等冲击或中等惯性力	1.2～1.8	机床、车辆、动力机械、起重机、造纸机、选矿机、冶金机械、卷扬机械等
强大冲击	1.8～3.0	碎石机、轧钢机、钻探机、振动筛等

3. 滚动轴承的寿命计算公式

载荷与寿命的关系曲线(图 15-4)方程为

$$P^{\varepsilon}L_{10}=\text{常数}$$

式中，ε 为寿命指数，球轴承 $\varepsilon=3$，滚子轴承 $\varepsilon=10/3$。

根据定义：$P=C$，轴承所能承受的载荷为基本额定功载荷时

$$\tan\beta=A/R=S/R=1.25\tan\alpha \tag{15-1}$$

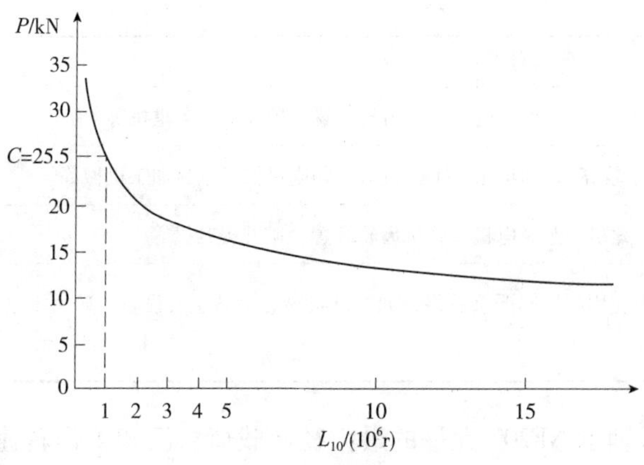

图 15-4 载荷与寿命的关系曲线

$$L_{10}=\left(\frac{C}{P}\right)^{\varepsilon}\quad(10^6\mathrm{r})\tag{15-2}$$

按小时计的轴承寿命：

$$L_{10\mathrm{h}}=\frac{10^6}{60n}\left(\frac{C}{P}\right)^{\varepsilon}\quad(\mathrm{h})\tag{15-3}$$

考虑当工作 $t>120$℃时，因金属组织硬度和润滑条件等的变化，轴承的基本额定动载荷 C 有所下降，引入温度系数 f_t（表 15-11）对 C 修正。

表 15-11 温度系数 f_t

工作温度/℃	<120	125	150	175	200	225	250	300
f_t	1.0	0.95	0.90	0.85	0.80	0.75	0.70	0.6

$$L_{10}=(f_{\mathrm{t}}C/P)^{\varepsilon}\quad(10^6\mathrm{r})\tag{15-4}$$

$$L_{\mathrm{h}}=\frac{10^6}{60n}\left(\frac{f_{\mathrm{t}}C}{P}\right)^{\varepsilon}\quad(\mathrm{h})\tag{15-5}$$

当 P、n 已知，预期寿命为 L_{h}'，则要求选取的轴承的额定动载荷 C' 为

$$C'=\frac{f_{\mathrm{d}}}{f_{\mathrm{t}}}P\left(\frac{60nL_{10\mathrm{h}}'}{10^6}\right)^{\frac{1}{\varepsilon}}\quad(\mathrm{N})\tag{15-6}$$

不同的机械上要求的轴承预期寿命的参考值如表 15-12 所列。

表 15-12 轴承预期寿命的参考值

使用条件	使用寿命 L_{h}'/h
不经常使用的仪器和设备	300~3000
短期或间断使用的机械，中断使用不致引起严重后果，如手动机械、农业机械、装配吊车、回柱绞车等	3000~8000
间断使用的机械，中断使用将引起严重后果，如发电站辅助设备、流水线传动装置、升降机、胶带输送机等	8000~12000

（续）

使 用 条 件	使用寿命 L_h'/h
每天工作 8h 的机械（利用率不高），如电机、一般齿轮装置、破碎机、起重机等	10000 ~ 25000
每天工作 8h 的机械（利用率较高），如机床、工程机械、印刷机械、木材加工机械等	20000 ~ 30000
24h 连续运转的机械，如压缩机、泵、电机、轧机齿轮装置、矿井提升机等	40000 ~ 50000
24h 连续工作的机械，中断使用将引起严重后果，如造纸机械、电站主要设备、矿用水泵、通风机等	约 100000

【例 15-1】 试求轴承 NF207 允许的最大径向载荷。已知工作转速 $n = 200\text{r/min}$、工作温度 $t < 100℃$、寿命 $L_h = 10000\text{h}$，载荷平稳。

解 对向心轴承，由式(15-6)知径向基本额定动载荷 $C' = \frac{f_d}{f_t} P \left(\frac{60nL'_{10h}}{10^6} \right)^{\frac{1}{\varepsilon}}$ （N）

由机械设计手册查得，圆柱滚子轴承 NF207 的径向基本额定动载荷 $C_r = 28500\text{N}$，查表 15-10 得 $f_p = 1$，查表 15-11 得 $f_t = 1$，对滚子轴承取 $\varepsilon = 10/3$。将以上有关数据代入上式，得

$$28500 = \frac{1 \times P}{1} \left(\frac{60 \times 200}{10^6} \times 10^4 \right)^{3/10} \rightarrow P = \frac{28500}{120^{0.3}} = 6778 \quad (\text{N})$$

即 $P = F_r = 6778\text{N}$。

故在本题规定的条件下，轴承 NF207 可承受的最大径向载荷为 6778N。

4. 角接触球轴承和圆锥滚子轴承的轴向载荷 F_d 的计算

轴承的受载特点：支反力作用点不在轴承宽度中心，轴承受 F_x 产生派生轴向力 F_t（表 15-13），要成对使用、对称安装。角接触球轴承轴向载荷的分析如图 15-5 所示。

表 15-13 角接触球轴承和圆锥滚子轴承的轴向载荷 F_d

圆锥滚子轴承	角 接 触 球 轴 承		
	70000C($\alpha = 15°$)	70000AC($\alpha = 25°$)	70000B($\alpha = 40°$)
$F_d = F_r/2Y$	$F_d = eF_t$	$F_d = 0.68F_t$	$F_d = 1.14F_t$

(1)派生轴向力大小与方向

①正装(面对面)，支点跨距小，适合于传动零件位于两支承之间；

②反装(背靠背)，实际跨距变大，适合于传动零件处于外伸端。

(2)实际轴向载荷 F_A 的确定

①若 $S_1 + F_A > S_2$，则轴系有向右移动的趋势，轴承 2 是“压紧”轴承，轴承 1 是“放松”轴承。

$$\begin{cases} F_{a1} = S_1 \\ F_{a2} = S_1 + F_A \end{cases}$$

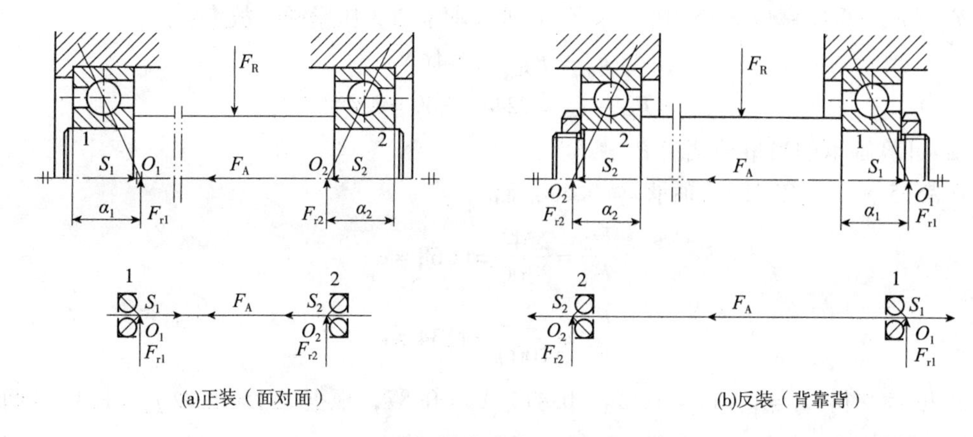

(a)正装（面对面）　　(b)反装（背靠背）

图 15-5　角接触球轴承轴向载荷的分析

②若 $S_1+F_A<S_2$，则轴系有向左移动的趋势，轴承 1 是“压紧”轴承，轴承 2 是“放松”轴承。

$$\begin{cases} F_{a1}=S_2-F_A \\ F_{a2}=S_2 \end{cases}$$

结论：

①分析轴上派生轴向力和外加轴向载荷，判定被“压紧”和“放松”的轴承。

②“压紧”端轴承的轴向力等于除本身派生轴向力外，轴上其他所有轴向力代数和。

③“放松”端轴承的轴向力等于本身的派生轴向力或 $F_a=F_{max}$。

【例 15-2】　一工程机械的传动装置中，根据工作条件决定采用一对角接触球轴承，并初选轴承型号为 7211AC。已知轴承所受载荷 $F_{r1}=3300\text{N}$，$F_{r2}=1000\text{N}$，轴向外载荷 $F_A=900\text{N}$，轴的转速 $n=1750\text{r/min}$，轴承在常温下工作，运转中受中等冲击，轴承预期寿命 10000h。试问所选轴承型号是否恰当？

解　(1) 计算轴承的轴向力 F_{a1}，F_{a2}

由 7211AC 轴承内部轴向力的计算公式为 $F_s=0.68F_r$

则：$F_{S1}=0.68F_{r1}=0.68\times3300=2444(\text{N})$（方向如图 15-6 所示）；

$F_{S2}=0.68F_{r2}=0.68\times1000=680(\text{N})$（方向如图 15-6 所示）。

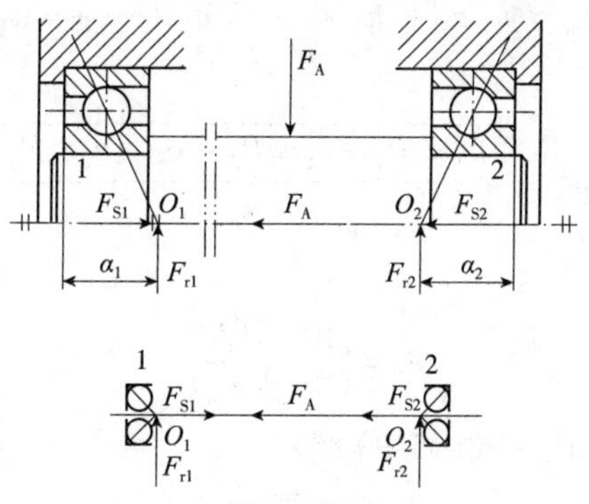

图 15-6　轴承内部的轴向力

因为 $F_{s2}+F_{A}=680+900=1580(\mathrm{N})<F_{s1}$，所以轴承2为压紧端，故有：

$$F_{a1}=F_{S1}=2244(\mathrm{N})$$

$$F_{a2}=F_{S1}-F_{A}=2244-900=1344(\mathrm{N})$$

(2)计算轴承的当量动载荷 P_1，P_2

由表15-9查得7211AC轴承 $e=0.68$，而

$$\frac{F_{a1}}{F_{r1}}=\frac{2244}{3300}=0.68=e$$

$$\frac{F_{a2}}{F_{r2}}=\frac{1344}{1000}=1.34>e$$

查表15-9得 $X_1=1$，$Y_1=0$；$X_2=0.41$，$Y_2=0.87$，根据表15-10取 $f_p=1.4$。则轴承的当量动载荷为

$$P_1=f_p(X_1F_{s1}+Y_1F_{a1})=1.4\times(1\times3300+0\times2244)=4620\quad(\mathrm{N})$$

$$P_2=f_p(X_2F_{s2}+Y_2\mathrm{F}_{a2})=1.4\times(0.41\times1000+0.87\times1344)\approx2211\quad(\mathrm{N})$$

(3)计算轴承寿命

因两个轴承的型号相同，其中当量动载荷大的轴承寿命短。因 P_1+P_2，所以只需计算轴承1的寿命。

查手册得7211AC轴承的 $C_r=50500\mathrm{N}$，取 $\varepsilon=3$，$f_T=1$，则由式(15-5)得

$$L_{10}=\frac{10^6}{60n}\left(\frac{f_TC}{P}\right)=\frac{10^6}{60\times1750}\times\left(\frac{1\times50500}{4620}\right)^3=12437\quad(\mathrm{h})$$

$L_{10}>[L_h]=10000$。由此可见轴承的寿命大于轴承的预期寿命，所以所选轴承型号合适。

15.3.4 不稳定载荷和转速下的轴承寿命计算

载荷 P 和转速 n 变化时，按疲劳损伤累积假设求出平均当量转速 n_m 和平均当量动载荷 P_m，然后求轴承寿命，没轴承的当量动载荷为：P_1，P_2，P_3，…，P_k；转速为：n_1，n_2，n_3，…，n_k；所占时间百分比为：a_1，a_2，a_3，…，a_k。

则滚动轴承的平均当量转速

$$n_m=n_1a_1+n_2a_2+n_3a_3+\cdots+n_ka_k \tag{15-7}$$

平均当量动载荷 P

$$p_m=\sqrt{\frac{n_1a_1P_1^{\tau}+n_2a_2P_2^{\tau}+\cdots+n_ka_kP_k^{\tau}}{n_m}} \tag{15-8}$$

滚动轴承的寿命 L_h

$$L_h=\frac{10^6}{60n_m}\left(\frac{f_tC}{p_m}\right)^{\varepsilon} \tag{15-9}$$

将式(15-7)、式(15-8)代入式(15-9)得

$$L_h=\frac{16670\,(f_tC)^{\varepsilon}}{n_1a_1P_1^{\varepsilon}+n_2a_2P_2^{\varepsilon}+\cdots+n_ka_kP_k^{\varepsilon}} \tag{15-10}$$

15.3.5 不同可靠度时滚动轴承的寿命 L_n

前面公式中计算得到的轴承寿命的可靠度为90%，而各种机械中所要求轴承的寿命可靠度不一样，为计算不同可靠时轴承的寿命，引入寿命修正系数 a_1，则

$$L_n = a_1 L_{10} \tag{15-11}$$

式中，L_{10}为轴承的基本额定寿命，其可靠度为90%；L_n为可靠度为 $1-n$ 时轴承的额定寿命，h；a_1为可靠度不为90%时，额定寿命修正系数，其值见表15-14所列。

表15-14 轴承的额定寿命

可靠度/%	90	95	96	97	98	99
L_{na}	L_{10a}	L_{5a}	L_{4a}	L_{3a}	L_{2a}	L_{1a}
a_1	1	0.62	0.53	0.44	0.33	0.21

将式(15-9)代入式(15-11)得

$$L_h = \frac{10^6 a_1}{60n}\left(\frac{f_t C}{p}\right)^{\varepsilon}(\mathrm{h}) \tag{15-12}$$

给定可靠度和该可靠度下轴承寿命 L_n(h)时，选择轴承时所需的轴承基本额定动载荷 C 的计算式为

$$C = \frac{p}{f_t}\left(\frac{60L_h n}{10^6 a_1}\right)^{\frac{1}{\varepsilon}} \tag{15-13}$$

15.3.6 滚动轴承的极限转速

$$\tan\beta = A/R = S/R = 1.25\tan\alpha$$

n 过高→产生高温→润滑剂性能(黏度↓)→使油膜破坏→滚动体回火磨损或胶合失效。

$\tan\beta = A/R = S/R = 1.25\tan\alpha$，适用于0级公差，润滑冷却正常，轴承载荷 $P \leqslant 0.1C$，向心轴承只受径向载荷，推力轴承只受轴向载荷的轴承。

当 $P > 0.1C$，轴承受联合载荷时，润滑情况变坏，应对极限转速进行修正，这时轴承实际许用转速 $P^{\varepsilon}L_{10} = C^{\varepsilon}\times 1$ 为

$$L_{10} = (C/P)^{\varepsilon} \tag{15-14}$$

如果超过极限转速 $P^{\varepsilon}L_{10} = C^{\varepsilon}\times 1$ 应采取的措施：①改进润滑；②改善冷却条件；③提高轴承精度；④适当增大游隙；⑤改变轴承和保持架的材料(采用特殊材料)。

15.4 滚动轴承的静强度计算

滚动轴承的静载荷：

①基本额定静载荷。C_0取决于正常运转时轴承允许的塑性变形量，即受载最大的滚动体与滚道接触处中心处引起的接触应力达到一定值(例调心球：4600MPa；其他向心球轴承：4200MPa；滚子轴承：4000MPa)

②按静载荷选择轴承的条件

$$C_0 \geqslant S_0 P_0 \tag{15-15}$$

S_0为轴承的静强度安全系数，见表15-15所列。

表15-15　轴承的静强度安全系数

旋转条件	载荷条件	S_0	使用条件	S_0
连续旋转轴承	普通载荷	1~2	高精度旋转场合	1.5~2.5
	冲击载荷	2~3	振动冲击场合	1.2~2.5
不常旋转及做摆动运动的轴承	普通载荷	0.5	普通旋转精度场合	1.0~1.2
	冲击及不均匀载荷	1~1.5	允许有变形量	0.3~1.0

P_0为轴承的当量静载荷(假想载荷)。在当量载荷作用下轴承的塑性变形量与实际载荷作用下轴承的塑性变形量相同。

$$P_n = X_0 F_r + Y_0 F_a \tag{15-16}$$

式中，F_r，F_a分别为轴承所受的实际径向和轴向载荷；X_0，Y_0分别为静径向、轴向载荷系数。

15.5　滚动轴承的润滑和密封

润滑和密封对滚动轴承的使用寿命有重要意义。润滑的主要目的是减小摩擦与磨损。滚动接触部位形成油膜时，还有吸收振动、降低工作温度等作用。密封的目的是防止灰尘、水分等进入轴承，并阻止润滑剂的流失。

15.5.1　滚动轴承的润滑

滚动轴承润滑目的：①降低摩擦和磨损；②散热；③缓冲、吸振、降低噪声；④防锈和密封。

滚动轴承的润滑剂可以是润滑脂、润滑油或固体润滑剂。一般情况下，轴承采用润滑脂润滑，但在轴承附近已经具有润滑油源时(如变速箱内本来就有润滑齿轮的油)，也可采用润滑油润滑。具体选择可按速度因数 dn 值来定。d 代表轴承内径(mm)；n 代表轴承转速(r/min)，dn 值间接地反映了轴颈的圆周速度，当 $dn<(1.5\sim2)\times10^5$ mm·r/min 时，一般滚动轴承可采用润滑脂润滑，超过这一范围宜采用润滑油润滑。

脂润滑因润滑脂不易流失，故便于密封和维护，且一次充填润滑脂可运转较长时间。油润滑的优点是比脂润滑摩擦阻力小，并能散热，主要用于高速或工作温度较高的轴承。

润滑油黏度可按轴承的速度因数 dn 和工作温度 t 来确定。油量不宜过多，如果采用浸油润滑则油面高度不超过最低滚动体的中心，以免产生过大的搅油损耗和热量。高速轴承通常采用滴油或喷雾方法润滑。

(1)常见润滑装置

常用的滑动轴承润滑方法及装置见表15-16所列。

表 15-16 常用的滑动轴承润滑方法及装置

润滑方式		图 例	说 明
间歇润滑	针阀式油杯	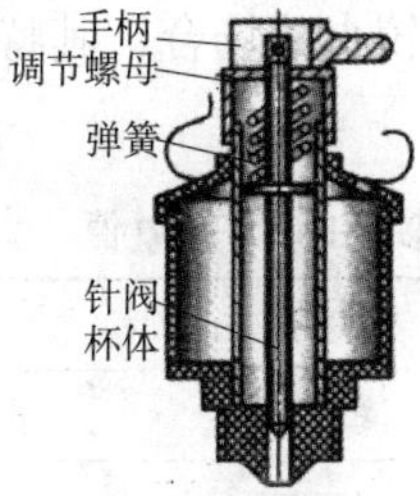	用于油润滑： 将手柄提至垂直位置，针阀上升，油孔打开供油；手柄放至水平位置，针阀降回原位，停止供油。旋动调节螺母可调节注油量的大小
	旋套式油杯	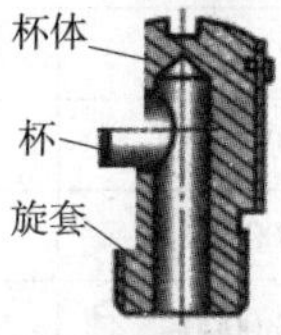	用于油润滑： 转动旋套，使旋套孔与杯体注油孔对正时可用油壶或油枪注油。不注油时，旋套壁遮挡杯体注油孔，起密封作用
	压配式油杯	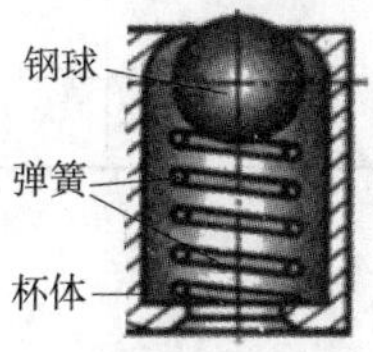	用于油润滑或脂润滑： 将钢球压下可注油。不注油时，钢球在弹簧的作用下，使杯体注油孔封闭
	旋盖式油杯	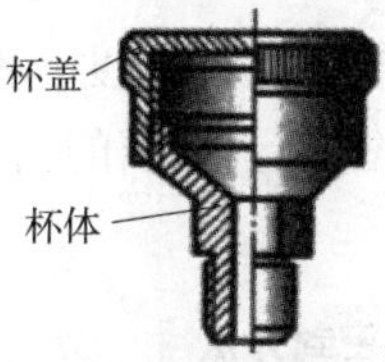	用于脂润滑： 杯盖与杯体采用螺纹连接，旋合时在杯体和杯盖中都装满润滑脂，定期旋转杯盖，可将润滑脂挤入轴承内
	芯捻式油杯	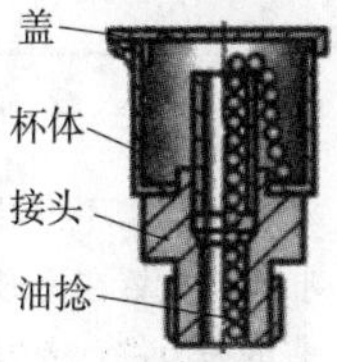	用于油润滑： 杯体中储存润滑油，靠芯捻的毛细作用实现连续润滑。这种润滑方式注油量较小，适用于轻载及轴颈转速不高的场合
	油环润滑	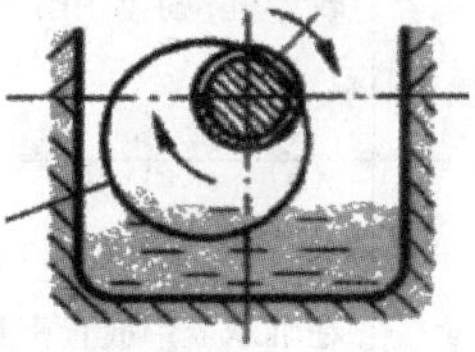	用于油润滑： 油环套在轴颈上并垂入油池，轴旋转时，靠摩擦力带动油环转动，将润滑油带到轴颈处进行润滑。这种润滑方式结构简单，但由于靠摩擦力带动油环甩油，故需轴的转速适当方能充足供油
	压力润滑	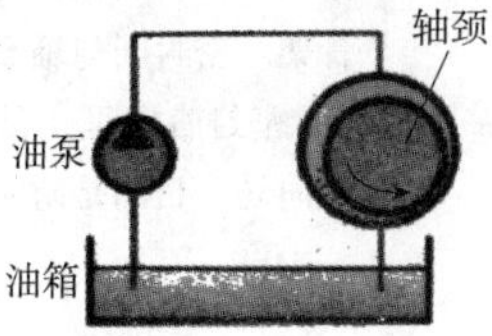	用于油润滑： 利用油泵将压力润滑油送入轴承进行润滑。这种润滑方式工作可靠，但结构复杂，对轴承的密封要求高，且费用较高。适用于大型、重载、高速、精密和自动化机械设备

(2)润滑剂的选择

润滑方式和润滑剂的选择，可根据轴颈的速度因数 dn 的值来确定(表 15-17)。最常用的滚动轴承润滑剂为润滑脂。脂润滑适用于 dn 值较小的场合，其特点是润滑脂不易流失、便于密封、油膜强度较高，故能承受较大的载荷。

表 15-17　各种润滑方式下轴承的允许 dn 值　　单位：mm・r/min

<table>
<tr><th rowspan="2">轴承类型</th><th>脂润滑</th><th colspan="4">油润滑</th></tr>
<tr><th></th><th>油浴润滑</th><th>滴油润滑</th><th>循环油润滑</th><th>喷雾润滑</th></tr>
<tr><td>深沟球轴承</td><td>160000</td><td>250000</td><td>400000</td><td>600000</td><td>>600000</td></tr>
<tr><td>调心球轴承</td><td>160000</td><td>250000</td><td>400000</td><td></td><td rowspan="6">>600000</td></tr>
<tr><td>角接触球轴承</td><td>160000</td><td>250000</td><td>400000</td><td>600000</td></tr>
<tr><td>圆柱滚子轴承</td><td>120000</td><td>250000</td><td>400000</td><td>600000</td></tr>
<tr><td>圆锥滚子轴承</td><td>100000</td><td>160000</td><td>230000</td><td>300000</td></tr>
<tr><td>调心滚子轴承</td><td>80000</td><td>120000</td><td></td><td>250000</td></tr>
<tr><td>推力球轴承</td><td>40000</td><td>60000</td><td>120000</td><td>150000</td></tr>
</table>

注：d 为轴承内径，mm；n 为轴承转速，r/min。

15.5.2　滚动轴承的密封

滚动轴承密封方法的选择与润滑的种类、工作环境、温度、密封表面的圆周速度有关。密封方法可分两大类：接触式密封和非接触式密封。它们的密封形式、适用范围和性能可查阅表 15-18。

表 15-18　滚动轴承的密封方法

<table>
<tr><th>密封方法</th><th>图　例</th><th>说　明</th></tr>
<tr><td rowspan="2">接触式密封</td><td>毛毡圈密封
1</td><td>在轴承盖上开出梯形槽，将矩形剖面的毛毡圈，放置在梯形槽中与轴接触，对轴产生一定的压力进行密封。这种密封结构简单，但摩擦较严重，主要用于 $v<4\sim5$m/s 脂润滑场合</td></tr>
<tr><td>密封圈密封
(a)　(b)</td><td>在轴承盖中放置密封圈，密封圈用皮革、耐油橡胶等材料制成，有的带金属骨架，有的没有骨架。密封圈与轴紧密接触而起密封作用。图(a)密封唇向里，目的是防漏油，图(b)密封唇向外，目的是防灰尘、杂质进入</td></tr>
</table>

（续）

密封方法	图 例	说 明
非接触式密封	间隙密封 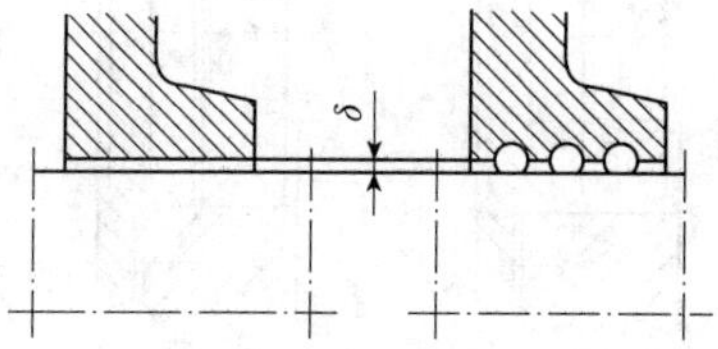 δ	在轴与轴承盖的通孔壁间留 0.1～0.3mm 的极窄缝隙，并在轴承盖上车出沟槽，在槽内填满油脂，以起密封作用。这种形式结构简单，多用于 $v<5\sim6\text{m/s}$ 的场合
	迷宫式密封 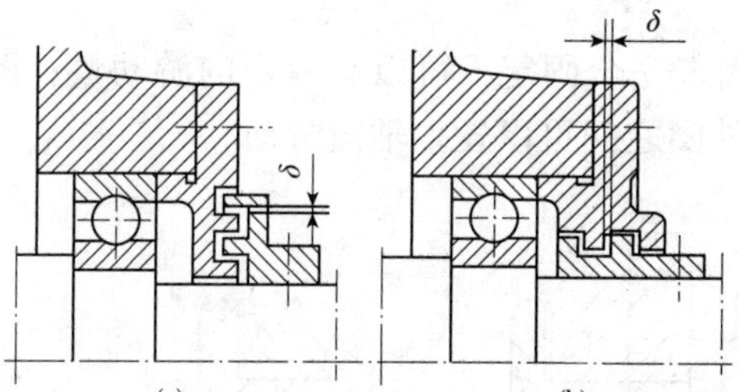 δ δ (a) (b)	将旋转的和固定的密封零件间的间隙制成迷宫（曲路）形式，缝隙间填入润滑脂以加强润滑效果。这种方法对脂润滑和油润滑都很有效，尤其适用于环境较脏的场合。图(a)为径向曲路，径向间隙 δ 不大于 0.1～0.2mm；图(b)为轴向曲路，因考虑到轴受热后会伸长，间隙应取大些，$\delta=1.5\sim2\text{mm}$
组合密封	毛毡加迷宫密封 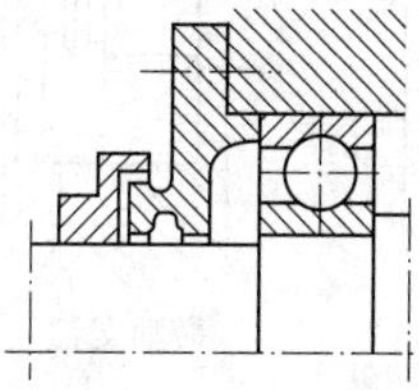	把毛毡和迷宫组合一起密封，可充分发挥各自优点，提高密封效果，多用于密封要求较高的场合

15.6 滚动轴承的组合设计

为保证轴承在机器中能正常工作，除合理选择轴承类型、尺寸外，还应正确进行轴承的组合设计，处理好轴承与其周围零件之间的关系。也就是要解决轴承的轴向位置固定、轴承与其他零件的配合、间隙调整、装拆和润滑密封等一系列问题。

15.6.1 轴承的固定

(1)双支点单向固定

如图 15-7 所示，使轴的两个支点中每一个支点都能限制轴的单向移动，两个支点合起来就限制了轴的双向移动。它适用于工作温度变化不大的短轴，考虑到轴因受热而伸长，在轴承盖与外圈端面之间应留出热补偿间隙 c[图 15-7(b)]。

(2)单支点双向固定

这种变化适用于温度变化较大的长轴，如图 15-8 所示，在两个支点中使一个支点能限制轴的双向移动，另一个支点则可做轴向移动。可做轴向移动的支承称为游动支承，它

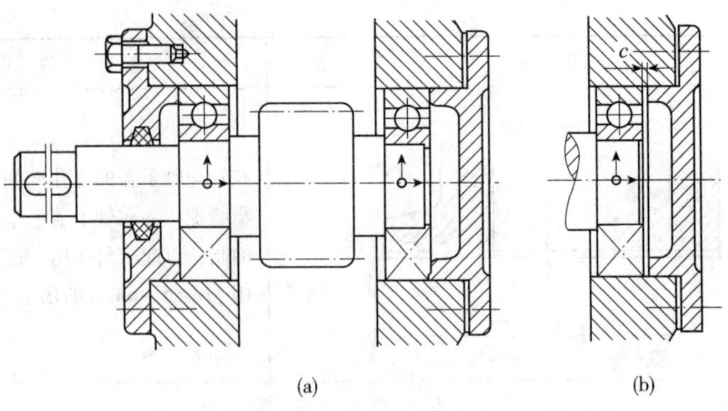

图 15-7　双支点单向固定

不承受轴向载荷。图 15-8(a)右轴承外圈未完全固定，可以有一定的游动量；图 15-8(b)采用的圆柱滚子轴承，其滚子和轴承的外圈之间可以发生轴向游动。

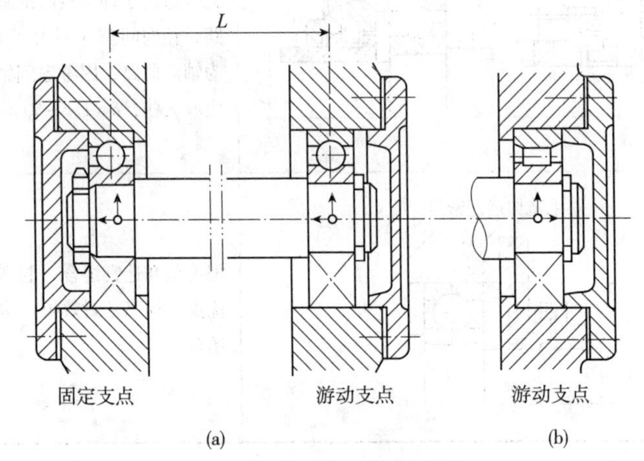

图 15-8　单支点双向固定

15.6.2　轴承组合的调整

(1)轴承的调整

轴承的调整包括轴承间隙调整和轴承位置调整。轴承间隙的调整是通过调整垫片厚度、调整螺钉和调整套筒等方法完成的。轴承组合位置调整是使轴上的零件(如齿轮、带轮等)具有准确的工作位置。

图 15-9 所示是通过调整轴承端盖与机座间垫片厚度实现轴承间隙的调整。

图 15-10 所示为调整螺钉方法。利用调整螺钉对轴承外圈的压盖进行调整以实现轴承的间隙调整。调整完毕之后，用螺母锁紧防松。

图 15-11 所示为调整套筒。整个圆锥齿轮轴系安装在调整套筒中，然后再安装在机座上。通过垫片 2 调整套筒与机座的相对位置，实现对锥齿轮轴轴向位置的调整。通过垫片 1 调整轴承的间隙。

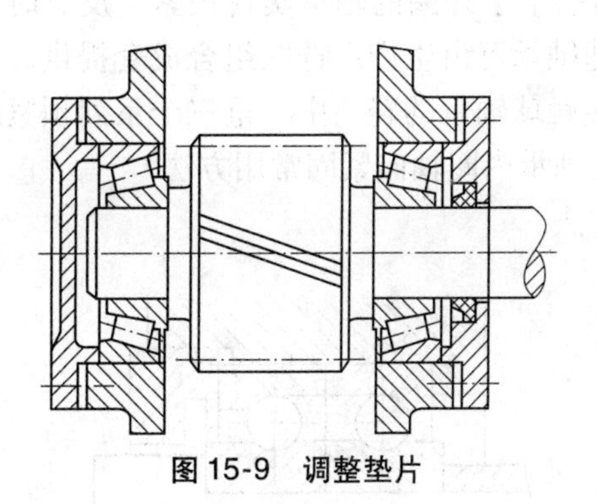
图 15-9 调整垫片

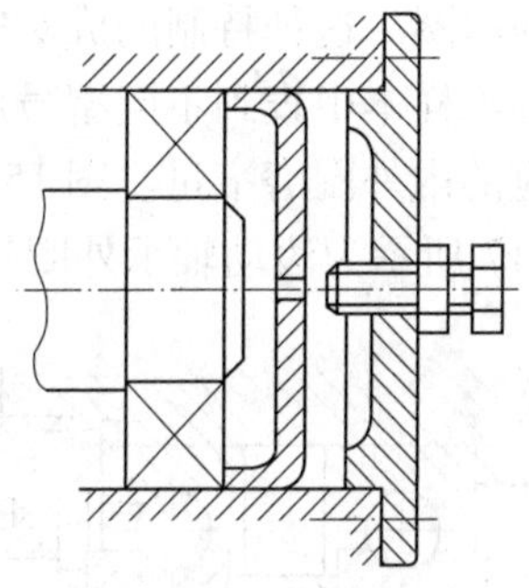
图 15-10 调整螺钉

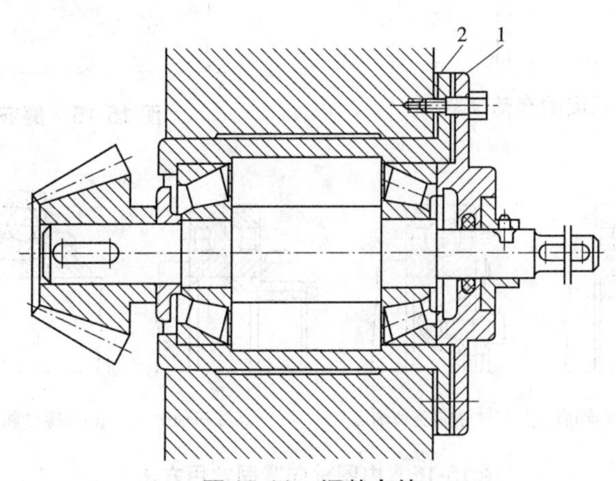

图 15-11 调整套筒

(2)轴承的预紧

对某些可调游隙式轴承，在安装时给予一定的轴向预紧力，使内外圈产生相对位移，因而消除了游隙，并在套圈和滚动体接触处产生了弹性预变形，借此提高轴的旋转精度和刚度，称为轴承的预紧。

图 15-12 所示为通过外圈压紧预紧，利用夹紧一对圆锥滚子轴承的外圈而将轴承预紧。

通过弹簧预紧：如图 15-13 所示为在一对轴承间加入弹簧，可以得到稳定的预紧力。

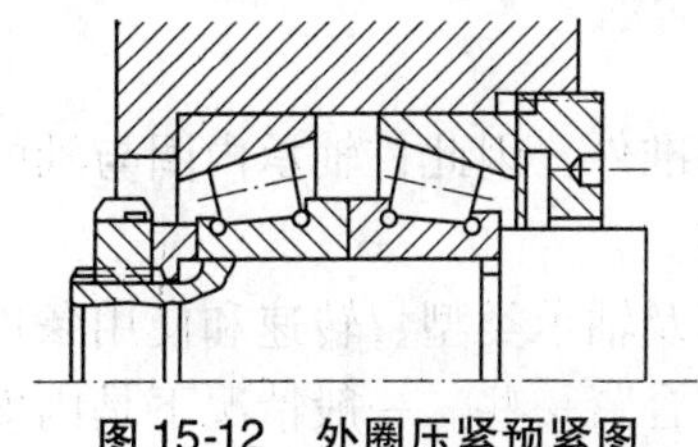
图 15-12 外圈压紧预紧图

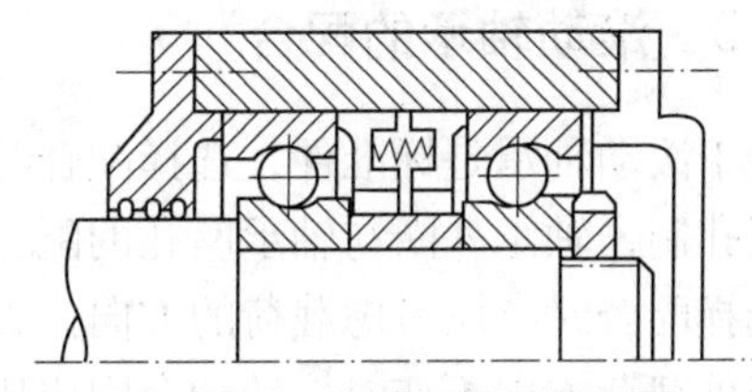
图 15-13 外圈压紧弹簧预紧

图 15-14 所示为用不同长度的套筒预紧。两轴承之间加入不同长度的套筒实现预紧。预紧力可以由两个套筒的长度差加以控制。

图 15-15 所示为利用磨窄套圈预紧。夹紧一对磨窄了外圈的轴承实现预紧。反装时可磨窄轴承的内圈。这种特制的成对安装的角接触球轴承可由生产厂选配组合成套提供。并可在滚动轴承样本中查到不同型号成对安装的角接触球轴承的轻、中、重三个系列预紧载荷值及相应的内外圈磨窄量。图 15-16 所示为滚动轴承内圈轴向紧固常用方法。

图 15-17 所示为滚动轴承外圈轴向紧固常用方法。

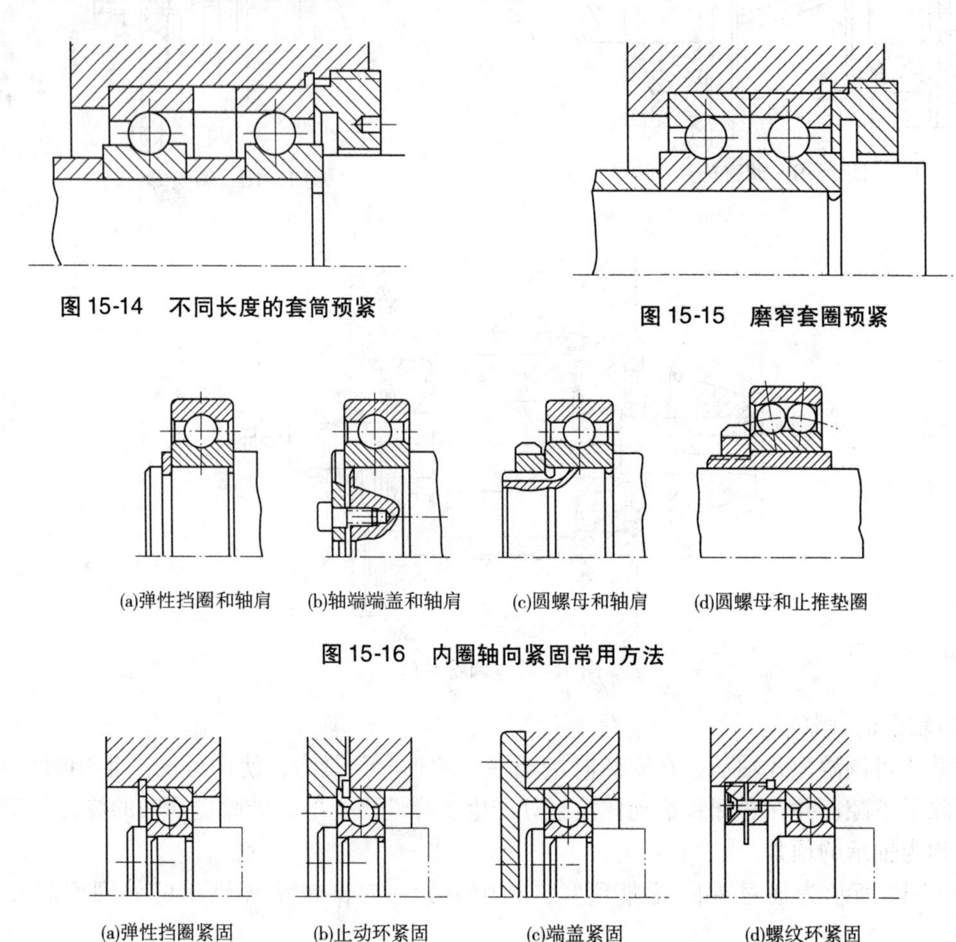

图 15-14　不同长度的套筒预紧

图 15-15　磨窄套圈预紧

(a)弹性挡圈和轴肩　(b)轴端端盖和轴肩　(c)圆螺母和轴肩　(d)圆螺母和止推垫圈

图 15-16　内圈轴向紧固常用方法

(a)弹性挡圈紧固　(b)止动环紧固　(c)端盖紧固　(d)螺纹环紧固

图 15-17　外圈轴向紧固常用方法

15. 6. 3　滚动轴承的配合

由于滚动轴承是标准件，选择配合时就把它作为基准件。因此，轴承内圈与轴的配合采用基孔制，轴承外圈与轴承座孔的配合则采用基轴制。

选择配合时，应考虑载荷的方向、大小和性质，以及轴承类型、转速和使用条件等因素。当外载荷方向不变时，转动套圈应比固定套圈的配合紧一些。一般情况下是内圈随轴一起转动、外圈固定不转，故内圈常取具有过盈的过渡配合；外圈常取较松的过渡配合。当轴承做游动支承时，外圈应取保证有间隙的配合。

15.6.4 轴承的装拆

设计轴承组合时，应考虑怎样有利于轴承装拆，以便在装拆过程中不致损坏轴承和其他零件。滚动轴承的装拆以压力法最常用，此外还有温差法、液压配合法等。温差法是将轴承放进烘箱或热油中，使轴承的内圈受热膨胀，然后即可将轴承顺利装在轴上。液压配合法是通过将压力油打入环形油槽拆卸轴承。

图 15-18(a)所示为轴承内圈，图 15-18(b)所示为外圈压装，通过压轴承内外圈，将轴承压装到轴上或轮毂孔中。

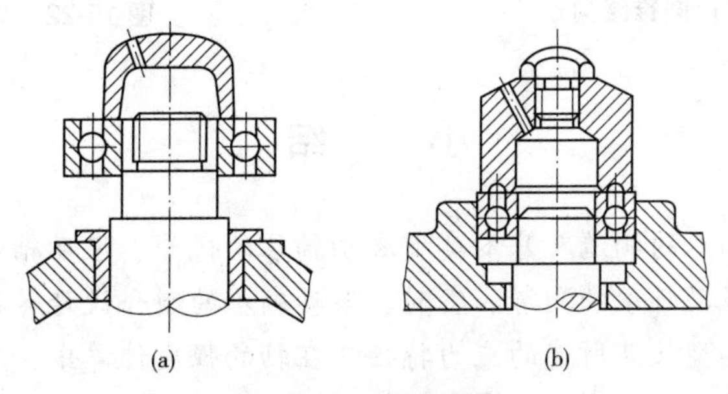

图 15-18 轴承压装

图 15-19 用轴承拆卸器拆卸轴承。在设计中应预留拆卸空间。另外应注意：从轴上拆卸时，应卡住轴承的内圈，如图 15-19 所示。从座孔中拆卸轴承时，应用反向爪拆卸轴承的外圈。

当轴不太重时，可以用压力法拆卸轴承，如图 15-20 所示。注意采用该方法时，不可只垫轴承的外圈，以免损坏轴承。

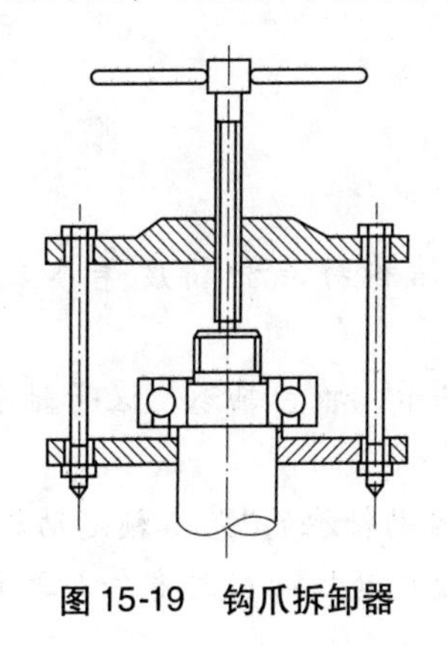

图 15-19 钩爪拆卸器

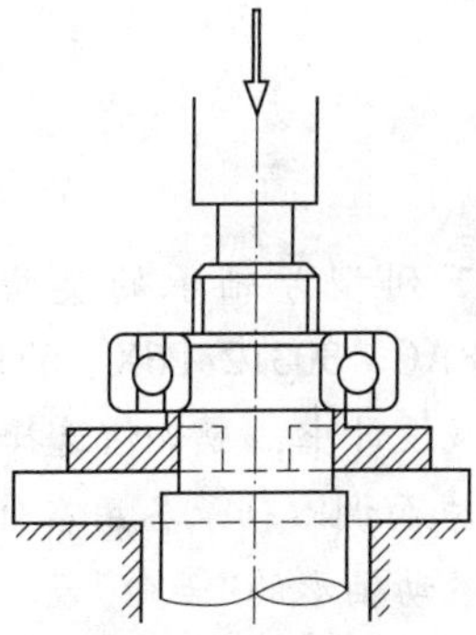

图 15-20 垫平轴承压拆轴承

图 15-21 所示为利用在开口圆锥紧定套上的轴承支撑结构装拆轴承。安装轴承时，将圆螺母上紧。在圆螺母沿轴向将轴承压紧在圆锥套上的同时，还在径向压迫圆锥套的开口处使其紧固在轴上。拆卸时，松开螺母使开口处复原，从而很容易将圆锥套与轴分开。图 15-22所示为利用具有环形油槽的轴颈拆卸轴承。为了轴承的拆卸方便在轴颈上开出环形槽。在拆卸轴承时，将高压油从油路入口打入。在压力油的作用下轴承的内圈撑大、轴颈压缩，实现拆卸。在拆卸时，高压油还可以起到润滑作用。

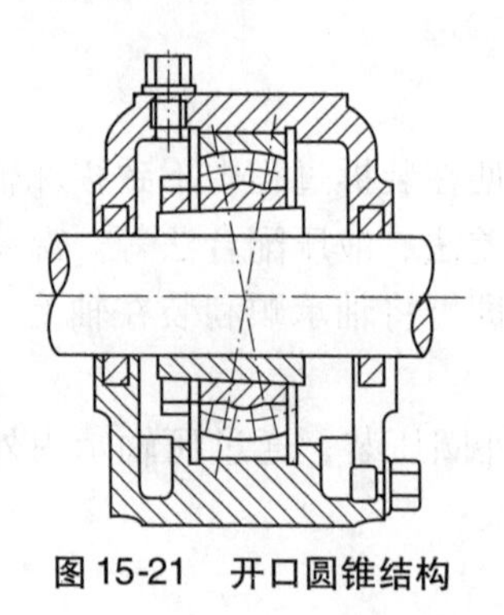

图 15-21　开口圆锥结构

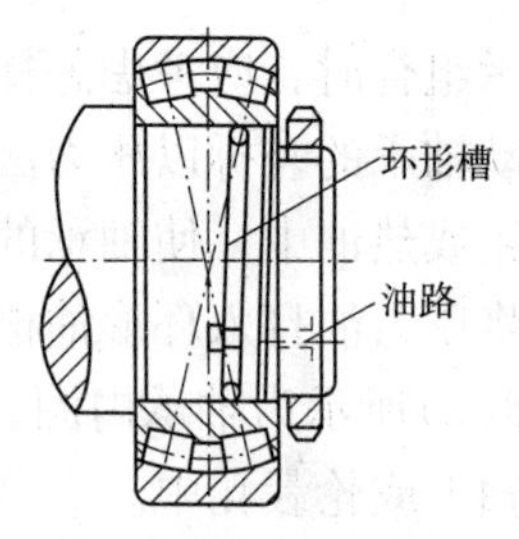

图 15-22　环形油槽

小　结

本章介绍了滚动轴承的构造及基本类型滚动轴承的代号、滚动轴承的选择计算、滚动轴承的静强度计算、滚动轴承的润滑和密封、滚动轴承的组合设计等基本知识。要求读者能结合实际判明轴的类型及其所受的应力特性。在轴的强度计算中，其理论基础为工程力学，要求在学习本章前复习工程力学中有关知识。

轴的结构设计是本章研究的重点，同时也是难点，要平时注意观察和分析实物及部件装配图，以不断增加感性知识；要在掌握结构设计基本要求的基础上，从实例分析中学习分析问题和解决问题的方法；要通过思考题和习题的反复训练，熟悉和掌握轴的结构。滚动轴承的型号及其特性，并正确选择轴承，根据寿命计算公式确定滚动轴承的寿命或验算，轴承的组合设计。掌握角接触球轴承和圆锥滚子轴承当量动载荷的计算，常见轴系零部件的结构设计。

习　题

15-1　说明下列型号轴承的类型、尺寸、直径系列、结构特点和精度等参数：6201、7206C、7308AC、30312/P6X、6310/P5、52411。

15-2　在机械设计中，应如何选择滚动轴承的类型？球轴承、推力轴承、滚子轴承、向心推力轴承、球面调心轴承各用在什么场合？

15-3　何谓滚动轴承的“寿命”及“基本额定寿命”？何谓滚动轴承的“基本额定动载荷”？

15-4　何谓滚动轴承的“当量动载荷”？当量动载荷 P、额定动载荷 C 与寿命 L 之间的关系是什么？

15-5　轴上装有一堆 6208 轴承，所承受的径向载荷 $F_R = 3000$N，轴向载荷 $F_A = 1270$N。试求其当量动载荷 P。

15-6　某齿轮轴上装有一对型号为 30208 的轴承(反装)，已知：$F_a = 5000$N（方向向左），$F_{R1} = 8000$N，$F_{R2} = 6000$N。试计算两轴承的轴向载荷。

15-7　某带传动装置的轴上拟选用深沟球轴承。已知：轴颈直径 $d = 40$mm，转速 $n = 800$r/min，轴承的径向载荷 $F_R = 3500$N，载荷平稳。若轴承预期寿命 $L_h' = 10000$h，试选择轴承型号。

15-8 某减速器主动轴用两个圆锥滚子轴承30212 支承，如题15-8图所示。已知轴的转速 $n=960\text{r/min}$，$F_a=650\text{N}$，$F_{R1}=4800\text{N}$，$F_{R2}=2200\text{N}$ ，工作时有中等冲击，要求轴承的预期寿命为15000h。试判断该对轴承是否合适。

15-9 如题15-9图所示，轴支承在两个7207AC轴承上，两轴承间的跨距为240mm，轴上载荷 $F_r=2800\text{N}$，$F_a=750\text{N}$，方向如图所示。试计算轴承C、D所受的轴向载荷 F_{aC}、F_{aD}。

题15-8图　　　　题15-9图

15-10 题15-10图所示为从动锥齿轮轴，从齿宽重点到两个30000型轴承压力中心的距离分别为60mm和195mm，齿轮的平均分度圆直径 $d_m=212.5\text{mm}$，齿轮轴向力 $F_a=960\text{N}$，圆周力和径向力的合力 $F_r=2710\text{N}$，轻度冲击，转速 $n=500\text{r/min}$，轴承的预期设计寿命为30000h，试选择轴承型号。

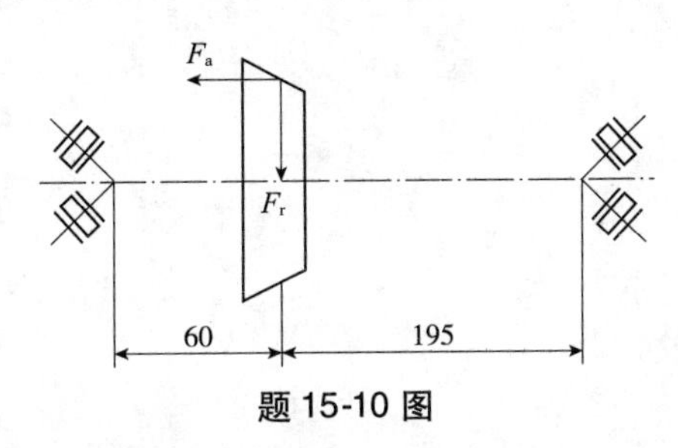

题15-10图

15-11 指出题15-11图所示轴系中的结构错误，说明其错误原因并画出正确的结构。齿轮用油润滑，轴承用脂润滑。

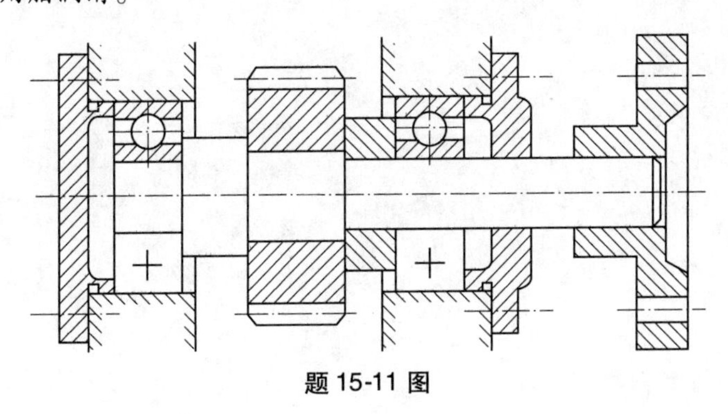

题15-11图

15-8 [illegible] 302 [illegible]，如题15-8图所示，[illegible] $a=90$mm，[illegible] $=650$N，[illegible] 2200N [illegible] 150 [illegible]

15-9 [illegible] 题15-9图所示，[illegible] 7207AC [illegible] 40mm [illegible] $=2800$N，[illegible] $=750$N [illegible]

题15-8图

题15-10图

15-10 [illegible] 题15-10图 [illegible] 1800 [illegible] 60mm 和 195mm [illegible] 112.5mm [illegible] $=900$N [illegible] $=2710$N [illegible] $n=500$r/min [illegible] 30000h [illegible]

15-11 [illegible] 题15-11图 [illegible]

题15-11图

第16章　弹　簧

本章提要

本章介绍了弹簧的功用，类型和特点，刚度和特性线，变形能，弹簧材料和许用应力，弹簧的参数和结构，强度的计算，弹簧的变形计算，板弹簧的设计。

机械设备中广泛应用弹簧作为弹性元件。弹簧种类很多，有螺旋弹簧、环形弹簧、碟形弹簧、平面涡卷弹簧及板弹簧等。本章介绍各种弹簧的特点及其适用场合，并以圆柱螺旋弹簧为例，对弹簧设计的基本理论、基本设计方法和设计过程进行讨论。

16.1 概述

图 16-1 所示为弹簧在内燃机进、排气阀门控制中的应用实例。在这个机构中，凸轮 1 的运动带动杆 2 的上下运动和杆 3 的摆动。杆 3 与杆 4 高副接触，当杆 3 顺时针摆动时，推动杆 4 向下运动，从而使气缸与大气相通，做吸气或者排气冲程；当杆 3 做逆时针摆动时，弹簧依靠弹力使杆 4 向上运动，一方面关闭气缸，一方面使杆 3 与杆 4 保持接触。

本章介绍有关弹簧的类型、材料、结构、特性曲线、刚度以及设计计算所涉及的问题。

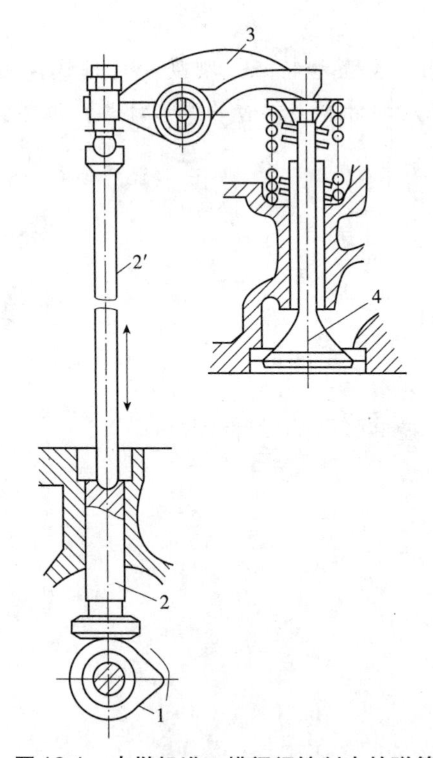

图 16-1　内燃机进、排阀门控制中的弹簧

16.1.1 弹簧的功用

弹簧是一种用途很广的弹性元件，它在机械设备、仪器仪表、交通运输工具及日常生活用品中得到广泛应用。利用弹簧本身的弹性，在产生变形和复原的过程中，可把机械功或动能转变为变形能，或把变形能转变成机械功或动能。弹簧的主要功用是：

①控制机构运动。如内燃机中的气门、制动器、离合器上的弹簧。

②减振和缓冲。如各种车辆的悬挂弹簧、缓冲器中的弹簧。

③存储和释放能量。如钟表中的弹簧、自动控制机构上的弹簧。

④测力。如弹簧秤、测力器中的弹簧。

16.1.2 弹簧的类型和特点

按承受载荷的不同，弹簧分为拉伸弹簧、压缩弹簧、扭转弹簧和弯曲弹簧；按弹簧外形的不同又可以分为螺旋弹簧、碟形弹簧、环形弹簧、板弹簧等；按弹簧材料的不同弹簧分为金属弹簧和非金属弹簧。表16-1列出了常用弹簧的类型和特点。

表16-1 常用弹簧的主要类型和特点

名称	简 图	特性线	特 点
圆柱螺旋压缩弹簧	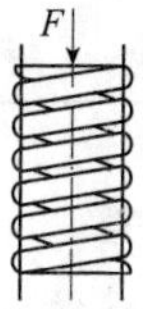 F	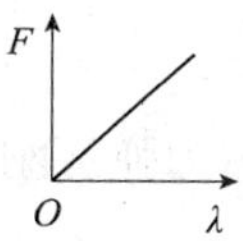 F, O, λ	特性线为直线，刚度为常量。结构简单，制造方便。应用较广
圆柱螺旋拉伸弹簧	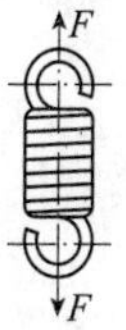 F, F		特性线为直线，刚度为常量。结构简单，制造方便。应用较广
圆柱螺旋扭转弹簧	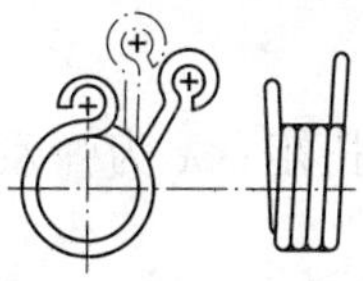	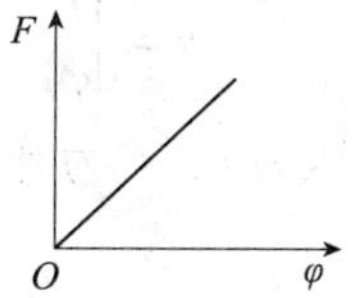 F, O, φ	主要作为压紧和储能装置，特性线为直线
截锥螺旋弹簧	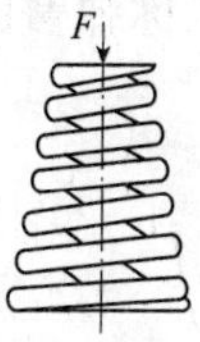 F	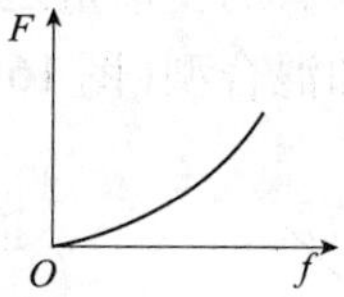 F, O, f	特性线为非线性，刚度为变量。防振能力强，结构紧凑
平面涡卷弹簧	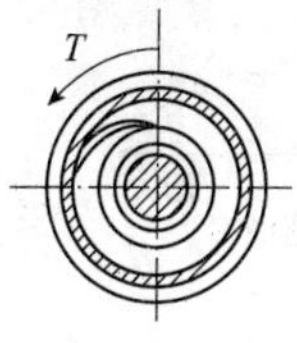 T	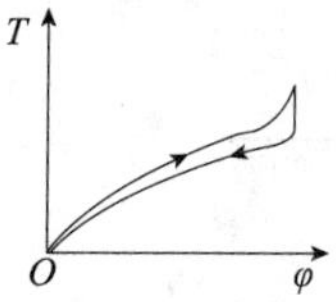 T, O, φ	存储能量大，特性线为直线，多用于仪表和钟表中的储能弹簧
碟形弹簧	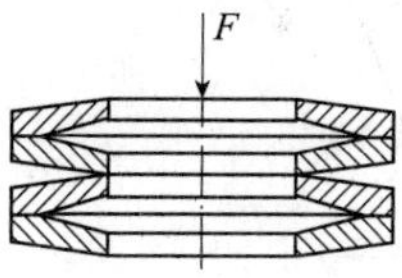 F	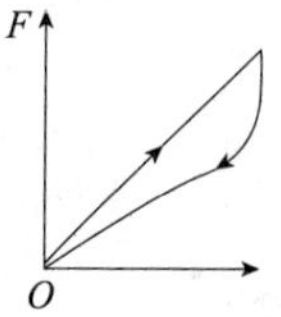 F, O	缓冲吸振能力强，采用不同组合可以得到不同的特性线，多用于重型机械中的缓冲吸振

（续）

名称	简　图	特性线	特　点
环形弹簧			吸振和缓冲能力强，多用于重型机械的缓冲和吸振
板弹簧			分单板和多板弹簧，主要用于汽车、拖拉机和铁路车辆的悬挂弹簧

16.1.3　弹簧的刚度和特性线

使弹簧产生单位变形所需的载荷称为弹簧刚度，用 k 表示。

拉、压弹簧的刚度

$$k=\frac{\mathrm{d}F}{\mathrm{d}\lambda}$$

扭转弹簧的刚度

$$k=\frac{\mathrm{d}T}{\mathrm{d}\varphi} \tag{16-1}$$

式中，F 为弹簧的工作载荷(拉力或压力)；T 为弹簧的工作扭矩；λ 为弹簧的伸长或压缩量；φ 为弹簧的扭转角。

弹簧的刚度越大，弹簧越硬；反之，弹簧越软。

弹簧所受的工作载荷和弹簧受载后的变形量之间的关系曲线称弹簧的特性线，它分为直线型、刚度渐增型、刚度渐减型和混合型(图 16-2)。

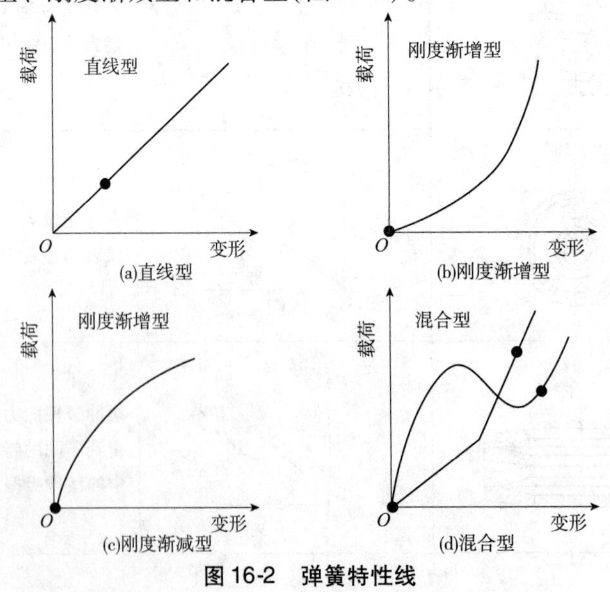

图 16-2　弹簧特性线

直线型特性线的弹簧刚度 k 为常量，该类弹簧称定刚度弹簧。刚度渐增型特性线，弹簧受载越大，弹簧的刚度越大；刚度渐减型特性线，弹簧受载越大，弹簧刚度越小。弹簧刚度为变量的弹簧，称为变刚度弹簧。弹簧特性线和弹簧刚度是设计、选择、制造和检验弹簧的重要依据。

16.1.4 弹簧的变形能

弹簧承受工作载荷后产生变形，此时所储存的能量称为变形能，其符号为 E。弹簧卸载复原时，将其能量以弹簧功的形式放出。若加载曲线与卸载曲线重合[图 16-3(a)]，表示弹簧变形能全部以做功的形式放出；若加载曲线与卸载曲线不重合[图 16-3(b)]，表示只有部分能量以做功形式放出，而另一部分能量因内阻尼等原因而消耗，所消耗的能量为 E_0，E_0 值越大，说明弹簧的吸振能力越强。若只需弹簧做功，应选择两曲线尽可能重合的弹簧；若仅用弹簧吸振，应选择两曲线不重合的弹簧。

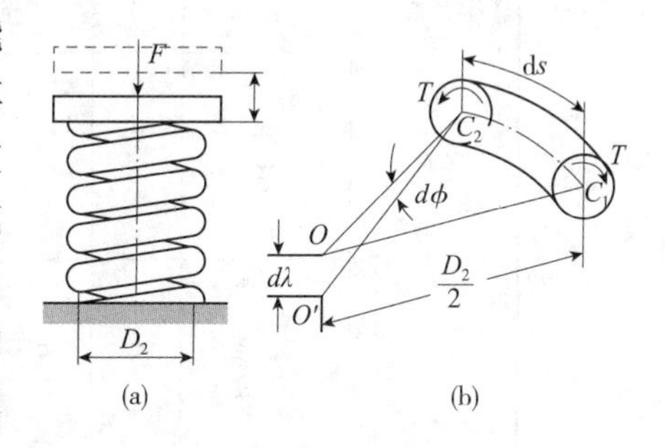

图 16-3 弹簧的变形能

16.2 弹簧的材料

1. 弹簧材料

弹簧的性能和寿命，主要取决于弹簧的材料，因此要求弹簧材料有较高的抗拉强度、屈服强度和疲劳强度，同时要有足够的冲击韧性和良好的热处理性能。常用的弹簧材料有下列几种：

①碳素弹簧钢。这种弹簧钢价格便宜，用于尺寸较小和一般用途的螺旋弹簧及板弹簧。普通碳素弹簧钢丝按强度分为 B、C、D 三级；油淬火—回火碳素弹簧钢丝按强度分为 A、B 两组。

②合金弹簧钢。这类钢中含有锰、硅、铬、钒、硼等合金元素，大大提高了钢的淬透性和力学性能，适用于在循环载荷和冲击载荷工况下的弹簧。常用的合金弹簧钢有硅锰弹簧钢(60Si2Mn)、铬钒弹簧钢(50CrVA)等。

③不锈钢和铜合金。对于有耐蚀、防磁和导电等性能要求的弹簧，可以选用不锈钢和铜合金材料制造弹簧。铜合金中以锡青铜、硅青铜和铍青铜应用较多。

非弹簧钢和非金属材料也可以用于制造弹簧，常用的非金属材料有橡胶和纤维增强塑料。用于弹簧的还有弹性合金等材料。

常用弹簧钢丝的抗拉强度 σ_b 值，如表 16-2 所列。表中 σ_b 值均为下限值。

2. 许用应力

弹簧材料的许用应力与弹簧的类型、材料的力学性能、簧丝直径和载荷性质有关，具体数值查表 16-3。

表 16-2　弹簧钢丝的抗拉强度 σ_b

单位：MPa

碳素弹簧钢丝（GB/T 1239.6—1992）				油淬火—回火碳素弹簧钢丝（GB/T 1239.6—1992）			琴钢丝			
簧丝直径 d/mm	B 级低应力弹簧	C 级中应力弹簧	D 级高应力弹簧	簧丝直径 d/mm	A 类一般强度	B 类较高强度	簧丝直径 d/mm	G1 组	G2 组	F 组
1.0	1660	1960	2300	2	1618	1716	1.0	2059	2256	—
1.6	1570	1830	2110	2.2～2.5	1569	1667	1.6	1912	2108	—
2.0	1470	1710	1910	3	1520	1618	2.0	1814	2010	1716
2.5	1420	1660	1760	3.2～3.5	1471	1569	2.6	1765	1961	1667
3.0	1370	1570	1710	4	1432	1520	2.9	1716	1912	1667
3.2～3.5	1320	1570	1660	4.5	1422	1471	3.2	1667	1863	1618
4～4.5	1320	1520	1620	5	1373	1422	3.5	1667	1814	1618
5	1320	1470	1570	5.5～6.5	1275	1373	4	1618	1765	1589
6	1220	1420	1520	7～9	1226	1324	4.5	1569	1716	1520
7～8	1170	1370		>10	1177	1275	5	1520	1667	1471

表 16-3 常用弹簧材料的力学性能和许用应力

类别	牌号	压缩弹簧许用切用力 [τ]/MPa			许用弯曲应力[σ_w]/MPa			切变模量 G/MPa	弹性模量 G/MPa	推荐硬度范围/HRC	推荐使用温度/℃	特性及应用
		Ⅰ类	Ⅱ类	Ⅲ类	Ⅰ类	Ⅱ类	Ⅲ类					
钢丝	碳素弹簧钢丝、琴钢丝	$(0.3\sim0.38)\sigma_b$	$(0.38\sim0.45)\sigma_b$	$0.5\sigma_b$	$(0.5\sim0.6)\sigma_b$	$(0.6\sim0.68)\sigma_b$	$0.8\sigma_b$	79×10^3	206×10^3	—	-40~120	适用于小弹簧（如安全阀弹簧）或要求不高的大弹簧
	油淬—回火碳素弹簧钢丝	$(0.35\sim0.4)\sigma_b$	$(0.4\sim0.47)\sigma_b$	$0.55\sigma_b$								
	65Mn	340	455	570	455	570	710			40~45		
	60Si2Mn 60Si2MnA	445	590	740	590	740	924				-40~200	回火稳定性好，易脱碳，用于受力大的弹簧
	50CrVA									40~50	-40~210	疲劳性能高、耐高温，用于高温下的较大弹簧
	55CrMnA 60CrMnA	430	570	710	570	710	890			47~52	-40~240	耐高温。用于重载的较大弹簧
	65Si2MnVA 60SiMnVA	560	745	931	700	931	1167					耐高温、耐冲击、弹性好
	30W4Cr2VA	442	588	735	552	735	920			43~47	-40~350	高温强度高、淬透性好

注：①按受力循环次数 N 的不同，弹簧分为三类：Ⅰ类 $N>106$；Ⅱ类 $N=103\sim105$ 及受冲击载荷的弹簧；Ⅲ类 $N<103$。

②拉伸弹簧的许用切应力为压缩弹簧的 80%。

16.3 圆柱螺旋压缩、拉伸弹簧的设计计算

16.3.1 圆柱螺旋弹簧的结构和几何参数

(1)弹簧的结构

圆柱螺旋压缩弹簧各圈之间留有间隙 δ，以便满足受载变形的需要，为使弹簧的轴线在受载后垂直于支承面，在弹簧的两端各留有 0.75～1.25 圈的支承圈，它不参与变形。在 GB/T 1239.6—1992 中规定了冷卷压缩弹簧的端部结构形式，如图 16-4 所示。它分为 YI 型(两端并紧磨平)、YII 型(两端并紧不磨平)、YIII 型(两端不并紧)。重要场合应采用工作稳定性较好的 YI 型。

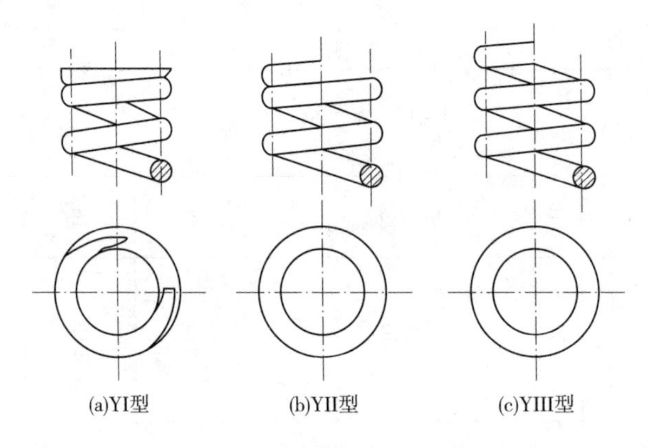

图 16-4 压缩弹簧的端部结构

拉伸弹簧的端部做有钩环以便安装和加载。在 GB/T 1239.6—1992 中对冷卷弹簧规定了八种结构形式，现仅介绍几种常用的端部结构(图 16-5)。其中，LI 和 LII 型制造方便应用广泛，但因其在受载后钩环根部将产生很大的弯曲应力，故宜用于簧丝直径 $d \leqslant 10$mm 的弹簧。LIII、LVIII 型两种结构的钩环不与弹簧丝连为一体，它克服了钩环根部弯曲应力过大的缺点，适用于循环载荷和受力较大的场合，但制造成本较高。

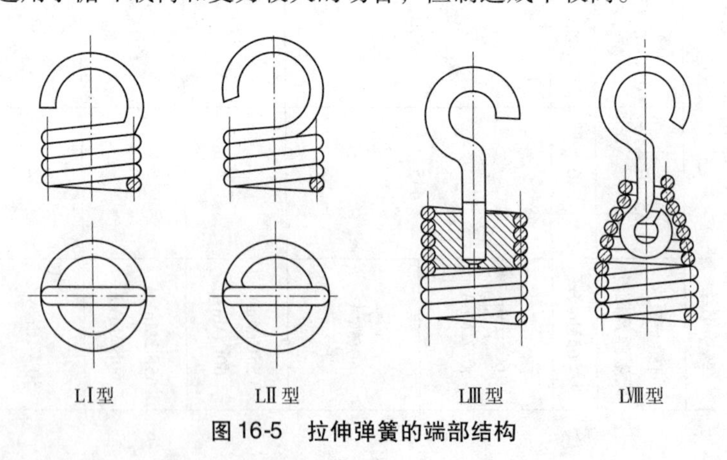

图 16-5 拉伸弹簧的端部结构

(2)弹簧的几何参数

圆柱螺旋弹簧的主要几何参数有：外径 D、中径 D_2、内径 D_1、节距 t、螺旋角 α 及弹簧丝直径 d(图 16-6)。弹簧的旋向可以是右旋或左旋，一般用右旋。

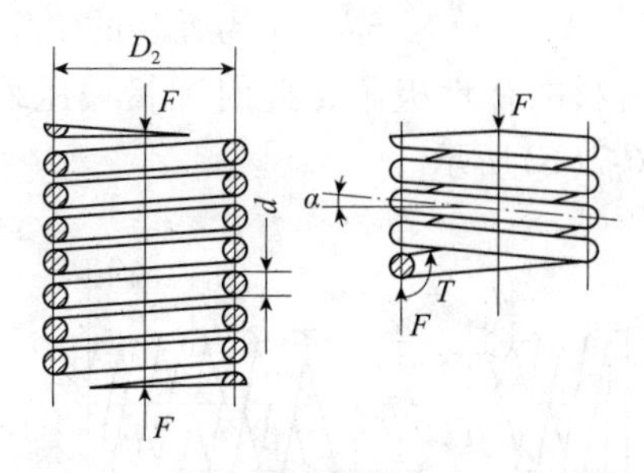

图 16-6 圆柱螺旋弹簧的基本几何参数

圆柱螺旋(拉、压)弹簧基本几何参数计算式见表 16-4 所列。

表 16-4 圆柱螺旋(拉、压)弹簧基本几何参数计算式

几何参数	压缩弹簧	拉伸弹簧
簧丝直径 d	由强度计算确定	
旋绕比 C	$C=D_2/\mathrm{d}$	
弹簧中径 D_2	$D_2=Cd$	
弹簧外径 D	$D=D_2+d$	
弹簧内径 D_1	$D_1=D_2-d$	
弹簧间距 δ	$\delta=t-d$	$\delta=0$
压缩弹簧余隙 δ_1	$\delta_1\geqslant 0.1d$	
弹簧节距 t	$t=d+\frac{\lambda_{\max}}{n}+\delta_1\approx(0.28\sim0.5)D_2$	$t=d$
弹簧有效圈数 n	由刚度计算确定	
弹簧总圈数 n_1	$n_1=n+(1.5\sim2.5)$	$n_1=n$
弹簧自由高度 H_0	两端并紧、磨平 $H_0=nt+(1.5\sim2)d$ 两端并紧、不磨平 $H_0=nt+(3\sim3.5)d$	$H_0=nd+$钩环轴向长度
弹簧的展开长度 L	$L=\frac{\pi D_2 n_1}{\cos\alpha}$	$L=\pi D_2 n+$钩环展开长度
螺旋升角 α	$\alpha=\arctan\frac{t}{\pi D_2}$(对压缩弹簧推荐 $\alpha=5°\sim9°$)	

16.3.2 圆柱螺旋弹簧的承载及特性线

圆柱螺旋压缩弹簧承受工作载荷时，弹簧的工作应力应在弹性范围之内。在此范围内工作的压缩弹簧，在工作载荷作用下将产生相应的弹性变形，如图 16-7(a)所示。其中，

H_0是弹簧不受载荷时的自由高度。为工作可靠，安装时应施加一个预压力 F_{min}，称为最小载荷。在它作用下，弹簧由自由高度 H_0 被压缩到 H_1，相应弹簧产生最小变形量为 λ_{min}。当弹簧承受最大工作载荷 F_{max}时，弹簧的高度由 H_0 被压缩到 H_1，相应弹簧所产生的最大变形量为 λ_{min}。显然，$H_1 - H_2 = \lambda_{max} - \lambda_{min} = h$，$h$ 为弹簧的工作行程。弹簧在极限载荷 F_{min} 作用下，弹簧内的应力达到材料的弹性极限，此时弹簧被压缩到 H_3，相应弹簧的变形量为λ_{min}。弹簧的特性线如图 16-7(b)所示。

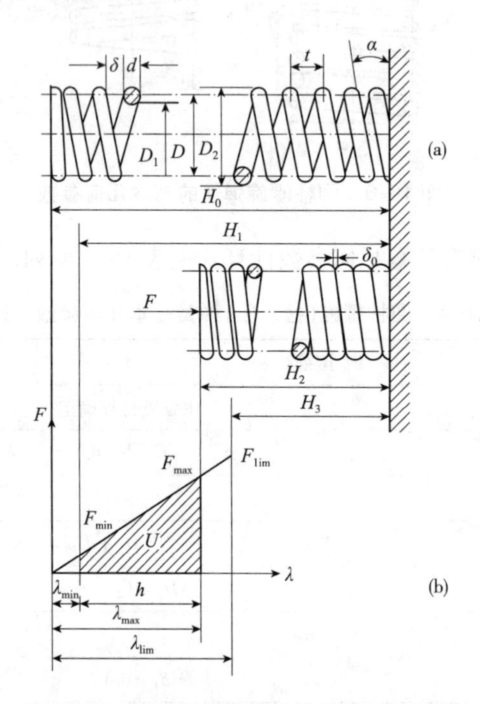

图 16-7　圆柱螺旋压缩弹簧的载荷及变形

如图 16-8(a)所示，圆柱螺旋拉伸弹簧分为：无初拉力和有初拉力两种。无初拉力的拉伸弹簧，其特性线和压缩弹簧完全相同，如图 16-8(b)所示。有初拉力的拉伸弹簧特性线如图 16-8(c)所示，图中增加了一段假想的变形量 x，相应的初拉力 F_0是弹簧开始变形时所需要的初拉力，当工作载荷大于 F_0时，拉伸弹簧才开始伸长。

等节距的圆柱螺旋压缩、拉伸弹簧的特性线为一直线。压缩弹簧和无初拉力的拉伸弹簧，其载荷与变形的关系为：

$$\frac{F_{min}}{\lambda_{min}} = \frac{F_{max}}{\lambda_{max}} = \frac{F_{lim}}{\lambda_{lim}} = 常量 \tag{16-2}$$

有初拉力的拉伸弹簧，其载荷与变形关系为：

$$\frac{F_0}{x} = \frac{F_{min}}{x + \lambda_{min}} = \frac{F_{max}}{x + \lambda_{max}} = \frac{F_{lim}}{x + \lambda_{lim}} = 常量 \tag{16-3}$$

圆柱螺旋弹簧的最小工作载荷常取 $F_{min} \geqslant 0.2F_{lim}$，对有初拉力的拉伸弹簧取 $F_{min} > F_0$，弹簧最大工作载荷 F_{max} 由工况条件决定，为使弹簧保持直线的特性线，通常取 $F_{max} \leqslant 0.8F_{lim}$。

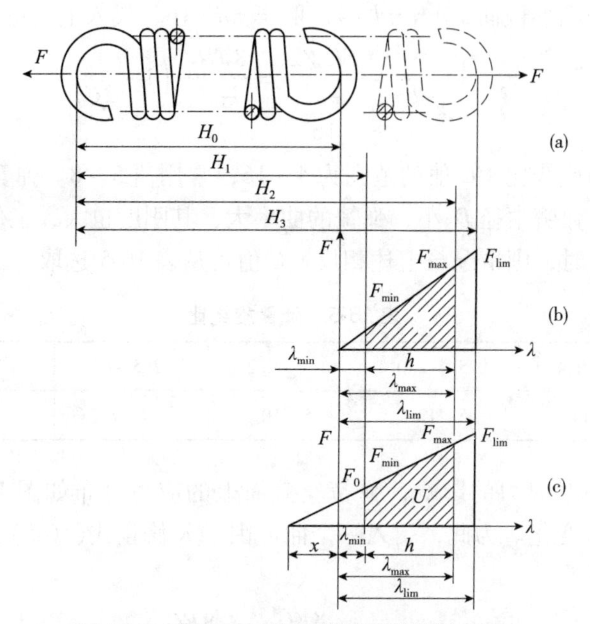

图 16-8 圆柱螺旋拉伸弹簧的载荷及变形

16.3.3 弹簧的强度计算

(1)应力分析

圆柱螺旋压缩弹簧和拉伸弹簧承受载荷时，弹簧丝受力情况完全相同。现以压缩弹簧为例进行受力分析。

如图 16-9(a)所示，弹簧承受工作载荷 F 后，在 $a-b$ 截面上作用有切向力 F 和扭矩 T ($T=FD_2/2$)。由于弹簧的螺旋升角 α，在通过弹簧轴线的 $a-b$ 截面上，弹簧丝的截面为椭圆形，应力计算较复杂。由于一般螺旋弹簧的螺旋升角 $\alpha = 5° \sim 9°$，故可以忽略其影响，把簧丝的 $a-b$ 截面视为直径为 d 的圆截面，大大简化其应力计算。在该截面上有由切向力 F 引起的切应力 τ_F 和由扭矩 T 引起的扭应力 τ_T。

应力分布如图 16-9(b)中的虚线所示，最大应力在簧丝内侧，即

$$\tau_{max} = \tau_F + \tau_T = \frac{F}{A} + \frac{T}{W_T} \quad (16\text{-}4)$$

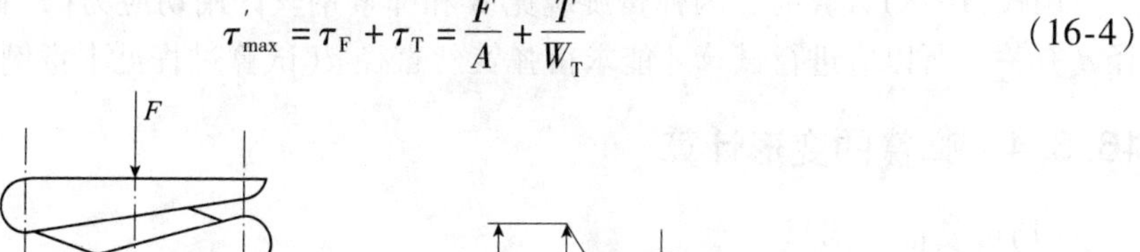
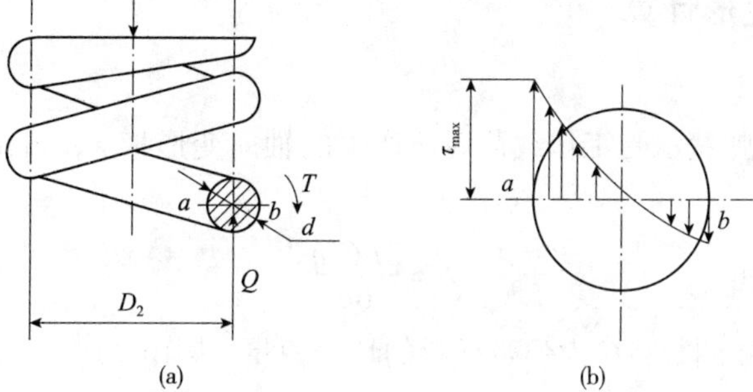

图 16-9 圆柱螺旋压缩弹簧的受力与应力分析

对于直径为 d 的圆形截面，$A=\pi d^2/4$，$W_T=\pi d^3/16$，代入上式可得

$$\tau'_{max}=\frac{F}{\frac{\pi d^2}{4}}+\frac{FD_2/2}{\frac{\pi d^3}{16}}=\frac{8FD_2}{\pi d^3}\left(1+\frac{1}{2C}\right)$$

式中，$C=D_2/d$ 称为旋绕比，C 值的范围为 4～16，常用值 5～8。弹簧材料与弹簧丝直径一定时，C 值小时，弹簧中径 D_2 小，弹簧的曲率大，其刚度也大，工作时弹簧丝截面上产生的应力大；C 值大时，则情况与上述相反。C 值可从表 16-5 选取。

表 16-5　弹簧旋绕比

d/mm	0.2～0.4	0.5～12.0	1.1～2.2	2.5～6	7～16	18～50
C	7～14	5～12	5～10	4～9	4～8	4～6

考虑弹簧的曲率对应力的影响，弹簧丝截面上的应力分布如图 16-8(b)中的实线所示，最大应力值也有变化。为此，引入一个曲度因子 K 修正式(16-5)，可得弹簧丝截面内侧的最大应力计算式为

$$\tau_{max}=K\frac{8FD_2}{\pi d^3}=K\frac{8FC}{\pi d^2} \tag{16-5}$$

对圆截面簧丝

$$K=\frac{4C-1}{4C-1}+\frac{0.615}{C} \tag{16-6}$$

(2)强度计算

由式(16-5)建立强度条件为

$$\tau_{max}=K\frac{8FD_2}{\pi d^3}=K\frac{8FC}{\pi d^2}\leqslant[\tau] \tag{16-7}$$

从而可得弹簧丝直径 d 的设计计算式为

$$d\geqslant 1.6\sqrt{\frac{KFC}{[\tau]}} \tag{16-8}$$

式中，F 为弹簧的工作载荷，以 F_{max} 代入设计式；$[\tau]$ 为许用切应力，从表 16-2 中选取。

用式(16-8)计算时，因弹簧旋绕比 C 和弹素钢丝许用切应力 $[\tau]$ 的取值均与弹簧丝直径 d 有关，所以应进行试算才能求得弹簧丝直径 d(试算过程见本章例题)。

16.3.4　弹簧的变形计算

(1)弹簧的变形量

圆柱螺旋拉、压弹簧承受工作载荷后所产生的轴向变形量 λ，可由材料力学的公式计算。即

$$\lambda=\frac{8FC^3n}{Gd} \tag{16-9}$$

式中，n 为弹簧的有效圈数；G 为弹簧材料的切变模量(表 16-2)。

弹簧在最大载荷 F_{max} 作用下，将产生最大的轴向变形量 λ_{max}。

对于压缩弹簧和无初拉力的拉伸弹簧

$$\lambda_{\max} = \frac{8F_{\max}C^3 n}{Gd} \tag{16-10}$$

对于有初拉力的拉伸弹簧

$$\lambda_{\max} = \frac{8(F_{\max} - F_0)C^3 n}{Gd} \tag{16-11}$$

拉伸弹簧初拉力与弹簧材料、弹簧丝直径、旋绕比等因素有关。用不经淬火的弹簧钢丝制成的拉伸弹簧，均有一定的初拉力，经淬火的弹簧没有初拉力。初拉力 F_0 可由下式计算。

$$F_0 = \frac{\pi d^3 \tau_0}{8KD_2} \tag{16-12}$$

式中，τ_0为初应力，由图 16-10 的阴影区选取。

(2)弹簧的圈数

由式(16-10)、式(16-11)可求得圆柱螺旋拉、压弹簧的有效圈数 n。

压缩弹簧和无初拉力的拉伸弹簧

$$n = \frac{Gd\lambda}{8FC^3} \tag{16-13}$$

有初拉力的拉伸弹簧

$$n = \frac{Gd\lambda}{8(F - F_0)} \tag{16-14}$$

如果 $n \leqslant 15$ 圈，取 n 为 0.5 的倍数；如果 $n > 15$ 圈，取 n 为整数。为保证弹簧具有稳定的性能，应要求弹簧的有效圈数 $n \geqslant 2$。

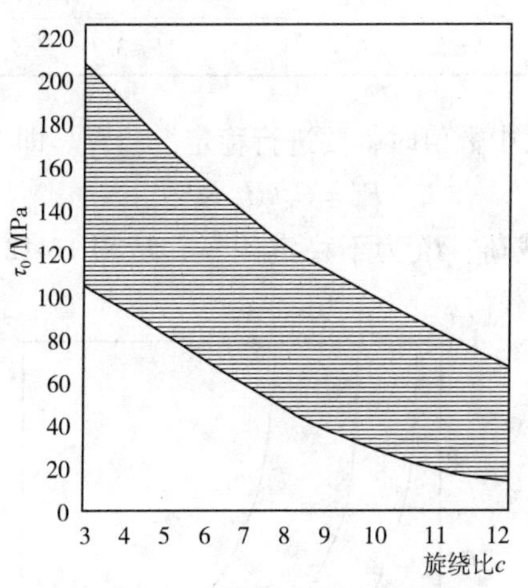

图 16-10 弹簧初应力的选择图

(3)弹簧的刚度

弹簧刚度是弹簧产生单位变形时所需的载荷，它是表征弹簧性能的主要参数之一。弹簧刚度计算式为

$$k = \frac{F}{\lambda} = \frac{Gd}{8C^3 n} \tag{16-15}$$

从式(16-15)可知，影响弹簧刚度的因素很多，其中旋绕比 C 对刚度的影响最大，C 值越小，弹簧刚度越大，弹簧越硬；C 值越大，弹簧刚度越小，弹簧越软。另外，弹簧刚度 k 还与 G、d、n 等有关，调整弹簧刚度时，应综合考虑诸多因素的影响。

16.3.5 弹簧的稳定性计算

当压缩弹簧的高度较大时，受载后容易产生较大的侧向弯曲(图16-11)而失去稳定性。影响弹簧稳定性的主要因素是高径比 $b(b=H_0/D_2)$，为保持弹簧的稳定性，高径比 b 从表16-6中取值。

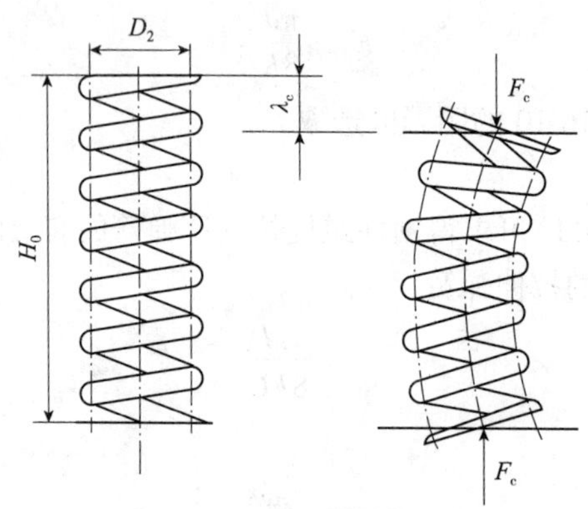

图16-11 压缩弹簧的失稳

表16-6 压缩弹簧的高径比

弹簧固定方式	两端固定	一端固定，一端回转	两端回转
高径比 b	$b \leqslant 5.3$	$b \leqslant 3.7$	$b \leqslant 2.6$

当高径比的数值大于表中数值时，要进行稳定性验算。即

$$F_c = C_b k H_0 > F_{max} \tag{16-16}$$

式中，F_c为稳定时的临界载荷；C_b为不稳定因子，从图16-12查取；H_0为弹簧的自由高度；F_{max}为弹簧的最大工作载荷。

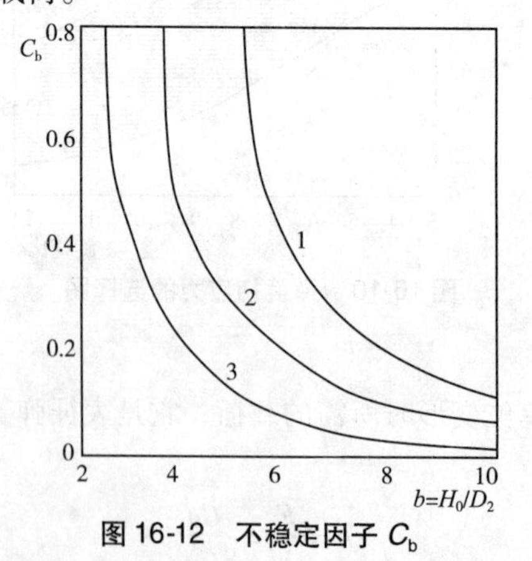

图16-12 不稳定因子 C_b

1-两端固定；2-一端固定一端自由转动；3-两端自由转动

如 $F_c < F_{max}$，应改变高径比 b 值或重选其他参数来提高 F_c 值，以保证弹簧的稳定。若受结构限制不能重选参数时，可在弹簧外加导向套或在弹簧内加导向杆(图 16-13)，也可采用组合弹簧。

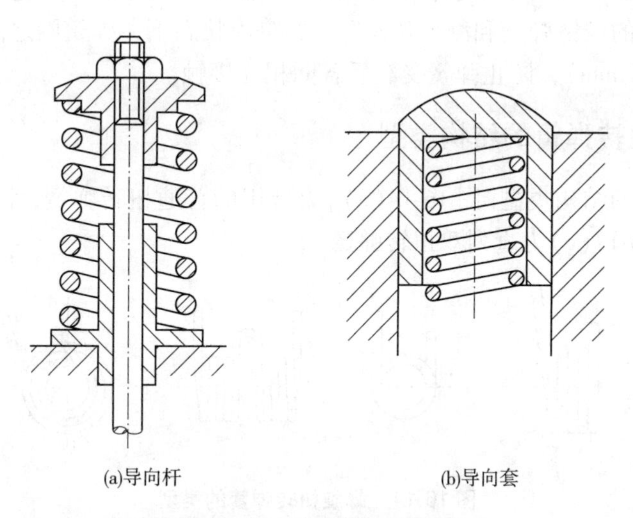

(a)导向杆 (b)导向套

图 16-13 弹簧的导向装置

16.3.6 承受循环载荷螺旋弹簧的强度验算

承受循环载荷的螺旋弹簧，首先应该按弹簧的最大工作载荷 F_{max} 和最大变形量 λ_{max} 计算弹簧丝直径 d 和弹簧的有效圈数 n。然后，再进行弹簧的疲劳强度验算。

当弹簧所受载荷在 F_{min} 和 F_{max} 之间循环变化时，弹簧的材料内部产生的最大和最小切应力为

$$\tau_{max} = \frac{8KCF_{max}}{\pi d^2}$$

$$\tau_{min} = \frac{8KCF_{min}}{\pi d^2}$$

对应于上述循环应力作用下的螺旋弹簧，其疲劳强度安全因数验算式为

$$S = \frac{\tau_0 + 0.75\tau_{min}}{\tau_{max}} \geqslant [S] \tag{16-17}$$

式中，τ_0 为弹簧材料的脉动循环剪切疲劳极限，按载荷作用次数 N 从表 16-7 选取；$[S]$ 为许用安全因数，当弹簧设计数据精确度较高时，取 $[S] = 1.3 \sim 1.7$，精度较低时，取 $[S] = 1.8 \sim 2.2$。

表 16-7 弹簧材料脉动循环剪切疲劳极限 τ_0

变载荷作用次数 N	10^4	10^5	10^6	10^7
τ_0	$0.45\sigma_b$	$0.35\sigma_b$	$0.33\sigma_b$	$0.30\sigma_b$

注：表中 σ_b 为弹簧材料的抗拉强度。

16.4 圆柱螺旋扭转弹簧

圆柱螺旋扭转弹簧常用于压紧、储能或传递扭矩；如汽车启动装置的弹簧，电动机电刷上的弹簧，门窗的铰链弹簧和测力弹簧等。在自由状态下，弹簧圈之间不并紧，一般留有少量间隙(约 0.5 mm)，防止弹簧受载后各圈相互接触。

16.4.1 螺旋扭转弹簧的结构类型

螺旋扭转弹簧的结构类型[图 16-14(a)]为常用的普通扭转弹簧，图 16-14(b)为并列双扭转弹簧，图 16-14(c)为直列双扭转弹簧。

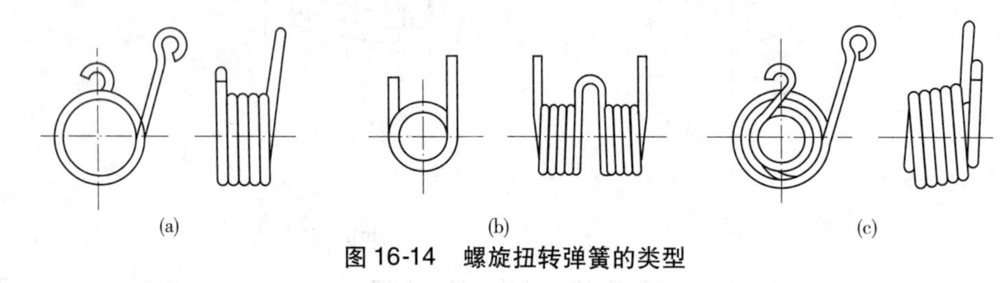

图 16-14 螺旋扭转弹簧的类型

16.4.2 扭转弹簧的承载及特性线

扭转弹簧承受扭矩 T 时，在垂直簧丝轴线的截面 $B-B$ 内作用有弯矩 $M=T\cos\alpha$、扭矩 $T'=T\sin\alpha$ 如图 16-15 所示。因弹簧的螺旋角 α 很小，故转矩 T'可忽略不计，且 $M\approx T$。由分析可知，在扭转弹簧的簧丝上主要受弯矩作用，可近似按承受弯矩的曲梁来计算，其最大弯曲应力及强度条件为

$$\sigma_{\max}=\frac{K_1 M}{W}\approx\frac{K_1 T}{0.1d^3}\leqslant[\sigma]_w \tag{16-18}$$

式中，W 为圆形截面弹簧丝的抗弯截面系数，$W=0.1d^3$。

由式(16-18)可导出扭转弹簧簧丝直径 d 的设计计算式为

$$d\geqslant\sqrt[3]{\frac{K_1 T}{0.1\,[\sigma]_w}} \tag{16-19}$$

式中，T 为扭转弹簧承受的工作扭矩；K_1 为扭转弹簧的曲度因子，$K_1=\frac{4C-1}{4C-4}$，常取 $C=4\sim8$；$[\sigma]_w$ 为许用弯曲应力从表 16-2 中选取。

使用式(16-19)时，应将最大扭矩 $T_{\max}$ 代入计算式。采用碳素钢丝时，因许用应力 $[\sigma]_w$ 与 d 值有关，故应按试算法进行计算。

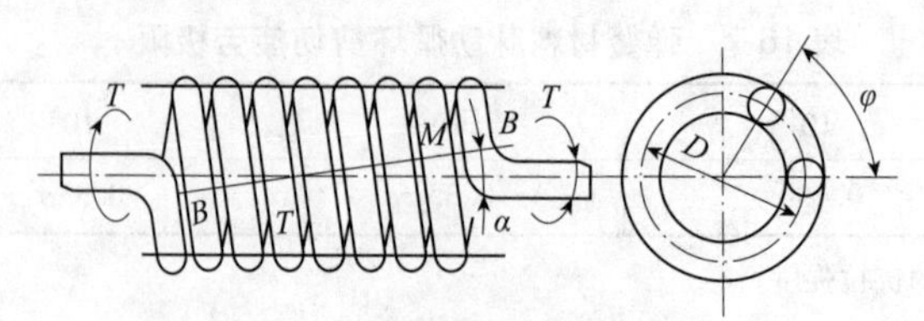

图 16-15 扭转弹簧的受力分析

扭转弹簧在扭矩 T 作用下产生的扭转变形为

$$\varphi=\frac{\pi TD_2n}{EI} \tag{16-20}$$

由式(16-20)可求得扭转弹簧的圈数 n：

$$n=\frac{EI\varphi}{\pi TD_2} \tag{16-21}$$

式中，φ 为扭转弹簧的最大变形角；I 为弹簧丝截面二次轴矩，对于圆形截面 $I=\pi d^4/64$；E 为弹簧材料的弹性模量从表16-2中选取。

扭转弹簧的刚度 k 为

$$k=\frac{EI}{\pi D_2n} \tag{16-22}$$

扭转弹簧的节距 $t=d+\delta$，δ 为弹簧自由状态下簧圈间的间隙，一般取 $\delta=0.5$mm。扭转弹簧丝的长度 $L=\frac{\pi D_2n}{\cos\alpha+l}$，$l$ 为支承臂的长度，其值可依结构确定。其他几何参数计算与压缩弹簧相同。

在生产实践中，还有其他类型的弹簧。如平面蜗卷弹簧，主要用于仪器仪表中的发条和武器的发射弹簧；碟形弹簧，通常将若干碟形弹簧组合应用，主要用在空间尺寸小，外载荷很大的缓冲、减振装置中，如飞机、火炮中的强力缓冲装置；环形弹簧，由若干个内外截锥圆环组成，具有很大的吸振和缓冲能力，常用在重型车辆、飞机起落架等缓冲装置中；板弹簧，由长度不等的弹性钢板重叠而成，主要用于各种车辆的悬挂装置和某些锻压设备中；近年来橡胶弹簧在许多机械设备中有所应用，同一橡胶弹簧能同时承受多向载荷，单位体积储能较大，能产生较高的内阻，适用于突然冲击和高频振动的场合；空气弹簧，是在一密闭容器中贮存压力空气，利用空气不可压缩性实现弹簧作用，空气弹簧可同时承受轴向和径向载荷，使用时无振动噪声，广泛用于航空、船舶、交通运输等机械，特别适用于车辆悬挂装置。上述各种弹簧，可参阅弹簧设计手册。

【例16-1】 设计一阀用圆柱螺旋压缩弹簧。已知装配弹簧时的预加载荷 $F_1=70$N，最大工作载荷 $F_2=235$N，弹簧的工作行程 $h=10$mm，要求弹簧外径不大于18mm，载荷作用次数 $N=103$。

解

1. 选择弹簧材料确定许用应力 根据工作条件选择碳素弹簧钢丝 $C_{级}$，因 $N=10^3$，属于Ⅱ类载荷，初设簧丝直径 $d_0=2.0$mm，由表16-3查得 $\sigma_b=1710$MPa，根据表16-2可知，$[\tau]=(0.38\text{-}0.45)\sigma_b$，取 $[\tau]=0.4\sigma_b=0.4\times1710=684$MPa。	碳素弹簧钢丝 $C_{级}$ $[\tau]=684$MPa
2. 计算簧丝直径 依题意由表16-4查取 $D_2=14$mm，则外径 $D=D_2+d_0=14+2=16\text{mm}<18$mm，满足题意要求。 旋绕比：$C=D_2/d_0=14/2=7$ 确定曲度因子 K，由式(16-6)得	$C=7$

（续）

$K=\frac{4C-1}{4C-4}+\frac{0.615}{C}=\frac{4\times7-1}{4\times7-4}+\frac{0.615}{7}=1.2$ 由式(16-8)计算簧丝直径 d $d\geqslant1.6\sqrt{\frac{KFC}{[\tau]}}=1.6\sqrt{\frac{1.2\times235\times7}{684}}=2.71\text{mm}$ $d>d_0$，并相差较多，故重设 $d_0=2.5\text{mm}$，由表16-3查得 $\sigma_b=1710\text{MPa}$，故取 $[\tau]=0.4\sigma_b=0.4\times1710=684\text{MPa}$。 仍取 $D_2=14\text{mm}$，则外径 $D=D_2+d_0=14+2.5=16.5\text{mm}<18\text{mm}$，满足题意要求。 旋绕比：$C=D_2/d_0=14/2.5=5.6$ $K=\frac{4C-1}{4C-4}+\frac{0.615}{C}=\frac{4\times5.6-1}{4\times5.6-4}+\frac{0.615}{5.6}=1.27$ 再由式(16-9)，得 $d\geqslant1.6\sqrt{\frac{KFC}{[\tau]}}=1.6\sqrt{\frac{1.27\times235\times5.6}{684}}=2.50\text{mm}$ d 与 d_0 相差很少，故取 $d=2.5\text{mm}$，$D_2=Cd=5.6\times2.5=14\text{mm}$，符合标准系列。	$K=1.2$ $d=2.71\text{mm}$ $[\tau]=684\text{MPa}$ $D_2=14\text{mm}$ $C=5.6$ $K=1.27$ $d=2.5\text{mm}$
3. 求所需弹簧圈数 n 由式(16-2)可知： $\frac{F_2}{\lambda_2}=\frac{F_2-F_1}{h}$ $\lambda_2=\frac{hF_2}{F_2-F_1}=\frac{10\times235}{235-70}=14.24\text{mm}$ 由表16-2查得 $G=79\times10^3\text{MPa}$，由式(16-13)得 $n=\frac{Gd\lambda}{8F_2C^3}=\frac{79\times10^3\times2.5\times14.24}{8\times235\times5.6^3}=8.52$ 圈，取有效圈数 $n=9$。 两端各取一圈支承圈，总圈数为 $n_1=n+2=9+2=11$ 圈。	$\lambda_2=14.24\text{mm}$ $n=9$ $n_1=11$
4. 主要几何尺寸 弹簧外径　$D=D_2+d=14\text{mm}+2.5\text{mm}=16.5\text{mm}$ 弹簧内径　$D_1=D_2-d=14\text{mm}-2.5\text{mm}=11.5\text{mm}$ 弹簧节距　$t=(0.28\sim0.5)D_2=(0.28\sim0.5)\times14\text{mm}=(3.92\sim7)\text{mm}$，取 $t=5\text{mm}$ 确定弹簧的自由高度 H_0：采用两端并紧磨平结构，有 $H_0=nt+(1.5\sim2)d=9\times5+(1.5\sim2)\times2.5=47.5\sim50\text{mm}$ 取 $H_0=50\text{mm}$。 螺旋升角 α $\alpha=\arctan\frac{t}{\pi D_2}=\arctan\frac{5}{\pi\times14}=6.49°$ 弹簧的展开长度 L $L=\frac{\pi D_2n_1}{\cos\alpha}=\frac{\pi\times14\times11\text{mm}}{\cos6.49°}=486.92\text{mm}$ 取整：$L\approx487\text{mm}$。	$D=16.5\text{mm}$ $D_1=11.5\text{mm}$ $t=5\text{mm}$ $H_0=50\text{mm}$ $\alpha=6.49°$ $L\approx487\text{mm}$

（续）

5. 稳定性验算 高径比 $b=H_0/D_2=50/14=3.57$ 按两端固定结构考虑，由表16-7，稳定性的条件为 $b\leqslant5.3$，故该弹簧已满足稳定性要求。其他验算从略。	稳定

小 结

本章介绍了弹簧概述、弹簧的材料、圆柱螺旋压缩、拉伸弹簧的设计计算、圆柱螺旋扭转弹簧。通过对弹簧的概述，得到弹簧的功用，弹簧的类型和特点，弹簧的刚度和特性线，弹簧的变形能。在弹簧的材料和制造中，得到了弹簧材料和许用应力，常用材料有碳素弹簧钢、合金弹簧钢、不锈钢和铜合金等。在圆柱螺旋压缩、拉伸弹簧的设计计算中，阐述弹簧的结构、几何参数计算、圆柱螺旋弹簧的承载及特性线、对弹簧的强度、变形、稳定性的计算，承受循环载荷螺旋弹簧的强度验算、振动验算等。

习 题

16-1 一圆柱螺旋压缩弹簧，弹簧外径 $D=33\text{mm}$，弹簧丝直径 $d=3\text{mm}$，有效圈数 $n=5$，最大工作载荷 $F_{max}=100\text{N}$，弹簧材料为B级碳素弹簧钢丝，载荷性质为Ⅲ类。试校核该弹簧的强度，计算最大变形量 λ_{max}。

16-2 一承受静载荷的压缩弹簧，弹簧中径 $D_2=45\text{mm}$，弹簧丝直径 $d=6\text{mm}$，弹簧有效圈数 $n=10$ 圈，两端磨平并紧，弹簧材料为65Mn，试确定弹簧允许的最大工作载荷和主要几何尺寸（t、H_0、n_1、L）。试计算弹簧刚度并验算弹簧的稳定性（弹簧一端固定一端回转）。

16-3 设计一个圆柱螺旋压缩弹簧。已知弹簧的预调压力 $F_1=300\text{N}$，变形量 $\lambda_1=10\text{mm}$，安全阀的工作行程 $h=2\text{mm}$，弹簧中径 $D_2=15\text{mm}$，弹簧两端固定，载荷为Ⅲ类。

16-4 设计一圆柱螺旋拉伸弹簧。已知弹簧的工作行程 $h=10\text{mm}$，弹簧的最大工作载荷 $F_{max}=340\text{N}$，最大变形量 $\lambda_{min}=17\text{mm}$，要求弹簧外径 $D<24\text{mm}$，载荷性质为Ⅲ类载荷。

16-5 设计一普通型圆柱螺旋扭转弹簧。弹簧的最大工作扭矩 $T_{max}=6\text{N}\cdot\text{m}$，最小工作转矩 $T_{min}=1.8\text{N}\cdot\text{m}$，弹簧的工作转角为45°，载荷平稳。

第17章 液压传动

本章提要

液压传动广泛应用在机床、工程机械和建筑机械等设备上。它使用压力油作为传递能量的载体来实现传动与控制，而实现传动与控制必须由各类泵、阀、缸及管道等原件组成一个完整的系统。主要讲述组成系统的各类液压元件的结构、工作原理、应用方法，以及由这些元件组成的各种控制回路的作用和特点。

液压传动是以密封容器中的液体来传递力和运动的。在传递力时，利用了流体力学中的帕斯卡原理；而在传递运动时，则利用了密封容积中主动件挤出的液体体积和从动件接受的液体体积相等的原理。液压传动中，压力和流量是最重要的参数。压力决定于负载，流量则决定执行元件的运动速度，压力和机械传动中的力相当，而流量和机械传动中的速度相当，压力和流量的乘积则为功率。

17.1 液压传动的工作原理

(1)简化的模型

在机械传动中，人们利用各种机械构件来传递力和运动，如杠杆、凸轮、轴、齿轮和传动带等。在液压传动中，则利用没有固定形状但是具有确定体积的液体来传递力和运动。图 17-1 所示是一个简化的液压传动模型。图中有两个直径不同的液压缸 2 和 4，缸内各有一个与内壁紧密配合的活塞 1 和 5。假设活塞能在缸内自由(无摩擦力)滑动，而液体不会通过配合面产生泄漏。缸 2、4 下腔用管道 3 连通，其中充满液体。这些液体是密封在缸内壁、活塞和管道组成的容积中的。如果活塞 5 上有重物 *W*，则当在活塞 1 上施加的 *F* 力达到一定大小时，就能阻止重物 *W* 下降，这就是说可以利用向下运动时，重物将随之上升，这说明密封容积中液体不但可传递力，还可传递运动。所以液体是一种传动介质，但必须强调指出，液体必须在密封容积中才能起传动的作用。

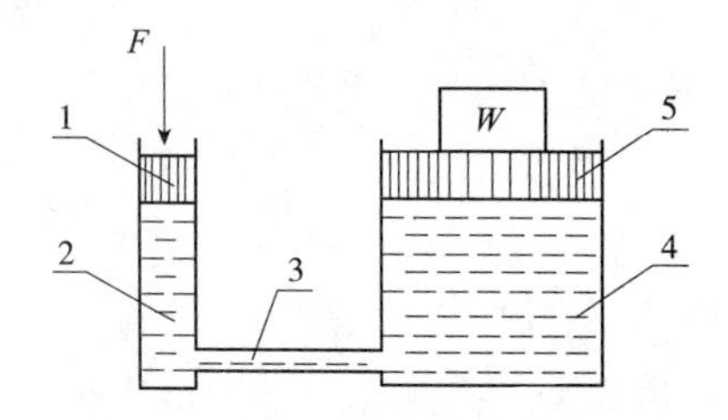

图 17-1 简化的液压传动模型

1、5-活塞；2、4-液压缸；3-管道

(2)力比和速比

下面进一步研究利用上述模型传动时的力比和速比。在传动过程中，活塞上的力作用于密封液体上，液体受到压力，液体压力又作用于活塞底面。活塞 1 底面单位面积上的压力为

$$p_1 = \frac{F}{A_1}$$

活塞 5 底面上压力为

$$p_2 = \frac{W}{A_2}$$

式中，A_1，A_2 分别为活塞 1，5 的面积。

根据流体力学中的帕斯卡原理，平衡液体内某一点的压力等值地传递到液体各点，因此有

$$p_1 = p_2 = p = \frac{F}{A_1} = \frac{W}{A_2} \tag{17-1}$$

或

$$\frac{W}{F}=\frac{A_2}{A_1} \tag{17-2}$$

即输出端的力与输入端的力之比等于两活塞面积之比。

如果活塞1向下移动一段距离 L_1，则液压缸2内被挤出的液体体积为 A_1L_1。这部分液体进入液压缸4，使活塞5上升 L_2，缸4让出的体积为 A_2L_2。不考虑泄漏和液体的可压缩性，两体积应相等，即

$$A_1L_1=A_2L_2$$

或

$$\frac{L_2}{L_1}=\frac{A_1}{A_2} \tag{17-3}$$

如果这些动作在单位时间内完成，则活塞1的速度 $v_1=\frac{L_1}{t}$，活塞5的速度 $v_2=\frac{L_2}{t}$，据式(17-3)有

$$\frac{v_2}{v_1}=\frac{A_1}{A_2} \tag{17-4}$$

式(17-3)和式(17-4)说明输出、输入的位移和速度与活塞面积成反比。式(17-4)可写成

$$A_1v_1=A_2v_2 \tag{17-5}$$

这在流体力学中称为液流连续性原理，它反映了物理学中质量(当密度不变时，即为液体体积)守恒这一规律。或者说，液压传动中传递运动时，其速比是依靠密封容积中液体体积守恒保证的。

将式(17-2)和式(17-4)相乘，得

$$Wv_2=Fv_1 \tag{17-6}$$

式(17-6)左边和右边分别代表输出和输入的功率，这说明能量守恒也适用于液压传动。

通过以上分析可以看出，上述模型中两个不同面积的活塞和液压缸相当于机械传动的杠杆，其面积比相当于杠杆比。所以采用液压传动可以传到传递动力、增力、改变速比等目的，并且在不考虑损失的情况下保持功率不变。

17.2 液压传动的组成及特点

17.2.1 液压系统的组成

液压系统的组成有：

(1)动力元件

系统中液压泵提供一定流量的压力油液，或者是泵将机械能转换成液压能，是一个动力元件或能量转换装置。实际上泵是整个液压系统的能源。

(2)执行元件

执行元件的作用是将液压能重新转换成机械能，克服负载，带动机器完成所需的动

作。执行元件有液压缸和液压马达两种。液压缸是一种实现直线运动的液动机，它输出力和速度。液压马达是输出力矩和转速的执行元件。

(3)控制元件

控制元件中采用各种阀，其中有：改变液流方向的为方向控制阀、调节运动速度的为流量控制阀和调节压力的压力控制阀三大类。这些阀在液压系统中占有很重要的地位，系统的各种功能都是借助于这些阀而获得的。

(4)辅助元件

液压系统中的油箱、油管和滤油管等都是辅助元件。

(5)传动介质

不论液压系统是简单或复杂，必定含有上述四种液压元件及传动介质，缺少任何一种，系统就不能正常工作或功能不全。

17.2.2 液压传动的特点

(1)液压传动的优点

①在同等的体积下，液压装置能比电气装置产生出更多的动力，因为液压系统中的压力可以比电枢磁场中的磁力大出30~190倍。在同等的功率下，液压装置的体积小，质量轻，结构紧凑。液压马达的体积和重量只有同等功率电动机的12%左右。

②液压装置工作比较平稳。由于质量轻、惯性小、反应快，液压装置易于实现快速启动、制动和频繁的换向。液压装置的换向频率，在实现往复回转运动时可达500次/分钟，实现往复直线运动时每分钟可达1000次。

③液压装置能在大范围内实现无级调速(调速范围可达2000)，它还可以在运行的过程中进行调速。

④液压传动易于自动化，这是因为它对液体压力、流量或流动方向易于进行调节或控制的缘故。当将液压控制和电气控制、电子控制或气动控制结合起来使用时，整个传动装置能实现很复杂的顺序动作，接受远程控制。

⑤液压装置易于实现过载保护。液压缸和液压马达都能长期在失速状态下工作而不会过热，这是电气传动装置和机械传动装置无法办到的。液压件能自行润滑，使用寿命较长。

⑥由于液压元件已实现了标准化、系列化和通用化，液压系统的设计、制造和使用都比较方便。液压元件的排列布置也具有较大的机动性。

⑦用液压传动来实现直线运动远比用机械传动简单。

(2)液压传动的缺点

①液压传动不能保证严格的传动比，这是由液压油的可压缩性、泄漏等原因造成的。

②液压传动在工作过程中常有较多的能量损失(摩擦损失、泄漏损失等)，长距离传动时更是如此。

③液压传动对油温变化比较敏感，它的工作稳定性很易受到温度的影响，因此它不宜在很高或很低的温度条件下工作。

④为了减少泄漏，液压元件在制造精度上的要求较高，因此它的造价较贵，而且对油液的污染比较敏感。

⑤液压传动要求有单独的能源。

⑥液压传动出现故障时不易找出原因。

综上所述，液压传动的优点多于缺点，并且随着技术水平的提高，某些缺点已在不同程度上得到克服。目前，在国民经济各部门中，广泛地应用液压传动。在某些机械中，如注塑机、大吨位压力机、工程机械、拉床和加工中心等机床以及煤矿支架等，几乎都采用液压传动，这充分显示了液压传动的优越性。因此，在设计一台机械或设备时，液压传动是一种必须用来进行比较选择的传动方案。

17.3　液压泵、液压缸、液压马达

17.3.1　液压泵

液压泵是液压系统的动力元件，起着向系统提供动力源的作用，是系统不可或缺的核心元件。它是一种能量转换装置，可以将原动机输出的机械能转换为工作液体的液压能，为液压系统提供一定流量和压力的液体。液压泵按其结构可分为柱塞泵、齿轮泵、叶片泵和螺杆泵等，按输出流量能否改变分为定量泵、变量泵，按输出液流方向分为单向泵、双向泵。

液压传动系统中使用的液压泵和液压马达都是容积式的。图17-2是液压泵的工作原理图。凸轮1旋转时，柱塞2在凸轮1和弹簧3的作用下在缸体中左右移动。柱塞2右移时，缸体中的油腔(密封工作腔4)容积变大，产生真空，油液便通过吸油阀5吸入；柱塞2左移时，缸体中的油腔容积变小，已吸入的油液便通过压油阀6输到系统中去。由此可见，泵是靠密封工作腔的容积变化进行工作的，而它的输出流量的大小是由密封工作腔的容积变化大小来决定的。

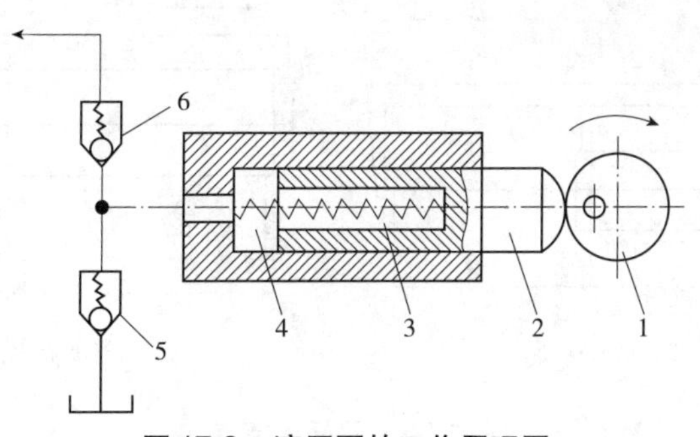

图17-2　液压泵的工作原理图

液压马达是产生连续旋转运动执行元件。从原理上说，向容积式泵中输入压力油，使其轴转动，就成为液压马达。大部分容积式泵都可做液压马达使用，但在结构细节上有一些不同。摆动液压马达是一种产生往复回转运动(摆动)执行元件，往复摆动的角度因结构而异。

17.3.2 液压缸

液压缸是液压系统中的执行元件，它是一种把液体的压力能转换成机械能以实现直线往复运动的能量转换装置。液压缸结构简单，工作可靠，在液压系统中得到了广泛的应用。液压缸按其结构形式，可以分为活塞缸、柱塞缸两类。活塞缸和柱塞缸的输入为压力和流量，输出为推力和速度。液压缸除了单个使用外，还可以组合起来和其他机构相结合，以实现特殊的功能。

1. 活塞缸

(1)双杆活塞缸

如图17-3(a)所示，缸筒固定的双杆活塞缸。进、出油口布置在缸筒两端，两活塞杆的直径是相等的，因此，当工作压力和输入流量不变时，两个方向上输出的推力和速度是相等的，其值为

$$F_1 = F_2 = (p_1 - p_2)A\eta_m = (p_1 - p_2)\frac{\pi}{4}(D^2 - d^2)\eta_m$$

$$v_1 = v_2 = \frac{q}{A}\eta_v = \frac{4q\eta_V}{\pi(D^2 - d^2)}$$

式中，A为活塞的有效工作面积；D，d分别为活塞直径，活塞杆直径；q为输入流量；p_1，p_2分别为缸进口压力，出口压力；η_m，η_v分别为缸的机械效率，容积效率。

这种安装形式使工作台移动范围约为活塞有效行程的3倍，宜用于小型设备中。

图17-3(b)所示是活塞杆固定在双杆活塞缸。进、出油口可布置在活塞杆两端，油液经活塞杆内的通道输入液压缸；使用软管连接时，进、出油口亦可布置在缸筒两端。缸筒移动式输出的推力和速度大小都和缸筒固定式的相同。但这种安装形式使工作台的移动范围为缸筒有效行程的2倍，故可用于较大型的设备中。

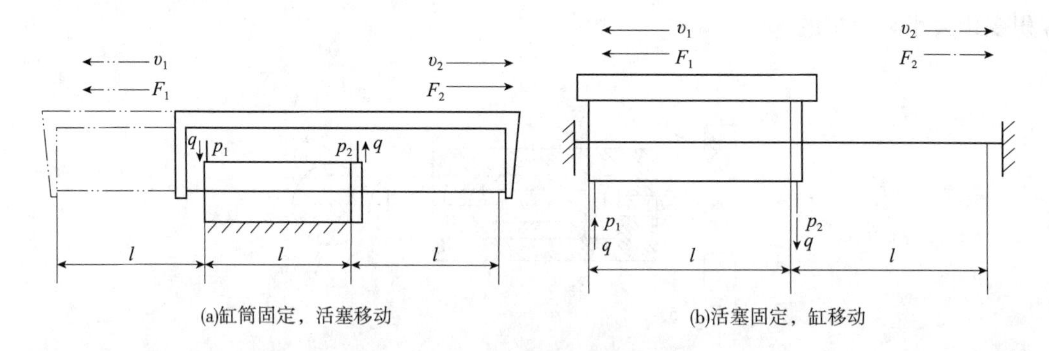

图17-3 双杆活塞缸

双杆活塞缸在工作时，设计成一个活塞杆受拉，而另一个活塞杆不受力，因此这种液压缸的活塞杆可以做得细些。

(2)单杆活塞缸

图17-4所示为单杆活塞缸。进、出油口的布置视其安装方式而定，可以缸筒固定，也可以活塞杆固定，工作台的移动范围都是活塞(或缸筒)有效行程的2倍。

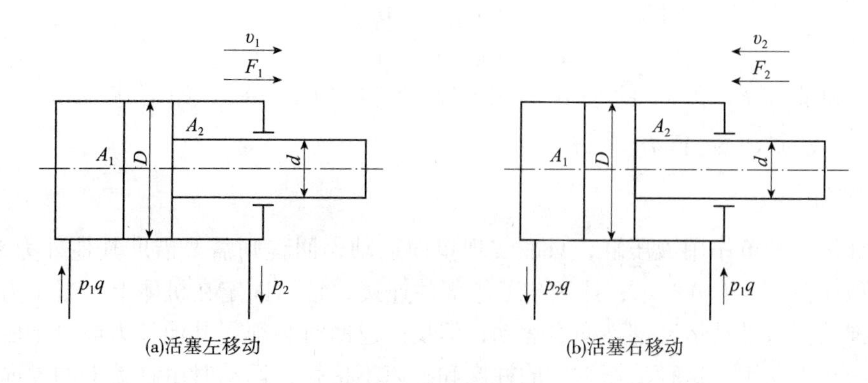

图 17-4 单杆活塞缸

由于液压缸两腔的有效工作面积不等，因此它在两个方向上的输出推力和速度亦不等，其值分别为

$$F_1=(p_1A_1-p_2A_2)\eta_m=\frac{\pi}{4}[(p_1-p_2)D^2+p_2d^2]\eta_m$$

$$F_2=(p_1A_2-p_2A_1)\eta_m=\frac{\pi}{4}[(p_1-p_2)D^2-p_1d^2]\eta_m \tag{17-7}$$

$$v_1=\frac{q}{A_2}\eta_v=\frac{4q\eta_v}{\pi D^2} \tag{17-8}$$

$$v_2=\frac{q}{A_2}\eta_v=\frac{4q\eta_v}{\pi(D^2-d^2)} \tag{17-9}$$

如把两个方向上的输出速度 v_2 和 v_1 的比值称为速度比，记作 λ_v，则 $\lambda_v=v_2/v_1=1/[1-(d/D)^2]$，因此，$d=D\sqrt{(\lambda_v-1)/\lambda_v}$，在已知 D 和 λ_v 时，可确定 d 的值。

单杆活塞缸在其左右两腔都接通高压油时称为“差动连接”，这时称作差动缸，如图 17-5所示。

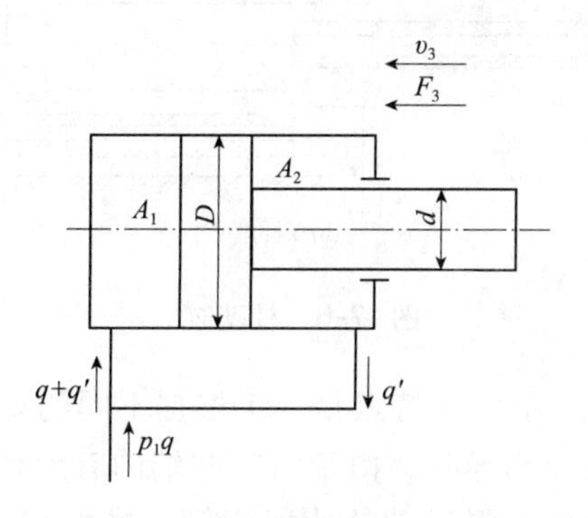

图 17-5 差动缸

差动连接时活塞(或缸筒)只能向一个方向运动，要使它反向运动时，油路的接法必须和非差动式连接相同，如图 17-4(b)所示。差动连接时输出的推力和速度为

$$F_3=p_1(A_1-A_2)\eta_m=p_1\frac{\pi}{4}d^2\eta_m \tag{17-10}$$

$$v_3=\frac{q\eta_v}{A_1-A_2}=\frac{4q\eta_v}{\pi d^2} \tag{17-11}$$

反向运动时，F_2 和 v_2 的公式同式(17-7)和式(17-9)。如要求 $v_2=v_3$ 时，由式(17-11)、式(17-9)可得 $D=\sqrt{2}d$。

2. 柱塞缸

柱塞缸是一种单作用液压缸，只能实现单向运动，回程则需要借助其他外力来实现。其工作原理如图 17-6(a)所示，柱塞与工作部件连接，缸筒固定在机体上。当压力油进入缸筒时，推动柱塞带动运动部件向右运动，但反向退回时必须靠其他外力或自重驱动。通常成对反向布置使用，这种液压缸中的柱塞和缸筒不接触，运动时由缸盖上的导向套来导向，因此，缸筒的内壁不需精加工。它特别适用在行程较长的场合。

柱塞缸输出的推力和速度各为

$$F=pA\eta_m=p\frac{\pi}{4}d^2\eta_m$$

$$v=\frac{q\eta_v}{A}=\frac{4q\eta_v}{\pi d^2}$$

式中，d 为柱塞直径。

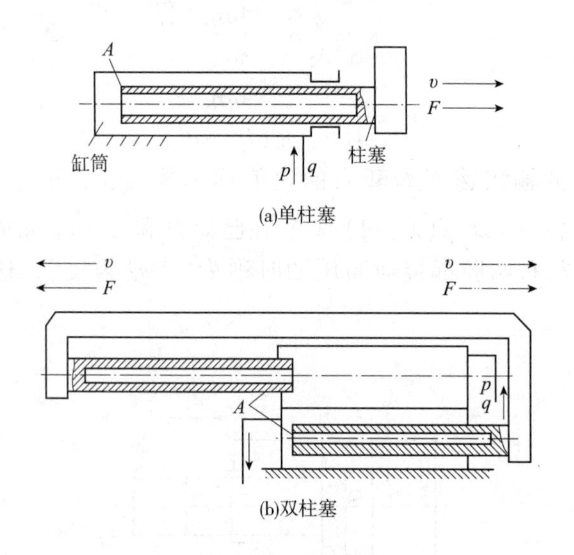

图 17-6 柱塞缸

双柱塞缸如图 17-6(b)所示，其特点是：①根据不同的要求，两活塞杆的直径可以相等，也可以不相等。两直径相等时，由于活塞两端的有效作用面积相同，因此，在供油压力和流量均相同情况下，往复运动的速度相等、推力相等。②固定缸体时(实心双活塞杆液压缸)，工作台的往复运动范围约为有效行程 L 的 3 倍；固定活塞杆时(空心双活塞杆液压缸)，工作台往复运动的范围约为有效行程 L 的 2 倍。③活塞与缸体之间采用间隙密封，结构简单，摩擦阻力小，但内泄漏较大，仅适于工作台运动速度较高的场合。

17.3.3 液压马达

从能量转换的观点来看，液压泵与液压马达是可逆工作的液压元件，向任何一种液压泵输入工作液体，都可使其变成液压马达工作：反之，当液压马达的主轴由外力矩驱动旋转时，也可变为液压泵工作。因为它们具有同样的基本结构要素——密闭而又可以周期变化的容积和与之相应的配油机构。

但是，由于液压马达和液压泵的工作条件不同，对它们性能要求也不一样，所以同类型液压马达和液压泵之间，仍存在许多差别。首先，液压马达应能够正、反转，因而要求其内部结构对称。其次，为了减小吸油阻力，减小径向力，一般液压泵的吸油口比出油口的尺寸大：而液压马达的两个口一样。再者，液压马达由于在输入压力油条件下工作，因而不必具备自吸能力。由于存在着这些差别，使得液压马达和液压泵在结构上比较相似，但不能可逆工作。

液压马达按其结构类型可以分为齿轮式、叶片式、柱塞式和其他形式。按液压马达的额定转速分为高速和低速两大类。额定转速高于500r/min的属于高速液压马达，额定转速低于500r/min的属于低速液压马达。高速液压马达的基本形式有齿轮式、螺杆式、叶片式和轴向柱塞式等。它们的主要特点是转速较高、转动惯量小，便于启动和制动，调节(调速及换向)灵敏度高。通常高速液压马达输出转矩不大(仅几十N·m到几百N·m)，所以称为高速小转矩液压马达。低速液压马达基本形式是径向柱塞式，此外在轴向柱塞式、叶片式和齿轮式中也有低速结构形式。低速液压马达的主要特点是排量大、体积大转速低(有时可达每分钟几转甚至零点几转)，因此可直接与工作机构连接，不需要减速装置，使传动机构大为简化。通常低速液压马达输出转矩较大(可达几千N·m到几万N·m)，所以称为低速大转矩液压马达。

17.4 液压阀

17.4.1 液压阀的作用

液压阀是用来控制液压系统中液压油的流动方向或调节其压力和流量的，因此它可以分为方向阀、压力阀和流量阀三大类。一个形状相同的阀，可以因为作用机制的不同，而具有不同的功能。压力阀和流量阀利用通流截面的节流作用控制着系统的压力和流量，而方向阀则利用通流通道的更换控制着液压油的流动方向。尽管液压阀存在着各种各样不同的类型，它们之间还是保持着一些基本共同点的：

①在结构上，所有阀都由阀体、阀芯(座阀或滑阀)和驱使阀芯动作的元部件(如弹簧、电磁铁)组成；

②在工作原理上，所有阀的开口大小，阀进、出口间的压差以及流过阀的流量之间的关系都符合孔口流量公式，仅是各种阀控制的参数各不相同而已。

17.4.2 对液压阀的基本要求

液压系统中所用的液压阀，应满足如下要求：

①动作灵敏，使用可靠，工作时冲击和振动小；

②油液流过时压力损失小；

③密封性能好；

④结构紧凑，安装、调整、使用、维护等方便，通用性大。

17.4.3 电液伺服阀

电液伺服阀是一种变电气信号为液压信号以实现流量或压力控制的转换装置。它充分发挥了电气信号具有传递快，线路连接方便，适于远距离控制，易于测量、比较和校正的优点和液压动力具有输出力大、惯性小、反应快的优点。这两者的结合使电液伺服阀成为一种控制灵活、精度高、快速性好、输出功率大的控制元件。根据输出液压信号的不同，电液伺服阀可以分为“流量伺服阀”和“压力伺服阀”两大类。

1. 电液伺服阀的工作原理

图 17-7 为一种电液伺服阀的结构示意图，由电磁部分和液压部分两者组成。衔铁 7 与挡板 2 连接在一起，由固定在阀座 9 上的弹簧管 3 支承；挡板 2 下端为一球头，嵌放在滑阀 10 的凹槽内，永久磁铁 5 和导磁体 6、8 形成一个固定磁场，当线圈 4 中没有电流通过时，导磁体 6、8 和衔铁 7 间四个气隙中的磁通都是 Φ_g，且方向相同，衔铁 7 处于中间位置。当有控制电流通入线圈 4 时，一组对角方向的气隙中的磁通增加，另一组对角方向的气隙中的磁通减小，于是衔铁 7 就在磁力作用下克服弹簧管 3 的弹性反作用力而偏转一角度，并偏转到磁力所产生的转矩与弹性反作用力所产生的反转矩平衡时为止。同时，挡板 2 因随衔铁 7 偏转而发生挠曲，改变了它与两个喷嘴 1 间的间隙，一个间隙减小，另一个间隙加大。

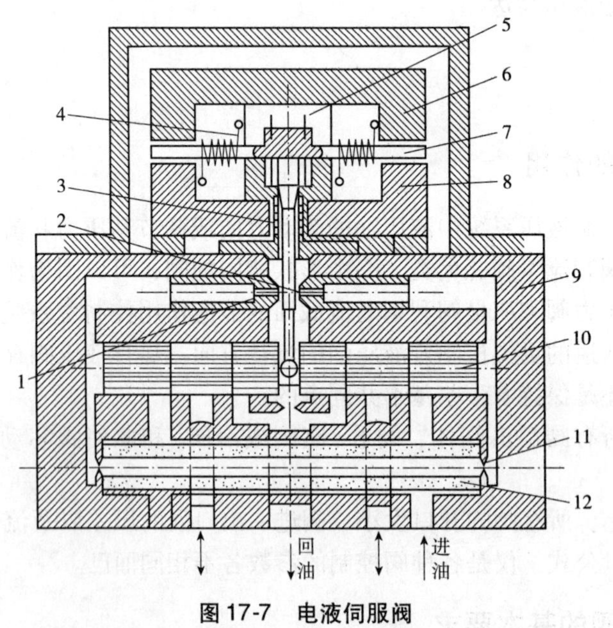

图 17-7 电液伺服阀

1-喷嘴；2-挡板；3-弹簧管；4-线圈；5-永久磁铁；6、8-磁体；7-衔铁；9-阀座；10-滑阀；11-节流孔；12-滤油器

通入伺服阀的压力油经滤油器12、两个对称的节流孔11和左、右喷嘴1流出，通向回油。当挡板2挠曲，出现上述喷嘴挡板的两个间隙不相等的情况时，两喷嘴后侧的压力就不相等，它们作用在滑阀10的左、右端面上，使滑阀10向相应方向移动一段距离，压力油就通过滑阀10上的一个阀口输向液压缸，由液压缸回来的油则经滑阀10上另一个阀口通向回油。滑阀10移动时，挡板2下端球头跟着移动。在衔铁挡板组件上产生了一个转矩，使衔铁7向相应方向偏转，并使挡板2在两喷嘴1间的偏移量减少，这就是反馈作用。反馈作用的结果是使滑阀10两端的压差减小。当滑阀10上的液压作用力和挡板2下端球头因移动而产生的弹性反作用力达到平衡时，滑阀10便不再移动，并一直使其阀口保持在这一开度上。

通入线圈4的控制电流越大，使衔铁7偏转的转矩、挡板2挠曲变形、滑阀10两端的压差以及滑阀10的偏移量就越大，伺服阀输出的流量也越大。由于滑阀10的位移、喷嘴1与挡板2之间的间隙、衔铁7的转角都依次和输入电流成正比，因此阀的输出流量也和输入电流成正比。输入电流反向时，输出流量亦反向。电液伺服阀中电磁部分的作用，是把输入电流转变成转矩，使衔铁偏转，所以一般称它为力矩马达。

液压部分的喷嘴-挡板装置是使微小的电信号有可能借助于挡板间隙的改变使滑阀移动，它是一个液压放大器。滑阀在移动后接通传递动力的主回路，因而也是一个液压放大器。前者称为第一放大级或前置放大级，后者称为第二放大级或功率放大级。电液伺服阀按其放大级数多少和每级具体结构的不同又有多种形式。图17-7所示为由喷嘴-挡板和滑阀组成的两级放大器，是电液伺服阀中最典型、最普遍的形式之一。滑阀的最终位置是通过挡板弹性反作用力的反馈作用而达到平衡的，因此这种伺服阀属于力反馈式。电液伺服阀实现其反馈作用的方式还有很多种，如直接位置反馈、电反馈、压力反馈、动压反馈、流量反馈等。

2. 常用的结构形式

液压伺服阀中常用的液压控制元件的结构形式有滑阀、射流管和喷嘴挡板三种。

(1)滑阀

根据滑阀上控制边数(起控制作用的阀口数)的不同，有单边、双边和四边滑阀控制式三种类型，如图17-8所示。

图17-8(a)所示为单边滑阀控制式，它有一个控制边。控制边的开口量x_s控制了液压缸中的油液压力和流量，从而改变了液压缸运动的速度和方向。

图17-8(b)所示为双边滑阀控制式，它有两个控制边。压力油一路进入液压缸左腔，另一路经滑阀控制边x_{s1}的开口和液压缸右腔相通，并经控制边x_{s2}的开口流回油箱。当滑阀移动时，x_{s1}增大，x_{s2}减小，或相反，这样就控制了液压缸右腔的回油阻力，因而改变了液压缸的运动速度和方向。

图17-8(c)所示为四边滑阀控制式，它有四个控制边。x_{s1}和x_{s2}是控制压力油进入液压缸左、右油腔的，x_{s3}和x_{s4}是控制左、右油腔通向油箱的。当滑阀移动时，x_{s1}和x_{s4}增大，x_{s2}和x_{s3}减小或相反，这样就控制了进入液压缸左、右油腔的油液压力和流量，从而控制了液压缸的运动速度和方向。

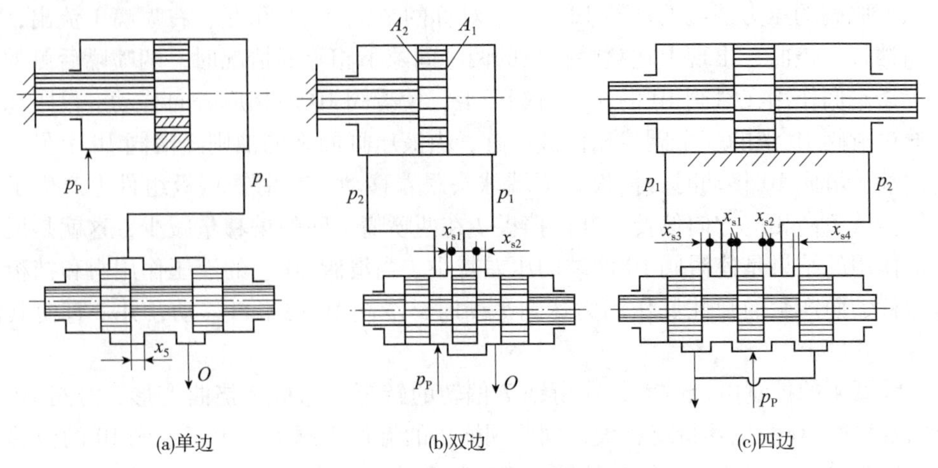

图 17-8 单边、双边和四边滑阀

由上述可知，单边、双边和四边滑阀的控制作用是相同的。单边式、双边式只用于控制单杆的液压缸；四边式可用来控制双杆的，也可用来控制单杆的液压缸。控制边数多时控制质量好，但结构工艺性差。一般说来，四边式控制用于精度和稳定性要求较高的系统；单边式、双边式控制则用于一般精度的系统。滑阀式伺服阀装配精度要求较高，价格也较贵，对油液的污染也较敏感。四边滑阀根据在平衡位置时阀口初始开口量的不同，可以分为三种类型：负预开口(正遮盖)、零开口、正预开口。伺服阀阀芯除了做直线移动的滑阀之外，还有一种阀芯做旋转运动的转阀，作用原理和上述滑阀类似。

(2)射流管

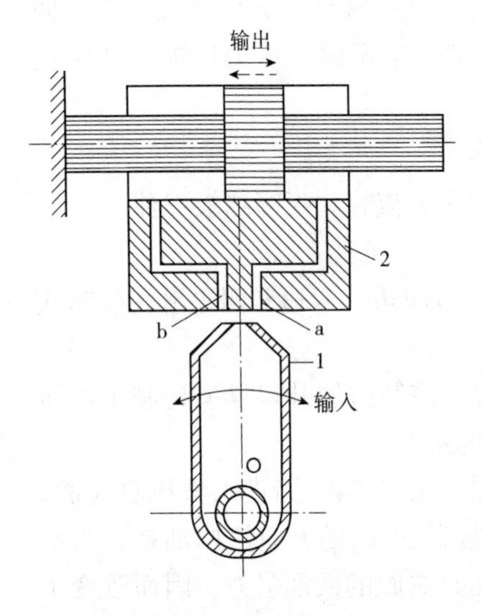

图 17-9 射流管

1-液压缸；2-接受板；3-射流管

图 17-9 所示为射流管装置的工作原理。它由射流管 3、接受板 2 和液压缸 1 组成。射流管 3 可绕垂直于图面的轴线左右摆动一个不大的角度。接受板 2 上有两个并列着的接受孔道 a 和 b，它们把射流管 3 端部锥形喷嘴中射出的压力油分别通向液压缸 1 左右两腔。当射流管 3 处于两个接受孔道的中间位置时，两个接受孔道内油液的压力相等，液压缸 1 不动；如有输入信号使射流管 3 向左偏转一个很小的角度时，两个接受孔道内的压力不相等，液压缸 1 左腔的压力大于右腔的，液压缸 1 便向左移动，直到跟着液压缸 1 移动的接受板 2 到达射流孔又处于两接受孔道的中间位置时为止；反之亦然。可见，在这种伺服元件中，液压缸运动的方向取决于输入信号的方向，运动的速度取决于输入信号的大小。

射流管装置的优点是：结构简单，元件加工精度要求低；射流管出口处面积大，抗污染能力强；射流管上没有不平衡的径向力，不会产生“卡住”现象。它的缺点是射流管运动部分惯量较大，工作性能较差；射流能量损失大，零位元功损耗亦大，效率较低；供油压力高时容易引起振动，且沿射流管轴向有较大的轴向力。因此，这种伺服元件只适用于低压及功率较小的场合，例如，某些液压仿形机床的伺服系统。

(3)喷嘴挡板

图 17-10 所示为喷嘴挡板装置的工作原理示意图。喷嘴挡由喷嘴 3、挡板 2 和液压缸 1 组成。液压泵来的压力油分一部分直接进入液压缸 1 有杆腔，另一部分经过固定节流孔进入中间油室 4 再通入液压缸 1 的无杆腔，并有一部分经喷嘴 - 挡板间的间隙 σ 流回油箱。当输入信号使挡板 2 的位置改变时，喷嘴 - 挡板间的节流阻力发生变化，中间油室 4 及液压缸 1 无杆腔的压力 p_1亦发生变化，液压缸 1 就产生相应的运动。

喷嘴挡板式控制的优点是：结构简单，运动部分惯性小，位移小，反应快，精度和灵敏度高，加工要求不高，没有径向不平衡力，不会发生“卡住”现象，因而工作较可靠。缺点是：元功损耗大，喷嘴 - 挡板间距离 σ 很小时抗污染能力差，因此宜在多级放大式伺服元件中作为第一级(前置级)控制装置。

如果射流管或喷嘴 - 挡板装置作为伺服阀的第一级使用时，则受其控制的不是液压缸，而是伺服阀的第二放大级。一般第二放大级是滑阀。

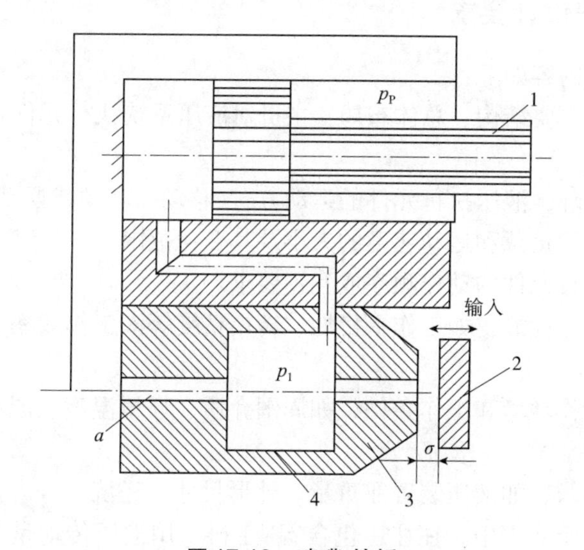

图 17-10 喷嘴-挡板

1-液压缸；2-挡板；3-喷嘴；4-中间油室

17.4.4 双向液压锁

双向液压锁是由一对液控单向阀装在同一间体内而组成的。图 17-11 所示为双向液压锁的结构。油口 C、D 与液压缸的两腔相通，当压力油从 1 油口 A 进入时，油口 B 与回油口相连接。压力油经油口 A 进入 e 腔后，一方面打开右边单向阀阀芯 6 进入油口 C，流入油缸的一腔，B 与回油口相连接；若压力油从油口 B 进入时，油口 A 与回油口相连接，双向液压锁的工作过程正好与上述相反。若 A、B 两油口同时接回油口，单向阀阀芯 2、6 也同时处于关闭状态，C、D 油口关闭，即处于锁紧状态。双向液压锁广泛应用于汽车和轮胎起重机的支腿油路中，用来锁紧支腿。

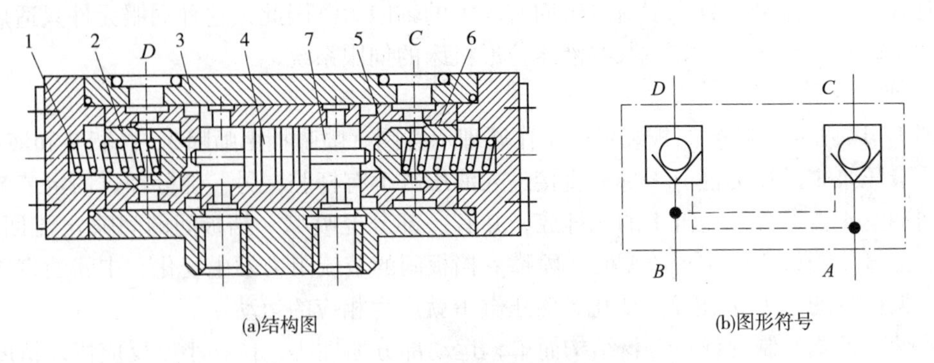

(a)结构图

(b)图形符号

图 17-11　双向液压锁的结构

1-弹簧；2-左单向阀阀芯；3-阀体；4-控制活塞；5-阀座；6-右单向阀阀芯；7-液压缸

17.5　液压系统的设计

17.5.1　明确系统设计要求

这个步骤的具体内容如下：

①主机的用途、主要结构、总体布局，主机对液压系统执行元件在位置布置和空间尺寸上的限制。

②主机的工作循环，液压执行元件的运动方式(移动、转动或摆动)及其工作范围。

③液压执行元件的负载和运动速度的大小及其变化范围。

④主机各液压执行元件的动作顺序或互锁要求。

⑤对液压系统工作性能，如工作平稳性、转换精度等人工作效率、自动化程度等方面的要求。

⑥液压系统的工作环境和工作条件，如周围介质、环境温度、湿度、尘埃情况、外界冲击振动等。

⑦其他方面的要求，如液压装置在重量、外形尺寸、经济性等方面的规定或限制。在液压系统设计的第一个步骤中，往往还包含着“主机采用液压传动是否合理或在多大程度上合理(即液压传动应否和其他传动结合起来，共同发挥各自的优点以形成合理的传动组合)”这样一个潜在的检验内容在内。勉强采用一种不太合理的传动方案是不会给主机带来任何好处的。

17.5.2　分析系统工况，确定主要参数

①分析系统工况对液压系统进行工况分析，就是要查明它的每个执行元件在各自工作过程中的运动速度和负载的变化规律，这是满足主机规定的动作要求和承载能力所必须具备的。

②确定主要参数：这里是指确定液压执行元件的工作压力和最大流量。液压系统采用的执行元件的形式，视主机所要实现的运动种类和性质而定(表 17-1)。

表 17-1 执行元件形式的选择

运动形式	往复直线运动		回转运动		往复摆动
	短行程	长行程	高速	低速	
建议采用的执行元件形式	活塞缸	柱塞缸 液压马达与齿轮齿条机构 液压马达与丝杠螺母机构	高速液压马达	低速液压马达 高速液压马达与减速机构	摆动马达

执行元件的工作压力可以根据负载图中的最大负载来选取(表 17-2)，也可以根据主机的类型来选取(表 17-3)；最大流量则由执行元件速度图中的最大速度计算出来。这两者都与执行元件的结构参数(指液压缸有效工作面积 A 或液压马达的排量 V_m 有关。一般的做法是先选定执行元件的形式及其工作压力 P，再按最大负载和预估的执行元件机械效率求出 A 或 V_m，并通过各种必要的验算、修正和圆整后定下这些结构参数，最后再算出最大流量 q_{max} 来。

表 17-2 按负载选择执行元件工作压力

负载 F/N	<5000	5000~10000	10000~20000	20000~30000	30000~50000	>50000
工作压力 P/MPa	<0.8~1.5	1.5~2.5	2.5~3	3~4	4~5	>5~7

表 17-3 按主机类型选择执行元件工作压力

主机类型	机床				农业机械小型工程机械 工程机械辅助机构	液压机中、大型挖掘机 重型机械起重运输机械
	磨床	组合机床	龙门刨床	拉床		
工作压力 P/MPa	≤2	3~5	≤8	8~10	10~16	20~32

在机床的液压系统中，工作压力选得小些，对系统的可靠性、低速平稳性和降低噪声都是有利的，但在结构尺寸和造价方面则需付出一定的代价。

在本步骤的验算中，必须使执行元件的最低工作速度 V_{min} 或 n_{min} 符合下述要求：

液压缸

$$\frac{q_{min}}{A} \leqslant v_{min}$$

液压马达

$$\frac{q_{min}}{V_M} \leqslant n_{min}$$

式中，q_{min} 为节流阀或调速阀、变量泵的最小稳定流量，从产品性能表中查出。

此外，有时还需对液压缸的活塞杆进行稳定性验算，验算工作常常和这里的参数确定工作交叉进行。

以上的一些验算结果如不能满足有关的规定要求时，A 或 V_m 的量值就必须进行修改。结构参数最后还必须按 GB/T 2347—1980 和 GB/T 2348—2001 圆整成标准值。

液压系统执行元件的工况图是在执行元件结构参数确定之后，根据设计任务要求，算出不同阶段中的实际工作压力、流量和功率之后做出的(图 17-12)。工况图显示液压系统在实现整个工作循环时这三个参数的变化情况。当系统中包含多个执行元件时，其工况图是各个执行元件工况图的综合。

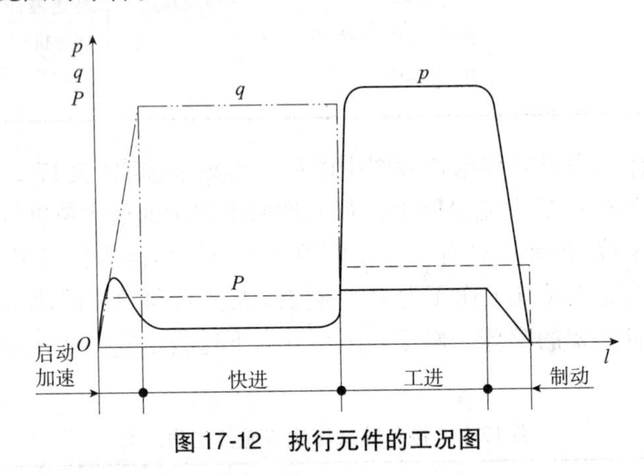

图 17-12　执行元件的工况图

液压执行元件的工况图是选择系统中其他液压元件和液压基本回路的依据，也是拟订液压系统方案的依据，这是因为：

①液压泵和各种控制阀的规格是根据工况图中的最大压力和最大流量选定的。

②各种液压回路及其油源形式都是按工况图中不同阶段内的压力和流量变化情况初选后，再通过评比确定的。

③将工况图所反映的情况与调研得来的参考方案进行对比，可以对原来设计参数的合理性做出鉴别，或进行调整，例如，在工艺情况允许的条件下，调整有关工作阶段的时间和速度，可以减少所需的功率，当功率分布很不均匀时，适当修改参数，可以避开或削减功率“峰值”等。

17.5.3　拟订液压系统草图

拟订液压系统草图是从作用原理上和结构组成上具体体现设计任务中提出的各项要求。包含三项内容：确定系统类型、选择液压回路、拼搭液压系统。

液压系统在类型上究竟采用开式还是采用闭式，主要取决于它的调速方式和散热要求。一般说来，凡备有较大空间可以存放油箱且不另设置散热装置的系统，要求结构尽可能简单的系统，或采用节流调速或容积－节流调速的系统，都宜采用开式；凡容许采用辅助泵进行补油并通过换油来达到冷却目的的系统，对工作稳定和效率有较高要求的系统，或采用容积调速的系统，都宜采用闭式。

选择液压回路是根据系统的设计要求和工况图从众多的成熟方案中评比挑选出来的。挑选时既要保证满足各项主题要求，也要考虑符合节省能源、减少发热、减少冲击等原则。挑选工作首先从对主机主要性能起决定性作用的调速回路开始，然后再根据需要考虑其他辅助回路，例如，对有垂直运动部件的系统要考虑平衡回路，有快速运动部件的系统要考虑缓冲和制动回路，有多个执行元件的系统要考虑顺序动作、同步或互不干扰回路，有空运转要求的系统要考虑卸荷回路等。挑选回路出现多种可能方案时，宜平行展开，反复进行对比，不要轻易做出取舍决定。

拼搭液压系统是把挑选出来的各种液压回路综合在一起，进行归并整理，增添必要的元件或辅助油路，使之成为完整的系统，并在最后检查一下，这个系统能否圆满地实现所要求的各项功能、要否再进行补充或修正、有无作用相同或相近的元件或油路可以合并等等。这样才能使拟订出来的系统结构简单、紧凑，工作安全可靠，动作平稳、效率高，使用和维护方便。综合得好的系统方案应全由标准元件组成，至少亦应使自行设计的专用件减少到最低限度。

对可靠性要求特别高的系统来说，拟订系统草图时还要考虑"结构储备"问题，那就是在系统中设置一些必要的备用元件或备用回路，以便在工作元件或工作回路发生故障时它们立即能"上岗顶班"，确保系统持续运转，工作不受影响。

17.5.4 选择液压元件

(1)液压泵

液压泵的最大工作压力必须等于或超过液压执行元件最大工作压力及进油路上总压力损失这两者之和。液压执行元件的最大工作压力可以从工况图中找到；进油路上的总压力损失可以通过估算求得，也可以按经验资料估计，见表17-4所列。

表17-4 进油路总压力损失经验值

系统结构情况	总压力损失 Δp_1/MPa
一般节流调速及管路简单的系统	0.2~0.5
进油路有调速阀及管路复杂的系统	0.5~1.5

液压泵的流量必须等于或超过几个同时工作的液压执行元件总流量的最大值以及回路中泄漏量这两者之和。液压执行元件总流量的最大值可以从工况图中找到(当系统中备有蓄能器时，此值应为一个工作循环中液压执行元件的平均流量)；而回路中的泄漏量则可按总流量最大值的10%~30%估算。

在参照产品样本选取液压泵时，泵的额定压力应选得比上述最大工作压力高25%~60%，以便留有压力储备；额定流量则只需选得能满足上述最大流量需要即可。液压泵在额定压力和额定流量下工作时，其驱动电机的功率一般可以直接从产品样本上查到。电动机功率也可以根据具体工况计算出来，有关的算式和数据见《液压工程手册》。

(2)阀类元件

阀类元件的规格按液压系统的最大压力和通过该阀的实际流量从产品样本上选定。选择节流阀和调速阀时还要考虑它的最小稳定流量是否符合设计要求。各类阀都须选得使其实际通过流量最多不超过其公称流量的120%，以免引起发热、噪声和过大的压力损失。对于可靠性要求特别高的系统来说，阀类元件的额定压力应高出其工作压力较多。

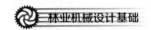

17.5.5 验算液压系统性能验算

液压系统性能的目的在于判断设计质量，或从几种方案中评选最佳设计方案。液压系统的性能验算是一个复杂的问题，目前只是采用一些简化公式进行近似估算，以便定性地说明情况。当设计中能找到经过实践检验的同类型系统作为对比参考，或可靠的实验结果可供使用时，系统的性能验算就可以省略。液压系统性能验算的项目很多，常见的有回路压力损失验算和发热温升验算。

(1)回路压力损失验算

压力损失包括管道内的沿程损失和局部损失以及阀类元件处的局部损失三项。管道内的这两种损失可用有关公式估算；阀类元件处的局部损失则须从产品样本中查出。当通过阀类元件的实际流量 q 不是其公称流量 q_n时，它的实际压力损失 ΔP 与其额定压力损失 ΔP_n间将呈如下的近似关系：

$$\Delta p = \Delta p_n \left(\frac{q}{q_n}\right)^2$$

计算液压系统的回路压力损失时，不同的工作阶段要分开来计算。回油路上的压力损失一般都须折算到进油路上去。根据回路压力损失估算出来的压力阀调整压力和回路效率，对不同方案的对比来说都具有参考价值，但在进行这些估算时，回路中的油管布置情况必须先行明确。

(2)发热温升验算

这项验算是用热平衡原理来对油液的温升值进行估计。单位时间内进入液压系统的热量 H_i(以 kW 计)是液压泵输入功率 P_i和液压执行元件有效功率 P_0之差，假如这些热量全部由油箱散发出去，不考虑系统其他部分的散热效能，则油液温升的估算公式可以根据不同的条件分别从有关的手册中找出来。例如，当油箱三个边的尺寸比例在 1∶1∶1 ~ 1∶2∶3 之间，油面高度是油箱高度的80%，且油箱通风情况良好时，油液温升 ΔT(以℃计)的计算式可以用单位时间内输入热量 H_i和油箱有效容积 V(以 L 计)近似地表示成

$$\Delta T = \frac{H_i}{\sqrt[3]{V^2}} \times 10^3$$

当验算出来的油液温升值超过允许数值时，系统中必须考虑设置适当的冷却器。油箱中油液允许的温升值随主机的不同而不同：一般机床为 25 ~ 30℃，工程机械为 35 ~ 40℃等。

小 结

本章介绍了液压传动的工作原理、液压传动的组成及特点、液压泵、液压缸、液压马达、数字控制液压缸、模拟控制液压缸、液压阀、液压系统的设计等基本知识。在液压传动的工作原理中，介绍了液压传动的工作原理、液压的力比和速比等要点。通过液压传动的组成及特点阐述，应了解液压传动有五个元件所组成，应了解液压传动的优缺点。通过详述液压泵、液压缸、液压马达，应掌握液压泵、液压马达、液压缸的工作原理、分类等

要点。在数字控制液压缸和模拟控制液压缸中阐述了其工作原理和类型等。在液压阀中，掌握液压阀的作用、分类、基本要求、电液伺服阀、液压锁、选择液压元件等知识。

习 题

17-1 何谓液压传动？液压传动的基本原理是什么？

17-2 液压传动由哪几部分组成？各部分的作用是什么？

17-3 请简述液压传动的特点及应用。

17-4 题17-4图为相互连通的两个液压缸，一直大缸内径 $D=300\text{mm}$，小缸内径 $d=30\text{mm}$，大活塞上放一质量为4000kg的物体 G。计算：在小活塞上所加的力 F 有多大才能使大活塞顶起起重物？

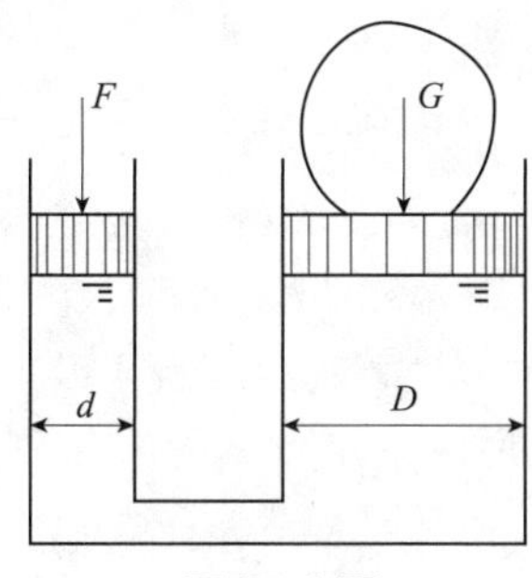

题17-4图

17-5 简述液压泵与液压马达的作用和类型。

17-6 活塞式液压缸有几种形式？有什么特点？它们分别用在什么场合？

17-7 请简述液压泵的工作原理。

17-8 请简述液压阀的作用。

17-9 请简述液压系统设计要求和其主要参数。

17-10 请简述液压系统的验算分析。

第18章　联轴器和离合器

本章提要

本章主要有联轴器的概述，联轴器的分类，常用联轴器的结构、特点及应用，联轴器的选用，联轴器的安装和维护，离合器的分类，常用离合器的形式及特点，离合器的使用与维护，重点介绍了常用联轴器的结构、特点及应用。

联轴器根据其是否包含弹性元件，可分为刚性联轴器和弹性联轴器两大类。刚性联轴器根据其是否有补偿位移的能力可分为固定式和可移式两种。弹性联轴器视其所具有弹性元件材料的不同，又可分为金属弹簧式和非金属弹性元件式两种。弹性联轴器不仅能在一定范围内补偿两轴线间的偏移，还具有缓冲减振的性能。常用联轴器通常为刚性联轴器、可移式刚性联轴器、弹性联轴器三种。

18.1 联轴器

联轴器和离合器是机械传动中常用的部件，主要用来连接两轴，使之一同回转并传递转矩，有时也可用作安全装置。联轴器只有在机器停转后将其拆开才使两轴分离；离合器在机器运转过程中可随时将两轴接合或分离。

联轴器和离合器的类型很多，其中大多已标准化。设计时只需参考手册，根据工作要求选择合适的类型，再按轴的直径、计算转矩和转速来确定联轴器和离合器的型号和结构尺寸，必要时再对其主要零件作强度验算。

计算转矩按下式计算：

$$T_c = K \cdot T \quad (\mathrm{N \cdot m}) \tag{18-1}$$

式中，T_c为名义上工作转矩，N·m；K为工作情况系数，见表18-1所列。

联轴器所连接的两根轴，由于制造、安装等原因，常产生相对位移，如图18-1所示。这就要求联轴器在结构上具有补偿一定范围位移量的性能。

表18-1 工作情况系数 K

原动机	工　作　机	K
电动机	胶带运输机、鼓风机、连续运转的金属切削机床；	1.25～1.5
	链式运输机、刮板运输机、螺旋运输机、离心式泵、木工机床；	1.5～2.0
	往复运动的金属切削机床；	1.5～2.5
	往复式泵、往复式压缩机、球磨机、破碎机、冲剪机、锻锤机；	2.0～3.0
	起重机、升降机、轧钢机、压延机	3.0～4.0
涡轮机	发电机、离心泵、鼓风机	1.2～1.5
往复式发动机	发电机；	1.5～2.0
	离心泵；	3～4
	往复式工作机，如压缩机、泵	4～5

18.1.1 联轴器的分类

联轴器根据其是否包含弹性元件，可分为刚性联轴器和弹性联轴器两大类。刚性联轴器根据其是否有补偿位移的能力可分为固定式和可移式两种。弹性联轴器视其所具有弹性元件材料的不同，又可分为金属弹簧式和非金属弹性元件式两种。弹性联轴器不仅能在一定范围内补偿两轴线间的偏移，还具有缓冲减振的性能。

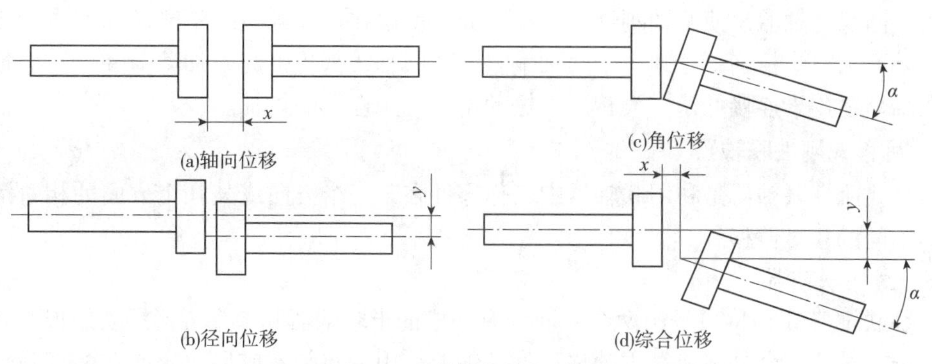

图 18-1　两轴轴线的相对位移

18.1.2　常用联轴器的结构、特点及应用

1. 刚性联轴器

(1)套筒联轴器

套筒联轴器结构简单，成本低廉。套筒与轴除用圆锥销连接或平键连接，其中紧定螺钉用于轴向定位外，也可以采用半圆键、花键连接。采用套筒联轴器时，两轴轴线的许用径向偏移为0.002～0.05mm；许用角向偏移不大于0.05mm/m。

(2)凸缘联轴器

凸缘联轴器由两个带有凸缘的半联轴器所组成。半联轴器分别用键与轴连接，并用一组螺栓将它们连接在一起。

凸缘联轴器有两种对中方法：靠铰制孔用螺栓对中，如图18-2(a)所示；靠一个半联轴器上的凸肩与另一个半联轴器上相应的凹槽相互嵌合而对中，如图18-2(b)所示。后者对中的精度较高，但在装拆时，需将轴做轴向移动。前者没有这个缺点，工作时靠螺栓受剪切及与绞制孔的挤压来传递转矩，因而装拆方便，在相同的尺寸下，所传递的转矩要比第二种大，但对中较困难。

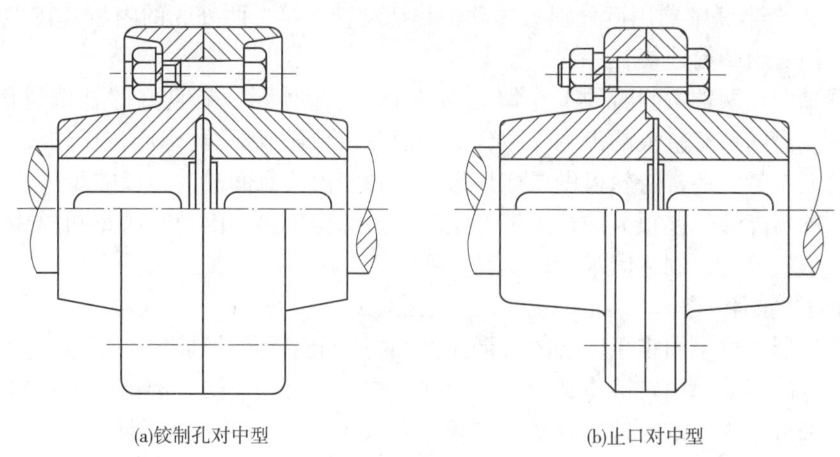

图 18-2　凸缘联轴器

由于凸缘联轴器是使两轴刚性连接在一起，所以在传递载荷时不能缓和冲击和吸收振动。此外要求对中精确，否则由于两轴偏斜或不同轴线都将引起附加载荷和严重磨损。故凸缘联轴器适用于连接低速、大转矩、振动不大、刚性大的短轴。

2. 可移式刚性联轴器

可移式刚性联轴器是利用联轴器中工作零件在某一个方向或某几个方向的相对滑动来补偿两轴间的相对偏移。

(1)滑块联轴器

滑块联轴器(图 18-3)是由两个端面开有凹槽的半联轴器和一个方形滑块组成。两半联轴器用键或过盈配合分别装在主动轴和从动轴上，用夹布胶木或尼龙块嵌在两半联轴器的凹槽中采用间隙配合构成动连接，使轴连在一起。因滑块可在两半联轴器的凹槽中滑动，故可补偿安装及运转时两轴间的偏移。

滑块联轴器的结构简单，尺寸紧凑，适用于小功率，高转速且无剧烈冲击处。

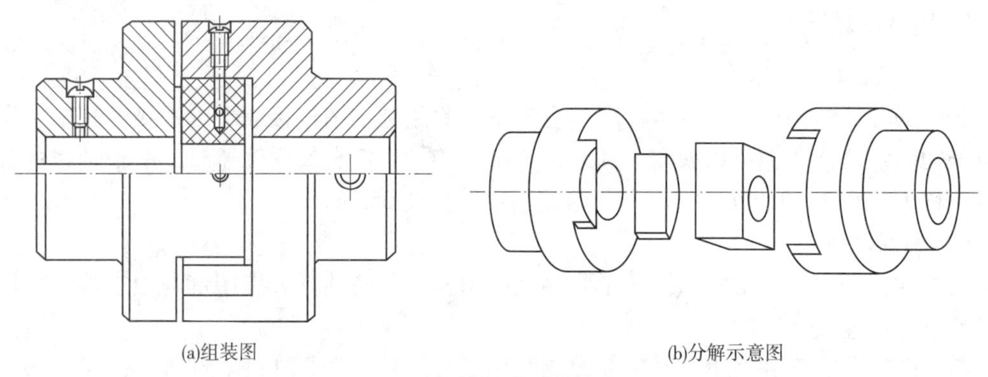

(a)组装图　　(b)分解示意图

图 18-3　滑块联轴器

(2)齿式联轴器

在允许有综合位移的刚性可移式联轴器中，齿式联轴器(图 18-4)是最有代表性的一种。它是由两个具有外齿的半联轴器和两个具有内齿的外壳组成，内外齿数相等，一般为 30 ~ 80 个。两个半联轴器用键分别与主动轴和从动轴连接，两外壳的内齿套在半联轴器的外齿上，并用一组螺栓连接在一起。

齿式联轴器在两轴偏斜时的工作情况如图 18-4(c)所示。有良好的补偿位移的能力，一是由于啮合齿间留有较大的齿侧间隙，二是因为齿顶做成球面(球心位于轴线上)。为了增大位移的允许量，还常将轮齿做成鼓形齿。联轴器内注有润滑油，以减少齿的磨损。

齿式联轴器能够传递很大的转矩和补偿较大的综合位移，因此在重型机械中得到了广泛的应用；但较笨重，制造困难，成本高。

(3)万向联轴器

万向联轴器由两个固定于轴端的叉形元件和一个十字元件组成。

十字元件的四端都用铰链与叉形元件相连，构成一可动连接。因此，当一轴的位置固定时，另一轴可向任意方向偏转 α 角，夹角 α 最大可达 35° ~ 45°，而且在机器运转中，夹角 α 发生改变时仍可正常转动。但当 α 过大时，传动效率会显著下降。这种联轴器又称单万向联轴器(图 18-5)，广泛用于汽车、多轴钻床等机器的传动系统中。

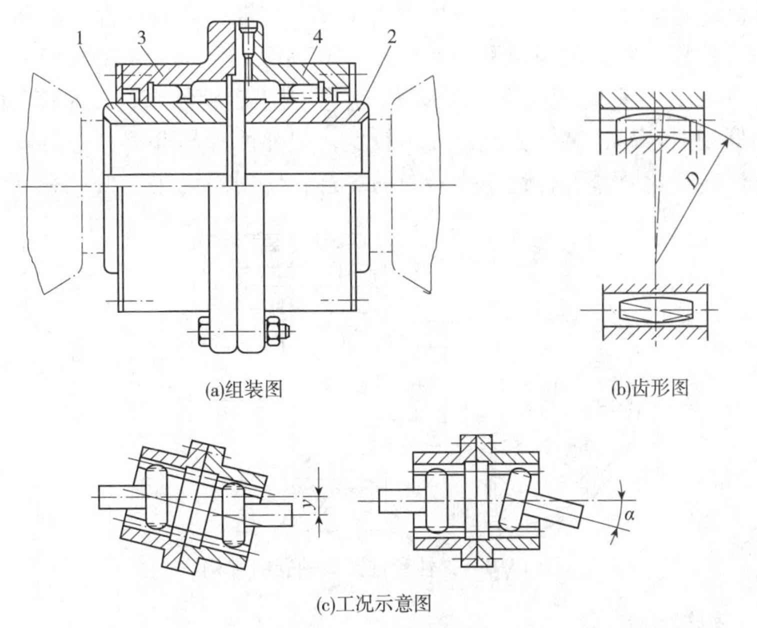

(a)组装图 (b)齿形图

(c)工况示意图

图 18-4 齿式联轴器

单万向联轴器的主要缺点是当两轴夹角 α 不等于零时，如果主动轮以匀速 ω 转动，从动轴的瞬时角速度 ω 将发生周期性变化(但主动轴转一周，从动轴仍转一周)，而引起附加动载荷。

为了消除这缺点，常将单万向联轴器成对使用，做成带中间轴的万向联轴器，称为双万向联轴器。

此时必须保证主、从动轴与中间轴夹角相等，即 $\alpha_1=\alpha_3$；另外，中间轴的两叉面必须位于同一平面，否则就保证不了主从动轴的瞬时角速度相等。

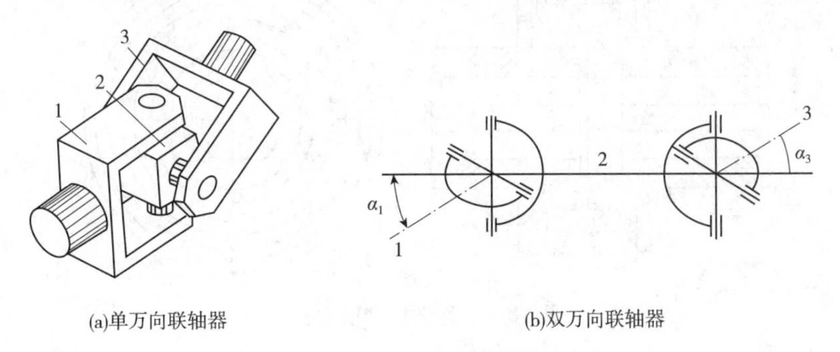

(a)单万向联轴器 (b)双万向联轴器

图 18-5 单万向联轴器

1、3-叉形接头；2-十字轴

3. 弹性联轴器

弹性联轴器是利用联轴器中弹性元件的变形来补偿两轴间的相对位移并缓和冲击和吸收振动。

(1)弹性套联轴器

图 18-6 所示为弹性套柱销联轴器的结构。它和凸缘联轴器很相似，也具有两个带毂

的圆盘，但是两圆盘的相互连接不用螺栓而用4～12个带有橡胶弹性套的柱销，因此能容许两轴间有综合位移，容许的角位移 $\alpha \leqslant 1°30' \sim 0°30'$，径向位移 $\delta \leqslant 0.2 \sim 0.6$mm，轴向位移 $\lambda \leqslant 2 \sim 7.5$mm，传动时能吸收振动和冲击。多用于启动频繁、转速较高的场合。

这种联轴器制造容易，装拆方便，成本较低，但弹性套易磨损，寿命较短。它适用于载荷平稳、正反转变化频繁、传递中小转矩的场合；使用温度在－20～＋50℃的范围内。

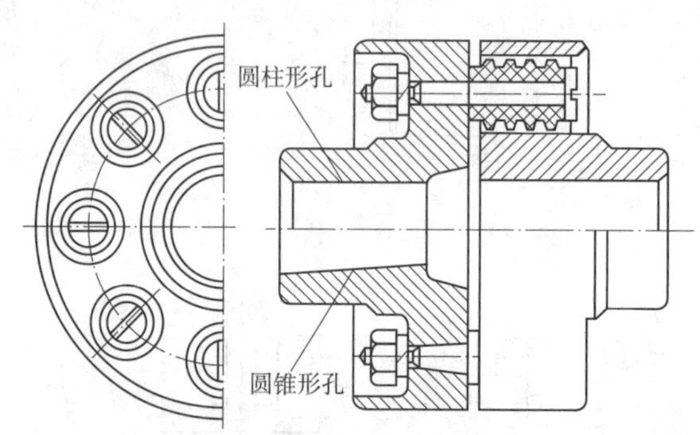

图18-6　弹性套柱销联轴器的结构

(2)弹性柱销联轴器

弹性柱销联轴器与弹性套柱销联轴器很相似，只是用尼龙柱销代替弹性套柱销，如图18-7所示。在半联轴器的外侧，采用螺钉固定挡板防止柱销脱落。

弹性柱销联轴器较弹性套柱销联轴器传递转矩的能力高，结构更为简单，安装、制造方便，耐久性好，也有一定的缓冲和减振能力，允许被连接两轴有一定的轴向位移。轴的角位移 $\alpha \leqslant 0°30'$，径向位移 $\delta \leqslant 0.15 \sim 0.25$mm，轴向位移 $\lambda \leqslant \pm 0.5 \sim \pm 3$ mm，适用于轴向窜动较大，正转变化频繁的场合。使用温度在－20～＋70℃之间。

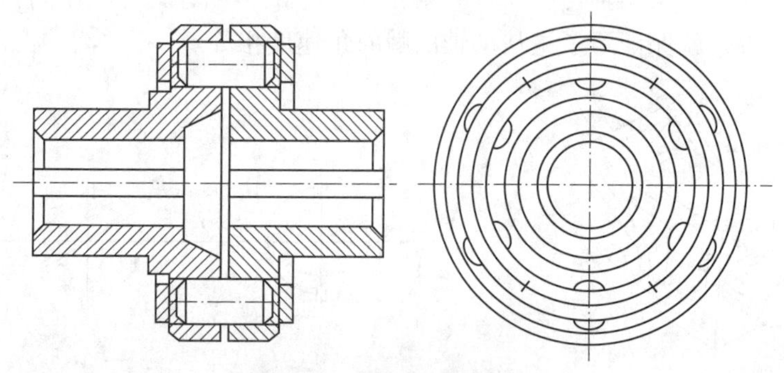

图18-7　弹性柱销联轴器

(3)轮胎式联轴器

轮胎式联轴器如图18-8所示，两圆盘间的弹性元件为橡胶制成的轮胎，用夹紧板与圆盘连接。它的结构简单可靠，易于变形，允许两轴偏斜和相对位移的补偿量大(轴向位移 $0.02D$，径向位移 $0.01D$，D 为轮胎外径，mm，角位移 $2° \sim 6°$)。两轴扭角 θ 可达 $6° \sim 30°$。适用于起动频繁、双向运转及潮湿多尘处，传动时能吸振缓冲。它的径向尺寸较大，但轴向尺寸较小。它的外缘速度不宜超过30m/s。

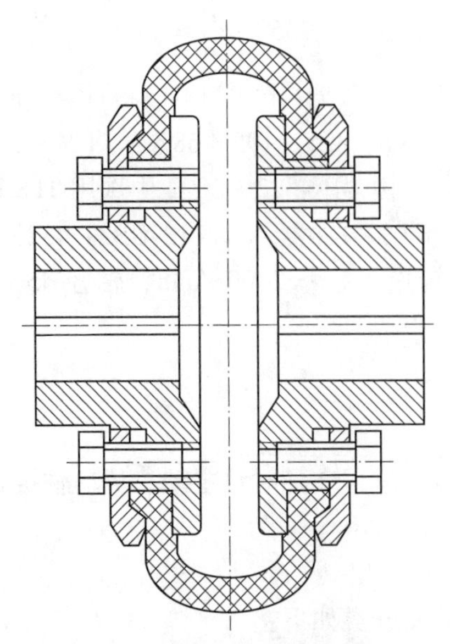

图 18-8 轮胎式联轴器

18.1.3 联轴器的选用

常用联轴器多数已标准化和系列化，设计时直接选用即可。选择联轴器的步骤是：先选联轴器的类型，再选择型号。

(1)联轴器类型的选择

当两轴的对中要求高，轴的刚度又大时，可选用套筒联轴器和凸缘联轴器；当两轴的对中困难或刚度较小时，则选用挠性联轴器；当所传递的载荷较大时，宜选用凸缘联轴器或齿轮联轴器；当轴的转速较高且有振动时，应选用弹性联轴器；当两轴相交时，则选用万向联轴器。

(2)联轴器型号的选择

联轴器的型号是根据所传递的转矩、轴的直径和转速，从标准中选用的。选择的型号应满足以下条件：

①计算转矩 T_c应小于或等于所选型号的公称转矩 T_n。即

$$T_c \leqslant T_n \quad (\mathrm{N \cdot m})$$

②转速 n 应小于或等于所选型号的许用转速$[n]$。即

$$n \leqslant [n] \quad (\mathrm{r/min})$$

③轴的直径 d 应在所选型号的孔径范围之内。即联轴器的计算转矩为

$$d_{\min} \leqslant d \leqslant d_{\max} \quad (\mathrm{mm})$$

【例 18-1】 功率 $P=30\mathrm{kW}$，转速 $n=1470\mathrm{r/min}$ 的电动起重机中，连接直径 $d=48\mathrm{mm}$，长 $L=84\mathrm{mm}$ 的电机轴，试选择联轴器的型号。

解 ①选择联轴器类型。因起重机载荷不平稳，传递转矩也大，为缓冲和吸振，选择弹性套柱销联轴器。

②选择联轴器型号。工作转矩 $T=9550\cdot\frac{P}{n}=9550\times\frac{30}{1470}=195\quad(\text{N}\cdot\text{m})$

查表 18-1 得工作情况系数 $K=3.5$，由式(18-1)得计算转矩

$$T_c=KT=3.5\times195=682.5\quad(\text{N}\cdot\text{m})$$

按计算转矩、转速和轴径，由 GB 4323—2002 中选用 TL8 联轴器，主、从动端均为 J_1 型轴孔，A 型键槽，标记为：TL8 联轴器 48×112 GB/T 4323—1984。查得有关数据：额定转矩 $T_n=710\text{N}\cdot\text{m}$，许用转速 $[n]=2400\text{r/min}$，轴径 45～55mm，满足 $T_c\leqslant T_n$、$n\leqslant[n]$，适用。

18.2 离合器

离合器主要用于在机器运转过程中随时将主动、从动轴接合或分离。

18.2.1 离合器的分类

离合器的类型很多，可简要分类如下：

- 离合器
  - 操作离合
    - 机械、气动、啮合式——牙嵌离合器、齿轮离合器
    - 摩擦式——圆盘离合器、圆锥离合器
  - 自动离合
    - 超越离合器——啮合式、摩擦式
    - 离心离合器——摩擦式
    - 安全离合器——啮合式、摩擦式

18.2.2 常用离合器的类型及特点

(1)牙嵌离合器

牙嵌离合器是由两个端面带有牙的套筒所组成(图 18-9)，其中套筒 1 由平键固定在主动轴上，而套筒 2 可以沿导向平键在从动轴上移动。利用操纵机构移动滑环 3 可使两个套筒端面上的牙接合或分离，达到离合的目的。为了避免滑环的过度磨损，可动的套筒应装在从动轴上。为了对中，在套筒 1 中装有对中环 4。牙嵌离合器应该在主动轴静止时或转速很慢时嵌入连接，否则牙可能受到撞击损坏。

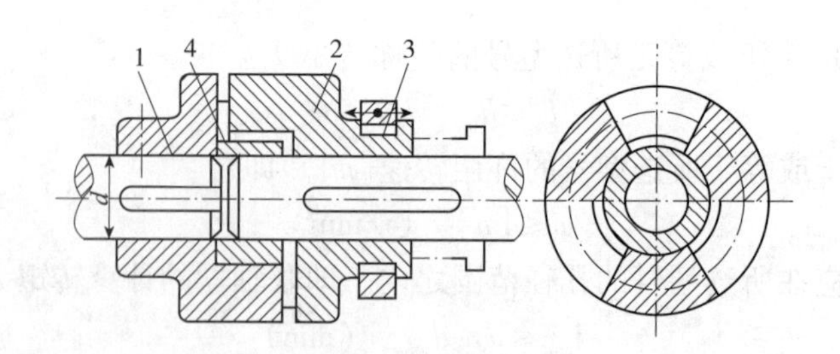

图 18-9　牙嵌离合器

离合器的牙沿圆周展开可以是三角形、矩形、梯形、锯齿形(图 18-10)。三角形牙、矩形牙和梯形牙都可以双向工作，而锯齿形牙只能单向工作，三角形牙只传递小转矩，且只能低速离合，否则易崩牙。矩形牙由于嵌入困难，极少应用。梯形牙具有侧边斜角 α =

2°~8°，所以容易嵌合，并可消除牙间间隙，减小冲击，同时由于有轴向分力的作用也容易脱开；此外，牙的根部强度较高，能传递大的转矩，所以用得很多，牙的数目通常为3~15，且应精确等分，使载荷能均匀地分布在各牙上。

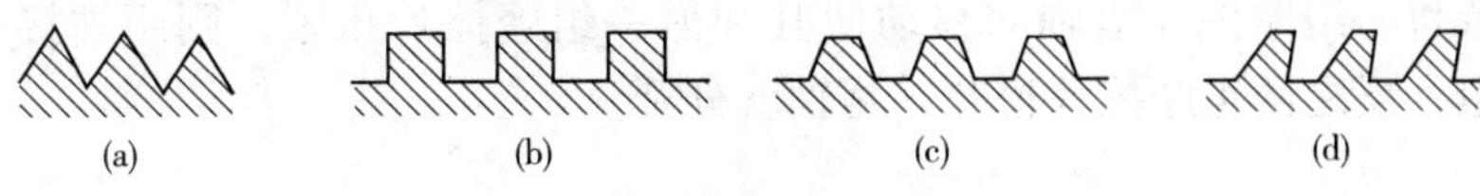

图18-10 牙嵌离合器的牙形

牙嵌离合器的优点是结果比较简单，外廓尺寸小，所连接的两轴不会发生相对转动，适用于要求精确传动比的传动机构，如机床分度机构；其最大缺点是接合时必须使主动轴慢速转动(圆周速度不大于0.7~0.8m/s)或静止，否则牙齿容易损坏。

当牙嵌离合器尺寸根据轴径及传递转矩选定以后，应校核牙的弯曲强度及接触面上的压强。

(2)摩擦离合器

单盘式圆盘摩擦离合器的左摩擦盘由平键固定在轴上，是主动件；右摩擦盘可以沿着导向平键在轴上移动。工作时，在移动的摩擦盘上加一轴向压力 F 而使两摩擦盘压紧，依靠接触面间产生的摩擦力来传递转矩。这种离合器靠接触面的摩擦力来传递转矩。与牙嵌离合器比较，摩擦离合器的主要优点是：

①可以在任何转速下进行接合；

②可以用改变摩擦面间压力的方法来调节从动轴的加速时间，保证起动平稳没有冲击；

③过载时摩擦面发生打滑，可以防止损坏其他零件。

其缺点是：在接合过程中，相对滑动引起发热与磨损，损耗能量。

摩擦面的材料需要具有稳定和大的摩擦因数，耐磨损和抗胶合，耐高温、高压而且价格低廉。常用的材料有木材、石棉、皮革、层压纤维、金属和粉末冶金等。各种材料的摩擦因数及许用压强数值列于表18-2中。

表18-2 常用摩擦片材料的摩擦因数 f 和许用压强[P]

摩擦片材料	f		片式摩擦离合器
	有润滑剂	无润滑剂	[P]/MPa
铸铁—铸铁或钢	0.05~0.06	0.15~0.20	0.25~0.30
钢—钢(淬火)	0.05~0.06	0.18	0.60~0.80
青铜—钢或铸铁	0.08	0.17~0.18	0.40~0.50
压制石棉—铸铁或钢	0.12	0.3~0.5	0.20~0.30
粉末冶金—铸铁或钢	0.05~0.1	0.1~0.4	0.60~0.80
粉末冶金—淬火钢	0.05~0.1	0.1~0.3	—

金属接触面间必须具有充分的润滑油以减少磨损，但有润滑油后摩擦因数要减小。为了避免金属摩擦材料的这个缺点，可以采用石棉或粉末冶金，因其摩擦因数较大，故可以减小离合器的尺寸，而且能耐磨、耐高温，可在干燥或润滑状态下工作。

片式摩擦离合器应用最广，根据摩擦片的数目可分为单片式和多片式两类。图 18-11(a)所示为一种多片式摩擦离合器，其中一组外摩擦片 2[图 18-11(b)]和外套筒 1 用花键连接，另一组内摩擦片 3[图 18-11(c)]和内套筒 4 也用花键连接，内外套筒则分别固定在主从动轴上。若将一组摩擦片沿轴向移动使其和另一组摩擦片压紧，则两轴接合在一起旋转，传递转矩；反之两组摩擦片松开，两轴就分开。

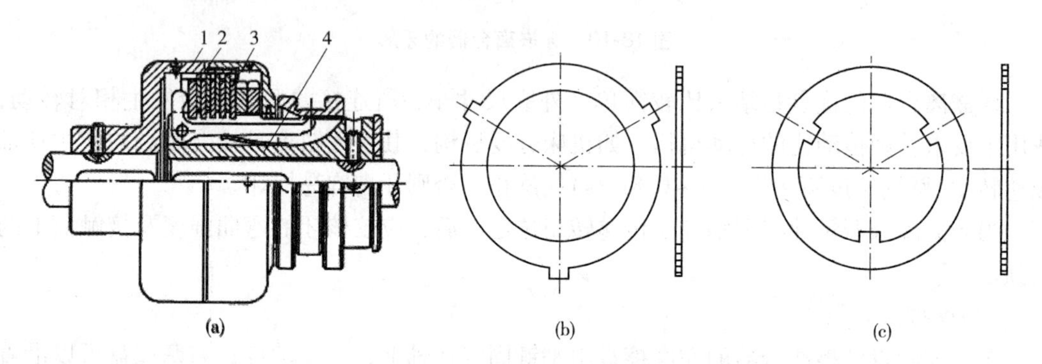

图 18-11　多片式摩擦离合器

根据工作条件，对摩擦面进行耐磨计算后可以确定摩擦面尺寸、数目和接合所需的轴向压力。在传递一定转矩条件下，多片式摩擦离合器可以适当增加摩擦片数目(一般要求内外摩擦片总数不超过 25 ~ 30 片，以免各片间压力分布很不均匀)来减少其结构尺寸和所需的轴向压力，从而使结构紧凑；此外，由于它工作灵活，调节简单而且适用的载荷范围较大，所以广泛应用于现代机床变速箱、飞机、汽车及起重机等设备中。

(3)安全离合器

安全离合器有许多类型，当传递的转矩到达一定值时便能自动分离，具有防止过载的安全保护作用。图 18-12 所示为摩擦式安全离合器，它利用调整螺母来控制弹簧对内外摩擦片组的压紧力，从而控制离合器所能传递的极限转矩。当超载时，内外摩擦片接触面间会出现打滑。一般用于短期过载的场合。

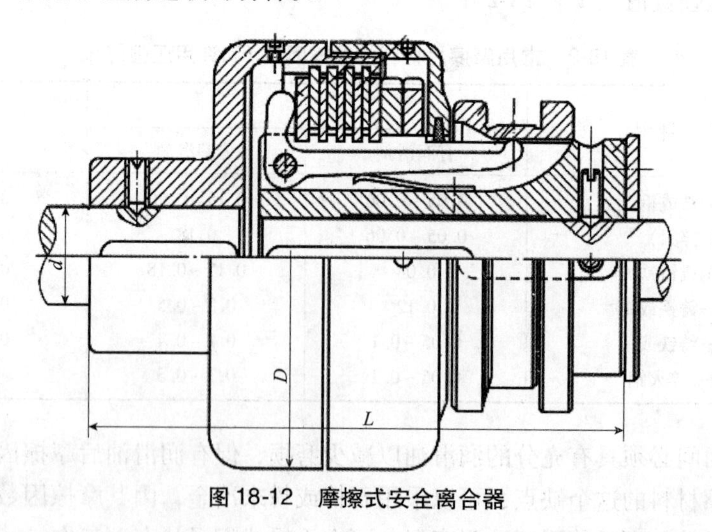

图 18-12　摩擦式安全离合器

图18-13(a)所示为滚珠安全离合器的结构。它由主动齿轮1、从动盘2、外套筒3、弹簧4、调节螺母5组成。主动齿轮套在轴上，从动盘与轴以平键连接。在主动齿轮1和从动盘2的端面，各沿一定直径的圆周上制有数量相等的(通常为4～8个)滚珠窝，窝中装入滚珠大半后，进行敛口，以免滚珠脱出。它利用调整螺母控制弹簧对两盘的滚珠交错压紧力F，如图18-13(b)所示，从而控制离合器所能传递的转矩。当转矩超过许用值时，弹簧被过大的轴向分力压缩，使从动盘向右移动，原来交错压紧的滚珠因放松而相互滑过，此时主动齿轮空转从动轴即停止转动；当载荷恢复正常时，滚珠间的轴向压紧力恢复正常，两盘的滚珠相互被压紧又可传递转矩。

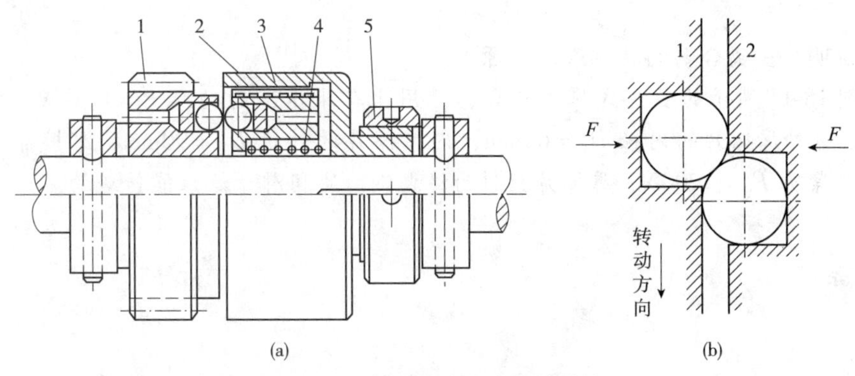

图18-13　滚珠安全离合器的结构

18.2.3　离合器的使用与维护

①应定期检查离合器操纵杆的行程、主从动片之间的间隙、摩擦片的磨损程度，必要时予以调整或更换。

②片式摩擦离合器工作时，不得有打滑或分离不彻底现象，否则，不仅将加速摩擦片磨损，降低使用寿命，引起离合器零件变形退火等，还可能导致其他事故，因此需经常检查。

打滑的主要原因是作用在摩擦片上的正压力不足，摩擦表面粘有油污，摩擦片过分磨损及变形过大等；分离不彻底的主要原因有主从动片之间分离间隙过小，主从动片翘曲变形，回位弹簧失效等。应及时修理并排除。

③定向离合器应密封严实，不得有漏油现象，否则会磨损过大，温度太高，损坏滚柱、星轮或外壳等。在运动中，如有异常声，应及时停机检查。

小　　结

本章介绍了联轴器、联轴器的安装与维护、离合器等基本知识。联轴器和离合器是机械传动中常用的部件，主要用来连接两轴，使之一同回转并传递转矩，有时也可用作安全装置。通过介绍联轴器，掌握联轴器分类、常用联轴器的结构特点及应用、联轴器的选用。在离合器中，阐述了离合器的分类，常见离合器的形式及特点、离合器的使用与维护等。

习　　题

18-1　试说明联轴器与离合器的相同点和不同点。

18-2　为什么选择联轴器的类型及尺寸？

18-3　刚性联轴器和弹性联轴器有何差别？各适用于什么场合？

18-4　试比较牙嵌离合器和摩擦离合器的特点和应用。

18-5　单万向联轴器和双万向联轴器在工作性能上有何差别？安装双万向联轴器时有何特殊要求？

18-6　试说明安全离合器的特点及工作原理。

18-7　由图18-11所示的多片式摩擦离合器，用于车床传递的功率 $P=1.6\text{kW}$，转速 $n=480\text{r/min}$，若外摩擦片的内径 $D_1=60\text{mm}$，内摩擦片的外径 $D_2=90\text{mm}$，摩擦面数 $n=8$，摩擦面间压紧力 $F_Q=1200\text{N}$，摩擦片材料为淬火钢，油润滑。试求能传递的最大转矩，并验算压强。

参考文献

[1] 陈浩，邓茂云．机械设计基础[M]．北京：科学出版社，2016.

[2] 沈嵘枫，林曙，张小珍，等．计算机辅助设计的慕课教学改革研究[J]．安徽农业科学，2016，04：335-338.

[3] 沈嵘枫，张小珍，粘雅玲，等．基于尺寸、形状联合优化的握索支架设计[J]．机械设计，2016，05：40-43.

[4] 孙方遒，苗德忠．机械设计基础[M]．北京：北京理工大学出版社，2015.

[5] 范元勋．机械设计基础[M]．北京：人民邮电出版社，2015.

[6] 沈嵘枫，张小珍，周新年，等．森林工程采运装备虚拟实验示范中心建设[J]．实验科学与技术，2015，05：163-165，168.

[7] 张小珍，沈嵘枫．基于 KISSsoft 软件的减速机构优化设计[J]．重庆理工大学学报(自然科学版)，2015，10：57-62，82.

[8] 田亚平，李爱姣．机械设计基础[M]．北京：中国水利水电出版社，2015.

[9] 薛铜龙．机械设计基础[M]．2 版．北京：电子工业出版社，2014.

[10] 刘扬，银金光．机械设计基础[M]．北京：清华大学出版社，2014.

[11] 张鄂．机械设计基础[M]．北京：国防工业出版社，2014.

[12] 蔡业彬，李忠，杨健．机械设计基础[M]．武汉：华中科技大学出版社，2014.

[13] 沈嵘枫，戴之铭，粘雅玲．计算机辅助设计立体化教材建设[J]．成都师范学院学报，2014，03：108-111.

[14] 初嘉鹏，刘艳，秋王．机械设计基础[M]．北京：机械工业出版社，2014.

[15] 于文强，赵相路．机械设计基础[M]．北京：电子工业出版社，2014.

[16] 朱玉．机械设计基础[M]．北京：北京大学出版社，2013.

[17] 王宁侠，魏引焕．机械设计基础[M]．2 版．北京：机械工业出版社，2013.

[18] 谢宜燕．机械设计基础[M]．北京：电子工业出版社，2012.

[19] 郭瑞峰．机械设计基础[M]．武汉：华中科技大学出版社，2013.

[20] 喻全余，李作全．机械设计基础[M]．武汉：华中科技大学出版社，2013.

[21] 滕启．机械设计基础[M]．北京：中国电力出版社，2013.

[22] 邓子龙，葛汉林．机械设计基础[M]．北京：机械工业出版社，2013.

[23] 侯书林，尹丽娟．机械设计基础[M]．北京：中国农业大学出版社，2013.

[24] 李岚，刘静，王利华．机械设计基础[M]．武汉：华中科技大学出版社，2013.

[25] 王军，何晓玲．机械设计基础[M]．北京：机械工业出版社，2012.

[26] 沈嵘枫．基于轻量化的运材跑车齿轮减速机构设计[J]．华中科技大学学报(自然科学版)，2012，S2：98-101.

[27] 马爱兵，陈新民．机械设计基础[M]．北京：北京理工大学出版社，2012.

[28] 苗淑杰，刘喜平．机械设计基础[M]．北京：北京大学出版社，2012.

[29] 李建华，董海军．机械设计基础[M]．北京：北京邮电大学出版社，2012.

[30] 陈岚．机械设计基础[M]．北京：北京理工大学出版社，2012.

[31] 王德洪．机械设计基础[M]．北京：北京理工大学出版社，2012.

[32] 杨晓兰，韦志锋，韩贤武．机械设计基础[M]．北京：机械工业出版社，2012.

[33] 李康举，王晓方．机械设计基础[M]．北京：中国轻工业出版社，2012.

[34] 郭润兰，刘洪芹，段红燕. 机械设计基础[M]. 北京：清华大学出版社，2012.
[35] 李建功. 机械设计基础[M]. 北京：机械工业出版社，2012.
[36] 沈嵘枫，刘晋浩，王典，等. 联合采伐机工作臂运动轨迹及液压缸行程研究[J]. 北京林业大学学报，2010，02：157-160.
[37] 沈嵘枫. 利用 VRML 构建工程制图虚拟模型库[J]. 福建农林大学学报(自然科学版)，2007，02：215-218.